W0259219

Eberhard Gerdes

Qualitative Anorganische Analyse

Springer-Verlag Berlin Heidelberg GmbH

Eberhard Gerdes

Qualitative Anorganische Analyse

Ein Begleiter für Theorie und Praxis

2., korrigierte und überarbeitete Auflage 1998. Nachdruck

Springer

Dr. Eberhard Gerdes
Dürerstraße 9
73479 Ellwangen

Fragen, Anregungen und Kritik an den Autor bitte per e-mail senden an:
familie.gerdes@t-online.de

Die Deutsche Bibliothek – CIP-Einheitsaufnahme
Qualitative anorganische Analyse / Eberhard Gerdes. – 2. Aufl.. – Berlin ; Heidelberg ; New York ; Barcelona ; Hongkong ; London ; Mailand ; Paris ; Singapur ; Tokio : Springer, 2001
ISBN 978-3-540-67875-5 ISBN 978-3-642-59021-4 (eBook)
DOI 10.1007/978-3-642-59021-4

Einbandgestaltung: design & production, Heidelberg
Satz: Daten vom Autor

Gedruckt auf säurefreiem Papier SPIN: 10993521 52/3111 – 5 4 3 2 1 –

Vorwort zur 2. Auflage

Die vielen positiven Reaktionen auf das Erscheinen des vorliegenden Buches haben sein Konzept bestätigt, die wesentlichen Grundlagen und Arbeitstechniken der qualitativen anorganischen Analyse in einer prägnanten und verständlichen Form zu vermitteln. Erfreulicherweise wurde die Idee, ein modernes Praktikumsbuch zu einem „bezahlbaren" Preis zu präsentieren, von vielen Lesern mit Lob und Anerkennung honoriert.

Verschiedentlich wurde aber auch der Wunsch geäußert, theoretische Grundlagen und Gesetzmäßigkeiten detaillierter darzustellen. Dies wurde bewußt vermieden, da primär die praktische Laborarbeit im Vordergrund stehen sollte und nicht der Ersatz von weit umfangreicheren und bewährten (Theorie-)Lehrbüchern.

Bei der Neuauflage wurde daher die ursprüngliche Zielsetzung des Buches beibehalten. Es wurden jedoch formale Fehler und Unklarheiten beseitigt, Werte und Angaben aktualisiert und verschiedene Ergänzungen nachgetragen. Zudem wurde das Kapitel „Sicherheit im Labor" nochmals überarbeitet, um diesem wichtigen Thema in ausreichender Form gerecht zu werden.

Ausdrücklich auffordern möchte ich die Leser zum kritischen Dialog und zur Auseinandersetzung mit diesem Buch! Bereits zur ersten Auflage haben mich zahlreiche Zuschriften erreicht, für die ich mich an dieser Stelle herzlich bedanken möchte. Es wäre schön, wenn auch zur neuen Auflage wieder viele Anregungen oder Ideen geäußert würden, damit dieses Buch kontinuierlich auf die Erwartungen und Wünsche der Leser abgestimmt werden kann.

Mein besonderer Dank gilt Herrn Dr. Arno Martin (Universität Jena) für seine sorgfältigen Korrekturen, die kritischen Anmerkungen und hilfreichen Hinweise. Weiter danke ich Herrn Dipl. Chem. Markus Wunder für die erneute Mitarbeit und seine kontinuierlichen Verbesserungsvorschläge sowie – last not least – Frau Dr. Angelika Schulz vom Verlag Vieweg für die Betreuung und die Herstellung dieses Buches.

Schließlich danke ich ganz besonders meiner Frau Anja für ihre Geduld, Ihre Nachsicht und Ihr liebevolles Verständnis während der ganzen letzten Zeit.

Eberhard Gerdes, August 1998

Vorwort zur 1. Auflage

Die qualitative anorganische Analyse ist nach wie vor ein wesentlicher Bestandteil der chemischen „Grundausbildung“ von Studenten und Laboranten, da sie früher wie heute einen fundierten Zugang zu Eigenschaften und Reaktionsverhalten der Elemente ermöglicht. Qualitative Analyse lehrt sorgfältiges Beobachten, praktisches Umsetzen theoretischer Zusammenhänge, schlüssiges Interpretieren von Ergebnissen, Geschicklichkeit und Verständnis für die Denkweise der Chemie.

Unglücklicherweise ist die Durchführung von qualitativen Analysen keineswegs trivial! Reaktionen mißlingen, Fällungen verlaufen unvollständig und Nachweise erweisen sich als schwer (oder auch gar nicht) interpretierbar. Man lernt daraus, daß chemische Reaktionen in der Praxis bei weitem nicht immer so verlaufen, wie sie „auf dem Papier“ erdacht wurden und daß ihnen gerade deshalb eine angemessene Vorsicht und Distanz gebührt. Andererseits bieten analytische Mißerfolge aber auch einen nicht zu unterschätzenden Lerneffekt. Denn das kritische Hinterfragen, *weshalb* bestimmte Reaktionen oder Nachweise nicht in der erwarteten Weise verlaufen sind, bietet eine große Chance zum Erkennen der zugrunde liegenden Prinzipien.

Das vorliegende Buch verfolgt daher mehrere Ziele! Einerseits soll den Studenten und Auszubildenden der qualitativen Analyse eine möglichst übersichtliche, verständliche und praxiserprobte Anleitung zur Arbeit im Labor an die Hand gegeben werden. Andererseits soll aber auch der notwendige theoretische Unterbau geschaffen werden, der zum *Verstehen* aller beschriebenen Experimente erforderlich ist.

Das Buch wurde inhaltlich so konzipiert, daß der Leser in derselben Weise an die analytische Praxis herangeführt wird, wie es die Bearbeitung einer gängigen Substanzanalyse erfordert. Das einführende Kapitel beschäftigt sich demnach mit dem Lösen der Ursubstanz, den allgemeinen Vorproben, dem Anfertigen eines Sodaauszugs und den daraus zu bestimmenden Anionen. Anschließend folgt die Darstellung eines allgemeinen Kationen-Trennungsganges, der vielfach erprobt und in seiner Ausführung mit den Erfahrungen zahlreicher Studenten abgestimmt wurde, ehe in einem weiteren Abschnitt auf die Analyse von Anionengemischen eingegangen wird. Abschließend erfolgen noch Hinweise zum Lösen und Aufschließen schwerlöslicher Rückstände sowie zur Trennung und zum Nachweis einiger „seltener Elemente“.

Allem voran gestellt wurde ein kurzer Überblick zur Laborsicherheit, zu den wichtigsten Grundlagen der Ersten Hilfe und zur Entsorgung von Laborabfällen. Darüberhinaus finden sich im ganzen Buch Hinweise auf Gefahren, die von den zu verwendenden Substanzen auf Mensch und Umwelt ausgehen. Sofern möglich, wurden diese Hinweise mit entsprechenden Sicherheitsempfehlungen versehen, die den richtigen Umgang mit gefährlichen Laborchemikalien erläutern. In den Kapiteln 3 und 6 wurde außerdem der Beschreibung jedes Elements (sofern relevant) ein kurzer Abschnitt über dessen Toxikologie beigefügt, in dem sowohl die allgemeinen als auch die speziellen Gefahren der häufig im Labor verwendeten Verbindungen (in R- und S-Sätzen) beschrieben sind.

Soweit möglich, wurden der Nomenklatur und Systematik neuere Empfehlungen der INTERNATIONAL UNION OF PURE AND APPLIED CHEMISTRY (IUPAC) zugrunde gelegt. Außerdem sei darauf hingewiesen, daß bei der Schreibung von Dezimalzahlen durchgängig der Dezimal*punkt* verwendet wurde.

Mein besonderer Dank gilt Herrn cand. chem. Markus Wunder für seine sorgfältige und konstruktive Korrektur des vorliegenden Manuskripts sowie Herrn Dr. Andreas Fischer und Herrn Dr. Frank Rosenland für zahllose Korrekturen, Anregungen und Verbesserungsvorschläge, die in eine Vorversion dieses Buches eingeflossen sind. Zu danken habe ich außerdem vielen aufmerksamen Studenten, die die Bearbeitung durch Informationen, Hinweise und Anregungen unterstützt haben; ebenso dem Verlag Vieweg (und dabei insbesondere Frau Dr. Angelika Schulz) für die Bemühungen um die Herstellung des Buches und sein Verständnis gegenüber allen hierzu vorgebrachten Wünschen.

Nicht zuletzt danke ich auch meiner Familie und allen meinen Freunden, die mich durch aufmunternde Zustimmung immer wieder zum Weitermachen ermutigt und mir so manches Mal geduldig verziehen haben, wenn ich wichtige Verabredungen wegen dieses Buches abgesagt habe.

Bleibt schließlich zu hoffen, daß die folgenden Seiten möglichst viele Fragen beantworten, Zusammenhänge erläutern und Unklarheiten beseitigen. Daß die praktischen Anleitungen den Leser vor unnötigen Enttäuschungen und Mißerfolgen im Labor bewahren und daß ihm damit der Einstieg in die qualitative Analyse ein wenig erleichtert wird. Sofern dies geschieht, betrachte ich meine Arbeit als gelungen.

Eberhard Gerdes, Februar 1995

Inhaltsverzeichnis

1 Sicherheit im Labor **1**

1.1 Allgemeine Hinweise 1

1.2 Spezielle Hinweise zur qualitativen Analyse 4

1.2.1 Vorbereitung der Analyse 5

1.2.2 Gefahren einzelner Vorproben und Nachweise 5

1.3 Verhalten bei Notfällen 6

1.4 Erste-Hilfe-Maßnahmen 7

1.4.1 Schnittverletzungen 7

1.4.2 Vergiftungen 8

1.4.3 Verbrennungen/Verbrühungen 8

1.4.4 Verätzungen 8

1.4.5 Unfälle mit elektrischem Strom 9

1.5 Entsorgung 9

2 Erste Schritte **11**

2.1 Allgemeine Hinweise 11

2.2 Lösen der Analysensubstanz 13

2.3 Vorproben 14

2.3.1 Allgemeine Vorproben 15

2.3.2 Flammenfärbung 19

2.3.3 Glühen mit $Co(NO_3)_2$-Lösung 22

2.3.4 Oxidationsschmelze 23

2.3.5 Phosphorsalz- und Boraxperle 24

2.4 Sodaauszug 28

2.4.1 Wichtige Hinweise zum Sodaauszug 29

2.5 Nachweis der Standardanionen 31

3 Kationenanalysen 33

3.1 HCl-Gruppe 33

3.1.1 Trennungsgang bei Abwesenheit von S^{2-} und Cl^- 33

3.1.2 Trennungsgang bei Anwesenheit von S^{2-} und Cl^- 35

Silber, Ag 37

Blei, Pb 39

Quecksilber, Hg 43

3.2 H_2S-Gruppe 47

3.2.1 Trennungsgang der H_2S-Gruppe 49

3.2.2 Abtrennung der Arsengruppe 51

3.2.3 Trennung der Cu-Gruppe 54

Bismut, Bi 56

Kupfer, Cu 59

Cadmium, Cd 63

3.2.4 Trennung der Arsengruppe 66

Arsen, As 67

Antimon, Sb 71

Zinn, Sn 74

3.3 Urotropin- und $(NH_4)_2S$-Gruppe 76

3.3.1 Hydrolysetrennung 77

3.3.2 Die $(NH_4)_2S$-Gruppe 81

Eisen, Fe 84

Aluminium, Al 90

Chrom, Cr 93

Nickel, Ni 98

Cobalt, Co 100

Mangan, Mn 102

Zink, Zn 106

3.4 $(NH_4)_2CO_3$-Gruppe 108

3.4.1 Schrägbeziehung im PSE 109

3.4.2 Trennungsgang der $(NH_4)_2CO_3$-Gruppe 111
Calcium, Ca 113
Strontium, Sr 115
Barium, Ba 117
3.5 Lösliche Gruppe 119
Natrium, Na 120
Kalium, K 122
Ammonium, NH_4^+ 125
Magnesium, Mg 127

4 Anionenanalysen 131
4.1 Vorproben auf Anionengruppen 131
4.2 Trennung von Anionengemischen 135
4.2.1 Trennung der halogenhaltigen Anionen 138
4.2.2 Trennung der schwefelhaltigen Anionen 142
4.3 7. Hauptgruppe, Halogene 144
4.3.1 Halogenwasserstoffe und Halogenide 145
Fluorid, F^- 147
Chlorid, Cl^- 151
Bromid, Br^- 154
Iodid, I^- 156
4.3.2 Sauerstoffsäuren der Halogene und deren Salze 157
Hypochlorit, ClO^- 159
Chlorat, ClO_3^- 160
Perchlorat, ClO_4^- 163
Bromat, BrO_3^- 165
Iodat, IO_3^- 167
4.4 6. Hauptgruppe, Chalkogene 169
Peroxid, O_2^{2-} 170
4.4.1 Wasserstoffverbindungen des Schwefels (Sulfane) 174
Sulfid, S^{2-} 175

4.4.2 Sauerstoffsäuren des Schwefels . . . 178

Sulfit, SO_3^{2-} . . . 180

Thiosulfat, $S_2O_3^{2-}$ . . . 184

Sulfat, SO_4^{2-} . . . 188

Peroxodisulfat, $S_2O_8^{2-}$ . . . 192

4.5 5. Hauptgruppe, Stickstoffgruppe . . . 194

4.5.1 Sauerstoffsäuren des Stickstoffs . . . 195

Nitrit, NO_2^- . . . 196

Nitrat, NO_3^- . . . 199

4.5.2 Sauerstoffsäuren des Phosphors . . . 206

Phosphat, PO_4^{3-} . . . 207

4.6 4. Hauptgruppe, Kohlenstoffgruppe . . . 211

Carbonat, CO_3^{2-} . . . 212

Cyanid, CN^- . . . 214

Thiocyanat, SCN^- . . . 218

Silicat, SiO_3^{2-} . . . 220

4.7 3. Hauptgruppe, Borgruppe . . . 228

Borat, $B_4O_7^{2-}$ . . . 229

5 Lösen und Aufschließen **233**

5.1 Allgemeines . . . 233

5.2 Die Aufschlußverfahren . . . 234

5.2.1 Oxidationsschmelze . . . 234

5.2.2 Saurer Aufschluß mit $KHSO_4$ . . . 235

5.2.3 Soda/Pottasche-Aufschluß . . . 236

5.2.4 Freiberger Aufschluß . . . 237

5.3 Reaktionen in Salzschmelzen . . . 238

5.3.1 Reaktionen ohne Elektronenübertragung . . . 239

5.3.2 Reaktionen mit Elektronenübertragung . . . 241

6 Trennung mit seltenen Elementen **242**

Lithium, Li . . . 243
Rubidium, Rb . . . 245
Caesium, Cs . . . 246
Beryllium, Be . . . 247

6.1 Seltenerdmetalle . . . 249

Lanthan, La . . . 251
Cer, Ce . . . 252
Titan, Ti . . . 253
Zirconium, Zr . . . 255

6.2 Isopolysäuren . . . 258

6.3 Heteropolysäuren . . . 258

Vanadium, V . . . 260
Molybdän, Mo . . . 263
Wolfram, W . . . 266
Thallium, Tl . . . 269
Selen, Se . . . 270
Tellur, Te . . . 273

6.4 Trennungsgang mit seltenen Elementen . . . 276

Tabellenanhang **281**

A.1 Farbige Verbindungen . . . 281
A.2 Löslichkeitsprodukte . . . 282
A.3 Standardpotentiale . . . 283
A.4 Stabilitätskonstanten von Komplex-Ionen . . . 285
A.5 Verzeichnis der verwendeten R-Sätze . . . 286
A.6 Verzeichnis der verwendeten S-Sätze . . . 287
A.7 Verzeichnis der verwendeten Symbole und Abkürzungen . . . 288

Sachwortverzeichnis **289**

1 Sicherheit im Labor

1.1 Allgemeine Hinweise

In keinem Bereich der modernen Arbeitswelt sind Risiken und Gefahren vollständig auszuschließen. So lassen sich auch im chemischen Laboratorium selbst bei größter Vorsicht unerwünschte Zwischenfälle wie Brand, Explosion, Verpuffung, Verätzung oder Vergiftung nicht immer verhindern. Andererseits zeigt aber die Erfahrung, daß die weitaus meisten Laborunfälle auf Fahrlässigkeit, nicht eingehaltene Arbeitsvorschriften oder auf mangelnde Sachkenntnis zurückzuführen sind. Ziel einer jeden Ausbildung im weiten Berufsfeld der Chemie muß daher ein geschärftes Bewußtsein für Sicherheitsaspekte und Unfallverhütung sein, das sowohl dem persönlichen Eigenschutz, als auch dem Schutz von Kollegen und Mitarbeitern sowie – im weitesten Sinne – der Allgemeinheit Rechnung trägt.

Sicherheit im Laboratorium erfordert *fundierte Kenntnisse* über die vielfältigen Gefahren, die von chemischen Stoffen und Reaktionen sowie von Apparaturen und Laborgeräten ausgehen. Diese Kenntnisse können und müssen im Rahmen einer guten Ausbildung vermittelt werden. Das entbindet jedoch nicht von der Verantwortung, sich auch in *Eigeninitiative* gewissenhaft um alle sicherheitsrelevanten Aspekte und deren Umsetzung im Labor zu kümmern.

Bevor also mit der praktischen Arbeit im Labor begonnen wird, sollte man sich zuerst über den genauen Standort von Rettungsmitteln und Sicherheitseinrichtungen sowie deren sachgemäße Handhabung informieren. Wo befinden sich...

- Notausgänge, Nottreppen, Fluchtbalkone und Sammelstellen,
- Alarmknöpfe, Telefone (Ortsnetzanschluß?) oder Notrufmelder,
- Feuerlöscher, Feuermelder, Atemschutzmasken und -filter,
- Augenduschen, Notduschen, Löschdecken,
- Elektro- und Gas-Notausschalter,
- Assistentenzimmer, Sanitätsraum mit Liege und Erste-Hilfe-Schrank.

In nahezu allen Instituten gibt es hierzu entsprechende Informationstafeln, die auch über die offiziellen Alarm- und Fluchtpläne informieren. Sollte dies nicht der Fall sein, so lasse man sich von einem verantwortlichen Assistenten oder einer anderen dazu befugten Person unterweisen. Schließlich informiere man sich gründlich über alle geltenden Sicherheitsbestimmungen, die in der Labor- oder Praktikumsordnung festgelegt sind, und befolge sie ohne Ausnahme.

Eine wirksame Unfallverhütung beginnt auch bei der *gründlichen theoretischen Vorbereitung* aller geplanten Experimente. Hierfür müssen die betreffenden Arbeitsanweisungen genauestens studiert und verstanden werden. Eigenmächtiges Abändern von Versuchsbedingungen oder Einsatzmengen ist streng untersagt. Nur, wenn wirklich klar ist, was bei einem Versuch passieren kann, darf mit der praktischen Arbeit begonnen werden. Unfallverhütung erfordert das umfassende Wissen um die Eigenschaften und das Gefahrenpotential aller verwendeten Chemikalien. Und sie umfaßt die Kenntnis aller Richtlinien und Empfehlungen, die im Rahmen der Gefahrstoffverordnung erlassen wurden. Man informiere sich daher genauestens über...

- Art (Reaktionstyp), charakteristischer Verlauf und Eigenheiten der geplanten Versuche. Mögliche Nebenreaktionen (Hitzeentwicklung, Freisetzung von Gasen, Toxikologie etc.).
- Allgemeine Eigenschaften und besondere Gefahren, die von den verwendeten Substanzen ausgehen (Aggregatszustand, Siedepunkt, Schmelzpunkt, Flüchtigkeit, Reaktivität, Brennbarkeit, Giftigkeit, Empfindlichkeit gegen Licht, Luft oder Feuchtigkeit etc.).
- Empfehlungen zum sicheren Umgang mit allen eingesetzten Stoffen (R- und S-Sätze) und den verwendeten Laborgeräten.

Informationen hierzu finden sich in vielen Lehr- oder Praktikumsbüchern, in spezieller Literatur zu Toxikologie oder Arbeitsschutz, in Chemikalienkatalogen und Giftlisten, auf Etiketten der Chemikalienverpackungen oder in Informationsbroschüren der Unfallversicherungsträger. Aus den dort aufgeführten Hinweisen und Warnungen ergeben sich allgemeine Vorschriften und Regeln, die in *allen* chemischen Laboratorien beachtet und befolgt werden müssen!

- Grundsätzlich darf nur in *Schutzkleidung* gearbeitet werden. Zweckmäßig ist ein Labormantel aus reiner Baumwolle (keine Kunstfasern, da sie im Brandfall schmelzen und schwer heilende Wunden verursachen können!), der an seiner Vorderseite zu knöpfen ist (im Notfall leichter zu öffnen) und stets geschlossen getragen werden sollte (verringert die Gefahr des Hängenbleibens). Die regelmäßige Reinigung des Labormantels sollte selbstverständlich sein, da ein verschmutzter Kittel nicht nur unhygienisch, sondern auch gefährlich ist.[1] Wichtig ist auch das rechtzeitige Ausbessern von Löchern, da man mit einem zerfetzten Kittel sehr leicht an Tischen oder Apparaturen hängenbleibt.
- Zur sicheren Laborbekleidung gehören außerdem geschlossene, rutschfeste Schuhe. Lange Haare müssen entweder hochgesteckt oder mit einem Haarnetz gesichert werden.

[1] Man bedenke, wieviele verschiedene, teilweise gesundheitsgefährdende Stoffe sich im Laufe der Zeit in einem verschmutzten Labormantel ansammeln... Der Mantel sollte primär *Schutz* sein und kein wandelnder (und noch dazu unhygienischer) Spiegel des gesamten Periodensystems.

- Das Tragen einer splittersicheren *Schutzbrille* mit Seitenschutz ist im Labor uneingeschränkte Pflicht! Für Brillenträger empfiehlt sich der Kauf einer Laborbrille mit eingeschliffenen, optischen Gläsern oder die Verwendung einer Überbrille. Generell sollte die Schutzbrille nicht am Laborplatz, sondern außerhalb des Labors aufbewahrt und aufgesetzt werden, damit bereits beim Betreten der Laborräume die Augen bestmöglich geschützt sind.
- Bei verschiedenen Arbeiten ist die Verwendung von robusten, säurefesten *Schutzhandschuhen* unumgänglich (möglichst mit langem Schaft, damit auch die Unterarme geschützt werden!). Einmalhandschuhe sind in der Regel ungeeignet, es sei denn, sie werden unter den festeren Schutzhandschuhen getragen. Dazu vorbeugend: die Hände häufig waschen und möglichst regelmäßig mit Hautschutzsalbe eincremen.
- Um zu gewährleisten, daß im Notfall rasch Erste Hilfe geleistet werden kann, darf *unter keinen Umständen allein* im Labor gearbeitet werden. Schon vor der Durchführung kritischer Reaktionen sollte man Kollegen oder Mitarbeiter über die geplanten Versuche informieren, damit diese gegebenenfalls Feuerlöscher oder auch andere Rettungsmittel bereit halten können.
- Generell sollte so oft wie möglich unter dem *Abzug* gearbeitet werden. Reaktionen, in deren Verlauf es zur Bildung von Gasen oder Dämpfen kommen kann, dürfen dagegen *nur* unter dem Abzug durchgeführt werden. Um eine optimale Abzugswirkung zu gewährleisten, muß die Frontscheibe immer so weit wie möglich heruntergezogen werden. Letzteres ist ohnehin empfehlenswert, weil die geschlossene Abzugsscheibe einen zusätzlichen Schutz vor Explosionen, Splittern und verspritzten Flüssigkeiten bietet („Schutzschild"). Es ist regelmäßig zu überprüfen, ob der Abzug ordnungsgemäß zieht.[2] Sollte dies einmal nicht der Fall sein, so ist umgehend ein verantwortlicher Assistent oder der technische Dienst zu benachrichtigen!
- Während der Versuchsdurchführung ist die *ständige Überwachung* aller Vorgänge absolut unerläßlich. Muß der Laborplatz dennoch verlassen werden, so ist die Überwachung von einem Kollegen fortzuführen, der über die laufenden Arbeiten und alle damit verbundenen Gefahren unterrichtet ist.

  Bereits beim Versuchsaufbau sind die Geräte möglichst so aufzustellen, daß sie weder umgestoßen noch vom Tisch gezogen werden können. Beim *Erhitzen von Reaktionslösungen* ist darauf zu achten, daß der Brenner im Notfall rasch und ohne Hindernisse entfernt werden kann.
- Sehr gefährlich sind sogenannte Siedeverzüge, die besonders leicht beim Erhitzen alkalischer Lösungen entstehen! Sie sind eine häufige Unfallursache und verursachen durch explosionsartig herausgespritzte, heiße Flüssigkeiten oftmals erhebliche Schäden. Siedeverzüge können durch den Einsatz von Glasperlen, Siedesteinen oder -kapillaren verhindert werden.

---

[2] Das kann man leicht mit einigen Papierschnipseln überprüfen, wenn man sie bei fast geschlossener Frontscheibe in den Abzug hält. Oder man klebt einen kurzen Wollfaden mit einem Klebestreifen an die Unterkante der Abzugsscheibe und kontrolliert, ob der Faden ins Innere des Abzugs gezogen wird.

- Besondere Vorsicht gilt *offenen Flammen* (Brenner)! In deren Nähe dürfen sich niemals Gefäße mit brennbaren oder explosiven Stoffen (Alkohol, Ether etc.) befinden. Auch sollte der Brenner stets so aufgestellt werden, daß man ihn nicht versehentlich vom Labortisch ziehen kann (mindestens 30 cm von der Labortischkante entfernt). Im Labor herrscht absolutes Rauchverbot!
- *Essen und Trinken* sind am Arbeitsplatz strengstens verboten (Vergiftungsgefahr)! Darüberhinaus dürfen Lebensmittel oder Getränke niemals in Laborgefäße gefüllt werden, wie auch Chemikalien grundätzlich nur in den dafür vorgesehenen, eindeutig beschrifteten Behältnissen aufzubewahren sind (Verwechslungsgefahr!).

1.2 Spezielle Hinweise zur qualitativen Analyse

Die analytischen Aufgaben im qualitativen Praktikum bergen eine Reihe von spezifischen Gefahren und Problemen, die im folgenden aufgezeigt werden sollen. Man halte sich stets vor Augen, daß es sich bei den ausgegebenen Analysensubstanzen um *Gemische* verschiedener Elemente oder Verbindungen handelt, die gegebenenfalls toxisch oder gar kanzerogen sein können.

Plant man demnach die Durchführung einer bestimmten Reaktion, so darf niemals vergessen werden, daß außer der gesuchten Substanz jeweils *auch alle übrigen Komponenten* des Analysengemisches mit einem zugesetzten Reagenz reagieren können. Um daher unerwünschte oder gefährliche Nebenreaktionen zu verhindern, sollte man unbedingt die nachfolgenden Hinweise beachten.

- *Vor der Zugabe* von Chemikalien (insbesondere Säuren, Laugen, Oxidations- oder Reduktionsmitteln) ist zu überlegen, ob damit eine oder gar mehrere Komponenten des Analysengemisches (oder auch die zugegebene Substanz selbst) in eine gefährliche Verbindung überführt werden kann.

  So können beispielsweise durch Säurezugabe giftige Gase wie HF, H_2S oder HCN aus ihren Salzen oder Komplexen ausgetrieben werden. Ferner kann sich durch Einwirkung von Laugen auf Ammoniumsalze reizendes Ammoniakgas bilden. In Anwesenheit von Oxidationsmitteln kann aus Chloriden oder Salzsäure Chlorgas entstehen. Durch Reduktionsmittel entwickelt man unter bestimmten Bedingungen SO_2 aus Sulfaten oder nitrose Gase aus Nitraten. Und schließlich kann durch Einwirkung von unedlen Metallen (z. B. Zink) auf saure, arsen- oder antimonhaltige Lösungen giftiger Arsenwasserstoff AsH_3 oder Antimonwasserstoff SbH_3 freigesetzt werden.

  Ist man sich also darüber im Unklaren, ob bei einer bestimmten Reaktion eventuell gefährliche Nebenreaktionen ablaufen können, so muß vorsichtshalber *immer unter dem Abzug* gearbeitet werden!
- Vorsicht ist auch beim Umgang mit organischen Reagenzien angebracht, da einige dieser Substanzen als besonders gesundheitsgefährdend einzustufen

sind (Thioharnstoff, 2-Naphthylamin, Thioacetamid etc.). Man darf daher für Nachweisreaktionen oder Fällungen erst dann organische Reagenzien verwenden, wenn man sich zuvor über die sachgerechte Handhabung, deren Eigenschaften und Gefährlichkeit informiert hat (Chemikalienkataloge und -listen, Aushänge im Labor!).

- Es ist generell anzustreben, im Praktikum mit möglichst *geringen Mengen* an Analysensubstanz und Reagenzien zu arbeiten, da man so die Menge der anfallenden Schadstoffe (Abfälle) und das Gefahrenpotential toxischer oder schädlicher Substanzen vermindert.

1.2.1 Vorbereitung der Analyse

Mörsern: Beim Mörsern der Analysensubstanz können gefährliche Stäube in die Luft gelangen (z. B. die Stäube von Cd-, Cr-, Mn-, Ni- und Co-Verbindungen), die teilweise als toxisch, allergieauslösend oder gar kanzerogen einzustufen sind. Deshalb sollte stets *unter dem Abzug* gemörsert und die zerkleinerte Analysensubstanz anschließend sofort in ein *Präparateglas* oder ein Wägedöschen gefüllt werden (letzteres auch, um Verunreinigungen zu vermeiden).

Lösen: Beim Lösen eines unbekannten Analysengemisches ist zu bedenken, daß durch die Anwendung aggressiver Substanzen (konz. Säuren, H_2O_2, Königswasser etc.) neben dem eigentlichen Lösevorgang auch Nebenreaktionen ermöglicht werden, die unter ungünstigen Bedingungen zu (hoch-)giftigen Substanzen, Gasen oder Dämpfen führen.

So kann beispielsweise beim Lösen eines Analysengemisches in konz. HCl bei Anwesenheit von Oxidationsmitteln (MnO_2, PbO_2, MnO_4^-) Chlorgas entstehen. Enthält die Ursubstanz ein oder mehrere Reduktionsmittel, so können sich beim Lösen in konz. HNO_3 nitrose Gase bilden. Sind außerdem arsen- oder antimonhaltige Verbindungen zugegen, so droht die Freisetzung von giftigem AsH_3 oder SbH_3. Beim Lösen von Sulfiden in Säure kann giftiges H_2S freigesetzt werden. Um diese Gefahren auszuschließen, dürfen Löseversuche mit unbekannten Analysensubstanzen grundsätzlich *nur unter dem Abzug* ausgeführt werden!

Aufschluß: Aufschlüsse müssen schon allein wegen der hohen Temperaturen beim Herstellen der Salzschmelzen grundsätzlich *im Abzug* durchgeführt werden (Verletzungsgefahr). Überdies entstehen bei einigen Verfahren auch giftige Gase (z. B. nitrose Gase bei der Oxidationsschmelze; SO_2 beim Freiberger Aufschluß).

1.2.2 Gefahren einzelner Vorproben und Nachweise

Glühröhrchenprobe: Hier besteht insbesondere die Gefahr des Verdampfens leicht sublimierbarer Metalle und Metallverbindungen (Hg, $HgCl_2$, HgI_2, As, Sb, As_2O_3, Sb_2O_3, Cd etc.) $\longrightarrow$ Abzug!

Marshsche Probe: Wegen der hohen Giftigkeit von AsH_3 und SbH_3 darf die Marshsche Probe (vgl. Seite 68) *nur unter dem Abzug* durchgeführt werden. Vor dem Entzünden der Flamme muß zudem solange gewartet werden, bis die gesamte Luft vollständig aus dem RG verdrängt worden ist (Knallgas!).

Nach Reaktionsende müssen zuerst die Zinkgranalien entfernt werden, damit sich beim Überführen der Rückstände in den Schwermetallbehälter kein AsH_3 bzw. SbH_3 bilden kann. Die Zinkgranalien werden zunächst mit Wasser abgespült und dann in den Feststoffabfall befördert. Da (leider) immer wieder zu beobachten ist, daß aus Leichtsinn arsenhaltige Lösungen in die Ausgüsse geschüttet werden, müssen letztere unbedingt von Zinkgranalien freigehalten werden.

Leuchtprobe: Nach der Zugabe einer oder mehrerer Zinkgranalien zur sauren Probelösung kann – wie bei der Marshschen Probe – AsH_3 oder SbH_3 freigesetzt werden. Daher: Durchführung grundsätzlich *nur unter dem Abzug.*

Flammenfärbung: Schwerlösliche Verbindungen wie z. B. Bariumsulfat oder Bariumphosphat werden häufig mit Zn/HCl behandelt, um sie für das Spektroskopieren „aufzuschließen". Dabei besteht die Gefahr, daß Arsen- oder Antimonwasserstoff freigesetzt wird.

Zudem sollte man bedenken, daß durch das Erhitzen der Analysensubstanz in der Brennerflamme – wenn auch nur in geringen Mengen – Schwermetallverbindungen in die Luft gelangen können. Es gilt demnach auch hier: Spektroskopieren und Prüfen der Flammenfärbung *nur unter dem Abzug.*

1.3 Verhalten bei Notfällen

Oberster Grundsatz bei allen Gefahrensituationen und Notfällen im Labor ist: *Ruhe bewahren, keine Panik!* Hastiges und unüberlegtes Handeln schadet in der Regel mehr, als daß es nutzt. Man versuche stattdessen, sich zuerst ein klares Bild vom Geschehen und von den daraus resultierenden Gefahren zu machen und wäge dann ab, was zu tun ist.

Bei allen zu ergreifenden Maßnahmen ist vor der Rettung anderer unbedingt an *Selbstschutz* zu denken (insbesondere bei Unfällen mit giftigen Gasen oder Laborbränden). Denn ein Helfer, der überstürzt eingreift und sich damit selbst in Gefahr bringt, schafft im ungünstigen Fall ein weiteres Opfer und damit neue Probleme. Unüberlegtes Verhalten schadet damit allen Personen, die in einer Notsituation auf die Hilfe besonnener Retter angewiesen sind.

Eine wichtige Maßnahme ist stets der *Notruf*. Es ist unverzüglich der Laborleiter, ein verantwortlicher Assistent oder der nächste, erreichbare Institutsmitarbeiter (umliegende Labors?) zu informieren. Gegebenenfalls ist der Notruf auch telefonisch abzusetzen. Wichtig sind dabei möglichst *präzise Angaben* darüber...

- *Wer* den Notruf abschickt (**Wer?**).
- Eine genaue *Ortsangabe* (**Wo?**).
- Die *Anzahl* der Verletzten (**Wieviele?**).
- Die *Art* des Unfallgeschehens (Brand, Explosion, Vergiftung) (**Was?**).
- Die *Art* der Verletzung(en) (**Welche?**).

Weitere Angaben, die im Ernstfall wichtig sein können, sind...

- Bei Vergiftungen
  - Die Art einer evtl. Intoxikation (Verschlucken, Gas etc.).
  - Der Zeitpunkt der Vergiftung.
  - Die (vermutlich) eingenommene Menge eines Giftes.
  - Die Substanz, die die Vergiftung hervorgerufen hat.
- Bei Verätzungen:
  - Die Art der schädigenden Substanz (Säure, Lauge etc.).
  - Die Menge der schädigenden Substanz.
- Bei Bränden:
  - Ursache des Brandes.
  - Was brennt genau (Substanzen, Lösungsmittel, Inventar).
  - Weitere gefährliche (brennbare) Substanzen, die eventuell von einem Brand erfaßt werden können.
- In allen Fällen:
  - Maßnahmen, die zur Abwendung größerer Schäden unternommen wurden (Gashähne geschlossen etc.).
  - Eventuell getroffene Erste-Hilfe-Maßnahmen.
  - Hinweise zum Schutz der Retter.

1.4 Erste-Hilfe-Maßnahmen

1.4.1 Schnittverletzungen

(Glas-)Splitter nicht aus der Wunde herausziehen, die Wunde auch nicht mit Wasser ausspülen. Kleinere Verletzungen zunächst etwas bluten lassen (dabei werden Schmutz- und Giftstoffe ausgeschwemmt), anschließend keimfrei abdecken (bei kleineren Wunden: Pflaster; bei größeren Verletzungen: sterile Mullkompresse, Verband). Bei tieferen Schnittwunden gegebenenfalls Druckverband anlegen. Wunden nicht selbst behandeln (keine Salben oder Desinfektionsmittel auftragen). Stattdessen gleich in Begleitung eines Assistenten oder Kollegen zum nächstliegenden Arzt gehen.

1.4.2 Vergiftungen

Vergiftungen durch Gas: Verletzte(n) unter *Selbstschutz* aus dem Gefahrenbereich bringen (Vorsicht bei der Bergung, möglicherweise besteht Explosionsgefahr). Im Raum sofort für gute Durchlüftung sorgen (Fenster öffnen, Durchzug). Verletzte(n) ruhig lagern und vor Wärmeverlust schützen (Decke, Rettungsfolie). Bei Atemstillstand muß eine Atemspende oder Herz-Lungen-Wiederbelebung erfolgen. Umgehend den Rettungsdienst alarmieren.

Vergiftungen durch Hautkontakt/Verschlucken: Kontaminierte Kleidung und Schuhe entfernen. Haut mit viel Wasser spülen (gegebenenfalls Notdusche betätigen). Für Frischluft sorgen, Verletzte(n) ruhig lagern und vor Wärmeverlust schützen (Decke, Rettungsfolie). Unverzüglich den Rettungsdienst alarmieren.

Beim Verschlucken von Giftstoffen viel Flüssigkeit zu trinken geben (möglichst Wasser! Keine Milch oder Alkohol!) und gegebenenfalls erbrechen lassen (ob Erbrechen sinnvoll ist, hängt vom jeweiligen Giftstoff ab. Hinweise sind den aushängenden Chemikalienlisten zu entnehmen). Beim Erbrechen den Kopf der verletzten Person unbedingt tief halten, damit kein Erbrochenes in die Luftröhre gelangen kann. In allen Fällen klären, wodurch die Vergiftung hervorgerufen wurde. Diese Information dann an den Rettungsdienst bzw. Arzt weiterleiten.

1.4.3 Verbrennungen/Verbrühungen

Brennende Person am Weglaufen hindern und sofort ablöschen (mit der Notdusche; mit einem Labormantel aus Baumwolle; mit der Feuerlöschdecke oder mit feuchten Handtüchern). Kleidungsstücke, die mit heißen Stoffen benetzt oder durchtränkt sind, sofort entfernen (sofern sie nicht an der Haut festkleben). Die betroffenen Körperteile mindestens 15 Minuten lang unter fließendes, kaltes Wasser tauchen. Verletzte(n) ruhig lagern, viel trinken lassen (Tee, Fruchtsäfte) und vor Wärmeverlust schützen. Brandwunden dürfen nicht mit Puder oder Gels behandelt, Brandblasen nicht geöffnet werden. Gegebenenfalls Wunden steril abdecken (Brandwundenverbandstücher) und den Rettungsdienst alarmieren.

1.4.4 Verätzungen

Verätzungen der Haut: Betroffene Stelle längere Zeit mit viel Wasser spülen (größtmögliche Verdünnung), dabei darauf achten, daß ablaufendes Wasser den kürzesten Weg über die Haut nimmt (andernfalls „Sekundärschädigung“). Ausnahme: Verätzungen mit konz. H_2SO_4! Hier zuerst soviel Säure als möglich mit einem trockenen Lappen abwischen, dann mit viel Wasser spülen. Keine Neutralisationsversuche (Arzt)! Benetzte Kleidungsstücke sofort entfernen (Kleidung am besten zerschneiden und vorsichtig abheben. Dabei auch an die eigenen Hände denken!). Eventuell Notdusche benutzen.

Verätzungen der Augen: Schnellstens mit viel Wasser spülen (ca. 20–30 Minuten). Dabei immer von der Nasenwurzel zum *äußeren* Augenwinkel hin spülen und auf den Schutz des unverletzten Auges achten! Falls vorhanden, Augendusche verwenden. Nach Spülung des/der Auge(n) unverzüglich zum Arzt gehen.

Verätzungen des Magens: Rasch viel Flüssigkeit trinken (möglichst Wasser! Keine Milch oder Alkohol!). Auf keinen Fall Erbrechen hervorrufen. Sonst droht weitergehende Verätzung der Speiseröhre.

1.4.5 Unfälle mit elektrischem Strom

Sofort für Stromunterbrechung durch den Elektro-Notausschalter sorgen (Selbstschutz! Keine unvorsichtige Annäherung!) und den Verletzten aus dem Gefahrenbereich bergen. Anschließend ruhig lagern, Puls und Atmung kontrollieren, gegebenenfalls Brandwunden versorgen.

1.5 Entsorgung

Im chemischen Labor fallen Rückstände und Abfälle an, die weder in den Ausguß, noch in den Papierkorb oder Abfallcontainer gehören. Diese Substanzen können grob eingeteilt werden in: Lösungsmittel (halogenhaltig, halogenfrei) und Stoffe mit toxischer, ätzender und/oder oxidierender Wirkung.

1. Glasabfälle

Glassplitter oder gesprungene Glasgeräte gehören nicht in den Laborabfall, weil sie beim Leeren der Behälter zu Schnitt- und Stichverletzungen führen können. Glasabfälle sollten besser getrennt gesammelt werden. Allerdings darf hochschmelzendes Laborglas *nicht* in gewöhnliche Glascontainer geworfen werden, da es die Aufarbeitung und Wiedergewinnung von herkömmlichem Glasabfall behindert.

2. Cyanid-Rückstände, CN^-

CN^--haltige Lösungen werden in einem eigenen Abfallbehälter gesammelt. Es ist unbedingt darauf zu achten, daß diese *niemals angesäuert* werden dürfen, da andernfalls hochgiftige Blausäure (HCN) entstehen kann (zur Giftigkeit von Blausäure und Cyaniden s. Seite 215). Cyanide können im Labor durch Oxidation in alkalischer Lösung (z. B. durch NaOCl) vernichtet werden.

3. Quecksilber-Rückstände

Quecksilber-Verbindungen sind allgemein sehr giftig (zur Giftigkeit des Quecksilbers s. Seite 43) und sollten daher in separaten Behältern (salpetersauer) gesammelt und einer sachgerechten Aufarbeitung zugeführt werden! Altquecksilber (Thermometer etc.) ist dagegen ein Wertstoff, der getrennt gesammelt und nach einer eventuellen Reinigung wiederverwendet wird.

4. Silber-Rückstände

Silberhaltige Rückstände werden wegen ihres Werts gesammelt. Ammoniakalische Silber-Rückstände müssen vor der Entsorgung *angesäuert* werden, da sich andernfalls explosives „Knallsilber" (Ag_3N) bilden kann (vgl. Seite 153).

5. Schwermetall-Rückstände

In die Behälter für Schwermetall-Rückstände gehören insbesondere Lösungen und Rückstände, die die folgenden Elemente enthalten:[3]

Analysengruppen I/II	Pb, Bi, Cd As, Sb
Analysengruppen III/IV	Cr Co, Ni
Analysengruppen V/VI	Ba
Seltene Elemente	Be, Tl, Se, Te, Mo, W, V

Es ist strikt darauf zu achten, daß *niemals reduzierende Substanzen* (z. B. Zinkgranalien, Zinkstaub etc.) in die Abfallbehälter gelangen, da sich sonst giftiger Arsenwasserstoff AsH_3 bzw. Antimonwasserstoff SbH_3 bilden kann (vgl. Seite 68).

6. Organische Substanzen

Org. Lösungen werden in verschiedenen Behältern gesammelt, je nachdem ob es sich um halogenhaltige oder halogenfreie Substanzen handelt. Für *feste Rückstände* stehen meist eigene Behältnisse aus.

Substanz	**Beispiel**
Halogenhaltige LM	Chloroform $CHCl_3$, Tetrachlorkohlenstoff CCl_4
Halogenfreie LM	Ether, Methanol, Ethanol, Amylalkohol, Aceton
Feste Rückstände	Diacetyldioxim, Oxin, 1-Naphthylamin, Sulfanilsäure, Morin

Flüssige Laborabfälle (Schwermetalle, Lösungsmittelreste) sollten vor ihrer Entsorgung durch Einengen auf einem Sandbad oder im Rotationsverdampfer möglichst weit aufkonzentriert werden.[4] Damit erspart man sich das allzu häufige Leeren der Laborabfallflaschen in die zentralen Sammelgefäße der Chemikalienkammer. Andererseits senken reduzierte Abfallvolumina auch anfallende Entsorgungskosten, da die Gebühren, die für die Rücknahme von flüssigen Sonderabfällen zu entrichten sind, meist pro *Volumen Abfallmenge* berechnet werden.

[3] Diese Auflistung orientiert sich an den Schwermetallkationen, die im Rahmen dieses Buches behandelt werden. Es wird kein Anspruch auf Vollständigkeit erhoben. [4] Beim Einengen über der Brennerflamme ist wegen der Feuergefährlichkeit org. Lösungsmittel (insbesondere Ether) größte Vorsicht geboten!

2 Erste Schritte

2.1 Allgemeine Hinweise

Mengen. Man sollte stets versuchen, mit möglichst geringen Mengen an Ursubstanz, Reagenzien und Fällungsmitteln auszukommen! Dies zum einen der Umwelt wegen, da kleinere Substanzmengen *weniger Abfall* und demzufolge auch eine *reduzierte Umweltbelastung* bedeuten. Zum anderen wegen der *verminderten Risiken* hinsichtlich Gesundheitsgefährdung und Heftigkeit von unerwarteten Nebenreaktionen. Schließlich bedingen reduzierte Substanzmengen eine *bessere Trennwirkung,* eine enorme *Zeitersparnis* bei den meisten Arbeitsschritten sowie die *Vermeidung unnötig hoher, lokaler Konzentrationen*, die durch Komplexierungsreaktionen oder durch Beeinflussung des Löslichkeitsprodukts (Konzentrationsniederschläge) qualitative Untersuchungen beeinträchtigen können.

Für das in diesem Buch beschriebene Halbmikroverfahren werden pro Trennungsgang ca. 0.01–0.1 g Ursubstanz empfohlen. Möglichst gering halten sollte man die eingesetzten *Lösungsmittelmengen* (ca. 1 ml), damit alle Reaktionen und Nachweise in Zentrifugengläsern oder auf der Tüpfelplatte ausgeführt werden können.

Zerkleinern und Mischen. Analysensubstanzen sind in der Regel heterogene Gemische, die zuerst einer umfassenden optischen Prüfung zu unterziehen sind (Seite 15). Erst danach wird die gesamte Substanz gründlich zerkleinert und durchmischt, damit bei der Probenentnahme alle Bestandteile vollständig erfaßt werden. Hierzu wird die Analysensubstanz in einer Reibschale mit dem Pistill zerrieben, bis sie staubfein ist und keine groben Partikel oder Kristalle mehr enthält. Hygroskopische Substanzen, die größere Mengen an Feuchtigkeit aufgenommen haben, werden dabei zu einem möglichst homogenen Brei durchmischt.

Quantitative Fällung. Bei Trennungen, die auf der Bildung schwerlöslicher Niederschläge beruhen, muß unbedingt auf deren *quantitative Fällung* geachtet werden. Dazu wird die Probe gerade mit soviel Fällungsmittel versetzt, daß bei weiterem Zusatz keine Niederschlagsbildung mehr zu beobachten ist. Nach dem Zentrifugieren der Lösung wird dem klaren Zentrifugat noch etwas Reagenz hinzugesetzt. Dabei kann an der Eintropfstelle beobachtet werden, ob sich noch Niederschläge bilden oder ob bereits eine vollständige Fällung erreicht ist.

Blind- und Gegenproben. Über die *Empfindlichkeit* sowie den *typischen Verlauf* der Vorproben und Nachweisreaktionen sollte man sich durch geeignete Probereaktionen unbedingt ein eigenes Urteil bilden! Man bekommt dadurch den richtigen „Blick“ für Farben, Niederschläge und Eigenheiten der verschiedenen

Reaktionen, und man lernt zugleich die genaue Einhaltung der erforderlichen pH-Werte, Temperaturen und Konzentrationen. Die Anwendung von Blind- oder Gegenproben sollte jedoch nicht auf Vorproben und Nachweise beschränkt bleiben! Sondern auch die *Reinheit der verwendeten Substanzen und Reagenzien* sollte gelegentlich durch geeignete Kontrollreaktionen überprüft werden.

Allgemein gilt: Fällt eine Reaktion *positiv* aus, so überprüft man zur Sicherheit auch alle verwendeten Reagenzien *ohne Ursubstanz* auf die gesuchte Ionenart (Blindprobe). Damit kann ausgeschlossen werden, daß der positive Nachweis von verunreinigten Reagenzien vorgetäuscht wurde. Fällt eine Reaktion hingegen *negativ* aus, so setzt man zur Kontrolle eine Spur der gesuchten Substanz hinzu, um zu prüfen, ob alle Reaktionsparameter (pH-Wert, Temperatur, Konzentrationen) richtig eingestellt wurden (Gegenprobe). Verläuft die Reaktion daraufhin positiv, so hat man die Gewißheit, daß sie zuvor nicht aufgrund fehlerhafter Ausführung negativ verlaufen ist.

Auswaschen. Alle Niederschläge, die im Trennungsgang anfallen, müssen nach ihrer Fällung gründlich *ausgewaschen* werden. Man vermeidet damit ein Verschleppen von mitgefällten Verunreinigungen in nachfolgende Analysengruppen. Die Niederschläge sollten *mehrfach* mit kleinen Portionen Waschflüssigkeit ausgewaschen werden. Man erhält so einen besseren Reinigungseffekt. Um zu verhindern, daß sich die Niederschläge in der Waschflüssigkeit lösen, kann ihr gegebenenfalls (zur Herabsetzung der Löslichkeit) ein „gleichioniger Zusatz" beigegeben werden. So wäscht man zum Beispiel Sulfide bevorzugt mit H_2S-haltigem Wasser oder schwerlösliche Chloride mit verd. HCl.[1]

Sauberkeit. Für die erfolgreiche Arbeit im analytischen Labor ist *absolute Sauberkeit* der Arbeitsgeräte, des Arbeitsplatzes, des Abzugs und der persönlichen Arbeitskleidung unerläßlich! Das Gebot der Sauberkeit gilt natürlich auch für die allgemeinen Laborbereiche (Wägeraum, Spektroskopieraum; Lagerbereich für Lösungen, feste Chemikalien und Abfallbehältnisse) und – nicht zu vergessen – für die zirkulierende Umluft. Gerade letzteres ist von besonderer Bedeutung, da man durch unsachgemäßes Verhalten (Abrauchen von Säuren und Salzen und/oder Entwicklung giftiger bzw. reizender Gase am Laborplatz etc.) nicht nur die eigene Gesundheit gefährdet, sondern zugleich auch gesundheitliche Schäden oder Beeinträchtigungen für Mitarbeiter und Kollegen in Kauf nimmt.

Sauberkeit bedeutet auch, daß die Ausgußbecken und Wasserabläufe konsequent von allem Unrat freigehalten werden, der sich im Laufe der Zeit durch die Laborarbeit ergibt (Filterpapiere, Glasbruch, Siedesteine, Zinkgranalien etc.). Daß Lösungsmittel oder Chemikalien niemals in die Ausgüsse gelangen dürfen, muß grundsätzlich *streng* beachtet werden! Schließlich sollte man sich darüber bewußt sein, daß ein solches Fehlverhalten konkrete Gefahren für alle Anwesenden mit sich bringen kann. So reagieren beispielsweise Zinkgranalien in den Ausgüssen mit weggespülten (Analysen-)Lösungen teilweise unter Bildung von giftigen Gasen wie AsH_3 oder SbH_3.

[1] Vorsicht: das Auswaschen von Chlorid-Niederschlägen mit konz. HCl kann zu Komplexierungsreaktionen führen (z. B. $[AgCl_2]^-$).

Im Hinblick auf ein Gelingen der Analysen und Nachweise muß zuletzt darauf hingewiesen werden, daß man niemals mit einem verschmutzten Spatel in ausstehende Reagenzflaschen greifen und auch nie entnommene Substanzen in Vorratsflaschen zurückfüllen darf! Andernfalls riskiert man Verunreinigungen, die zu Störungen und Fehlern in eigenen Analysen oder (was noch schlimmer ist) in Analysen von Kollegen oder Mitarbeitern führen können.

2.2 Lösen der Analysensubstanz

Für das Lösen oder Aufschließen von Analysensubstanzen gibt es keine allgemein gültigen Regeln. Es muß vielmehr von Fall zu Fall nach dem jeweils effektivsten Lösungsmittel gesucht werden. Als günstige Vorgehensweise erweist sich der Gang von zunächst „einfachen" Lösungsmitteln (H_2O, verd. Säuren) in der Kälte zu aggressiveren Lösungsmitteln (HCl, HCl/H_2O_2, HNO_3 etc.) in der (Siede-)Hitze. Bleibt bei Anwendung gängiger Lösungsmittel ein Rückstand, so ist dieser abzuzentrifugieren und ggf. mit einem aggressiveren LM (in der Hitze) oder nach einem der auf Seite 233ff. beschriebenen Verfahren aufzuschließen.

Wasser. Substanzgemische aus Kationenanalysen lösen sich in der Regel nicht vollständig in Wasser. Die Verwendung von H_2O als Lösungsmittel bleibt daher zumeist *auf Anionenanalysen* beschränkt.

Verd. HCl bzw. konz. HCl. Die Verwendung von HCl als Lösungsmittel ist insofern günstig, als durch diese Säure kein S^{2-} (H_2S-Fällung) zu elementarem, meist kolloidal anfallendem Schwefel oxidiert werden kann. Dieser unerwünschte Effekt ist deshalb hinderlich, weil sich kolloidaler Schwefel auch in der Zentrifuge nicht vollständig abtrennen läßt. Demzufolge wird die Interpretation nachfolgender Reaktionen durch eine milchige Trübung wesentlich erschwert.

Allerdings sollte man bedenken, daß AgCl, $PbCl_2$, Hg_2Cl_2 und TlCl in kalter, verd. HCl schwerlöslich sind (Vorsicht: AgCl geht in konz. HCl als $[AgCl_2]^-$ in Lösung; $PbCl_2$ löst sich teilweise beim Erhitzen). Außerdem gibt es zahlreiche Chloride, die zwar in Wasser leicht, in konz. HCl dagegen schwer löslich sind (z. B. $BaCl_2$). In solchen Fällen führt einfaches *Verdünnen* der salzsauren Lösung *mit Wasser* zur Auflösung des vermeintlich „schwerlöslichen Rückstands".

Aus Boraten kann sich in HCl schwerlösliche Borsäure, aus löslichen Silicaten gallertartige Kieselsäure bilden. Trübt sich eine klare, salzsaure Lösung beim Zusatz von Wasser, so deutet dies auf das Vorhandensein hydrolysierbarer Salze der Elemente Bi, Sb und Sn.[2] Außerdem sollte man auf eine eventuelle Gasentwicklung (vgl. Tab. 2.3) beim Lösen der Ursubstanz in HCl achten.

[2] $BiCl_3$ wird leicht zu BiOCl (Bismutchloridoxid) hydrolysiert. $SbCl_3$ bildet bei Zugabe von Wasser kompliziert strukturierte Antimonchloridoxide wie SbOCl oder $Sb_4O_5Cl_2$. Und $SnCl_2$ scheidet beim Versetzen mit Wasser basisches Sn(OH)Cl aus. Alle erwähnten Hydrolyseprodukte führen zu einer *Trübung* der klaren, salzsauren Lösung beim Verdünnen mit Wasser.

Konz. HCl/H_2O_2. Die oxidierende Wirkung von H_2O_2 verbessert das Löseverhalten von konz. HCl. Diese Mischung ist der konz. Salpetersäure bzw. dem Königswasser vorzuziehen, da H_2O_2 leicht zu verkochen ist, HNO_3 hingegen abgeraucht werden muß. Läßt man die salzsaure Lösung erkalten, so kann schwerlösliches $PbCl_2$ auskristallisieren.

Verd. und/oder konz. HNO_3. Salpetersäure ist ein gutes Lösungsmittel, da die meisten Nitrate wasserlöslich sind. Bei Verwendung von konz. HNO_3 als Lösungsmittel sollte jedoch an die *oxidierende Wirkung* der Säure gedacht werden. Infolgedessen muß HNO_3 vor der Fällung der H_2S-Gruppe (Seite 47ff.) mit konz. HCl abgeraucht werden, da andernfalls S^{2-} zu elementarem, meist kolloidal gelöstem Schwefel oxidiert werden kann. Denken sollte man auch an die Möglichkeit der Bildung schwerlöslicher Oxide (z. B. SnO_2), die durch Einwirkung von konz. HNO_3 auf bestimmte Salze entstehen können sowie an das event. Auftreten giftiger, gasförmiger Reaktionsprodukte (nitrose Gase, vgl. Tab. 2.3).

Königswasser. Für die Mischung aus einem Teil konz. HNO_3 und drei bis fünf Teilen konz. HCl (vgl. Seite 200) gelten ähnliche Regeln wie für konz. HNO_3. Aufgrund seiner (stark) oxidierenden Wirkung muß Königswasser (bzw. in der Mischung entstehendes NOCl und nascierendes[3] Chlor) ebenfalls vor Fällung der H_2S-Gruppe mit konz. HCl abgeraucht werden, da andernfalls S^{2-} zu Schwefel oxidiert werden kann. Die Anwendung von Königswasser bleibt zumeist auf das Lösen von hartnäckigen Rückständen in fortgeschrittenen Analysen beschränkt.

H_2SO_4. Beim Lösen sollte generell auf die Verwendung von H_2SO_4 verzichtet werden, da sich sonst schwerlösliches $PbSO_4$ oder Erdalkalisulfate bilden können.

Konz. Laugen. Durch Behandeln der Ursubstanz mit konz. Laugen („alkalischer Auszug") können viele Salze der Elemente Pb, Sn, Al und Zn (in geringeren Mengen auch die der Elemente Cu, Sb und Cr) in Form von Hydroxokomplexen, Cr-Salze als $CrO_4{}^{2-}$, Mn-Salze als $MnO_4{}^-$ und die Sulfide der Arsengruppe als Thio-, Oxo- oder Thiooxokomplexe in Lösung gelangen (vgl. Seite 18).

Legierungen oder Erze. Legierungen oder Erze dürfen *nur* in konz. HNO_3 gelöst werden, da hiermit eventuell enthaltene Phosphide (P^{3-}) oder Silicide (Si^{4-}) oxidiert werden. Bei Verwendung von HCl verflüchtigen sich Phosphide als Phosphor- (Phosphan, $PH_3\uparrow$), Silicide als Siliciumwasserstoff (Silan, $SiH_4\uparrow$), die beim Erhitzen spontan verpuffen können. Legierungen oder Erze dürfen daher *niemals* unter Erwärmung in HCl gelöst werden!

2.3 Vorproben

Einfache, schnell auszuführende Vorproben können oftmals erste Hinweise auf die Zusammensetzung eines zu analysierenden Substanzgemisches liefern. Das

[3] Man bezeichnet Stoffe *im Augenblick ihres Entstehens* häufig als „nascierend" oder „in statu nascendi", wobei man allgemein von einer erhöhten Reaktivität solcher Stoffe ausgeht.

kann insbesondere dann wichtig sein, wenn schwerlösliche Substanzen spezielle Lösungsmittel oder störende Ionen die Modifikation des geplanten Trennungsganges notwendig machen. Man kann sich also durch geeignete Vorproben (und den daraus gewonnenen Informationen) oftmals Probleme oder überflüssig gewordene Arbeitsgänge ersparen.

Allerdings dürfen Vorproben immer nur als Vorinformation oder als „Fingerzeig in eine bestimmte Richtung“ gewertet werden. Einen zuverlässigen, spezifischen Nachweis können sie in der Regel nicht ersetzen. Bevor man sich also an die Ausführung des Gruppentrennungsganges und die zugehörigen Nachweisreaktionen macht, sollte man zunächst versuchen, durch geeignete Vorproben so viel Informationen als möglich über die Zusammensetzung der vorliegenden Analysensubstanz zu sammeln.

2.3.1 Allgemeine Vorproben

Optische Prüfung. Zunächst wird die Analysensubstanz einer optischen Prüfung unterzogen. Lassen sich charakteristische Kristallformen erkennen? Wie ist deren Beschaffenheit? Feinpulvrig, kristallin, grobkörnig, amorph, hygroskopisch, klebrig...? Liegen die Komponenten getrennt vor oder erscheint die Substanz homogen? Sind eventuell farbige Partikel erkenn- oder gar isolierbar? Insbesondere letzteres sollte sorgfältig geprüft werden, da sich viele Substanzen anhand ihrer (charakteristischen) Farben relativ sicher identifizieren lassen (vgl. auch Anhang „Farbige Verbindungen“, Seite 281).

Tabelle 2.1 Farben von Salzen und Beispiele für deren Zuordnung.

Farbe	Beispiele für gefärbte Salze
schwarz	PbO_2, PbS, HgS, FeS, CuO, CoS, Co_3O_4
braun	PbO_2, Ag_3AsO_4, SnS, Fe_2O_3, $Fe(OH)_3$, MnO_2, Ag_2O
violett	$KMnO_4$ (Nadeln), $KCr(SO_4)_2 \cdot 12\,H_2O$ (Chromalaun)
(tief-)blau	Cu^{II}-Salze (wasserfrei farblos!)
grün	Cr_2O_3, $NiSO_4 \cdot 7\,H_2O$ (wasserfrei gelb!), $CuCl_2 \cdot 2\,H_2O$, $CuCO_3$
hellgrün	$FeSO_4$ (wasserfrei gelb!)
gelb	CdS, PbO, K_2CrO_4, Ce^{IV}-Salze, As_2S_3, Bi_2O_3, $K_4[Fe(CN)_6]$ (gelbes Blutlaugensalz)
orange/braun	$K_2Cr_2O_7$, Sb_2S_3
rosa	$[Co(H_2O)_6]^{2+}$-Salze (wasserfrei blau!), $[Mn(H_2O)_6]^{2+}$-Salze
rot	HgI_2, HgS, $K_3[Fe(CN)_6]$ (rotes Blutlaugensalz), Pb_3O_4, Sb_2S_3

Lösungsverhalten. Im Rahmen erster Löseversuche sollte das Verhalten der Analysensubstanz in verschiedenen Lösungsmitteln – im Hinblick auf schwerlösliche Rückstände und die Bildung farbiger Komplexe – untersucht werden.

Lösung in...	
HCl	Chlorokomplexe von Cu (grün), Sb (gelb), Fe (gelb), Co (blau), Ni (grün)
Laugen	Hydroxokomplexe von Cu (blau), Cr (grün)

Geruch, Farbe, Sublimat, Gasentwicklung. Ein weiteres wichtiges Kriterium der Substanzerkennung ist das Verhalten der Analysensubstanz beim (trockenen) Erhitzen. Es sollte besonders auf das Auftreten von Gerüchen[4] (NH_3, H_2S, SO_2 etc.), Farbänderungen der Ursubstanz (z. B. führt Erhitzen von blauem $CuSO_4 \cdot 5\,H_2O$ zu farblosem $CuSO_4$), farbige Sublimate oder die Bildung von (gefärbten) Gasen geachtet werden.

Tabelle 2.2 Sublimatfarben beim Erhitzen der Ursubstanz im Glühröhrchen.

Farbe	Sublimat gebildet aus
weiß	As_2O_3, As_2O_5, Sb_2O_3, Hg_2Cl_2, $HgCl_2$, SeO_2, Ammoniumsalze (NH_4Cl, $(NH_4)_2CO_3$)
gelb	Arsensulfide [a)] (As_2S_3, As_2S_5), Schwefel, FeS_2, HgI_2
orange/braun	Antimonsulfide [b)], NH_4Cl in Gegenwart von $FeCl_3$, sowie seltener HgS, HgI_2, As_2S_3 und As_2S_5
grau	Hg [c)], Cd [d)], As [d)], Sb (kein Spiegel!)
schwarz	HgS, I_2

[a)] Sublimate der Arsensulfide sind in der Hitze dunkel gefärbt, werden beim Erkalten jedoch gelb bis rot. [b)] Sublimate der Antimonsulfide sind in der Hitze fast schwarz gefärbt, werden beim Erkalten jedoch rotbraun. [c)] Hg und einige flüchtige Hg-Verbindungen geben einen grauen Metallspiegel, häufig sind auch kleine Tröpfchen erkennbar. Vermengt man die Ursubstanz mit Soda, so ergeben die meisten Hg-Verbindungen beim Erhitzen einen grauen Beschlag. [d)] Der Metallspiegel zeigt häufig einen Saum, der aus den Oxiden der entsprechenden Elemente besteht.

Erhitzt man eine kleine Probe Ursubstanz in einem schwerschmelzbaren Glühröhrchen, so können leichtflüchtige Substanzen ohne vorheriges Schmelzen verdampfen und sich an kälteren Teilen des Glühröhrchens (obere Bereiche der Glaswandung) in Form gefärbter Beschläge (Sublimate) wieder niederschlagen. Man nennt diesen Vorgang (Verflüchtigen einer Probe ohne vorheriges Schmelzen, bei anschließender Bildung fester Beschläge) allgemein *Sublimation*. Außer der Bildung von Sublimaten kann beim trockenen Erhitzen der Ursubstanz meist auch

[4] Achtung! Die „Interpretation“ von Gerüchen bezieht sich ausschließlich auf deren *Wahrnehmung* beim Begutachten der Ursubstanz oder bei der Durchführung von Nachweisen (vorsichtige, fächelnde Handbewegung über dem geöffneten Analysendöschen oder einem Reagenzglas). *Niemals* darf hingegen direkt in ein Reagenzglas oder ein heißes Glühröhrchen „hineingerochen“ werden, andernfalls droht akute Gesundheitsgefährdung (giftge Gase, Schwermetalldämpfe etc.).

die Bildung von (gefärbten) Gasen beobachtet werden. Für den Nachweis von CO_2 oder SO_2/SO_3 verschließt man das Glühröhrchen entweder mit einem kleinen, mit Reagenzlösung befüllten Gärröhrchen oder man leitet die entstehenden Gase über ein gebogenes Glasrohr in ein zweites Glühröhrchen, das zuvor mit einer geeigneten Reagenzlösung beschickt wurde.

Tabelle 2.3 Gasentwicklung beim Erhitzen der Ursubstanz.

Gas	gebildet aus	Nachweis
Farblose und geruchlose Gase		
O_2	Chlorate, Bromate, Iodate, Peroxide, Metallnitrate (nicht: Alkali-, Erdalkalinitrate)	glimmender Span leuchtet auf. [a]
CO_2	Carbonate, [b] Hydrogencarbonate	trübt Barytwasser
Farblose, aber riechende Gase		
NH_3	Ammoniumsalze schwacher, flüchtiger Säuren (z. B. $(NH_4)_2CO_3$)	alkalische Reaktion (pH-Papier)
H_2S	Hygroskopische Sulfide (z. B. Na_2S), (Thiosulfate)	schwärzt $Pb(Ac)_2$-Papier
SO_2, SO_3	Sulfite, Sulfate, Thiosulfate, Sulfide (in Ggw. von Oxidationsmitteln)	trübt Barytwasser; entfärbt Malachitgrün
Gefärbte, riechende Gase		
NO_2	braunes Gas aus Metallnitraten	bläut KI/Stärke-Papier; [c] saure Reaktion (pH-Papier)
Cl_2	gelbgrünes Gas aus Hypochloriten oder Chloriden [d]	bläut KI/Stärke-Papier
Br_2	rotbraunes Gas aus Bromiden [d]	bläut KI/Stärke-Papier
I_2	violettes Gas aus Iodiden [d]	bläut KI/Stärke-Papier

[a] Der O_2-Nachweis mit einem glimmenden Span mißlingt häufig infolge zu geringer Substanzmengen. [b] Aus schwerzersetzlichen Carbonaten läßt sich beim Erhitzen leichter CO_2 austreiben, wenn die Probe zuvor mit einigen Tr. 1%iger $HClO_4$ versetzt oder mit etwas Boroxid B_2O_3 vermengt wurde. [c] Zum Nachweis kann ein Filterpapier verwendet werden, das zuvor mit einer KI/Stärke-Lösung getränkt wurde. [d] In Anwesenheit starker Oxidationsmittel – vgl. „Vorprobe mit konz. H_2SO_4".

Erwärmen mit H_2SO_4. Durch Übergießen der Ursubstanz mit verd. oder konz. H_2SO_4 (s. auch „Vorproben auf Anionengruppen", Seite 131) werden aus vielen Verbindungen gasförmige Stoffe ausgetrieben. Wegen der teilweise sehr heftig verlaufenden Reaktionen (Chlorate, Permanganate) sollte man für diese Vorprobe nur *sehr geringe* Mengen an Ursubstanz verwenden!

Zunächst wird die Probe mit *kalter, verdünnter* H_2SO_4 versetzt. Die dabei auftretenden Reaktionen werden sorgfältig beobachtet. Nach deren Abklingen wird *vorsichtig* erwärmt (Abzug! Schutzbrille!), um eine weitere Zersetzung der Ursubstanz zu erwirken. Diese Schritte werden anschließend *vorsichtig* mit konz. H_2SO_4 wiederholt. Neben charakteristisch gefärbten Gasen liefert diese Vorprobe zugleich auch erste Hinweise zum Lösungsverhalten der Substanz in (konz.) Säuren.

Tabelle 2.4 Gasentwicklung beim Versetzen der Ursubstanz mit H_2SO_4.

Farbe	Gas	verd. H_2SO_4	konz. H_2SO_4
farblos	CO_2	Carbonate	Carbonate
	SO_2	Sulfite, Thiosulfate	Sulfite, Thiosulfate
	HF	(Fluorosilicate)	Fluoride, Fluorosilicate
	HCl	–	Chloride
	H_2S	lösliche Sulfide, Thiosulfate	Sulfide
grün	Cl_2	Hypochlorite	Hypochlorite Chloride [a)]
gelb	ClO_2 [b)]	–	Chlorate
braun	NO_2	Nitrite	Nitrite, Nitrate
	Br_2	–	Bromide
	CrO_2Cl_2	–	Chloride **und** Chromate
violett	I_2	–	Iodide
	Mn_2O_7 [b)]	–	Permanganate

[a)] Bei Anwesenheit von Oxidationsmitteln. [b)] *Vorsicht beim Erhitzen:* Explosionsgefahr!

Alkalischer Auszug. Durch Behandeln einer Probe fein gemörserter Ursubstanz mit konzentrierter Lauge („alkalischer Auszug") und einigen Tr. 3%igem H_2O_2 gelangen viele Salze der Elemente Pb, Sn, Al und Zn (in geringeren Mengen auch die der Elemente Cu, Sb und Cr) in Form von Hydroxokomplexen in Lösung. Zunächst bilden sich unter Einwirkung der Lauge die entsprechenden Hydroxide, die sich einerseits bei Zugabe von Säure, andererseits auch bei weiterer Zugabe von Lauge (Überschuß) wieder lösen. Man nennt Hydroxide, die sowohl als Säure wie auch als Lauge zu reagieren vermögen, „amphotere Hydroxide".

$$Zn^{2+} \underset{+2\,H^+}{\overset{+2\,OH^-}{\rightleftharpoons}} \underset{\text{amphoteres Hydroxid}}{Zn(OH)_2\downarrow} \underset{+2\,H^+}{\overset{+2\,OH^-}{\rightleftharpoons}} \underset{\text{Hydroxozinkat}}{[Zn(OH)_4]^{2-}}$$

Mithilfe eines alkalischen Auszugs lassen sich viele Verbindungen der erwähnten Elemente in lösliche Hydroxokomplexe überführen. Allerdings können sich auch Cr-Salze als ${CrO_4}^{2-}$, Mn-Salze als ${MnO_4}^-$ und die Sulfide der Arsengruppe als

Thio-, Oxo- oder Thiooxokomplexe lösen.[5] Nach Behandeln der Ursubstanz mit konz. Lauge (Erwärmen!) und Abtrennen der unlöslichen Bestandteile säuert man *vorsichtig* an und prüft auf Anwesenheit von Pb^{2+} (Fällung als Sulfid und Nachweis als $PbCrO_4$). Anschließend unterwirft man die Lösung einem regulären Trennungsgang. Unter günstigen Bedingungen bewirkt diese Maßnahme, daß sonst schwer nachzuweisende Elemente wie Pb, Al oder Zn aus dem alkalischen Auszug direkt zu bestimmen sind.

Reduktion mit Natrium. Als Vorprobe auf die seltenen Elemente Ti, V, Mo und W kann eine Reduktion der entsprechenden Verbindungen mit elementarem Natrium durchgeführt werden. Hierzu erhitzt man in einem Glühröhrchen eine Spatelspitze Ursubstanz mit einem kleinen Stückchen metallischen Natriums bis zum Erweichen des Glases. Dann läßt man das glühende Röhrchen in ein Reagenzglas mit kaltem Wasser fallen und säuert an (*Vorsicht:* bei dieser Vorprobe können auch As- oder Sb-Verbindungen reduziert werden, die beim Ansäuern als AsH_3 bzw. SbH_3 entweichen ⟶ Abzug!).

Mo, W	Blaufärbung (vgl. Seite 265, 267)
Ti	Rotviolette Farbe des Ti^{3+} (vgl. Seite 254)
V	Grünfärbung (vgl. Seite 262)

2.3.2 Flammenfärbung

Die Verbindungen bestimmter Metalle (Alkali-, Erdalkalimetalle; Ga, In, Tl; aber auch Cu, in Gegenwart von Halogenidionen) färben die entleuchtete Brennerflamme (Außenkegel) charakteristisch. Einige Beispiele gibt Tabelle 2.5.

Zur Probenvorbereitung wird (falls noch nicht geschehen) die Ursubstanz im Mörser fein gepulvert. Da manche Kristalle in der Brennerflamme zum Zerspringen neigen (was sich durch gelbes Aufleuchten oder Blitzen der Flamme bemerkbar macht), kann man die zu untersuchende Probe zuvor in einem Glühröhrchen *vorsichtig* mit fächelnder Flamme erhitzen. Dabei darf die feste Probe aber auf gar keinen Fall *zu heiß* werden (kein Schmelzen, kein Sublimieren!), da sich andernfalls leicht sublimierbare Metalle (Li, K etc.) verflüchtigen können.

Zur Prüfung der Flammenfärbung verwendet man eine saubere, ausgeglühte Pt-Drahtöse.[6] Zum Reinigen des Pt-Drahts wird dieser kurz in konz. HCl getaucht und daraufhin solange geglüht, bis keine Färbung der Brennerflamme mehr zu

[5] Es lösen sich auch Verbindungen der seltenen Elemente V, Mo, W, Se, Te (vgl. Tab. 2.10).
[6] Es kann im Prinzip auch ein ausgeglühtes Magnesiastäbchen verwendet werden. Dies sollte jedoch nur bei einer ersten, groben Prüfung der Flammenfärbung der Fall sein. Bei der spektroskopischen Untersuchung der Flamme sollte besser ein Pt-Draht verwendet werden.

Tabelle 2.5 Flammenfärbung einiger Metalle.

Li	rot			B	grün [a]						
Na	gelb										
K	violett	Ca	ziegelrot	Ga	violett	Cu	grün			As	fahlblau [b]
Rb	violett	Sr	rot	In	violett			Sn	fahlblau [b]	Sb	fahlblau [b]
Cs	blau	Ba	grün [c]	Tl	blaugrün			Pb	fahlblau [b]		

[a] Man erhält durch Einwirkung von konz. Säuren auf Borate freie Borsäure, die eine *grüne* Flammenfärbung hervorruft. [b] Die Färbung ist nur schwach und daher nicht eindeutig. [c] Eine der Ba-Flamme vergleichbare Färbung kann auch von Mo hervorgerufen werden.

beobachten ist. Nach erneutem Eintauchen in konz. HCl wird ein weiteres Mal geglüht. Dieser Vorgang ist solange zu wiederholen, bis der mit HCl befeuchtete Pt-Draht beim ersten Eintauchen in die Brennerflamme keinerlei Färbung mehr verursacht. Bei starker Verschmutzung hilft das Anfertigen einer Phosphorsalzperle (s. dort). Man erhitzt solange, bis sich die Perle gerade verflüssigt und schleudert diese dann mit einer ruckartigen Handbewegung wieder vom Draht. Anschließend wird erneut auf Färbung der Flamme hin überprüft und das beschriebene „Abschmelzen" von Verunreinigungen mittels Phosphorsalz gegebenenfalls wiederholt.

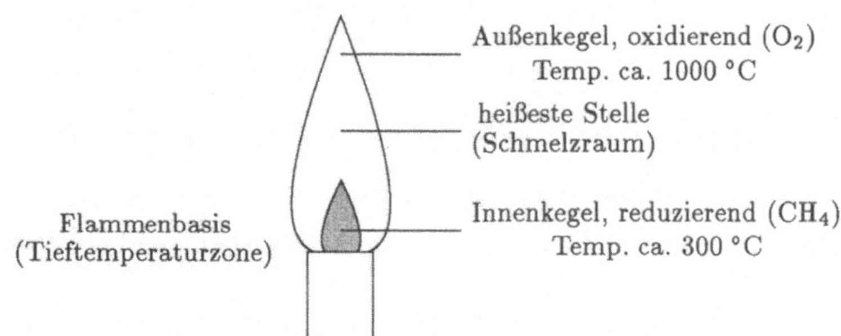

Bild 2.1 Die Zonen einer Brennerflamme

Um nun die eigentliche Flammenfärbung zu prüfen, wird eine saubere, ausgeglühte Pt-Drahtöse mit einigen Tropfen konz. HCl befeuchtet[7] und damit eine kleine Probe der innig vermischten Ursubstanz aufgenommen. Man bringt den Draht dann zunächst in den äußeren Teil der entleuchteten Brennerflamme (Bild 2.1) und beobachtet die Färbung, die von den leichter flüchtigen Bestandteilen der Probe verursacht wird.

Danach führt man die Drahtspitze weiter ins Flammeninnere, wo aufgrund der höheren Temperaturen auch die schwerer flüchtigen Bestandteile in die Gasphase

[7] Man sollte auch die Reinheit der verwendeten HCl durch kurzes Verdampfen in der Flamme überprüfen.

überführt werden. Läßt die Färbung der Flamme nach, so taucht man den Pt-Draht nach kurzem Abkühlen nochmals in konz. HCl. Durch Einwirkung der Säure bilden sich dabei flüchtige Chloride, die bei weiterer Prüfung verdampfen und zu einem erneutem Auftreten der Flammenfärbung(en) führen.

Natriumverbindungen ergeben eine helle und meist so lang anhaltende Flammenfärbung, daß die Farben anderer Metalle für eine gewisse Zeit vollständig überdeckt werden.[8] Dieses Problem kann durch Verwendung eines Co-Glases umgangen werden, das zwischen Flamme und Beobachter gehalten wird. Zwar ist die qualitative Interpretation der Flammenfärbung durch ein Co-Glas zuweilen fehlerbehaftet (mangelnde Güte des Glases), jedoch erleichtert die Verwendung eines Co-Glases das Auffinden leicht flüchtiger Metalle enorm, wenn es beim Spektroskopieren zwischen Flamme und Spektroskop gehalten wird.

Tabelle 2.6 Flammenfärbungen bei Verwendung eines Co-Glases

Flammenfärbung	durch ein Co-Glas	Element
gelb	—	Na
violett	karminrot	K
ziegelrot	hellgrün	Ca
karminot	violett	Sr
gelbgrün	blaugrün	Ba

Um schwerlösliche Bestandteile der Analysensubstanz zu erfassen, werden diese *reduzierenden Bedingungen* ausgesetzt. Beispielsweise kann man durch Glühen der Ursubstanz im (reduzierenden) Innenkegel der Flamme die Bildung von leichter flüchtigen Sulfiden aus schwerlöslichen Sulfaten ($BaSO_4$) erwirken. Oder man behandelt etwas Ursubstanz ca. 30 Minuten lang in einer Porzellanschale mit wenig konz. HCl und einer Zinkgranalie und hält die Lösung anschließend an einer Pt-Drahtöse in die Flamme. Dabei ist allerdings zu beachten, daß sich unter den genannten Bedingungen AsH_3 bzw. SbH_3 bilden kann (Abzug!). Oder man vermengt die zu untersuchende Probe mit sehr wenig Mg-Pulver und hält eine kleine Menge dieser Mischung in die Flamme („Blitzen"). Dabei darf man jedoch *auf gar keinen Fall* in die Flamme blicken, da Mg-Pulver heftig funkensprühend und in blendend hellem Licht verbrennt (Schutzbrille!).

Da sich die Farben, die von den einzelnen Metallen hervorgerufen werden, gegenseitig überdecken, benutzt man zur genaueren Analyse ein Spektroskop. In Bild 2.2 sind die Linien der Alkali- und Erdalkalielemente schematisch dargestellt. Weitere Hinweise zur spektroskopischen Bestimmung der Alkali- und Erdalkalielemente finden sich in Kapitel 3.4, ab Seite 114 und Kapitel 3.5, ab Seite 121.

[8] Insbesondere diejenigen Metalle, die relativ leicht verdampfbar sind, können oftmals nicht mehr in der Flamme beobachtet werden, wenn die gelbe Färbung des Natriums nach einiger Zeit allmählich nachläßt.

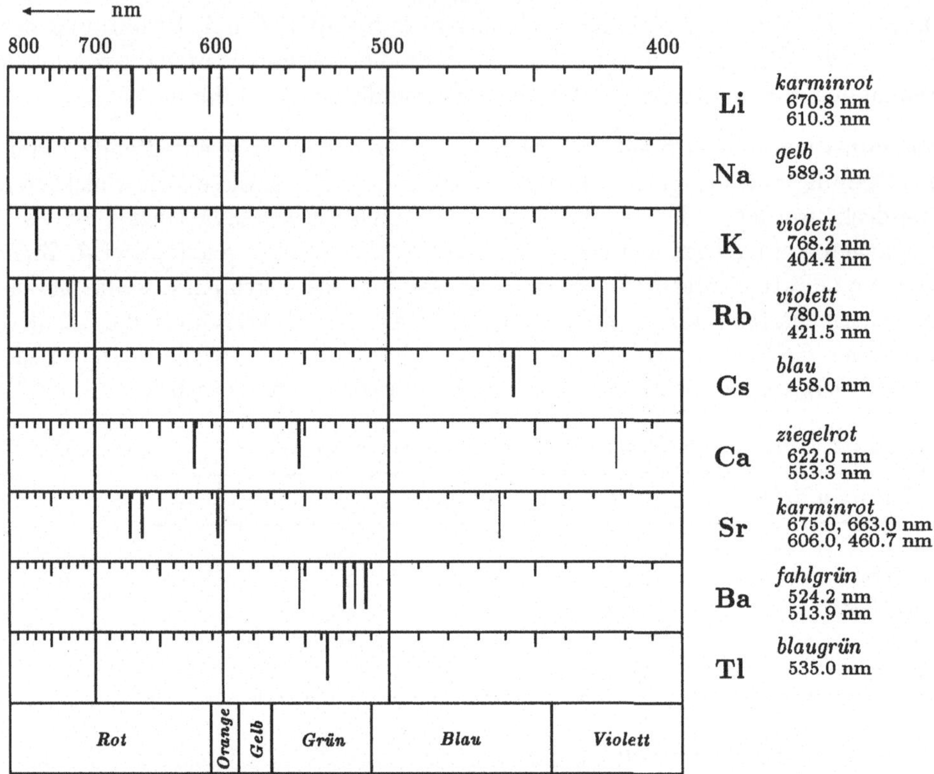

Bild 2.2 Spektrallinien und Flammenfärbungen einiger Metalle (schematisch).

2.3.3 Glühen mit $Co(NO_3)_2$-Lösung

Viele Oxide, die nach dem Glühen in der Brennerflamme weiß oder fast weiß sind, nehmen bei Behandlung mit verd. $Co(NO_3)_2$-Lösung und erneutem Glühen charakteristische Farben an, die teilweise auf die Bildung von Spinellverbindungen zurückzuführen sind. Spinelle sind Verbindungen des allg. Typs AB_2X_4 (A = zweiwertiges Metallkation; B = dreiwertiges Metallkation; X = vorwiegend Oxid, Sulfid). Wichtige Beispiele sind $MgAl_2O_4$ (Magnesiumspinell) oder $ZnAl_2O_4$ (Zinkspinell).

In der Praxis bringt man entweder eine Probe der Ursubstanz oder einen zu untersuchenden Rückstand/Niederschlag aus dem Trennungsgang auf eine sorgfältig ausgeglühte Magnesiarinne[9] und gibt darüber einige Tropfen einer sehr verdünnten $Co(NO_3)_2$-Lösung. Ist diese Lösung zu konzentriert, so erhält man schwarzes

[9] Als Blindprobe sollte die Magnesiarinne unbedingt allein mit $Co(NO_3)_2$-Lösung geglüht werden, da sie je nach Hersteller einen mehr oder minder großen Anteil an gebrannten Alumosilicaten enthalten kann und demzufolge oft schon *vor der Zugabe* von Fremdsubstanzen eine blaue Färbung mit $Co(NO_3)_2$-Lösung zeigt.

Co_3O_4. Dieses Oxid besitzt ebenfalls Spinellstruktur! Das wird deutlich, wenn man Co_3O_4 als $Co^{II}Co_2^{III}O_4$ formuliert.

Tabelle 2.7 Farben beim Glühen mit $Co(NO_3)_2$-Lösung.

Farbe		**verursacht von**
rosa	Zn	Bei zu hoher Konzentration an $Co(NO_3)_2$ können sich rosa gefärbte Mischkristalle bilden.
grün	Zn	Entweder Mischkristalle aus ZnO und CoO oder grüner $ZnCo_2O_4$-Spinell („Rinmans Grün").
	Ti	Gelbgrüne Färbung durch TiO_2.
	Sn	Blaugrünes $SnCo_2O_4$.
	Sb	Schmutziggrüner Schmelzrückstand (Sb_2O_3/CoO).
blau	Al [a]	Blauer $CoAl_2O_4$-Spinell [b] („Thénards Blau").
	Si	Selten; hellblaues Cobaltsilicat.
	Co/PO_4^{3-}	Phosphate und Co-Verbindungen ergeben analoge Reaktionen, wie sie bei der Bildung von Phosphorsalzperlen beobachtet werden.
	$Co/B_4O_7^{2-}$	Gleiches gilt für Borate und Co-Verbindungen (Boraxperle!)

[a] Im Gegensatz zu den Färbungen, die durch Silicate oder Phosphate hervorgerufen werden, zeigt „Thénards Blau" *keinen* Oberflächenglanz! [b] Bei hohem Co-Überschuß kann sich das *grüne* Mischoxid $7\,CoO \cdot 5\,Al_2O_3$ bilden.

2.3.4 Oxidationsschmelze

Auf einer sorgfältig ausgeglühten Magnesiarinne wird etwas Ursubstanz mit einer Mischung aus 3 Teilen KNO_3 und 2 Teilen K_2CO_3 vermengt und in der Oxidationsflamme geschmolzen.[10] NO_3^- wirkt auf die beigemengte Ursubstanz einerseits als *Oxidationsmittel*. Andererseits ist es zugleich ein *Oxidionen-Donor* im Sinne der Bjerrumschen Theorie (vgl. Seite 239). CO_3^{2-} wirkt ebenfalls als Oxidionen-Donor. Darüberhinaus verhindert das entweichende CO_2 ein Zusammenbacken der Schmelze, wodurch die innige Vermischung bzw. der vollständige Umsatz der beteiligten Komponenten während der Reaktion gewährleistet wird.

$$Cr_2O_3 + 3\,NO_3^- + 2\,CO_3^{2-} \xrightarrow{\Delta} \underset{\text{gelb}}{2\,CrO_4^{2-}} + 3\,NO_2^- + 2\,CO_2\uparrow$$

$$Mn^{2+} + 2\,NO_3^- + 2\,CO_3^{2-} \xrightarrow{\Delta} \underset{\text{grün}}{MnO_4^{2-}} + 2\,NO_2^- + 2\,CO_2\uparrow$$

[10] Durch Verwendung eines *Gemischs* aus Na_2CO_3 und K_2CO_3 läßt sich die erforderliche Schmelztemperatur senken (vgl. Seite 236).

Nach dem Erkalten deutet ein *gelber* Schmelzkuchen auf Anwesenheit von Cr, ein *grüner* Schmelzkuchen[11] auf Anwesenheit von Mn.

Löst man die Schmelze in H_2O, filtriert die Lösung und säuert mit verd. H_2SO_4 an, so geht die Färbung bei Anwesenheit von Mn in *rotviolett* über und es entsteht ein *brauner* Nd. (Disproportionierung von $MnO_4{}^{2-}$ in $MnO_4{}^{-}$ und MnO_2). Bei Anwesenheit von Mn *und* Cr ist analog zu verfahren. $MnO_4{}^{-}$ wird nach Lösen des Schmelzkuchens in Wasser und Ansäuern mit verd. H_2SO_4 durch $FeSO_4$, H_2SO_3 oder Ethanol reduziert. Danach zeigt sich die *gelbe* Farbe des $CrO_4{}^{2-}$.

Behandelt man die schwefelsaure Lösung des Schmelzkuchens mit einer Zn-Granalie, so lassen sich bei Anwesenheit der seltenen Elemente V, Mo und W folgende, charakteristische Färbungen beobachten:

Mo	nach anfänglicher *Blaufärbung* durch $MoO_{3-x}(OH)_x$ (x = 0–2) langsam zunehmende *dunkelbraune* Färbung durch Mo(III).
W	charakteristische, *himmelblaue* Färbung („Wolframblau") der wahrscheinlichen Zusammensetzung $WO_{3-x}(OH)_x$ (x = 0–2).
V	Farbwechsel von anfänglich hellblau (VO^{2+}) nach grün (V^{3+}).

2.3.5 Phosphorsalz- und Boraxperle

An einem sauberen, rotglühenden Magnesiastäbchen[12] wird zuvor fein gepulvertes Natriumammoniumhydrogenphosphat $Na(NH_4)HPO_4$ erhitzt. Dabei bilden sich durch Kondensation (Abspaltung von H_2O und NH_3) Meta- bzw. Polyphosphate der allgemeinen Form $(NaPO_3)_x$ (x = 3, 4 und ∞).

$$x\,Na(NH_4)HPO_4 \xrightarrow{\Delta} (NaPO_3)_x + x\,NH_3\uparrow + x\,H_2O$$

Diese Meta- bzw. Polyphosphate (hier vereinfachend als „$NaPO_3$" bezeichnet) sind in der Lage, Schwermetalloxide oder -sulfate zu lösen und in charakteristisch gefärbte Metaphosphate umzusetzen.

[11] Manganate(VI) sind nur in stark alk. Medium beständig. Die Farbreaktion kann daher noch intensiviert werden, wenn man zur erkalteten Schmelze ein kleines NaOH-Plätzchen gibt und daraufhin nochmals glüht. Eine intensiv *blaugrüne* Färbung deutet auf Anwesenheit von Mn.

[12] In vielen Büchern wird die Verwendung von teurem Pt-Draht empfohlen. Dies ist jedoch im Falle der Perlenprobe weder notwendig noch besonders anzuraten, da Pt-Drähte durch verschiedene Metalle, die im Reduktionsraum der Brennerflamme entstehen können (Ag, Pb, Bi, Sn, As etc.) oder durch Kohlenstoff (Bildung von Platinkohlenstofflegierungen, die den Draht brüchig machen) rasch zerstört werden.

Tabelle 2.8 Färbungen der Phosphorsalz- bzw. Boraxperle.

	Phosphorsalzperle			
	Oxidationsperle		*Reduktionsperle*	
Element	heiß	kalt	heiß	kalt
Ti	blaßgelb	farblos	blaßgelb	violett [a]
V	rotbraun	orange	bräunlich	grün
Cr	grün	grün	grün	grün
Mo	gelblich [b]	farblos [b]	grünbraun	grün
W	gelblich	farblos	grün	blau [a]
Mn	violett	violett	farblos	farblos
Fe	gelbrot	gelbrot	orange	grün
Co	blau	blau	blau	blau
Ni	gelb	rotbraun	farblos	farblos
Cu	grün	blaugrün	grünlich	lackrot
	Boraxperle			
	Oxidationsperle		*Reduktionsperle*	
Element	heiß	kalt	heiß	kalt
Ti	blaßgelb	farblos	braungelb	braungelb
V	gelb	gelbgrün	bräunlich	hellgrün
Cr	dunkelgelb	grün	grün	grün
Mo	gelblich [b]	farblos [b]	braun	braunschwarz
W	farblos	farblos	gelb	braungelb
Mn	violett	violett	farblos	farblos
Fe	gelbrot	gelb	grünlich	grünlich
Co [c]	blau	blau	blau	blau
Ni	—	rotbraun	farblos [d]	farblos [d]
Cu	grün	blaugrün	farblos	lackrot

[a] Mit einer Spur $FeSO_4$ geglüht: blutrot. [b] Gelingt nur, wenn die Oxidationsflamme völlig frei von reduzierenden Bestandteilen ist. [c] Der Nachweis von Co durch die Färbung einer Boraxperle wurde von J. G. Gahn (*1745, †1818) eingeführt. [d] Die Perle kann durch feinverteiltes Ni-Metall auch grau erscheinen.

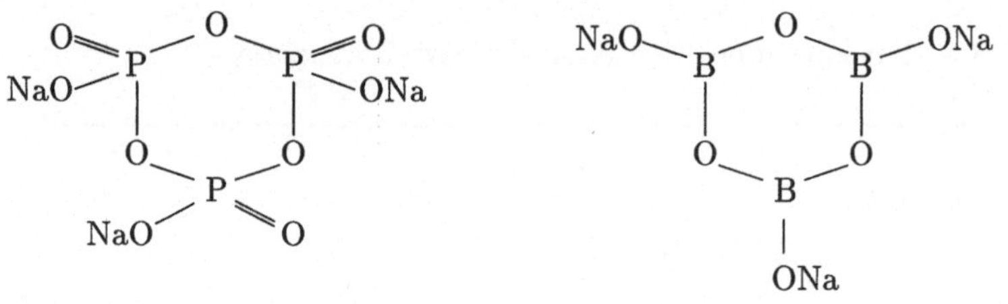

(a) (b)

Bild 2.3 Die Strukturen von Natriumtrimetaphosphat $(NaPO_3)_3$ (a) und von Natriumtrimetaborat $(NaBO_2)_3$ (b).

$$3\,„NaPO_3" + 3\,CoSO_4 \longrightarrow Na_3PO_4 + Co_3(PO_4)_2 + 3\,SO_3\uparrow$$

$$„NaPO_3" + CoSO_4 \longrightarrow \underset{\widehat{=}\ NaCoPO_4}{NaPO_3 \cdot CoO}$$

$$3\,„NaPO_3" + Cr_2(SO_4)_3 \longrightarrow 2\,CrPO_3 + Na_3PO_4 + 3\,SO_2\uparrow$$

Vergleichbare Reaktionen sind bei der Verwendung von Borax[13] $Na_2B_4O_7 \cdot 10\,H_2O$ zu beobachten. Hier bildet sich beim Erhitzen zunächst wasserfreies Tetraborat $Na_2B_4O_7$, dessen glasartige Schmelze (Natriummetaborat und Boroxid) ebenfalls viele Metalloxide unter Bildung charakteristisch gefärbter Mischverbindungen zu lösen vermag (vgl. Seite 230).

$$3x\,Na_2B_4O_7 \longrightarrow 2x\,(NaBO_2)_3 + 3x\,B_2O_3$$

In der Oxidationsflamme:

$$B_2O_3 + CuO \longrightarrow \underset{\text{blaugrün}}{Cu(BO_2)_2} \qquad \text{(Cu(II)metaborat)}$$

$$„NaBO_2" + CuO \longrightarrow NaCuBO_3 \qquad \text{(Cu(II)orthoborat)}$$

In der Reduktionsflamme:

$$2\,Cu(BO_2)_2 + 2\,„NaBO_2" + C \longrightarrow 2\,\underset{\text{farblos}}{CuBO_2} + Na_2B_4O_7 + CO\uparrow$$

$$2\,Cu(BO_2)_2 + 4\,„NaBO_2" + 2\,C \longrightarrow 2\,\underset{\text{rötlich}}{Cu} + 2\,Na_2B_4O_7 + 2CO\uparrow$$

Man führt die Vorprobe mit einer kleinen Menge sorgfältig vermischter und zerkleinerter Ursubstanz aus. *Vor dem Zermörsern* der Ursubstanz sollte jedoch – wie oben erwähnt – unbedingt auf charakteristische Partikel geachtet werden, die man isolieren und danach einer spezifischen Perlenprobe unterwerfen kann.

[13] Borax ist eigentlich $[Na(H_2O)_4]_2[B_4O_5(OH)_4]$.

Die Spitze eines Magnesiastäbchens wird bis zur Rotglut erhitzt und darauf heiß in zuvor fein gepulvertes Phosphorsalz oder Borax gedrückt. Bei erneutem Glühen in der heißesten Zone der Brennerflamme schmilzt das verwendete Salz nach kurzem Aufschäumen zu einer klaren, farblosen Perle, die man – sofern notwendig – durch erneutes Eindrücken in Phosphorsalz oder Borax vergrößern kann.

Die *erkaltete*, mit etwas Wasser befeuchtete Perle wird solange in eine Probe der pulverisierten Ursubstanz getaucht, bis eine erkennbare Menge daran haften bleibt.[14] Daraufhin wird zunächst in der kälteren Reduktionsflamme (Innenkegel) geschmolzen und die Färbung nach dem Erkalten sorgfältig studiert.

Anschließend wird dieser Vorgang in der heißeren Oxidationsflamme (Flammenspitze) mit neuer Probensubstanz wiederholt. Abhängig von der jeweiligen Flammenzone variieren die Oxidationsstufen der Metalle, was zu unterschiedlichen Perlenfärbungen führt. Boraxperlen bieten allgemein den praktischen Vorteil, daß sie besser am Magnesiastäbchen haften. Dagegen sind Phosphorsalzperlen bezüglich der charakteristischen Farben etwas aussagekräftiger.

Solange die Perle noch heiß ist, läßt sie sich besser interpretieren. Beim Erkalten bekommt sie meist Risse, die den Farbeindruck verfälschen können. Ist die beobachtete Färbung der Perle nur schwach, so sollte die Probe gegebenenfalls mit einer größeren Menge an Ursubstanz wiederholt werden. Bei Anwesenheit von Co, Cr oder Fe ist die Perle meist schwer zu interpretieren, da diese Elemente durch intensiv gefärbte Mischverbindungen die Phosphate bzw. -borate aller anderen Metalle überdecken. Bei Anwesenheit einiger Silicate zeigt die Phosphorsalzperle nach dem Glühen eine „skelettartige“ Struktur, da sich freiwerdendes SiO_2 in der Schmelze verteilt und der Perle eine charakteristische Trübung verleiht.

$$CaSiO_3 + „NaPO_3“ \longrightarrow \underset{\widehat{=}\ NaCaPO_4}{NaPO_3 \cdot CaO} + SiO_2$$

Diese Reaktion verläuft jedoch nur mit bestimmten Silicaten! Daher darf bei Fehlen der Skelettierung nicht zwangsläufig auf Abwesenheit von Silicaten geschlossen werden. Bei Boraxperlen ist die beschriebene Erscheinung dagegen generell nicht zu beobachten.

Zu speziellen Vorproben auf bestimmte Kationen wie „Amalgamprobe“ (Hg), „Bismutrutsche“ (Bi), „Glühröhrchenprobe“ (Cd), „Marshsche Probe“ (As, Sb), „Leuchtprobe“ (Sn) und ähnliche sei an dieser Stelle auf die entsprechenden Abschnitte in Kapitel 3 verwiesen.

[14] Man sollte zunächst *nur wenig* Ursubstanz mit der Perle verschmelzen, da diese sonst eine zu intensive und damit wenig charakteristische Färbung erhält. Sollte letzteres dennoch einmal der Fall sein, so schleudert man die heiße Perle mit einer raschen Handbewegung in ein mit Wasser gefülltes Becherglas und schmilzt den am Magnesiastäbchen verbliebenen Rest erneut mit Phosphorsalz oder Borax. Oder man drückt die noch heiße Perle mit einer Pinzette oder Zange auf dem Labortisch platt. Daraufhin lassen sich meist deutlich einzelne Farbabstufungen erkennen, die auf die vorhandenen Metallverbindungen deuten.

2.4 Sodaauszug

Ein Sodaauszug (SA) wird für diejenigen Anionen durchgeführt, deren Nachweise durch Metallkationen gestört werden.[15] Beispielsweise kann Chlorid durch Zusatz von $AgNO_3$ als weißes AgCl gefällt und nachgewiesen werden. Enthält die Ursubstanz jedoch Kationen der HCl-Gruppe (Ag^+, ${Hg_2}^{2+}$, Pb^{2+}), so bilden sich rasch deren schwerlösliche Chloride und das Anion wird einem sicheren Nachweis entzogen. Oder man versucht, ${SO_4}^{2-}$ mittels $BaCl_2$ als weißes $BaSO_4$ zu fällen. Sind dabei die Kationen Sr^{2+}, Ba^{2+} oder Pb^{2+} zugegen, so können sich schwerlösliche Sulfate bilden, die einen Nachweis von ${SO_4}^{2-}$ mit $BaCl_2$-Lösung verhindern.

Um solche Probleme zu umgehen, wird eine Probe der Ursubstanz mit einem reichlichen Überschuß an Na_2CO_3 (Soda) gekocht. Na_2CO_3 liefert dabei durch Hydrolyse und Dissoziation Carbonat-, Hydrogencarbonat- und Hydroxid-Ionen. Diese fällen die meisten Metallkationen (Ausnahmen s. unten) als schwerlösliche Hydroxide, Carbonate oder basische Carbonate (Mischverbindungen wie z. B. $Cu(OH)_2 \cdot CuCO_3$), während die zugehörigen Anionen in Lösung gehen.[16] Die schwerlöslichen Hydroxide und (basischen) Carbonate können als Rückstand vom Sodaauszug abgetrennt werden.[17] Die Nachweise der Anionen erfolgen dann anschließend aus dem Zentrifugat.

$$SrCl_2 + Na_2CO_3 \longrightarrow SrCO_3 \downarrow + 2\,NaCl$$

$$CuSO_4 + Na_2CO_3 + H_2O \longrightarrow Cu(OH)_2 \downarrow + Na_2SO_4 + CO_2 \uparrow$$

Neben dem Abtrennen unerwünschter Kationen erfüllt der Sodaauszug auch noch eine andere, wichtige Aufgabe: Durch den enormen Überschuß an Na_2CO_3 werden – gemäß des Prinzips von *Le Chatelier* – selbst schwerlösliche Verbindungen wie $BaSO_4$, AgCl oder Hg_2Cl_2 in so hinreichender Menge gelöst, daß anschließend zuverlässig auf Anwesenheit der freigesetzten Anionen geprüft werden kann.

$$BaSO_4 + Na_2CO_3 \rightleftharpoons BaCO_3 \downarrow + Na_2SO_4$$

$$2\,AgCl + Na_2CO_3 \rightleftharpoons Ag_2CO_3 \downarrow + 2\,NaCl$$

Die Gleichgewichtsbeeinflussung durch gezieltes Erhöhen der Carbonat-Konzentration führt jedoch nicht zwangsläufig zur Lösung aller schwerlöslichen Rückstände. So ist man beispielsweise bei hochgeglühten Oxiden fast immer auf einen Soda/Pottasche-Aufschluß angewiesen (s. Kap. 5.2.3, Seite 236), während schwerlösliche, basische Nitrate oder Sulfate ein Aufarbeiten der ausgewaschenen Rückstände des Sodaauszugs mit kalter, verd. Säure erforderlich machen.

[15] Die einzigen Kationen, die keinen der gebräuchlichen Anionen-Nachweise stören, sind Na^+, K^+ und ${NH_4}^+$. [16] Allgemein gilt: Dreiwertige Metallkationen bilden meist schwerlösliche Hydroxide, zweiwertige hingegen vorwiegend schwerlösliche Carbonate. [17] In aller Regel kann dieser Rückstand verworfen werden. In besonderen Fällen muß er jedoch nach saurem Auslaugen oder einem anderen geeigneten Aufschlußverfahren weiter untersucht werden.

Praxis: 0.1 g Analysensubstanz werden mit der dreifachen Menge an wasserfreiem Na_2CO_3 in 10–20 ml Wasser aufgeschlämmt und ca. 15–20 Minuten gekocht. Nach dem Erkalten der Lsg. trennt man von schwerlöslichen Bestandteilen ab, vertreibt durch vorsichtiges Ansäuern das enthaltene CO_2 (Lsg. ggf. etwas erwärmen!) und prüft anschließend nach einem der gängigen Verfahren auf Anwesenheit der gesuchten Anionen.

Achtung:
- Alkalische Lösungen neigen besonders leicht zu *Siedeverzügen* ⟶ beim Erhitzen einen Glasstab in die Lösung tauchen *und* regelmäßig umrühren.
- Das Zentrifugat *schäumt* beim Ansäuern stark (CO_2 ↑) ⟶ erst mit verd. Säure, dann mit konz. Säure versetzen.
- Wichtig ist die Verwendung *reiner* Soda! Es empfiehlt sich das Anlegen eines eigenen Na_2CO_3-Vorrats (Schraubflasche), der vor der ersten Verwendung mittels Blindproben auf Anwesenheit aller Standardanionen untersucht wird. Generell gilt auch für spätere Vorproben und Nachweise, daß jeweils alle verwendeten Substanzen (insbesondere die Säuren) durch regelmäßige Blindproben auf ihre Reinheit hin zu überprüfen sind.

2.4.1 Wichtige Hinweise zum Sodaauszug

Farbe des Sodaauszugs. Der Sodaauszug kann – abhängig von der Temperatur – durch folgende Elemente bzw. deren (komplexe) Ionen gefärbt sein:

Tabelle 2.9 Farben des Sodaauszugs (Lösung) und deren Herkunft.

Farbe	Element(e)	verursacht von
gelb	Cr [a]	$CrO_4{}^{2-}$
grün	Cr	Pentaaqua- oder Tetraaquachrom(III)-Komplexe (in der Hitze) $[CrX(H_2O)_5]^{2+}$ bzw. $[CrX_2(H_2O)_4]^{+}$ (X = einfach geladenes Anion; X_2 = zwei einfach geladene Anionen oder ein zweifach geladenes Anion), $[Cr(OH)_6]^{3-}$
rosa	Co	Hexaaquacobalt(II)-Komplexe $[Co(H_2O)_6]^{2+}$
blau	Co, Cu	Tetra- oder Hexahydroxocobaltate $[Co(OH)_4]^{2-}$ bzw. $[Co(OH)_6]^{4-}$; Tetrahydroxocuprate $[Cu(OH)_4]^{2-}$
violett	Cr [a], Mn [a]	Pentaaquachrom(III)- oder Tetraaquachrom(III)-Komplexe (in der Kälte) $[CrX(H_2O)_5]^{2+}$ bzw. $[CrX_2(H_2O)_4]^{+}$ (X = einfach geladenes Anion; X_2 = zwei einfach geladene Anionen oder ein zweifach geladenes Anion); $MnO_4{}^{-}$

[a] Die Farbe verschwindet nach Reduktion mit H_2O_2 oder Ethanol.

Die Farbe des Sodaauszugs kann sich beim Ansäuern ändern, insbesondere dann, wenn die Analysensubstanz gleichzeitig Br^- oder I^- und oxidierende Substanzen enthält (⟶ Braun- bzw. Violettfärbung durch elementares Brom bzw. Iod).

Metallionen in Lösung. Alle Metalle, die mit Na^+ lösliche (Komplex-)Anionen bilden, können beim Sodaauszug zu einem gewissen Teil in Lösung gehen.

Tabelle 2.10 Elemente, die sich im Sodaauszug lösen können.

Element(e)	in Lösung als
Pb, Sn, Al, Zn	Diese Elemente bilden amphotere Hydroxide bzw. (im Basenüberschuß) Hydroxokomplexe, Beispiel: $[Pb(OH)_3]^-$
As, Sb	$AsO_3{}^{3-}$, $AsO_4{}^{3-}$, $SbO_3{}^{3-}$, $SbO_4{}^{3-}$ (bei Anwesenheit von S^{2-} auch Thio- oder Thiooxokomplexe)
Se, Te	$SeO_3{}^{2-}$, $TeO_3{}^{2-}$
V, Cr, Mo, W, Mn	$VO_4{}^{3-}$, $CrO_4{}^{2-}$, $MoO_4{}^{2-}$, $WO_4{}^{2-}$, $MnO_4{}^-$

Niederschläge beim Ansäuern. Für die in Kapitel 2.5 beschriebenen Anionennachweise wird jeweils eine Probe des Sodaauszugs mit einer geeigneten Säure versetzt. Dabei können die in Tabelle 2.10 beschriebenen Komplexverbindungen (abhängig vom pH-Wert) wieder ausgefällt werden. Es bilden sich charakteristisch (gefärbte) Verbindungen, die sich zum Teil im Säureüberschuß wieder lösen. Weitere Niederschläge oder Trübungen sind auf folgende Reaktionen zurückzuführen:

- Wird zum Ansäuern des Sodaauszugs H_2SO_4 verwendet, so kann dies zur Bildung von weißem, schwerlöslichem $PbSO_4$ oder zur Oxidation von Br^- bzw. I^- zu elementarem Brom (braun) bzw. Iod (violett) führen.
- Aus den *Komplexen amphoterer Metalle* (z. B. $[Pb(OH)_3]^-$, $[Sn(OH)_4]^{2-}$, $[Al(OH)_4]^-$, $[Zn(OH)_4]^{2-}$) können sich beim Ansäuern des Sodaauszugs Metallhydroxide oder basische Carbonate (z. B. $PbCO_3 \cdot x\,Pb(OH)_2$) bilden. Diese meist sehr voluminösen, gallertartigen Niederschläge sind alle farblos bis weiß. Sie lösen sich bei weiterem Ansäuern wieder auf (Amphoterie). Ähnlich verhalten sich Molybdate $MoO_4{}^{2-}$ und Vanadate $VO_4{}^{3-}$, die unter Bildung gelber Isopolysäuren (s. Seite 258) reagieren.

  Auch Wolframate $WO_4{}^{2-}$ und lösliche Silicate $SiO_4{}^{4-}$ kondensieren beim Ansäuern zu höhermolekularen Isopolysäuren. Aus den zunächst entstehenden, kolloidalen Lösungen scheiden sich aber mit der Zeit amorphe Produkte ab, die sich im Gegensatz zu Molybdaten oder Vanadaten im Säureüberschuß nicht mehr lösen.[18]
- Durch Behandeln der Ursubstanz mit Soda gelangen die *Sulfide der Arsengruppe* als Thio-, Oxo- oder Thiooxokomplexe in Lösung (Arsensulfide lösen sich nur teilweise). Säuert man an, so fallen die charakteristisch gefärbten

[18] Zum eindeutigen Nachweis von Kieselsäure ist der Sodaauszug jedoch nicht geeignet, da die heiße alkalische Lösung mit der Zeit Kieselsäure aus dem Glas herauslöst.

Arsen- (gelb), Antimon- (orange) und Zinnsulfide (gelb) wieder aus. Letzteres geschieht auch dann, wenn in der Ursubstanz lösliche Sulfide neben As-, Sb- oder Sn-Verbindungen vorliegen. *Elementarer Schwefel* entsteht hingegen nur beim Ansäuern von $S_2O_3^{2-}$-haltigen Lösungen.

- Ein häufiger Fehler beim Chloridnachweis besteht darin, daß die Probelösung (Sodaauszug) nicht stark genug angesäuert wird. Setzt man dem Sodaauszug dann $AgNO_3$-Lösung zu, so können schwarzes Ag_2S, weißes Ag_2SO_3 sowie rotes Ag_2CrO_4 ausfallen (vgl. Seite 153).

Basische Nitrate. NO_3^- bildet mit einigen Schwermetallionen schwerlösliche, basische Nitrate der ungefähren Zusammensetzung $Hg(OH)NO_3$, $BiO(NO_3)$ oder $SbO(NO_3)$, die von Na_2CO_3 nicht umgesetzt werden, da ihre Löslichkeitsprodukte sehr viel kleiner als die der entsprechenden Hydroxide sind.

Wenn demnach der Nitratnachweis aus dem Sodaauszug negativ ist, sollte man ihn entweder aus dem wäßrigen Auszug der Ursubstanz wiederholen (Ursubstanz 15 Minuten lang mit Wasser auskochen, von Ungelöstem abzentrifugieren, dann erneuter NO_3^--Nachweis aus dem Zentrifugat) oder den Rückstand des Sodaauszugs mit kalter, verd. H_2SO_4 digerieren und den Nachweis aus der schwefelsauren Lösung wiederholen.

Allgemein. PO_4^{3-} kann entweder aus dem SA (bei Abwesenheit von AsO_4^{3-}) oder vor Fällung der Urotropin-Gruppe im Trennungsgang nachgewiesen werden. Bei Anwesenheit von PO_4^{3-} ist der Trennungsgang gegebenenfalls zu modifizieren (Störanion). Anweisungen hierzu finden sich auf Seite 81. CO_3^{2-} muß *immer* direkt aus der Ursubstanz nachgewiesen werden. Proben auf S^{2-} erfolgen entweder aus der Ursubstanz oder aus dem Rückstand des Sodaauszugs.[19]

2.5 Nachweis der Standardanionen

In den meisten Praktika der „qualitativen Analyse“ erarbeiten die Studierenden zunächst schrittweise die einzelnen Kationentrennungsgänge. Bevor sie sich dem weitaus schwierigeren Gebiet der reinen Anionenanalyse zuwenden, bleibt meist (der Einfachheit halber) die Zahl der nachzuweisenden Anionen auf einige „Standardanionen“ beschränkt. Aus diesem Grund werden an dieser Stelle einige kurze Angaben zum Nachweis der Anionen NO_3^-, PO_4^{3-}, SO_4^{2-}, Cl^-, S^{2-} und CO_3^{2-} gegeben, ehe in Kapitel 4 ausführlicher auf die Eigenschaften und Nachweise dieser und weiterer analytisch relevanter Anionen eingegangen wird.

[19] Lösliche Sulfide können aus dem SA mittels $Cd(Ac)_2$ als gelbes CdS gefällt werden. Einige Schwermetallsulfide werden jedoch in alkalischem Medium nicht oder nur zu einem sehr geringen Anteil gelöst. Der S^{2-}-Nachweis aus der Ursubstanz ist daher meist unumgänglich.

Nitrat, NO_3^- Auf der Tüpfelplatte (TP) wird eine Spatelspitze Ursubstanz (US) oder einige Tr. Sodaauszug mit jeweils einigen Körnchen 1-Naphthylamin und Sulfanilsäure vermengt. Man gibt eine Zn-Granalie oder eine Spatelspitze Zn-Staub hinzu und säuert mit wenigen Tr. konz. HAc an. Eine allmähliche *Rotfärbung* deutet auf Anwesenheit von NO_3^- (s. NW 2, Seite 204).

Phosphat, PO_4^{3-} Zunächst werden in einem kleinen RG einige Milliliter SA *vorsichtig* mit 5 Tr. konz. HCl angesäuert und danach mit einigen Tr. einer frisch bereiteten $ZrOCl_2$- oder $ZrO(NO_3)_2$-Lösung versetzt. Die Bildung eines nahezu durchsichtigen, gallertartigen, flockigen Niederschlags deutet auf Anwesenheit von PO_4^{3-}. Der Niederschlag zeigt sich häufig erst nach einiger Zeit bzw. beim Erhitzen der Analysenlösung. Bei Anwesenheit von AsO_4^{3-} muß der NW aus dem (salz-)sauren Auszug der US durchgeführt werden (s. NW 1, Seite 209).

Sulfat, SO_4^{2-} Man neutralisiert einige Tr. SA mit verd. HCl und gibt solange HCl hinzu, bis der pH-Wert der Lsg. ca. 1–2 beträgt. Nach Zugabe von einigen Tr. frisch bereiteter $BaCl_2$-Lsg. deutet ein *weißer, feinkristalliner* Nd. auf Anwesenheit von SO_4^{2-} (s. NW 1, Seite 190).

Chlorid, Cl^- 20 Tr. SA werden zunächst mit einigen Tr. verd. HNO_3, dann mit einigen Tr. konz. HNO_3 angesäuert. Nach Zugabe von einigen Tr. $AgNO_3$-Lsg. deutet ein *weißer, käsiger* Nd. (bei wenig Cl^- oft nur eine Trübung) auf Anwesenheit von Cl^-. Der Nd. kann durch Behandeln mit NH_3 in Lösung gebracht und durch anschließendes Ansäuern mit HNO_3 wieder ausgefällt werden (s. NW 1, Seite 153).

Sulfid, S^{2-} Man versetzt etwas US auf der TP mit 1 Tr. Iod/Azid-Lösung. Die Entwicklung von feinen *Gasbläschen* (durch Zersetzung von Azid-Ionen) *und* gleichzeitige *Entfärbung* der Reaktionslösung (durch Reduktion von Iod) deuten auf Anwesenheit von S^{2-} (s. NW 1, Seite 176).

Oder man verdünnt 20 Tr. SA mit etwas H_2O und versetzt darauf tropfenweise mit verd. $Cd(Ac)_2$-Lösung. Die anfänglich gelbe Trübung der Lösung geht bei weiterem $Cd(Ac)_2$-Zusatz und Erwärmen in einen gelben, flockigen Niederschlag über. Dieser wird abzentrifugiert und das klare Zentrifugat erneut mit $Cd(Ac)_2$ behandelt. Fällt dabei weißes $CdCO_3$, so kann davon ausgegangen werden, daß CdS quantitativ abgetrennt wurde (s. NW 2, Seite 176).

Carbonat, CO_3^{2-} Eine Mikrospatelspitze US wird in einem kleinen RG mit einigen Tr. verd. HCl versetzt. Gleich nach dem Zutropfen der Salzsäure wird ein mit frisch bereiteter, *klarer* $Ba(OH)_2$-Lsg. (Barytwasser) befülltes Gärröhrchen aufgesetzt. Nach ca. 7–15 Minuten auf dem WB deutet eine charakteristische *weiße* Trübung der Baryt-Lsg. auf Anwesenheit von CO_3^{2-} (s. NW 1, Seite 213).

3 Kationenanalysen

3.1 HCl-Gruppe

Zugehörige Kationen	Ag^+, Pb^{2+}, ${Hg_2}^{2+}$

Zur HCl-Gruppe gehören diejenigen Kationen, die aus stark saurem Medium als *schwerlösliche Chloride* gefällt werden können. Also: Ag^+ ($AgCl$), Pb^{2+} ($PbCl_2$) und ${Hg_2}^{2+}$ (Hg_2Cl_2). Als Gruppenfällungsreagenz wird Salzsäure verwendet.

Bei einer Gruppenanalyse (nur HCl-Gruppe) kann zum Lösen der Ursubstanz verd. HNO_3 verwendet werden, sofern man sich darüber im klaren ist, daß ${Hg_2}^{2+}$ mit (zu) konzentrierter HNO_3 zu Hg^{2+} oxidiert und damit dem Trennungsgang entzogen werden kann. Quecksilber gelangt dann in die H_2S-Gruppe, da nur ${Hg_2}^{2+}$ ein (säure-)schwerlösliches Chlorid bildet. Bei Vollanalysen löst man hingegen besser in konz. HCl und H_2O_2, da sich H_2O_2 problemlos verkochen läßt und man die Sulfide der H_2S-Gruppe besser aus salzsaurer als aus salpetersaurer Lösung fällt (man vermeidet die Oxidation von S^{2-} zu Schwefel!).

Vor der Trennung sollte zunächst auf Anwesenheit von S^{2-} und Cl^- geprüft werden, da diese beiden Anionen mit den Metallen der HCl-Gruppe schwerlösliche Rückstände bilden. Im Falle einer Gruppentrennung (nur HCl-Gruppe) kann bei *Abwesenheit* von S^{2-} und Cl^- der Trennungsgang stark vereinfacht werden (Schema A.1). Bei Vollanalysen trennt man generell nach Schema A.2.

3.1.1 Trennungsgang bei Abwesenheit von S^{2-} und Cl^-

Einen ersten Hinweis auf Abwesenheit von S^{2-} gibt häufig die Farbe der Analysensubstanz: Ist diese *rein weiß* oder höchstens *gelblich-braun* (Ag_2O), so kann davon ausgegangen werden, daß keine Metallsulfide (Ag_2S, PbS) vorliegen. Man sollte allerdings bedenken, daß neben nichtsulfidischen Schwermetallsalzen dennoch lösliche Sulfide (z. B. als Na_2S) vorliegen können[1] . In einem solchen Fall ist zwar die Ursubstanz nicht dunkel gefärbt, es können sich aber *nach* dem Behandeln mit verd. HNO_3 schwerlösliche Metallsulfide bilden. Unerläßlich ist daher eine gezielte Prüfung auf S^{2-} und Cl^-, aufgrund derer die Trennung gegebenenfalls zu modifizieren ist.

[1] Meist am Geruch oder an der charakteristischen Kristallform erkennbar; Na_2S bildet beispielsweise stark hygroskopische, durchsichtige, würfelförmige Kristalle.

A.1 Trennung bei Abwesenheit von S^{2-} und Cl^-.

Etwa 50–100 mg US (ca. 2 Mikrospatel) werden mit 10 ml verd. HNO_3 erwärmt. In Lösung befinden sich danach: Ag^+, $Hg_2{}^{2+}$ und Pb^{2+}. Als schwerlöslicher Bestandteil kann $PbSO_4$ vorliegen, das vor der Gruppentrennung abzentrifugiert wird.

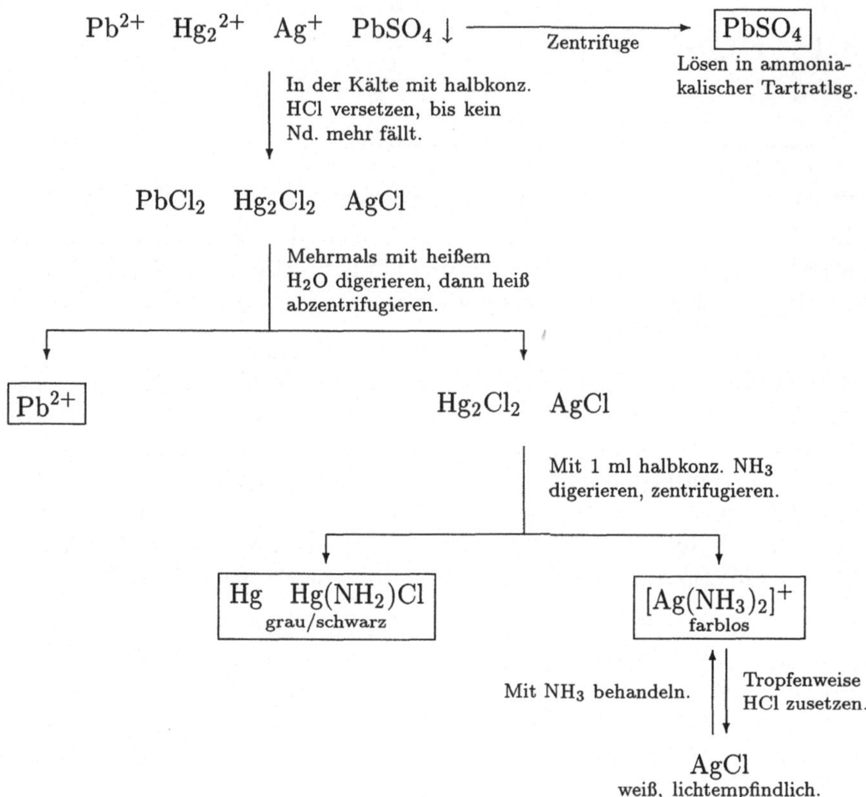

Einige Anmerkungen zu Schema A.1:

1. In Abwesenheit von S^{2-} und Cl^- kann nur $PbSO_4$ als unlöslicher Rückstand vorliegen. Man zentrifugiert, behandelt den Rückstand mit ammoniakalischer Tartratlösung und weist Pb^{2+} nach einem der gängigen Verfahren nach (z. B. als $PbCrO_4$, PbI_2, $K_2CuPb(NO_2)_6$; s. Seite 41ff.).

   Tartrate sind die Salze der Weinsäure (s. Bild 3.1), die als „mehrzähnige“ Liganden sog. „Chelatkomplexe“ zu bilden vermögen. Neutrale Chelate nennt man auch „innere Komplexe“. Sie sind meist farbig, schwerlöslich und besonders stabil (Bsp.: $Ni(Dado)_2$, Seite 99).

2. Beim Ansäuern der Probelösung mit HCl muß streng darauf geachtet werden, daß die Salzsäure in der richtigen Konzentration (halbkonz. HCl) verwendet wird! Ist die HCl-Konzentration *zu hoch,* so kann sich der lösliche

```
O        H   H        O
 ⟍       |   |       ⟋
  C  –  C  –  C  –  C
 ⟋       |   |       ⟍
HO       OH  OH       OH
```

Bild 3.1
Meso-Weinsäure.

Dichloroargentat(I)-Komplex $[AgCl_2]^-$ bilden und Silber wird in die H_2S-Gruppe verschleppt. Ist die HCl-Konzentration dagegen *zu niedrig,* so kann es passieren, daß $PbCl_2$ (noch) nicht ausfällt.

3. Nach dem Ansäuern mit HCl sollte man die Analysenlösung kühlen und dabei einige Zeit warten, da $PbCl_2$ mitunter sehr langsam fällt (ggf. auf Eis stellen).

4. Beim Digerieren mit heißem Wasser sollte man den Nd. *mehrmals* mit ca. 10 Tr. H_2O behandeln, da man so eine bessere Trennwirkung erreicht („Nernstscher Verteilungssatz“; vgl. Seite 12). Um $PbCl_2$ quantitativ abzutrennen, muß die *noch heiße* Suspension *schnell* zentrifugiert werden. Andernfalls kristallisiert beim Abkühlen wieder $PbCl_2$ aus, das dann im Rückstand verbleibt.

   Nach dem Vereinigen der Zentrifugate läßt man erkalten (ggf. auf Eis stellen). Dabei fällt nach einiger Zeit $PbCl_2$ in charakteristischen, *weißen* Nadeln aus. Man löst sie durch Erwärmen und weist Pb^{2+} nach einem der gängigen Verfahren nach.

5. Beim Behandeln des $AgCl/Hg_2Cl_2$-Gemisches mit NH_3 bildet sich (neben dem Diamminkomplex des Silbers $[Ag(NH_3)_2]^+$) aus Hg_2Cl_2 *schwarzes* elementares Quecksilber sowie weißes Amidoquecksilberchlorid $Hg(NH_2)Cl$ (sog. „unschmelzbares Präzipitat“):

$$Hg_2Cl_2 + 2\,NH_3 \longrightarrow Hg(NH_2)Cl + Hg + NH_4Cl$$

3.1.2 Trennungsgang bei Anwesenheit von S^{2-} und Cl^-

Einen ersten Hinweis gibt wieder die Farbe der Analysensubstanz: Ist diese dunkelbraun bis schwarz gefärbt, so kann davon ausgegangen werden, daß die Substanz Metallsulfide (Ag_2S, PbS) enthält. Sollte sie dagegen weiß sein, so können prinzipiell nur lösliche Sulfide (Na_2S) vorliegen (vgl. oben).

Durchführung: 50–100 mg Ursubstanz werden in konz. HCl/H_2O_2 gelöst.[2] Dadurch überführt man die Chloride von Silber und Blei in lösliche Chlorokomplexe ($[AgCl_2]^-$ und $[PbCl_4]^{2-}$), die nur im starken Cl^--Überschuß beständig

[2] Man oxidiert dadurch Hg_2^{2+} zu Hg^{2+}, das anschließend – wie Pb^{2+} – im „kleinen H_2S-Trennungsgang“ nachgewiesen wird. Vorsicht bei der Verwendung von konz. H_2O_2, da heiße Lösungen bei dessen Zugabe stark aufschäumen können!

A.2 Trennung bei Anwesenheit von S^{2-} und Cl^-.

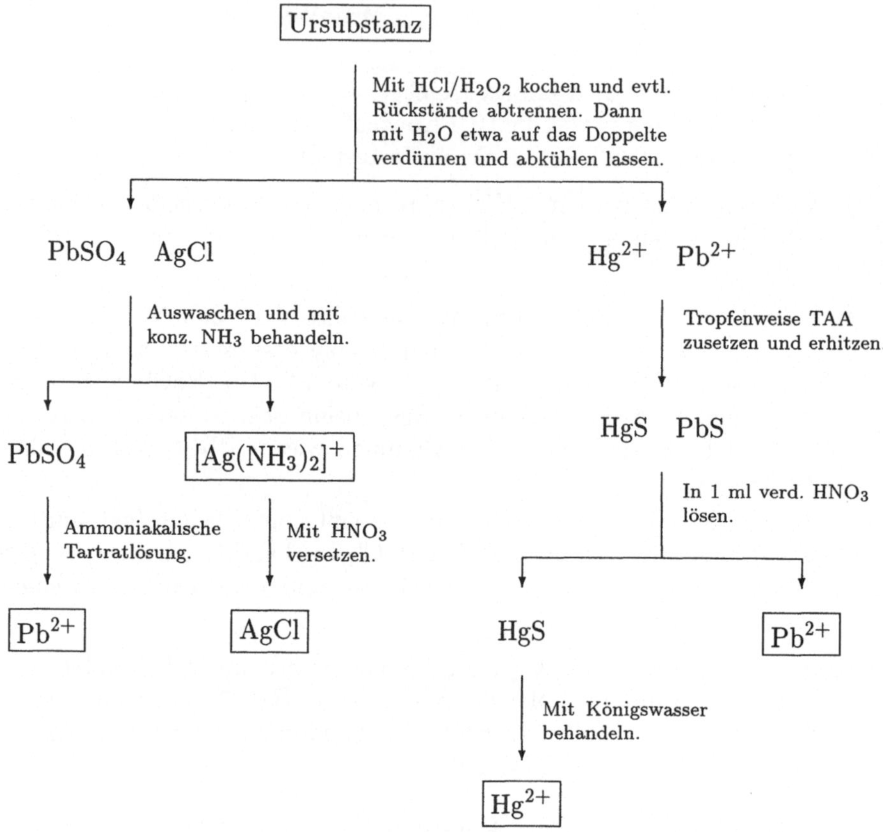

sind. Verdünnt man daher mit Wasser auf etwa das doppelte Volumen, so bildet sich bei Anwesenheit von Silber zunächst eine milchige Suspension, später *weißes, käsiges* AgCl, da der Dichlorokomplex durch Verdünnen zerstört wird (vgl. „Verdünnungsprobe", Seite 38). Bei Anwesenheit von Blei bildet sich $PbCl_2$, das jedoch aus heißen Lösungen *nicht* auskristallisiert. Man zentrifugiert die *heiße* Lösung und trennt damit außer AgCl eventuell vorliegendes $PbSO_4$ ab.

1. Der AgCl und $PbSO_4$ enthaltende Rückstand wird ausgewaschen und mit NH_3 versetzt $\longrightarrow$ $[Ag(NH_3)_2]^+$. Wie bereits auf Seite 10 erwähnt, müssen ammoniakalische Silber-Abfälle vor ihrer Entsorgung angesäuert werden, da sich andernfalls explosives „Knallsilber" (Ag_3N) bilden kann.
2. $PbSO_4$ wird wie gewohnt in ammoniakalischer Tartratlösung gelöst und Pb^{2+} nach den gängigen Methoden nachgewiesen.

Das Zentrifugat, das Pb^{2+} und Hg^{2+} enthalten kann, wird darauf einem „kleinen H_2S-Trennungsgang“ unterworfen:

1. Das salzsaure Zentrifugat (Hg^{2+}, Pb^{2+}), das kein H_2O_2 mehr enthalten darf,[3] wird auf dem Wasserbad erhitzt und solange tropfenweise mit TAA (Thioacetamid) versetzt, bis kein Niederschlag mehr fällt.

$$CH_3-C\begin{matrix}\nearrow\!\!\!\!\!= S\\ \searrow NH_2\end{matrix} + 2\,H_2O \xrightarrow{\Delta} CH_3-C\begin{matrix}\nearrow\!\!\!\!\!= O\\ \searrow O^-\end{matrix} + H_2S + NH_4^+$$

2. Der abzentrifugierte Nd. wird mit ca. 1 ml HNO_3-Lsg., die aus 1 Teil konz. HNO_3 und 2 Teilen Wasser besteht, auf dem WB erwärmt. PbS geht dabei in Lsg. und kann anschließend wie gewohnt nachgewiesen werden.
3. Das verbleibende HgS wird schließlich in Königswasser gelöst.

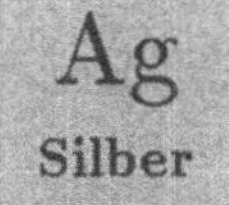

Silber, Ag

M	Smp.	Sdp.	ρ [g/cm³]	EN	Oxidationsstufen	e⁻-Konfiguration
107.87	961 °C	2210 °C	10.5	1.93	+1, (+2), (+3)	$[Kr]\,4d^{10}\,5s^1$

Standardpotential(e)

$Ag^+ + e^- \rightleftharpoons Ag.\quad E^0 = +0.799$ V

Vorkommen/Mineralien

Vorwiegend als Sulfid in Form des Minerals Silberglanz (Argentit) Ag_2S, den Rotgültigerzen Ag_3SbS_3 (Pyrargyrit) und Ag_3AsS_3 (Proustit) sowie gelegentlich auch als Hornsilber AgCl (Chlorargyrit) bzw. AgBr (Bromargyrit). Gediegen kommt Ag seltener vor.

Herstellung: Auf naßchemischem Weg gewinnt man Ag durch Auslaugen feingemahlener Silbererze mit NaCN-Lösung „Cyanidlaugerei“. Nach dem Verfahren von *Parkes* wird Ag mit geschmolzenem Zn aus silberhaltigem „Werkblei“ extrahiert, das bei der technischen Bleiglanzverhüttung anfällt. Nach *Pattinson* gewinnt man Reinsilber durch Auskristallisieren aus bismuthaltigen Rohbleischmelzen. Schließlich kann Ag auch aus den Anodenschlämmen der Cu-, Ni- oder Pb-Raffination erhalten werden, wenn man diese durch elektrolytische Raffination in $AgNO_3$-Lösung reinigt.

[3] Andernfalls oxidiert man H_2S zu Schwefel, der sich nur schwer wieder entfernen läßt (kolloidale Lsg.). H_2O_2 wird durch längeres Kochen zerstört; vgl. Seite 172.

Verwendung: Als Legierungsbestandteil[4] findet Silber Verwendung bei der Herstellung von Münzen, Tiegeln (Labor), Schmuck- und Ziergegenständen. In der Medizin nutzt man Silber zur Fertigung von Zahnplomben (Silberamalgam), Silbernitrat zur Entfernung von Warzen und kolloidale Silberlösungen („Kollargol"; s. unten) als antibakterielle Mittel. Weitere Anwendungsbereiche sind Verspiegelungstechnik (Beschichtungen), Elektronik (Sicherungen, Kontakte) und Photoindustrie (vorwiegend AgBr; s. Seite 186).

Eigenschaften: Silber ist ein weißglänzendes, weiches und sehr dehnbares Edelmetall, das in der kubisch-dichtesten Kugelpackung kristallisiert. Silberdampf ist blau, kolloidal verteiltes Silber erscheint dunkelgrau bis schwarz. Silber besitzt von allen Metallen die beste Leitfähigkeit für Wärme und Elektrizität. Es ist äußerst duktil und kann daher zu dünnen Fäden ausgezogen oder zu Folien gewalzt werden. Flüssiges Silber nimmt bis zum Zwanzigfachen seines Volumen an Sauerstoff auf. Beim Erstarren entweicht dieser deutlich hörbar („Spratzen"). Silber steht an der 64. Stelle der Elementhäufigkeit.

Ag ist weniger reaktiv als das homologe Cu. Es wird durch spurenweise in der Luft enthaltenes H_2S allmählich geschwärzt („Anlaufen"), da sich schwerlösliches, schwarzes Ag_2S bildet (vgl. „Heparprobe", Seite 177). Dieses Nachdunkeln kann durch „Rhodinieren" (galvanisches Beschichten mit Rh) verhindert werden. Als Edelmetall wird Ag nur von oxidierenden Säuren (HNO_3, heiße H_2SO_4) gelöst. Silber-Ionen wirken (ähnlich wie Kupfer-Ionen) selbst in geringer Konzentration keimtötend. Silbersalze sind nicht giftig ($AgNO_3$ ist jedoch ätzend!).

Nachweis von Silber

1. NW als AgCl

$$Ag^+ + Cl^- \longrightarrow \underset{\text{weiß}}{AgCl\downarrow} \xrightarrow{+Cl^-} \underset{\text{Dichloroargentat}}{[AgCl_2]^-}$$

Chlorid-Ionen bilden mit Ag^+ einen *weißen, käsigen* Niederschlag, der sehr lichtempfindlich ist und sich nach einiger Zeit *blaugrau* verfärbt (infolge Zersetzung von AgCl in freies Halogen und feinverteiltes, kolloidales Silber). AgCl löst sich im Cl^--Überschuß unter Bildung eines Dichloroargentat-Komplexes. Diese Tatsache kann im Trennungsgang folgendermaßen genutzt werden:

Praxis: Man löst etwas US in konz. HCl (und ggf. H_2O_2) und erhitzt zum Sieden. Dabei werden Ag-Verbindungen durch den hohen Cl^--Überschuß komplexiert und können von einem eventuell verbliebenen RS abgetrennt werden. Da der $[AgCl_2]^-$-Komplex nur in hohem Cl^--Überschuß stabil ist, verdünnt man eine Probe des Z. mit ca. demselben Volumen an H_2O. Bildet sich darauf eine milchige Suspension, später weißes, käsiges AgCl, so deutet dies auf Anwesenheit von Ag-Verbindungen („Verdünnungsprobe").

[4] Da reines Silber sehr weich ist, wird es für viele Anwendungen mit Kupfer legiert.

Man sollte den Nd. aber unbedingt „altern“ lassen (eine Weile stehen lassen), um zu prüfen, ob er sich unter Lichteinfluß verfärbt. Auch kann das Lösen in NH_3 bzw. das Wiederausfällen mit verd. HNO_3 (s. unten) Aufschluß darüber geben, ob es sich bei dem Nd. tatsächlich um AgCl handelt.

AgCl ist im Gegensatz zu Ag_2CO_3 und Ag_3PO_4 in verd. und konz. HNO_3 unlöslich. In NH_3 lösen sich alle drei Ag-Verbindungen unter Bildung der entsprechenden Amminkomplexe.

$$AgCl + 2\,NH_3 \longrightarrow \underset{\text{Diamminsilber(I)-Komplex}}{[Ag(NH_3)_2]^+} + Cl^-$$

$$[Ag(NH_3)_2]^+ + 2\,HNO_3 + Cl^- \longrightarrow AgCl\downarrow + 2\,NH_4NO_3$$

Durch Ansäuern mit verd. HNO_3 kann wieder *weißes* AgCl ausgefällt werden.

Praxis: AgCl (Niederschlag aus dem TG oder aus der „Verdünnungsprobe“) kann mit NH_3 gelöst und durch Ansäuern mit verd. HNO_3 oder HCl wieder ausgefällt werden.

Störung:
- Größere Mengen an Hg(I) und Pb(II) (fallen auch als schwerlösliche Chloride) ⟶ man fällt mit Schwefelsäure zuerst $PbSO_4$ und oxidiert dann mit Salpetersäure Hg(I) zu Hg(II).
- Oftmals fällt AgCl erst beim Kratzen an der Glaswand oder beim Umfüllen in ein anderes Becherglas.

2. NW als Ag_2CrO_4

$$2\,Ag^+ + CrO_4^{2-} \longrightarrow \underset{\text{rotbraun}}{Ag_2CrO_4\downarrow}$$

Praxis: Ag^+ fällt aus neutraler Lösung mit CrO_4^{2-} als *rotbraunes* Ag_2CrO_4, das in Säuren und NH_3 löslich ist.

Pb
Blei

Blei, Pb

M	Smp.	Sdp.	ρ [g/cm^3]	EN	Oxidationsstufen	e^--Konfiguration
207.2	327 °C	1740 °C	11.4	1.87	+2, +4	[Xe] $4f^{14}\,5d^{10}\,6s^2\,6p^2$

Standardpotential(e)

$Pb^{2+} + 2e^- \rightleftharpoons Pb$. $E^0 = -0.126$ V

Vorkommen/Mineralien

Vorwiegend als Sulfid in Form der Mineralien Bleiglanz (Galenit) PbS, Weißbleierz (Cerussit) $PbCO_3$, Rotbleierz (Krokoit) $PbCrO_4$, Gelbbleierz (Wulfenit) $PbMoO_4$, Bleivitriol $PbSO_4$ (Anglesit), Scheelbleierz (Stolzit) $PbWO_4$. Gediegen kommt Blei seltener vor.

Herstellung: Die Darstellung von metallischem Blei erfolgt überwiegend nach dem „Röstreduktionsverfahren“. Dabei wird Bleiglanz PbS nach Anreicherung durch „Flotation“ mit Luft geröstet („Verblaseröstung“) und das so erhaltene PbO im Schachtofen mittels Koks unter Bildung von CO reduziert:

$$2\,PbS + 3\,O_2 \longrightarrow 2\,PbO + 2\,SO_2\uparrow$$

$$PbO + C \longrightarrow Pb + CO\uparrow$$

Als verunreinigtes Primärprodukt erhält man „Werkblei“, das „entsilbert“ und von Cu, Fe, Sn, As und Sb befreit werden muß. Besonders reines Blei erhält man durch elektrolytische Raffination von „Werkblei“.

Verwendung: Blei ist sehr korrosionsbeständig, gut zu verarbeiten (weich, duktil, niedriger Schmelzpunkt) und besitzt eine hohe Dichte. Daher wird es zur Herstellung von Kabelummantelungen, Rohren und Blechen, Akkumulatorplatten (Autobatterien) und Verchromungsanoden verwendet. Im Strahlenschutz wird es zur Absorption von Strahlen (Röntgen-, γ-Strahlen) genutzt. Wichtige Legierungen sind Hartblei, Letternmetall, Lagermetall und Bahnmetall. Blei-Verbindungen dienen als Pigmentfarbstoffe[5] und als Ausgangsmaterial zur Fertigung von optischen Gläsern.

Eigenschaften: Blei ist ein schweres, bläulich-graues, weiches und dehnbares Schwermetall von geringer Festigkeit, das in der kubisch-dichtesten Kugelpackung kristallisiert. Entgegen seiner Stellung in der elektrochemischen Spannungsreihe, wird es von verd. H_2SO_4 oder verd. HCl *nicht* gelöst (Bildung einer Passivierungsschicht). Heiße, konz. HCl löst Blei jedoch unter Bildung von $[PbCl_4]^{2-}$, heiße konz. H_2SO_4 unter Bildung von $Pb(HSO_4)_2$. Blei bildet unter anderem *schwerlösliche* Chloride, Iodide, Oxide, Sulfide, Sulfate, Phosphate und Chromate. Das Hydroxid des Bleis $Pb(OH)_2$ ist amphoter.

Blei steht an der 36. Stelle der Elementhäufigkeit. Dieses verhältnismäßig häufige Vorkommen des Metalls liegt in der Tatsache begründet, daß Blei das Endprodukt der drei natürlichen radioaktiven Zerfallsreihen ist. Feinverteiltes Blei entzündet sich von selbst an der Luft („pyrophores Blei“). Elektrische und thermische Leitfähigkeit sind relativ gering. Blei(IV)-Ionen gehen leicht in Blei(II)-Ionen über und sind daher starke Oxidationsmittel.

Toxikologie: Bleiverbindungen gelten zwar im allgemeinen als mindergiftig, es besteht jedoch die Gefahr einer „kumulativen Wirkung“ (chronische Vergiftung bei dauernder Aufnahme kleiner Mengen an Blei und Bleiverbindungen)![6]

[5] „Bleiweiß“ ($2\,PbCO_3 \cdot Pb(OH)_2$), Mennige (Pb_3O_4, rot), Chromgelb ($PbCrO_4$), Chromrot ($PbO \cdot PbCrO_4$) etc. [6] Neben der bekannten, toxischen, organischen Bleiverbindung Tetraethylblei („Antiklopfmittel“ in verbleitem Benzin) zeigen auch verschiedene anorganische Bleiverbindungen eine gewisse Flüchtigkeit und damit die Tendenz zur Verbreitung in der Atmosphäre. Ein großer Teil des Bleis in der Umwelt ist jedoch oxidisch an kleinste Partikel gebunden und kann beispielsweise von Lebensmitteln durch sorgfältiges Waschen entfernt werden.

Verbindung	Gefahrensymbol(e)	R-Sätze	S-Sätze
$Pb(NO_3)_2$	Xn (mindergiftig) O (brandfördernd)	8–20/22–33	13–20/21
$Pb(Ac)_2$	Xn (mindergiftig)	20/22–33	13–20/21
$PbCrO_4$	Xn (mindergiftig)	33–40	22
PbO	Xn (mindergiftig)	20/22–33	13–20/21
PbO_2	Xn (mindergiftig)	20/22–33	13–20/21

R8 *Feuergefahr bei Berührung mit brennbaren Stoffen.* R20/22 *Gesundheitsschädlich beim Einatmen und Verschlucken.* R33 *Gefahr kumulativer Wirkungen.* R40 *Irreversibler Schaden möglich.*

Nachweis von Blei

Blei macht im Trennungsgang häufig Probleme, weil es dazu neigt, beim Kochen mit Thioacetamid nicht quantitativ auszufallen. Möglicherweise kommt es zur Bildung von Sulfido- und/oder Hydrogensulfido-Komplexen, wie man sie beispielsweise vom zweiwertigen Quecksilber her kennt. In vielen Fällen hilft hier ein „alkalischer Auszug", bei dem man die Ursubstanz einige Zeit lang mit warmer konz. Lauge behandelt. Nach Abtrennen der unlöslichen Bestandteile säuert man *vorsichtig* an und prüft sofort auf Anwesenheit von Pb^{2+} (Fällung als Sulfid und Nachweis als $PbCrO_4$) (vgl. Seite 18). Unter günstigen Bedingungen bewirkt diese Maßnahme, daß Pb^{2+} aus dem alkalischen Zentrifugat relativ sicher zu bestimmen ist.

1. NW als $PbCrO_4$

$$Pb^{2+} + CrO_4{}^{2-} \longrightarrow \underset{\text{gelb}}{PbCrO_4}$$

Bei Versetzen einer Pb^{2+}-haltigen Lösung mit K_2CrO_4 kommt es zur Bildung eines *gelben,* in HAc und NH_3 unlöslichen, in NaOH und HNO_3 löslichen, kristallinen Nd. (unter dem Mikroskop identifizierbar). Dabei ist zu beachten, daß die Reaktion wegen des „Chromat-Dichromat-Gleichgewichts" *im richtigen pH-Bereich* durchgeführt wird (s. auch Bild 6.1, Seite 258):

$$\underset{pH\ \leq\ 2}{H_2CrO_4} \underset{+H^+}{\rightleftharpoons} \underset{pH\ 2\text{–}6}{HCrO_4{}^-} \underset{+H^+}{\rightleftharpoons} \underset{pH\ >\ 6}{CrO_4{}^{2-}}$$

Bei hoher Konzentration an $HCrO_4{}^-$ erfolgt Kondensation zum Dichromat gemäß:

$$2\,HCrO_4{}^- \rightleftharpoons Cr_2O_7{}^{2-} + H_2O$$

Wird also der pH-Wert zu niedrig (hohe H^+-Konzentration), so sinkt die Konzentration an $CrO_4{}^{2-}$ soweit ab, daß das LP_{PbCrO_4} nicht mehr überschritten wird.

Praxis: Die schwach alk. Lsg. wird mit wenig verd. K_2CrO_4-Lsg. versetzt und dann mit verd. HAc schwach angesäuert ⟶ Nd. von *gelbem*, schwerlöslichem $PbCrO_4$, das sich in HAc nicht löst. Beim Behandeln mit etwas NaOH bildet sich *rotes, basisches* Bleichromat.

Störung: Alle Kationen, die mit $CrO_4{}^{2-}$ in saurer Lösung ebenfalls schwerlösliche Chromate bilden, müssen abwesend sein (Ag^+, $Hg_2{}^{2+}$, Ba^{2+}).

2. NW als PbI_2, $[PbI_4]^{2-}$

$$Pb^{2+} + 2\,I^- \rightleftharpoons \underset{\text{gelb}}{PbI_2\downarrow}$$

$$PbI_2 + 2\,I^- \rightleftharpoons [PbI_4]^{2-}$$

Im Gegensatz zum AgI löst sich PbI_2 im Iodid-ÜS zu $[PbI_4]^{2-}$.

Praxis: Lsg. mit KI versetzen ⟶ *gelbes* $PbI_2\downarrow$. Löst man dieses in der Hitze und läßt es beim Erkalten wieder ausfallen, kann man unter dem Mikroskop *goldglänzende, hexagonale* PbI_2-Blättchen beobachten.

3. NW als $K_2CuPb(NO_2)_6$

$$2\,K^+ + Cu^{2+} + Pb^{2+} + 6\,NaNO_2 \longrightarrow K_2CuPb(NO_2)_6\downarrow + 6\,Na^+$$

Bildung eines Tripelnitrits analog $K_2Ni[Pb(NO_2)_6]$ bzw. $K_2Na[Co(NO_2)_6]$ (gut für den HM-Maßstab geeignet).

Praxis: 3 Tr. schwach essigsaure Lsg. werden auf dem OT fast bis zur Trockne eingedampft und der abgekühlte RS mit 1 Tr. Reagenzlsg. versetzt. Bei Zugabe von etwas festem KNO_2 ⟶ *schwarze* Würfel des Tripelsalzes.

Reagenz: Mischung aus gleichen Volumina an konz. HAc, kalt ges. NH_4Ac-Lsg. und 10%iger $Cu(Ac)_2$-Lsg.

Störung: Hg^{2+} (in großem ÜS), Bi^{3+} und Sn^{2+} stören.

4. NW als Diphenylthiocarbazon-Chelat

Praxis: Die schwach alk. oder neutrale Pb^{2+}-Lsg. wird mit etwas KCN und K/Na-Tartrat versetzt und 1 Tr. dieser Lsg. mit 1 Tr. einer frisch bereiteten Reagenzlösung auf der TP zur Rkt. gebracht. Bei Anwesenheit von Pb^{2+} färbt sich der $CHCl_3$-Ring von der Grenzfläche zur wss. Phase hin *rot* (Farbumschlag von grün nach rot).

Reagenz: $^1/_2$ Mikrospatel Diphenylthiocarbazon (Dithizon) oder Dithizon/KCl-Verreibung wird in ca. $^1/_2$ ml $CHCl_3$ gelöst (⟶ Blindprobe!).

Störung: Andere Schwermetallionen, die vergleichbare Reaktionen eingehen, werden mit CN^- oder Tartrat maskiert.

Hg
Quecksilber

Quecksilber, Hg

M	Smp.	Sdp.	ρ [g/cm^3]	EN	Oxidationsstufen	e^--Konfiguration
200.59	−39 °C	357 °C	13.53	2.00	+1, +2	[Xe] $4f^{14}\,5d^{10}\,6s^2$

Standardpotential(e)

$Hg_2^{2+} + 2e^- \rightleftharpoons 2\,Hg$. $E^0 = +0.788$ V
$Hg^{2+} + 2e^- \rightleftharpoons Hg$. $E^0 = +0.850$ V

Vorkommen/Mineralien

Mineralisch vorwiegend als Zinnober HgS oder Levingstonit $Hg[Sb_4S_7]$. Selten gediegen (Tröpfchen im Gestein).

Herstellung: Zinnoberhaltige Erze werden im Luftstrom geröstet, der dabei sublimierende Quecksilberdampf schlägt sich an wassergekühlten Kondensatoren nieder und kann in zementgefütterten Kammern gesammelt werden. Anschließend erfolgt Vakuumdestillation und/oder Oxidation eventuell enthaltener Verunreinigungen mit verd. HNO_3.

Verwendung: In physikalischen Apparaturen (Quecksilberdiffusionspumpen, Quecksilberdampflampen, Thermometer, Barometer), bei der Chloralkalielektrolyse („Amalgamverfahren"), in Batterien, medizinischen Salben (heute nur noch geringe Bedeutung) sowie als „Silberamalgam" in Zahnfüllungen.

Eigenschaften: Bei Raumtemperatur ist Quecksilber eine silbrige, leicht bewegliche Flüssigkeit. Es ist damit das einzige, bei Raumtemperatur flüssige Metall.[7] Im festen Zustand ist Quecksilber weich und dehnbar. Es kristallisiert in der hexagonal-dichtesten Kugelpackung. Bei 357 °C siedet Hg unter Bildung eines monoatomaren und äußerst giftigen Dampfes.

Quecksilber ist ein schlechter Wärmeleiter mit linearem Wärmeausdehnungskoeffizient. Die elektrische Leitfähigkeit beträgt nur ca. 2% der Leitfähigkeit von Kupfer. Die Legierungen, die Hg mit verschiedenen Metallen ausbildet, nennt man „Amalgame". Hg steht an der 64. Stelle der Elementhäufigkeit.

Toxikologie: Elementares Quecksilber, Quecksilber-Dampf und Quecksilber-Verbindungen[8] sind sehr giftig, wobei die Verbindungen des zweiwertigen Quecksilbers generell wesentlich giftiger als die des einwertigen sind.[9] Im Umgang mit

[7] Außer Quecksilber ist nur noch das Nichtmetall Brom (Smp. −7 °C) bei Raumtemperatur flüssig. Einige andere Metalle schmelzen ebenfalls bei relativ niedrigen Temperaturen: Cs (Smp. 29 °C), Ga (Smp. 30 °C), Rb (Smp. 39 °C). [8] Ausnahmen sind wegen ihrer geringen Flüchtigkeit und Löslichkeit HgS und Hg_2Cl_2! [9] In oxidierter Form (als Hg^{2+}-Ion) ist Quecksilber akut toxisch, da diese Spezies bei pH 7 leicht löslich ist und mit den im Körper häufiger vorkommenden Anionen keine unlöslichen Verbindungen bildet.

Quecksilberverbindungen ist größte Vorsicht geboten, da häufige Exposition zu chronischen Vergiftungserscheinungen führt. Alle Arbeiten, bei denen Hg verdampfen kann (Glühröhrchenprobe, Spektroskopie etc.) dürfen demzufolge *nur* unter einem gut ziehenden Abzug durchgeführt werden! Auch dürfen quecksilberhaltige Lösungen niemals in die Abgüsse geschüttet werden, da Hg mit vielen Metallen unter Legierungsbildung reagiert.

Verbindung	**Gefahrensymbol(e)**	**R-Sätze**	**S-Sätze**
$HgCl_2$	T (giftig)	26/27/28–33	1/2-13–28–45
HgI_2	T (giftig)	26/27/28–33	1/2-13–28–45
$Hg_2(NO_3)_2$	T (giftig)	26/27/28–33	1/2-13–28–45
HgO	T (giftig)	26/27/28–33	1/2-13–28–45
Hg_2Cl_2	Xn (mindergiftig)	22	2

R22 *Gesundheitsschädlich beim Verschlucken.* R26/27/28 *Sehr giftig beim Einatmen, Verschlukken und Berührung mit der Haut.* R33 *Gefahr kumulativer Wirkungen.*

Quecksilber in der Oxidationsstufe +1 kommt nur in Doppelmolekülen[10] wie z. B. Hg_2Cl_2 vor, die in wäßriger Lösung sehr leicht disproportionieren:

$$Hg_2{}^{2+} \rightleftharpoons Hg + Hg^{2+}$$

Dieses Redoxgleichgewicht hängt vom Verhältnis der jeweiligen $Hg^{2+}/Hg_2{}^{2+}$ Konzentrationen ab! Nach dem Massenwirkungsgesetz gilt:

$$K = \frac{[Hg^{2+}]\,[Hg]}{[Hg_2{}^{2+}]}$$

1. $[Hg^{2+}] < [Hg_2{}^{2+}] \longrightarrow$ Disproportionierung.

Dies ist immer dann der Fall, wenn schwerlösliche Hg^{2+}-Salze ausfallen oder Hg^{2+} komplexiert wird. Als Beispiel sei die sog. „Kalomel-Reaktion"[11] genannt:

$$Hg_2Cl_2 + 2\,NH_3 \longrightarrow Hg + Hg(NH_2)Cl + NH_4Cl$$

Weitere Beispiele

$$Hg_2{}^{2+} + 2\,CN^- \longrightarrow Hg + Hg(CN)_2 \qquad \text{(es gibt kein } Hg_2CN_2\text{!)}$$

$$Hg_2{}^{2+} + H_2S \longrightarrow Hg + HgS\downarrow + 2\,H^+$$

$$Hg_2{}^{2+} + 2\,OH^- \longrightarrow Hg + HgO\downarrow + H_2O$$

[10] Hg_2Cl_2 ist nicht gleich $(HgCl)_2$, sondern Cl–Hg–Hg–Cl! Demnach bildet es im Festkörper ein tetragonales Gitter aus *linearen* Cl–Hg–Hg–Cl-Molekülen. In Lösung finden sich neben Cl^--Ionen zweiatomige $Hg_2{}^{2+}$-Ionen.

[11] Hg_2Cl_2 wird häufig als „Kalomel" bezeichnet, was übersetzt etwa „schönes Schwarz" bedeutet. Dieser Name stammt von der Schwarzfärbung, die beim Übergießen von Hg_2Cl_2 mit NH_3 beobachtet werden kann und auf die Bildung von elementarem Quecksilber zurückzuführen ist.

2. $[Hg^{2+}] > [Hg_2{}^{2+}] \longrightarrow$ Komproportionierung.

Dies ist immer dann der Fall, wenn sich schwerlösliche $Hg_2{}^{2+}$-Salze bilden können:

$$Hg + HgCl_2 \longrightarrow Hg_2Cl_2 \downarrow$$

$$Hg + Hg(NO_3)_2 \longrightarrow Hg_2(NO_3)_2$$

Die beiden Reaktionen sind auch Beispiele dafür, wie man $Hg_2{}^{2+}$-Salze herstellen kann (vgl. analoges Verhalten beim Kupfer: $CuCl_2 + Cu \rightleftharpoons 2\,CuCl$).

Die meisten Hg(I)-Salze sind schwer löslich und neigen wenig zur Komplexbildung. Leicht lösliche Hg(I)-Salze sind: $Hg_2(ClO_3)_2$, $Hg_2(ClO_4)_2$ (sie ähneln damit bezüglich ihres Löslichkeitsverhaltens den entsprechenden Ag(I)-Verbindungen). Ihre Lösungen reagieren infolge Hydrolyse sauer. Hg(I)-Verbindungen reagieren stark reduzierend (leichte Oxidation zu Hg^{2+}).

Quecksilber in der Oxidationsstufe +2 bildet vorwiegend leicht lösliche Salze. Sie liegen in Lösung teilweise stark dissoziiert vor (Nitrat und Perchlorat) und zeigen alle Reaktionen des Hg^{2+}-Ions. Bei starkem Verdünnen bilden sich infolge Hydrolyse zum Teil schwerlösliche basische Salze (z. B. $Hg(OH)NO_3$). Halogenide und Pseudohalogenide ($HgCl_2$, $HgBr_2$, $Hg(CN)_2$, $Hg(SCN)_2$) sind zwar löslich, jedoch nur wenig dissoziiert[12] (vgl. Zn und Cd). Eine Besonderheit ist die Bildung von Amido-Verbindungen in wäßriger Lösung, da Metallamide sonst nur in wasserfreiem Medium dargestellt werden können:

$$HgCl_2 + 2\,NH_3 \longrightarrow [Hg(NH_3)_2]Cl_2 \downarrow$$

$$HgCl_2 + 2\,NH_3 \longrightarrow [HgNH_2]Cl \downarrow + NH_4{}^+ + Cl^-$$

$$2\,HgCl_2 + 4\,NH_3 + H_2O \longrightarrow [Hg_2N]Cl \cdot H_2O + 3\,NH_4{}^+ + 3\,Cl^-$$

$[Hg(NH_3)_2]Cl_2$ bezeichnet man als „schmelzbares Präzipitat“, $[Hg(NH_2)]Cl$ als „unschmelzbares Präzipitat“. Letzteres besteht aus gewinkelten $-H_2N^+-Hg$-Ketten. $[Hg_2N]Cl \cdot H_2O$ ist das Salz der „Millonschen Base“.

Nachweis von Quecksilber

1. NW durch Reduktion

$$2\,HgCl_2 + Sn^{2+} + 4\,Cl^- \longrightarrow \underset{\text{weiß}}{Hg_2Cl_2 \downarrow} + [SnCl_6]^{2-}$$

$$Hg_2Cl_2 + Sn^{2+} + 4\,Cl^- \longrightarrow \underset{\text{grau}}{2\,Hg \downarrow} + [SnCl_6]^{2-}$$

Praxis: In saurer Lösung wird Hg^{2+} durch $SnCl_2$ reduziert. Bei tropfenweiser Zugabe von $SnCl_2$-Lösung erfolgt zunächst Fällung von *weißem* Hg_2Cl_2. Bei Überschuß an $SnCl_2$ beobachtet man eine *Graufärbung* durch entstehendes Hg (weitere Reduktion). Hg_2Cl_2 kann, wie erwähnt, durch Übergießen mit NH_3 identifiziert werden („Kalomel“).

[12] Hg^{2+} kann dazu verwendet werden, um CN^--Ionen zu „maskieren“.

2. NW durch Amalgambildung

$$3\,HgS + 8\,HNO_3 \longrightarrow 3\,Hg(NO_3)_2 + 2\,NO + 3\,S + 4\,H_2O$$

$$Hg^{2+} + Cu \longrightarrow Hg\downarrow + Cu^{2+}$$ (Hg ist edler als Cu!)

Der Nachweis wird meist zur Überprüfung von Rückständen verwendet, die im Trennungsgang als vermeintliche Quecksilberverbindungen anfallen. Er kann allerdings auch mit einer Probelösung durchgeführt werden. Dann stören jedoch alle anderen „Edelmetalle“ ($E^0 > +0.35$ V).

Praxis: Nach dem Lösen der Probe (RS aus dem TG) mit konz. HNO_3 wird die nitrat-haltige Lsg. fast bis zur Trockne eingedampft, in wenig H_2O aufgenommen und alle verbliebenen Rückstände abzentrifugiert. Darauf bringt man 2 Tr. der Lsg. auf ein *sauberes* Cu-Blech und dampft auf dem WB *gelinde* zur Trockne ein ⟶ *grauer* Belag, der beim vorsichtigen Polieren mit etwas Watte blank wird. Weiteres Merkmal: Hg verdampft leicht; der Belag läßt sich also durch kurzes Erhitzen über der Brennerflamme verflüchtigen (Abzug!).

Störung: Ag^+ und Bi^{3+} reagieren ähnlich und bilden ebenfalls einen schwarzen Belag.[13] Beide Metalle lassen sich jedoch *nicht* verdampfen!

3. NW als Cobalttetrathiocyanatomerkurat

$$Hg^{2+} + Co^{2+} + 4\,SCN^- \longrightarrow \underset{\text{blau, Mikroskop}}{Co[Hg(SCN)_4]\downarrow}$$

Praxis: 1 Tr. der Hg^{2+}-haltigen Lsg. wird auf dem OT mit 1 Tr. konz. HNO_3 *vorsichtig* zur Trockne eingedampft. Der RS wird mit 1 Tr. verd. HAc angesäuert und mit 1 Tr. einer Lsg. aus NH_4SCN und $Co(NO_3)_2$ versetzt ⟶ *blaue, keilförmige* Kristalle. Der NW kann auch mit festem NH_4SCN und $Co(Ac)_2$ durchgeführt werden. Man beobachtet dann eine *blaue* Färbung der Lösung.

Reagenz: 3.3 g NH_4SCN, 3 g $Co(NO_3)_2 \cdot H_2O$ in 5 cm^3 Wasser.

Störung: Ag^+, Pb^{2+} (auf quantitative Trennung achten!).

4. NW als Hg(II)-Reineckat

$$Hg^{2+} + 2\,[Cr(SCN)_4(NH_3)_2]^- \longrightarrow Hg[Cr(SCN)_4(NH_3)_2]_2\downarrow$$

„Reinecke-Salz“ ($NH_4[Cr^{III}(SCN)_4(NH_3)_2]$) ist ein Diamminotetrathiocyanato-Komplex des Cr^{III}.

Praxis: 1 Tr. warme, salzsaure und mit HNO_3 oxidierte Lsg. wird mit frischer Reinekke-Salz-Lsg. versetzt. Ein *rosaroter* Nd. deutet auf Anwesenheit von Hg^{2+}.

Störung: Ag^+ und viel Pb^{2+} bilden ähnliche Niederschläge.

[13] Daher den Nachweis *nur* aus dem Trennungsgang heraus ausführen – es sei denn, man ist sich sicher, daß Ag^+ und Bi^{3+} *abwesend* sind!

5. NW als HgI_2

$$Hg^{2+} \xrightarrow{I^-} \underset{\text{rot}}{HgI_2} \xrightarrow{I^-} \underset{\text{rot}}{[Hg^{II}I_4]^{2-}}$$

$$Hg_2{}^{2+} \xrightarrow{I^-} Hg_2I_2 \xrightarrow{I^-} \{[Hg^{I}I_4]^{3-}\} \longrightarrow Hg + \underset{\text{rot}}{[Hg^{II}I_4]^{2-}}$$

Praxis: Die Reagenzien (1 Tr. Hg^{2+}-Lsg. und 1 Tr. KI-Lsg.) werden auf der TP *tropfenweise* miteinander vermischt.

Störung: BiI_3 (schwarz), $[BiI_4]^-$ (gelborange), $[PbI_4]^{2-}$ (gelb).

6. NW als $Cu_2[HgI_4]$

$$Hg^{2+} + 2\,CuI + 2\,I^- \longrightarrow \underset{\text{rot}}{Cu_2[HgI_4]}$$

Praxis: Auf der TP 1 Tr. KI/Na_2SO_3-Lösung, 1 Tr. $CuSO_4$-Lösung und 1 Tr. Hg^{2+}-Lösung (HCl od. HNO_3 sauer) zur Rkt. bringen $\longrightarrow$ je nach Hg^{2+}-Konzentration *rote* bis *orange* Färbung.

Störung: $MoO_4{}^{2-}$, $WO_4{}^{2-}$ $\longrightarrow$ mit F^- maskieren (es bildet sich $[MoO_3F_2]^{2-}$ und $[WO_3F_2]^{2-}$).

Achtung: Man sollte unbedingt eine Blindprobe durchführen, da CuI in feuchtem Zustand rötlich-braun werden kann ($2\,CuI \longrightarrow Cu + CuI_2$).

3.2 H_2S-Gruppe

Zugehörige Kationen	Hg^{2+}, Pb^{2+}, Bi^{3+}, Cu^{2+}, Cd^{2+}	(Kupfergruppe)
	$As^{3+/5+}$, $Sb^{3+/5+}$, $Sn^{2+/4+}$	(Arsengruppe)

Zur H_2S-Gruppe gehören diejenigen Kationen, die aus stark saurem Medium als *schwerlösliche Sulfide* gefällt werden können. Wegen ihrer unterschiedlichen Löslichkeit in Na_2S, $(NH_4)S_x$ (Ammoniumpolysulfid) oder einem Gemisch aus LiOH und KNO_3 werden sie weiter unterteilt in „Kupfergruppe“ und „Arsengruppe“ (s. oben).

- In Alkalisulfiden (Na_2S) lösen sich die Sulfide der Arsengruppe und HgS. Quecksilber gelangt damit ebenfalls in die Arsengruppe.
- In $(NH_4)S_x$ lösen sich die Sulfide der Arsengruppe unter Thiosalzbildung (HgS und CuS lösen sich teilweise).
- In $LiOH/KNO_3$ wird die Auflösung von HgS sowie die lästige Bildung von H_2S vollständig vermieden. Die Sulfide der Elemente As, Sb und Sn lösen sich unter Bildung von Oxo-, Thio- oder Oxothiosalzen.

Gefällt werden die Sulfide mit Thioacetamid (TAA), das beim Erwärmen der Reaktionslösung H_2S freisetzt:[14]

$$CH_3-C\begin{matrix}\nearrow S \\ \searrow NH_2\end{matrix} + 2\,H_2O \xrightarrow{\Delta} CH_3-C\begin{matrix}\nearrow O \\ \searrow O^-\end{matrix} + H_2S + NH_4^+$$

Bei Verwendung von TAA zur Fällung der Sulfide verlaufen die Reaktionen quasi in „homogener Phase".[15] Die Konzentration an freiem H_2S ist daher immer sehr niedrig und durch das Ausfallen der Metallsulfide bleibt sie auch so gering, daß die Löslichkeitsgrenze von H_2S in Wasser nicht überschritten wird (gesättigte H_2S-Lösungen sind $\sim$0.1 molar). Daraus ergeben sich für die Praxis folgende Vorteile: Erstens entweicht der Lösung nur wenig Schwefelwasserstoff, da dieser sofort durch die Fällung verbraucht wird. Zweitens werden die Niederschläge besser filtrierbar und enthalten auch weniger Verunreinigungen. Und drittens können die Farben der ausfallenden Sulfide besser interpretiert werden, da deren Löslichkeitsprodukte abgestuft überschritten werden.

Die große Bedeutung von H_2S in der qualitativen Analyse beruht auf der pH-Abhängigkeit der Löslichkeit der Sulfide. Durch pH-Änderung wird die Dissoziation von H_2S beeinflußt und damit zugleich die jeweils vorliegende Konzentration an freiem S^{2-}. Dadurch wird erreicht, daß nur die Löslichkeitsprodukte *bestimmter Metallsulfide* überschritten werden.

H_2S ist in wäßriger Lösung eine schwache, zweibasige Säure:

$$H_2S + H_2O \overset{K_1}{\rightleftharpoons} H_3O^+ + HS^-$$

$$HS^- + H_2O \overset{K_2}{\rightleftharpoons} H_3O^+ + S^{2-}$$

Es gibt demnach zwei Dissoziationskonstanten K_1 und K_2, durch welche die Gesamtdissoziation beschrieben wird:

$$K_1 = \frac{[H_3O^+]\,[HS^-]}{[H_2S]} = 10^{-7}\,[\text{mol/l}];\; K_2 = \frac{[H_3O^+]\,[S^{2-}]}{[HS^-]} = 10^{-13}\,[\text{mol/l}]$$

Die Abhängigkeit der S^{2-}-Konzentration von der Konzentration des freien H_2S und dem jeweils vorliegenden pH-Wert läßt sich demnach wie folgt formulieren:

$$\text{Gesamtdissoziation } K_1 \cdot K_2 = \frac{[H_3O^+]^2\,[HS^-]\,[S^{2-}]}{[H_2S]\,[HS^-]} = K = 10^{-20}\,[\text{mol}^2/\text{l}^2]$$

$$\longrightarrow [S^{2-}] = \frac{[H_2S]\cdot K}{[H_3O^+]^2}$$

[14] Das früher gebräuchliche Fällen der Sulfide mit H_2S-Gas wird wegen seiner zahlreichen Nachteile im Rahmen dieses Buches nicht mehr berücksichtigt! [15] Fällung aus homogener Phase bedeutet vereinfacht, daß sich H_2S direkt „am Ort der zu fällenden Ionen" bildet und nicht erst von außen in die Lösung eingebracht werden muß.

Das bedeutet: Bei einer hohen $[H_3O^+]$-Konzentration (also kleinen pH-Werten) ist die S^{2-}-Konzentration so klein, daß nur die LP sehr schwerlöslicher Sulfide überschritten werden. Beispiel: Eine 0.1 molare H_2S-Lösung von pH = 0 (gesättigte, salzsaure Lsg.) entspricht einer S^{2-}-Konzentration von

$$[S^{2-}] = \frac{10^{-1} \cdot 10^{-20}}{10^{0}} = 10^{-21}\,[\mathrm{mol/l}]\,.$$

Es können also nur Sulfide fallen, deren LP auch durch diese geringe S^{2-}-Konzentration noch überschritten werden. In neutraler Lösung ist die S^{2-}-Konzentration schon beträchtlich größer (10^{-14} [mol/l]), so daß auch die Sulfide derjenigen Metallionen fallen, deren LP größer ist (ZnS, MnS). Die Löslichkeiten der Alkali- und Erdalkalisulfide sind so groß, daß sie selbst in ammoniakalischer Lösung noch nicht überschritten werden.

Anmerkung: H_2S ist leicht oxidierbar (unter Bildung von S^0) und wirkt daher als Reduktionsmittel. So wird H_2S z. B. von NO_3^- oder NOCl oxidiert, weshalb man eventuell vorhandenes Königswasser vor der Fällung mit H_2S bzw. TAA sorgfältig verkochen sollte!

3.2.1 Trennungsgang der H_2S-Gruppe

Als Vorproben eignen sich die folgenden Reaktionen: „Bismut-Rutsche" auf Bi^{3+}, „Glühröhrchenprobe" auf Cd^{2+}, „Marshsche Probe" auf $As^{3+/5+}$ bzw. $Sb^{3+/5+}$ und Leuchtprobe auf $Sn^{2+/4+}$.

Falls nur Kationen der H_2S-Gruppe vorliegen, sollte folgendermaßen vorgegangen werden: Man löst einige Mikrospatel Ursubstanz in

1. H_2O oder, falls nicht alles löslich ist, in HCl oder HCl/H_2O_2.
2. Wenn schwerlösliche Sulfide vorliegen, sollte in Königswasser gelöst werden. Darin schwerlösliche Rückstände können sein: SnO (schwarz), SnO_2 (weiß)[16] und $BiONO_3$ (weiß). Diese Rückstände lassen sich durch die Leuchtprobe (Sn bzw. Zinnstein SnO_2) oder den Freiberger Aufschluß (s. Kap. 5.2.4, Seite 237) weiter aufarbeiten.

Bei Vollanalysen wird das Zentrifugat der HCl-Gruppe 3 mal mit 2–3 ml konz. HCl bis fast zur Trockne eingedampft, um oxidierende Substanzen (H_2O_2, Salpetersäure) zu vertreiben; andernfalls fällt beim Kochen mit TAA elementarer Schwefel aus. Wird jedoch beim Abrauchen mit HCl *bis zur Trockne* eingedampft, so können sich alle leicht sublimierbaren Metalle (Hg, Cd, As, K etc.) verflüchtigen. Man sollte das Zentrifugat der HCl-Gruppe daher beim Abrauchen *immer* mit einigen Tropfen HCl flüssig halten.

[16] Achtung: Wird die US in Königswasser oder konz. HNO_3 gelöst, so produziert man sich häufig selbst einen schwerlöslichen Rückstand, gemäß: $Sn + 4\,HNO_3 \longrightarrow SnO_2\downarrow + 4\,NO_2 + 2\,H_2O$.

Zu der fast eingedampften Lösung werden 5 Tr. halbkonz. HCl gegeben. Darauf wird mit Wasser auf ca. 10–15 ml aufgefüllt (wobei der Rest aus der Abdampfschale nachgespült wird). Dieser Schritt ist sehr wichtig, da man nur durch Einengen der stark sauren Lösung und anschließendes *Verdünnen* einen pH-Wert erreicht, bei dem sowohl PbS als auch CdS quantitativ fallen (pH 3–4; aber keinesfalls höher, sonst beginnen die Sulfide der $(NH_4)_2S$-Gruppe auszufallen).

Ein häufiger Fehler besteht in der Fällung aus *zu saurer* Lösung, bei der keine quantitative Abtrennung aller fällbaren Kation erfolgt. Zwar kann man auch *nach* der Zugabe von TAA verdünnen. Die Flüssigkeitsmengen, die man dabei erhält, sind jedoch so enorm, daß sie den weiteren Trennungsgang durch langwieriges Einengen behindern.

Nach dem Verdünnen wird auf dem WB erwärmt und tropfenweise TAA-Lösung (10%) zugegeben. Es fallen nacheinander[17] die folgenden Sulfide (gelb, orange, braun, schwarz):

As_2S_3, As_2S_5	gelb
SnS_2	gelb
Sb_2S_3	orange
Sb_2S_5	orange/grau
SnS	braun-schwarz
HgS, PbS, CuS, Bi_2S_3	braun bis schwarz
CdS	gelb

Kurze Bemerkung zu HgS: Die bei Raumtemperatur stabile Modifikation von HgS ist *rot*. Es gibt aber auch eine schwarze, metastabile Modifikation. Die „Ostwaldsche Stufenregel“ besagt, daß der energieärmere Zustand eines Systems nicht direkt, sondern stufenweise erreicht wird ⟶ es fällt also zuerst die metastabile, schwarze HgS Modifikation, welche sich dann allmählich in die stabilere, rote Modifikation umwandelt.

Da die Sulfidfällung mit TAA langsamer vor sich geht, als die Fällung mit H_2S, sollte die Lösung *mindestens* 10–20 Minuten auf dem WB erwärmt werden (andernfalls werden PbS und Bi_2S_3 nur unvollständig gefällt!).

Die Sulfidniederschläge werden abzentrifugiert und mit H_2S-Wasser[18] gewaschen. Man bringt das Zentrifugat mit H_2O auf pH 3–4 und erwärmt noch einige Minuten auf dem WB. Eine eventuell entstandene Nachfällung (CdS) wird abzentrifugiert und das Zentrifugat (zur Prüfung auf vollständige Fällung) auf der TP mit einem Körnchen $Cd(Ac)_2$ versetzt. Bei Vollständigkeit muß nun eine *Gelbfärbung* eintreten.

Die ersten und zweiten Sulfidniederschläge werden vereinigt. Ebenfalls das Zentrifugat und die Waschwässer. Letztere werden bis auf 5 ml eingedampft und für die weitere Aufarbeitung zur Seite gestellt (bei einer Gruppenanalyse kann das Zentrifugat und das Waschwasser verworfen werden).

[17] Beim Fällen mit Thioacetamid kann sich diese Reihenfolge aber durch Komplexbildung ändern! [18] 2–3 ml H_2O, 1 Tr. verd. HCl, 1 Tr. TAA (10%) kurz über dem Bunsenbrenner erwärmen.

3.2.2 Abtrennung der Arsengruppe

Die Abtrennung der Arsengruppe kann – wie bereits erwähnt – auf drei verschiedenen Wegen erfolgen:

a) Mit Na_2S/NaOH-Lösung (bzw. NaHS/NaOH)
$\longrightarrow$ Die Sulfide von As, Sb, Sn und Hg gehen in Lösung.

b) Mit $(NH_4)_2S_x$ (gelbes Ammoniumsulfid bzw. -polysulfid)
$\longrightarrow$ Die Sulfide von As, Sb, Sn (tw. Cu und Hg) gehen in Lösung.

c) Mit $LiOH/KNO_3$-Lösung (vgl. Seite 53)
$\longrightarrow$ Die Sulfide von As, Sb, Sn gehen in Lösung.

	Na_2S/NaOH	**$(NH_4)_2S_x$**	**$LiOH/KNO_3$**
As_2S_3	$[AsS_3]^{3-}$	$[AsS_4]^{3-}$	$[AsS_3]^{3-}$, $[AsO_3]^{3-}$, $[AsO_2S]^{3-}$, $[AsOS_2]^{3-}$
As_2S_5	$[AsS_4]^{3-}$		$[AsS_4]^{3-}$, $[AsO_4]^{3-}$, $[AsO_2S_2]^{3-}$, $[AsOS_3]^{3-}$
Sb_2S_3	$[SbS_3]^{3-}$	$[SbS_4]^{3-}$	s. As
Sb_2S_5	$[SbS_4]^{3-}$		
SnS	—	$[SnS_3]^{2-}$	$[Sn(OH)_6]^{2-}$
SnS_2	$[SnS_3]^{2-}$		
(**HgS**)	($[HgS_2]^{2-}$)	($[HgS_2]^{2-}$)	

Abtrennen der Arsengruppe mit Na_2S/NaOH-Lösung

Nicht zu empfehlen, da

- die Lösung immer frisch angesetzt werden muß.
- HgS (als $[HgS_2]^{2-}$) in die As-Gruppe übergeht $\longrightarrow$ modifizierter TG nötig.

Abtrennen der Arsengruppe mit $(NH_4)_2S_x$

Darstellung von $(NH_4)_2S_x$: Gelbes Ammoniumsulfid erhält man durch Auflösen von elementarem Schwefel in farblosem $(NH_4)_2S$ oder aus farblosem $(NH_4)_2S$, das an der Luft durch Sauerstoff oxidiert wird.

$$S^{2-} \xrightarrow{+S} \underset{\text{Disulfid(2-)}}{[S\text{-}S]^{2-}} \xrightarrow{+S} \underset{\text{Trisulfid(2-)}}{[S\text{-}S\text{-}S]^{2-}} \xrightarrow{+S} \text{usw.}$$

$$2\,S^{2-} + O_2 + 4\,H^+ \longrightarrow 2\,S\downarrow + 2\,H_2O$$

Die Polysulfid-Anionen ${S_x}^{2-}$ bilden gewinkelte Ketten, die man strukturell als Ausschnitte aus den ring- und kettenförmigen Schwefel-Modifikationen betrachten kann. In $(NH_4)_2S_x$-Lösungen liegt x meist zwischen 2 und 5. Die Polysulfide $(NH_4)_2S_x$ sind die Ammoniumsalze der Polysulfane H_2S, H_2S_2, H_2S_3 etc.

Durchführung: Die Niederschläge der H_2S-Gruppe werden auf dem WB mit 1 ml $(NH_4)_2S_x$-Lösung ca. 10 Minuten lang (bei ca. 40–50 °C) digeriert (Achtung: Bei zu hoher Temperatur löst sich meist etwas CuS!). Der RS wird abzentrifugiert und mit $(NH_4)_2S$-haltigem Wasser (ca. 1 ml) gewaschen:

- Zentrifugat und Waschwasser werden vereinigt; sie enthalten die gelösten Elemente der Arsengruppe (As^{5+}, Sb^{5+}, Sn^{4+}).
- Der RS enthält die Elemente der Kupfergruppe als Sulfide (HgS, PbS, CuS, Bi_2S_3, CdS).

Die Elemente der Arsengruppe sind in Ammoniumpolysulfid als *Thiosalze* löslich. Dabei findet eine Oxidation statt von

$$Sn^{2+} \longrightarrow Sn^{4+}, \quad As^{3+} \longrightarrow As^{5+}, \quad Sb^{3+} \longrightarrow Sb^{5+},$$

die formal als Oxidation durch S^0 angesehen werden kann. Diese Oxidation ist eigentlich nur bei Sn^{II} erforderlich, weil SnS im Gegensatz zu As_2S_3 und Sb_2S_3 *keine* Thioanionen bildet:

$$Sn^{II}S + S^{2-} + S \longrightarrow \underset{\text{Thiostannat}}{[Sn^{IV}S_3]^{2-}} \qquad \text{(Oxidation)}$$

As_2S_3 und Sb_2S_3 werden in Polysulfid zwar ebenfalls bis zur fünfwertigen Stufe oxidiert:

$$As_2S_3 + 3\,(NH_4)_2S_x \longrightarrow 2\,(NH_4)_3\underset{\text{Thioarsenat}}{[As^VS_4]}$$

$$Sb_2S_3 + 3\,(NH_4)_2S_x \longrightarrow 2\,(NH_4)_3\underset{\text{Thioantimonat}}{[Sb^VS_4]}$$

Sie lösen sich in farblosem Ammoniumsulfid aber auch ohne vorherige Oxidation unter Bildung von Thioarsenit $[As^{III}S_3]^{3-}$ bzw. Thioantimonit $[Sb^{III}S_3]^{3-}$. Die freien Thiosäuren sind nicht beständig, daher fallen beim Ansäuern der Thiokomplexe die Sulfide der Arsengruppe wieder aus:[19]

[19] Das wird deutlich, wenn man sich überlegt, welchen Einfluß die Erhöhung der H^+-Konzentration auf die Dissoziation von H_2S in Wasser hat!

$$[Sn^{IV}S_3]^{2-} + 2\,H^+ \longrightarrow H_2S + \underset{\text{gelb}}{SnS_2}$$

Löst man *braunes* $Sn^{II}S$ unter Thiosalzbildung in $(NH_4)_2S_x$ (s. oben) und säuert darauf an, so erhält man *gelbes* $Sn^{IV}S_2$. Der Wechsel der Oxidationsstufe kann also an der Farbänderung der Sulfide verfolgt werden. Thioarsenit bzw. Thioarsenat reagieren wie folgt:

$$2\,[As^{III}S_3]^{3-} + 6\,H^+ \longrightarrow As_2S_3 + 3\,H_2S$$

$$2\,[As^{V}S_4]^{3-} + 6\,H^+ \longrightarrow As_2S_5 + 3\,H_2S$$

Die beiden Reaktionsgleichungen gelten analog für $Sb^{III/V}$. Der *Nachteil* der Ammoniumpolysulfid-Trennung ist das Entstehen von elementarem Schwefel und H_2S (giftig, Gestank!) beim Ansäuern der Thiosalze:

$$S_x{}^{2-} + 2\,H^+ \longrightarrow H_2S + (x-1)\,S^0$$

Falls zu stark erwärmt wird, lösen sich teilweise auch HgS und CuS. Die Elemente werden daher in die Arsengruppe verschleppt und stören dort den Trennungsgang!

Abtrennen der Arsengruppe mit LiOH/KNO₃-Lösung

Durchführung: Die H_2S-Niederschläge werden einige Minuten in 2 ml einer (1% LiOH, 5% KNO_3)-Lösung auf dem WB digeriert. Die Sulfide der Arsengruppe gehen dabei unter Bildung von *Hydroxo-, Thio- bzw. Oxothiokomplexen* in Lösung.

Sn(II)-Sulfid wird (unter zwischenzeitlicher Bildung von kolloidalem SnS) nur *langsam* in $[Sn(OH)_4]^{2-}$ überführt. $NO_3{}^-$ beschleunigt die Reaktion[20] zum $[Sn(OH)_6]^{2-}$ durch Bildung von Sn^{4+}.

$$SnS + 4\,OH^- \rightleftharpoons \underset{\text{Hydroxostannat(II)}}{[Sn(OH)_4]^{2-}} + S^{2-}$$

$$[Sn(OH)_4]^{2-} + NO_3{}^- + H_2O \rightleftharpoons \underset{\text{Hydroxostannat (IV)}}{[Sn(OH)_6]^{2-}} + NO_2{}^-$$

Die Arsensulfide As_2S_3 und As_2S_5 bzw. die Antimonsulfide Sb_2S_3 und Sb_2S_5 reagieren zu Thio- und Oxothioverbindungen:

$$As_2S_3 + 6\,OH^- \longrightarrow \underbrace{AsS_3{}^{3-} + AsO_3{}^{3-}}_{\text{Thioarsenit, Arsenit}} + 3\,H_2O$$

$$As_2S_3 + 6\,OH^- \longrightarrow \underbrace{AsO_2S^{3-} + AsOS_2{}^{3-}}_{\text{Oxothioarsenite}} + 3\,H_2O$$

$$As_2S_5 + 6\,OH^- \longrightarrow \underbrace{AsS_4{}^{3-} + AsO_4{}^{3-}}_{\text{Thioarsenat, Arsenat}} + 2\,H_2O + H_2S$$

$$As_2S_5 + 6\,OH^- \longrightarrow \underbrace{AsO_2S_2{}^{3-} + AsOS_3{}^{3-}}_{\text{Oxothioarsenate}} + 3\,H_2O$$

[20] Das ist auch der eigentliche Grund, weshalb man außer LiOH noch KNO_3 zum Digerieren verwendet!

Beim Ansäuern solcher noch S^{2-} enthaltenden Lösungen fallen dann wieder die Sulfide (SnS_2, As_2S_3, As_2S_5, Sb_2S_3, Sb_2S_5) im Gemisch mit $Sn(OH)_2$ und $Sn(OH)_4$ aus. Ein *Vorteil* dieser Methode ist das Vermeiden der H_2S- bzw. Schwefelbildung. Außerdem verbleiben CuS und HgS quantitativ in der Kupfergruppe, sofern nicht auf Temperaturen über 60 °C erwärmt wird.

3.2.3 Trennung der Kupfergruppe

Nach Behandlung der Sulfidniederschläge mit LiOH/KNO_3 befinden sich...

- **im Rückstand:** HgS, PbS, CuS, Bi_2S_3, CdS (Kupfergruppe). Zur Trennung siehe Schema B.1, rechte Seite.
- **im Zentrifugat:** $[AsS_3]^{3-}$, $[AsS_4]^{3-}$, $[SbS_3]^{3-}$, $[SbS_4]^{3-}$ bzw. Oxothioarsenit, -arsenat, -antimonit, -antimonat sowie $[SnS_3]^{2-}$ und/oder Hydroxostannat (Arsengruppe). Zur Aufarbeitung des Zentrifugats siehe Schema B.2, Seite 66.

Durchführung: Der gewaschene Rückstand wird im Wasserbad mit ca. 2–3 ml einer Mischung aus 1 Teil konz. HNO_3 und 2 Teilen Wasser ca. 3 Minuten lang behandelt. Dann wird vom Ungelösten (HgS) abzentrifugiert.

1. Das abzentrifugierte HgS wird in Königswasser gelöst und dann nach den üblichen Methoden identifiziert (Amalgamprobe, Reineckat, HgI_2, Reduktion mit $SnCl_2$, $Co[Hg(SCN)_4]$).
2. Das Zentrifugat, welches Pb^{2+}, Cu^{2+}, Bi^{3+} und Cd^{2+} enthalten kann, wird in einer Porzellanschale solange mit 2–3 Tropfen konz. H_2SO_4 abgeraucht, bis weiße Nebel entstehen. Nach dem Erkalten (!) gibt man das gleiche Volumen an verd. H_2SO_4 zu (bei zu starker Verdünnung kann $(BiO)_2SO_4$ entstehen!), wartet ca. 5–10 Minuten und zentrifugiert (RS: $PbSO_4$).
3. Das isolierte $PbSO_4$ wird in ca. 6 Tr. ammoniakalischer Tartratlösung gelöst und nachgewiesen ($PbCrO_4$, PbI_2, $K_2CuPb(NO_2)_6$ etc.).
4. Das Zentrifugat, welches Cu^{2+}, Bi^{3+} und Cd^{2+} enthalten kann, wird *vorsichtig* (Neutralisation!) bis zur deutlich alkalischen Reaktion mit konz. NH_3 versetzt $\longrightarrow$ es fällt $Bi(OH)_3$ (waschen, nachweisen).
5. Den Kupferkomplex $[Cu(NH_3)_4]^{2+}$ erkennt man an seiner *blauen* Farbe. Vor Nachweis des Cd^{2+} muß Cu^{2+} mit CN^- maskiert werden $\longrightarrow$ $[Cu(CN)_4]^{3-}$ (vgl. Seite 61). Dies geschieht durch tropfenweisen Zusatz von KCN-Lösung und Erwärmen im WB:

$$Cu^{2+} + 2\,CN^- \longrightarrow \underset{\text{gelb}}{Cu(CN)_2\downarrow} \xrightarrow{+2\,CN^-} [Cu(CN)_4]^{3-}$$

B.1 Trennung der Kupfergruppe

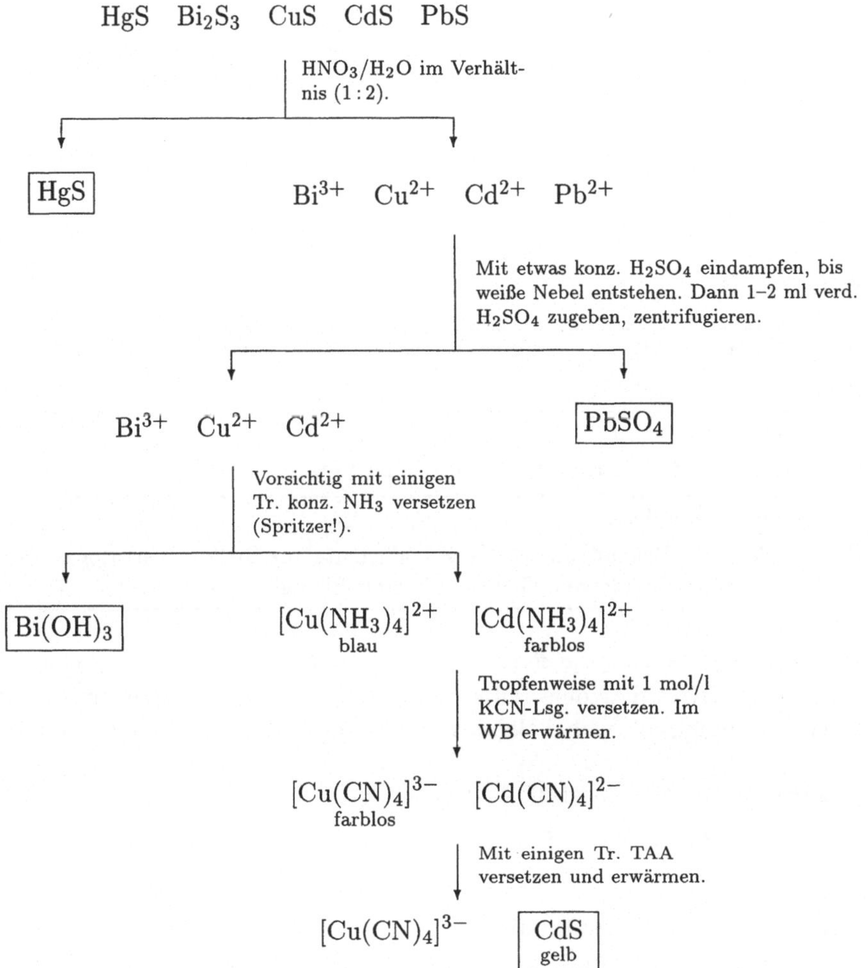

Bei diesem Schritt muß auf die exakte Einhaltung des pH-Wertes geachtet werden (ammoniakalisch), da sonst beim Erwärmen äußerst giftiges Dicyan $(CN)_2$ freigesetzt werden kann (Abzug!). Vgl. auch Seite 61!

$$2\,Cu(CN)_2 \xrightarrow{\Delta} 2\,Cu^{I}CN + (CN)_2\uparrow$$

$$CuCN + 3\,CN^- \longrightarrow [Cu(CN)_4]^{3-}$$

In alkalischer Lösung und bei einem Überschuß an CN^- entsteht jedoch *kein* freies $(CN)_2$! Stattdessen beobachtet man folgende Reaktionen:

$$(CN)_2 + 2\,OH^- \longrightarrow OCN^- + CN^- + H_2O$$

$$2\,Cu(CN)_2 + 5\,CN^- + 2\,OH^- \longrightarrow 2\,[Cu(CN)_4]^{3-} + OCN^-$$

6. Mit TAA wird CdS gefällt (zentrifugieren). Das Zentrifugat wird darauf mit etwas verd. H_2SO_4 versetzt $\longrightarrow$ es fällt braunschwarzes Cu_2S (Vorsicht: beim Ansäuern von cyanidhaltigen Lösungen entsteht HCN $\longrightarrow$ Abzug!).

Bi
Bismut

Bismut, Bi

M	Smp.	Sdp.	ρ [g/cm^3]	EN	Oxidationsstufen	e^--Konfiguration
208.98	271 °C	1560 °C	9.8	2.02	+3, (+5)	[Xe] $4f^{14}\,5d^{10}\,6s^2\,6p^3$

Standardpotential(e)

$BiO^+ + 2\,H^+ + 3e^- \rightleftharpoons Bi + H_2O.\quad E^0 = +0.32$ V

Vorkommen/Mineralien

Hauptsächlich als Bismutglanz Bi_2S_3, Selenbismutglanz Bi_2Se_3, Bismutocker Bi_2O_3 und als Spur in vielen Sulfiderzen. Gediegen kommt Bismut nur selten vor.

Herstellung: Oxidische Erze werden mit HCl/HNO_3 aufgeschlossen und das erhaltene BiOCl mit Kohle reduziert. Sulfidische Erze werden mit (unedlerem) Eisen verschmolzen , wobei Bismut als edleres Metall in Freiheit gelangt.

$$2\,Bi_2O_3 + 3\,C \longrightarrow 4\,Bi + 3\,CO_2 \qquad \text{(„Röstreduktionsverfahren“)}$$

$$Bi_2S_3 + 3\,Fe \longrightarrow 2\,Bi + 3\,FeS \qquad \text{(„Niederschlagsarbeit“)}$$

Verwendung: Als Bestandteil in verschiedenen Legierungen („Rosesches Metall“, „Woodsches Metall“, „Lipowitz Legierung“), die schon bei Temperaturen von 60–95 °C schmelzen und daher für elektrische Sicherungen oder Sicherheitsverschlüsse (Dampfkessel) verwendet werden können. In geringen Zusätzen erhöht Bi die Formstabilität von Fe- und Al-Legierungen. Ferner dient es als Zusatz in „Britanniametall“ und „Lagermetall“, zur Fertigung von „Druckklischees“ und (in Form seiner Verbindungen) als Katalysator bei organischen Synthesen.

Eigenschaften: Bismut ist ein rötlich-silberweiß glänzendes, sprödes Schwermetall, das bereits bei 271 °C schmilzt. Es bildet rhomboedrische Kristalle, denen eine dem Arsen analoge Gitterstruktur zugrunde liegt. Bi hat die geringste Leitfähigkeit (elektrisch und thermisch) aller Metalle. Es ist stark diamagnetisch und expandiert beim Erstarren (ähnlich dem Wasser) um ca. 3.3%. Bi-Pulver reagiert sehr heftig mit Halogenen. Es steht an der 69. Stelle der Elementhäufigkeit.

Vorprobe auf Bismut

Rkt. mit Thioharnstoff („Bismut-Rutsche")

Praxis: Wie unten dargestellt wird auf ein gefaltetes Filterpapier der Reihe nach US, NaF (bildet stabile Fluorokomplexe mit Fe^{3+}, Al^{3+} etc.), NaCl (zur Fällung der Chloride von Ag^+, $Hg_2{}^{2+}$ etc.), Na/K-Tartrat (zur Komplexierung von Sb^{3+} und Sn^{2+}) und Thioharnstoff gegeben. Daraufhin hält man das Papier schräg und träufelt mit einer Pipette verd. HNO_3 auf die Ursubstanz. Die Säure löst etwas US, durchläuft die verschiedenen Feststoffe und erreicht schließlich die Thioharnstoff-Kristalle. Bei Anwesenheit von Bi^{3+} bildet sich ein *zitronengelber* Fleck.

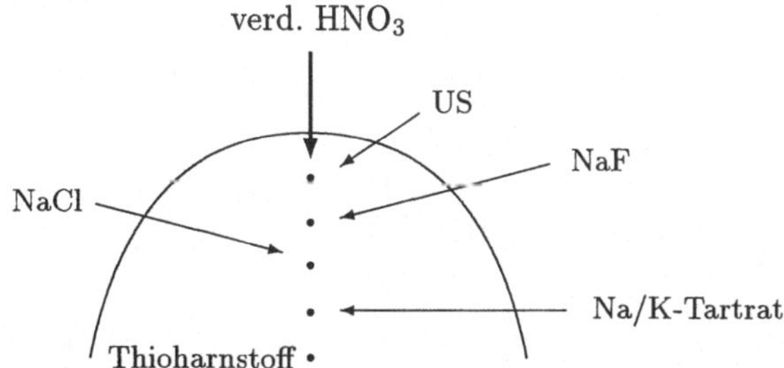

Störung: Verschiedene Schwermetalle stören (vgl. NW 3, nächste Seite).

Nachweis von Bismut

1. NW mit KI

$$Bi^{3+} + 3\,I^- \longrightarrow \underset{\text{schwarz}}{BiI_3\downarrow}$$

$$BiI_3 + I^- \rightleftharpoons \underset{\text{orange}}{[BiI_4]^-}$$

Aus schwach saurer Lsg. fällt bei Zusatz von KI zunächst ein *schwarzer* Nd. von BiI_3, der sich im ÜS von KI unter Bildung des *orangen* Komplexes $[BiI_4]^-$ löst.

Praxis: 1–2 Tr. der schwefelsauren Lsg. werden mit 1–2 Tr. KI-Lsg. versetzt. Der sich bildende schwarze Nd. ($BiI_3\downarrow$) löst sich bei weiterer KI-Zugabe mit *oranger* Farbe auf $\longrightarrow$ $[BiI_4]^-$ (Tetraiodobismutat).

Störung: Bei ÜS an I^- schlecht von $[HgI_4]^{2-}$ und $[PbI_4]^{2-}$ zu unterscheiden!

2. NW mit Chinolin oder Oxin und KI

Praxis: 2–3 Tr. der salpetersauren Probelsg. werden auf der TP mit 2–3 Tr. Reagenzlsg. und einem KI-Kristall versetzt $\longrightarrow$ *oranger* bis *hellroter* Nd.

Reagenz: Gesättigte Lösung von Chinolin oder Oxin in Ethanol.

Störung:
- Bei sehr wenig Bi^{3+} ist statt eines Nd. nur eine orange oder gelbe Trübung zu erkennen. Schwarze Niederschläge treten bei Anwesenheit von Ag^+, Pb^{2+}, Hg^{2+} und Sb^{3+} (stören aber nur bei ÜS dieser Ionen).
- Iodausscheidung (Oxidation von I^- zu I_2) durch Fe(III) oder Cu(II) kann durch Zugabe von $K_2S_2O_5$ verhindert werden. $K_2S_2O_5$ ist Kaliumpyrosulfit oder -disulfit:

$$S_2O_5{}^{2-} + H_2O \rightleftharpoons 2\,HSO_3{}^-$$

3. NW als Thioharnstoff-Komplex

$$Bi^{3+} + 3\ S{=}C(NH_2)_2 \longrightarrow [(H_2N)_2C{=}S\rightarrow]_3Bi^{3+}$$

Bi(III) bildet mit Thioharnstoff einen gelben Komplex. Diese Reaktion wird häufig als Vorprobe genutzt, der NW aus der US ist jedoch nicht sehr spezifisch und darf daher höchstens als Hinweis dienen!

Praxis: 1 Tr. Lösung wird auf der TP mit 1 Tr. verd. HNO_3 und einer Spatelspitze Thioharnstoff versetzt ⟶ intensive *Gelbfärbung*.

Störung:
- $SeO_3{}^{2-}$, $MnO_4{}^-$, $CrO_4{}^{2-}$ ⟶ vorher reduzieren.
- Sb^{3+}, Sn^{2+} ⟶ mit Tartrat maskieren oder abtrennen.
- Hg(I), Ag(I) ⟶ als Chloride abscheiden.
- Pb^{2+} kristallisiert als $Pb[SC(NH_2)_2]_6(NO_3)_2$ (stark lichtbrechende Nadeln) ⟶ kann zur Trennung von Pb^{2+} und Bi^{3+} genutzt werden.
- Cu^{2+} und Fe^{3+} geben ähnliche Kristalle.

4. NW mit Diacetyldioxim (Dado)

Hier bildet sich – im Gegensatz zur vergleichbaren Reaktion des Diacetyldioxims mit Nickel (s. Seite 99) – *kein* Chelat-Komplex! Es findet stattdessen folgende Reaktion statt:

$$2\,Bi^{3+} + H_3C{-}C({=}NOH){-}C({=}NOH){-}CH_3 + 2\,H_2O \longrightarrow H_3C{-}C({=}NO{-}Bi{=}O){-}C({=}NO{-}Bi{=}O){-}CH_3 + 6\,H^+$$

Praxis: 7 Tr. der schwefelsauren Probelsg. werden mit 3 Tr. konz. HCl und später mit 5 Tr. einer 1%igen alkoholischen Diacetyldioxim-Lsg. versetzt. Daraufhin gibt man bis zur deutlich alkalischen Rkt. konz. NH_3 hinzu ⟶ intensiv *gelber*, voluminöser Nd.; die überstehende Lsg. wird klar (bei geringen Konzentrationen oft nur Gelbfärbung; Flocken entstehen dann erst nach längerem Stehen).

Störung:
- Sn^{2+}, As^{3+}, Sb^{3+}, Ni^{2+}, Co^{2+}, Fe^{2+} (Bildung von rotbraunem $Fe(OH)_3$), Mn^{2+} sowie größere Mengen Cu^{2+} und Cd^{2+} stören; auch Tartrat stört.
- Bei Anwesenheit von ${SO_4}^{2-}$ oder ${NO_3}^-$ wird vor dem Erhitzen etwas NaCl zugegeben.

5. NW durch Red. mit alk. Stannatlsg., $[Sn(OH)_4]^{2-}$

$$2\,Bi(OH)_3 + 3\,[Sn(OH)_4]^{2-} \longrightarrow \underset{\text{schwarz}}{2\,Bi\downarrow} + 3\,[Sn(OH)_6]^{2-}$$

Hydroxostannat(II)-Lösung reduziert Bi^{3+} zum Metall, das als schwarzes Pulver ausfällt. Gleichzeitig wird Sn^{2+} zu Sn^{4+} oxidiert.

Praxis: Die möglichst neutrale (zur Maskierung von Cu^{2+} ggf. mit einigen Tr. KCN-Lsg. versetzte) Probelsg. wird *in der Kälte* tropfenweise zur Reagenzlsg. gegeben (da sonst $2\,[Sn(OH)_3]^- \longrightarrow [Sn(OH)_6]^{2-} + Sn\downarrow$) ⟶ *schwarzer* Niederschlag.

Reagenz: Gleiche Volumina verd. NaOH und einer Lsg. von 3 g $SnCl_2$ in 80 ml H_2O.

Störung:
- Edelmetalle (Entfernung durch Red. mit Hydraziniumchlorid). Hg^{2+} wird (im Gegensatz zu Bi^{3+}) durch vorsichtiges Erhitzen in einer Porzellanschale verflüchtigt.
- Die Reduktion von Cu(II) wird durch Zugabe von KCN verhindert (Cu(II) wird zwar zu Cu(I) reduziert. Dieses bildet aber mit dem Pseudohalogenidion CN^- eine schwerlösliche Verbindung!).

Cu
Kupfer

Kupfer, Cu

M	Smp.	Sdp.	ρ [g/cm³]	EN	Oxidationsstufen	e⁻-Konfiguration
63.55	1083 °C	2600 °C	8.96	1.90	+1, +2	[Ar] $3d^{10}\,4s^1$

Standardpotential(e)

$Cu^{2+} + 2e^- \rightleftharpoons Cu.\quad E^0 = +0.337$ V
$Cu^+ + e^- \rightleftharpoons Cu.\quad E^0 = +0.521$ V

Vorkommen/Mineralien

Teilweise gediegen, ansonsten als Kupferkies (Chalkopyrit) $CuFeS_2$, Kupferglanz (Chalkosin) Cu_2S, Buntkupferkies (Bornit) Cu_3FeS_3, Malachit $Cu_2(OH)_2CO_3$ und Kupferlasur (Azurit) $Cu_3(OH)_2(CO_3)_2$.

Herstellung: Zunächst erfolgt Anreicherung der sulfidischen Erze durch Flotation. Anschließend schmilzt man unter Teilröstung mit O_2 zu Schlacke (Fe_2SiO_4) und Kupferstein (Cu_2S und FeS). Aus letzterem erhält man durch „Röstreaktionsarbeit“ Rohkupfer, das oxidativ oder elektrolytisch gereinigt wird.

Bei der *Röstreaktionsarbeit* werden sulfidische Erze nur teilweise geröstet und die entstehenden Oxide mit verbliebenem Sulfid unter Luftabschluß erhitzt.

$$CuS + {}^{3}\!/\!{}_{2}\,O_2 \longrightarrow CuO + SO_2\uparrow$$

$$2\,CuO + CuS \longrightarrow 3\,Cu + SO_2\uparrow$$

Verwendung: Wichtige Cu-Legierungen sind Bronzen (Cu, Sn), Messing (Cu, Zn), Aluminiumbronzen (Cu, Al), Neusilber (Cu, Ni, Zn), Konstantan[21] (60% Cu, 40% Ni), Manganin (Cu, Mn, Ni, Fe), Monelmetall (fluorbeständig) und Devardasche Legierung (Reduktionsmittel im Labor). Ferner findet Cu Anwendung beim Pflanzenschutz ($CuSO_4$; „Bordeaux Mischung“), bei der Fertigung von elektrischen Kabeln, in der Gasanalyse und bei der Herstellung von Münzen und diversen Gebrauchsgegenständen.

Eigenschaften: Kupfer ist ein hellrotes,[22] relativ weiches, zähes, schmied- und dehnbares Metall, das in der kubisch-dichtesten Kugelpackung („Cu-Typ“) kristallisiert. Es besitzt nach Silber die beste elektrische und thermische Leitfähigkeit. Das erste Ionisierungspotential ist relativ hoch, weshalb Kupfer oft als „Halbedelmetall“ bezeichnet wird. Kupfer ist ein wichtiges Spurenelement für Pflanzen und Lebewesen. Eine bekannte Mangelerscheinungen bei Pflanzen ist die sog. „Heidemoorkrankheit“ des Getreides. Cu steht an der 25. Stelle der Elementhäufigkeit.

Die Hauptoxidationsstufe von Kupfer ist +II. Das ist insofern eine Ausnahme, da sonst meist gilt: höchste Oxidationsstufe = Gruppennummer! Cu(I) bildet wie Ag(I) schwerlösliche Chalkogenide, Halogenide und Pseudohalogenide. Im Tetracyanokomplex $[Cu(CN)_4]^{3-}$ besitzt das Zentralatom Krypton-Elektronenkonfiguration. Der Komplex ist daher besonders stabil (s. rechte Seite).

Toxikologie: Cu-Ionen sind für viele Mikroorganismen giftig ($\longrightarrow$ kupferne Gießkannen, Schädlingsbekämpfung), für den Menschen jedoch meist relativ ungiftig.[23] Aus diesem Grund wurden früher viele Kochgeräte und Gebrauchsgegenstände aus Kupfer hergestellt.

---

[21] Der elektrische Widerstand von „Konstantan“ ist nahezu unabhängig von der Temperatur, was der Legierung ihren Namen gegeben hat. [22] Kupfer reflektiert das sichtbare Spektrum nicht vollständig (es werden Teile des grünen bzw. blauen Spektralbereichs absorbiert) und ist daher – neben Au, Cs, Ca, Sr und Ba – eines der wenigen farbigen Metalle. [23] Diese Aussage bezieht sich jedoch nur auf *Erwachsene* – für Babies sind Cu-Ionen hingegen hochgiftig (im Schwarzwald gibt es beispielsweise jährlich bis zu fünf tote Babies durch Cu-Ionen, die über das Wasser (Wasserrohre aus Kupfer) mit der Babynahrung aufgenommen werden).

Verbindung	Gefahrensymbol(e)	R-Sätze	S-Sätze
$CuCl_2$	T (giftig)	25–36/37/38	44
$CuSO_4 \cdot 5\,H_2O$	Xn (mindergiftig)	22	15
Cu_2S	Xn (mindergiftig)	22	22

R22 *Gesundheitsschädlich beim Verschlucken.* R25 *Giftig beim Verschlucken.* R36/37/38 *Reizt die Augen, Atmungsorgane und die Haut.*

Vorproben auf Kupfer

1. Flammenfärbung

In Gegenwart von Halogenidionen *grün*.

2. Phosphorsalzperle

Oxidationsflamme heiß: *grün*, kalt: *blaugrün*. Reduktionsflamme heiß: *grünlich*, kalt: *lackrot*.

Nachweis von Kupfer

1. NW mit Ammoniak und Maskierung mittels CN^-

Bei Zugabe von Ammoniak bildet sich *bläuliches* $Cu(OH)_2$, welches sich im ÜS von NH_3 unter Bildung von *blauem* $[Cu(NH_3)_4]^{2+}$ löst.

$$Cu^{2+} + NH_3 \rightsquigarrow Cu(OH)_2 \rightsquigarrow \underset{\text{blau}}{[Cu(NH_3)_4]^{2+}}$$

Bei Zugabe von *wenig* Cyanid wird Ammoniak aus dem Komplex vertrieben, da Cyanid-Ionen mit Cu^+ einen stabileren Komplex bilden ⟶ es entsteht zunächst *gelbes*, unbeständiges $Cu(CN)_2$, das beim Erwärmen in *äußerst giftiges* Dicyan $(CN)_2$ und Cu^ICN zerfällt.

$$Cu^{2+} + 2\,CN^- \longrightarrow \underset{\text{gelb}}{Cu(CN)_2} \downarrow$$

$$2\,Cu(CN)_2 \xrightarrow{\Delta} (CN)_2 \uparrow + 2\,Cu^ICN$$

Als Pseudohalogenid disproportioniert Dicyan in ammoniakalischer Lösung sofort zu Cyanid und Cyanat:

$$(CN)_2 + 2\,OH^- \longrightarrow CN^- + OCN^- + H_2O$$

Cu^ICN löst sich im CN^--Überschuß zu farblosem, sehr beständigem $[Cu(CN)_4]^{3-}$:

$$CuCN + 3\,CN^- \longrightarrow [Cu(CN)_4]^{3-}$$

Setzt man der Probelösung hingegen *viel* CN^- zu, so fällt *kein* $Cu(CN)_2$ aus, sondern es bildet sich sofort $[Cu(CN)_4]^{3-}$ und Cyanat OCN^-.

$$2\,Cu^{2+} + 9\,CN^- + 2\,OH^- \longrightarrow \underset{\text{Tetracyanocuprat(I)}}{2\,[Cu(CN)_4]^{3-}} + OCN^- + H_2O$$

Aus Lösungen, die diesen Tetracyanocuprat(I)-Komplex enthalten, kann mit H_2S kein Sulfid gefällt werden, da dieser Komplex so stabil (so wenig dissoziiert) ist, daß die geringe Konzentration an freien Cu^{I}-Ionen für eine Sulfid-Fällung nicht ausreicht. Der entsprechende Cd-Komplex $[Cd(CN)_4]^{2-}$ ist instabiler, weshalb eine Fällung als CdS möglich ist ($\longrightarrow$ Trennung von Cu und Cd!).

2. NW mit $K_4[Fe(CN)_6]$

$$2\,Cu^{2+} + [Fe(CN)_6]^{4-} \longrightarrow \underset{\text{braun}}{Cu_2[Fe(CN)_6]} \downarrow$$

Brauner Nd. von $Cu_2[Fe(CN)_6]$, schwerlöslich in verd. Säuren, löslich in NH_3 (Bildung von $[Cu(NH_3)_4]^{2+}$). Diese Reaktion ist sehr empfindlich!

Praxis: 2 Tr. der ammoniakalischen Probelösung werden mit HAc leicht angesäuert und mit 1 Tr. $K_4[Fe(CN)_6]$-Lösung versetzt $\longrightarrow$ *brauner* Niederschlag, schwerlöslich in verd. Säuren, löslich in NH_3.

Störung: Ist die Lösung zu alkalisch, so kann sich *schwarzes* CuO bilden!

3. NW als $K_2CuPb(NO_2)_6$

Diese Reaktion beruht auf der Bildung eines Tripelsalzes analog NW 3, Seite 42 bzw. NW 2, Seite 124. Der Nachweis ist sehr empfindlich.

$$2\,K^+ + Cu^{2+} + Pb^{2+} + 6\,NO_2^- \longrightarrow \underset{\text{schwarz}}{K_2CuPb(NO_2)_6}$$

Praxis: 3 Tr. der neutralen oder schwach essigsauren Lösung werden mit 2 Tr. verd. $Pb(Ac)_2$-Lösung versetzt und auf dem OT fast bis zur Trockne eingeengt. Der erkaltete RS wird mit 1 Tr. *frisch bereiteter* Reagenzlösung und einem kleinen KNO_2-Kristall versetzt $\longrightarrow$ *schwarze* bis *dunkelbraune* Würfel deuten auf Anwesenheit von Cu^{2+}.

Reagenz: Gleichvolumig gesättigte NH_4Ac-Lsg., 10%ige KNO_2-Lsg. und konz. HAc.

4. NW als Cu^{I}-Reineckat

$$Cu^+ + [Cr(SCN)_4(NH_3)_2]^- \longrightarrow \underset{\text{gelb}}{Cu[Cr(SCN)_4(NH_3)_2]} \downarrow$$

Praxis: Die $Cu[(NH_3)_4]^{2+}$-Lsg. wird mit HCl angesäuert und mit einigen Tr. Reineckesalzlsg. $\{NH_4[Cr(SCN)_4(NH_3)_2]\}$ im ÜS versetzt. Durch H_2SO_3 wird Cu^{II} zu Cu^{I} reduziert und als *gelbes* Cu^{I}-Reineckat gefällt.

Störung: $Hg^{2+} \longrightarrow$ vor der Reduktion des Cu^{2+} als Reineckat fällen und abtrennen.

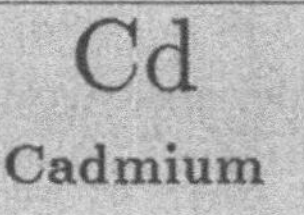

Cadmium, Cd

M	Smp.	Sdp.	ρ [g/cm^3]	EN	Oxidationsstufen	e^--Konfiguration
112.40	321 °C	765 °C	8.65	1.69	+2	[Kr] $4d^{10}\,5s^2$

Standardpotential(e)

$Cd^{2+} + 2e^- \rightleftharpoons Cd.\quad E^0 = -0.400$ V

Vorkommen/Mineralien

Mineralisch fast immer mit Zink vergesellschaftet (fällt als Nebenprodukt bei der Zn-Gewinnung an – vgl. unten). Sehr selten sind reine Cd-Mineralien wie Cadmiumblende (Greenockit) CdS oder Cadmiumspat (Otavit) $CdCO_3$.

Herstellung: Cadmium fällt als Nebenprodukt bei der Zink-Gewinnung an (in geringeren Mengen auch bei der Blei- und Kupfer-Gewinnung). CdO wird vor ZnO zum Metall reduziert und aufgrund seines vergleichsweise niedrigen Smp. leicht abdestilliert. Außerdem wird Cd durch Elektrolyse von Cd-reichen Flugstäuben oder Zementaten dargestellt.

Verwendung: Als galvanisch abgeschiedener Metallüberzug zum Korrosionsschutz von Eisen sowie als Elektrodenmaterial in Akkumulatoren. Cadmium wird ferner in Legierungen (Lagermetalle, Schnellote), in Selen-Gleichrichtern und in der Kerntechnik (in Kernreaktoren steuern Cadmiumkontrollstäbe den Neutronenfluß) verwendet. Cadmium-Verbindungen werden als Farbpigmente für Keramik, Glas und Kunststoffe genutzt.

Eigenschaften: Cadmium ist ein silberweißes, glänzendes und dehnbares Metall mit einer dem Zink entsprechenden Gitterstruktur. Beim Biegen knirscht das Metall. Der elektrische Widerstand ist etwa viermal so groß wie der des Kupfers. Einige Cd-Verbindungen (z. B. Silicate, Borate) fluoreszieren. Es steht an der 63. Stelle der Elementhäufigkeit. Allgemein besitzt Cd große Ähnlichkeit zu Zn! Allerdings fällt CdS bereits aus verd. salzsauren Lösungen (während ZnS erst im essigsauren Medium fällt) und $Cd(OH)_2$ ist im Gegensatz zu $Zn(OH)_2$ nicht amphoter.

Zur Trennung von Cu^{2+} und Cd^{2+} siehe die auf Seite 61 erläuterten Zusammenhänge. Aus Cd^{2+}-haltigen Lösungen fällt bei Cyanid-Zugabe zuerst $Cd(CN)_2$, aus welchem sich dann der entsprechende Tetracyanokomplex bildet:

$$Cd^{2+} + 2\,CN^- \longrightarrow Cd(CN)_2 \downarrow$$

$$Cd(CN)_2 + 2\,CN^- \longrightarrow [Cd(CN)_4]^{2-}$$

Dieser Komplex ist im Gegensatz zu $[Cu(CN)_4]^{3-}$ so weit in Einzelionen dissoziiert (kleine Komplexbildungskonstante), daß bei Reaktion mit H_2S das LP des

CdS leicht überschritten wird und demnach *gelbes* CdS ausfällt (ist der Nd. dunkel, so wurde unsauber gearbeitet und die Trennung muß wiederholt werden!).

Toxikologie: Cadmium ist die Metallkomponente der Urease und wird vom Körper in der Leber gespeichert. Cadmiumverbindungen sind sehr giftig,[24] vor allem in Form von atembaren Stäuben!

Verbindung	Gefahrensymbol(e)	R-Sätze	S-Sätze
$Cd(NO_3)_2$	Xn (mindergiftig)	20/21/22	22
$Cd(Ac)_2$	T (giftig)	A45.3–20/21/22	53–22–44
$CdCl_2$	T (giftig)	45–23/25–48	53–44
$CdCO_3$	Xn (mindergiftig)	20/21/22	22
CdI_2	T (giftig)	23/25–33–40	22–44
CdO	T (giftig)	23/25–33–40	22–44
$CdSO_4$	T (giftig)	A45.3–20/21/22	53–22–44

R20/21/22 *Gesundheitsschädlich beim Einatmen, Verschlucken und Berührung mit der Haut.* R23/25 *Giftig beim Einatmen und Verschlucken.* R33 *Gefahr kumulativer Wirkungen.* R40 *Irreversibler Schaden möglich.* R45 *Kann Krebs erzeugen.* RA45.3 *Kann Krebs erzeugen (in atembarer Form).* R48 *Gefahr ernster Gesundheitsschäden bei längerer Exposition.*

Eine große Gefahr liegt auch im relativ niedrigen Schmelzpunkt (Sublimation!) und der leichten Oxidierbarkeit des Metalls. Es muß daher *immer* im Abzug gearbeitet werden. Bei Cadmiumverbindungen besteht allgemein der Verdacht auf krebserzeugendes Potential.[25]

Nachweis von Cadmium

1. NW mittels Glühröhrchenprobe

$$CdO + Na_2C_2O_4 \longrightarrow Cd + Na_2CO_3 + CO_2$$

Dieser Nachweis kann auch als *Vorprobe* auf Cd aus der Ursubstanz ausgeführt werden. Man glüht die Probe in einem schwerschmelzbaren Glühröhrchen und reduziert das dabei entstehende Sulfid-Oxid-Gemisch mit Oxalat zu den Metallen. Cd verdampft als leichter flüchtiger Bestandteil (767 °C) und scheidet sich als Metallspiegel am oberen (kalten) Teil des Röhrchens ab.

Praxis: Eine kleine Menge Substanz wird im Glühröhrchen erhitzt, bis keine flüchtigen Bestandteile mehr entweichen (As_2S_3, HgS) – Abzug! Daraufhin gibt man einen ÜS an $Na_2C_2O_4$ (1 : 5) zu und erhitzt fast bis zum Erweichen des Glases $\longrightarrow$ *Cd-Spiegel* an kalter Reagenzglaswand. Nach Zugabe eines

[24] Die Giftigkeit von CdO entspricht etwa der von Phosgen; Cadmiumverbindungen sind ca. 30 mal giftiger als Pb^{2+}-Verbindungen [25] Die Aufnahme von Cadmium erfolgt besonders effektiv über den Tabakrauch; der Cd-Gehalt im Blut von Rauchern ist um ein Vielfaches höher als der von Nichtrauchern. In hohen Konzentrationen haben sich Cadmiumverbindungen im Tierversuch als kanzerogen erwiesen.

Körnchens Schwefel wird erneut geglüht. Dabei bildet sich durch Reaktion von Schwefeldampf mit elementarem Cadmium (Metallspiegel) CdS, das in der Hitze *rot*, in der Kälte *gelb* ist (Farbwechsel läßt sich durch abwechselndes Erhitzen und Abkühlen einige Male wiederholen).

Störung: Man kann gelbes CdS mit sublimiertem Schwefel verwechseln. Letzterer kann jedoch durch Erhitzen als SO_2 vertrieben werden.

2. NW als Cadmiumthioharnstoffreineckat

$$Cd^{2+} + 2\,SC(NH_2)_2 + 2\,[Cr(SCN)_4(NH_3)_2]^- \longrightarrow [Cd\{SC(NH_2)_2\}_2] \cdot [Cr(SCN)_4(NH_3)_2]_2$$

Praxis: 5 Tr. Probelsg. werden auf dem OT zur Trockne eingedampft. Der RS wird mit 1 Tr. verd. HCl benetzt und mit 1 Tr. frisch bereiteter 3%iger Reinecke-Salz-Lsg. und einigen Kriställchen Thioharnstoff versetzt. Bei Ggw. von Cd^{2+} bilden sich *farblose* Stäbchen von Cadmiumthioharnstoffreineckat.

Störung: Pb^{2+} und Bi^{3+} geben ähnliche Niederschläge, die jedoch in anderen Kristallformen kristallisieren (Mikroskop!).

3. NW als CdS

$$Cd^{2+} + H_2S \underset{pH<3-4}{\overset{pH>3-4}{\rightleftharpoons}} CdS + 2\,H^+$$

Praxis: Zu einer ammoniakalischen Lsg., die noch Cu^{2+} enthält, wird bis zur vollständigen Entfärbung des blauen Tetraamminkomplexes KCN-Lösung getropft. Darauf wird Cd^{2+} mit TAA als CdS gefällt. Bei sehr geringer Cd-Konzentration tritt häufig nur eine *Gelbfärbung* ein, die aber auch von Rubean- bzw. Flaveanwasserstoff herrühren kann (diese Unterscheidung ist im HM-Maßstab nicht ganz einfach). Deshalb sollte der Nd. durch die Glühröhrchenprobe als CdS identifiziert werden!

Störung:
- Hg ($\longrightarrow$ rotes HgS) und As ($\longrightarrow$ gelbes As_2S_3) können jeweils eine der Farben vortäuschen, zeigen jedoch nicht den charakteristischen *Farbwechsel*.
- Bei zu hoher Cyanid-Konzentration kann die gelbe Farbe von Rubean- oder Flaveanwasserstoff herrühren!

(a) $H_2N-C(=S)-C(=S)-NH_2$

(b) $H_2N-C(=S)-C\equiv N$

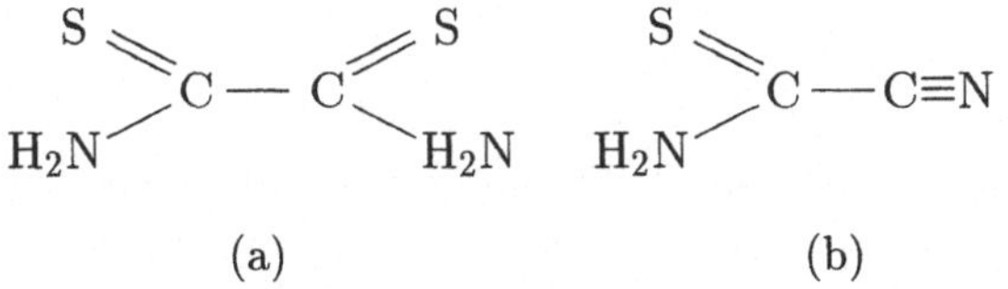

Bild 3.2
Rubean- (a) und Flaveanwasserstoff (b).

3.2.4 Trennung der Arsengruppe

Das Zentrifugat, das nach dem Digerieren mit $LiOH/KNO_3$-Lösung die Thioanionen der Elemente As, Sb und Sn enthält, wird tropfenweise mit verd. HCl bis zur sauren Reaktion versetzt. Dabei fallen die *gelb/orangen* Sulfide As_2S_5, Sb_2S_5 und SnS_2 aus. Ist die Fällung *weiß*, so enthält sie allenfalls Spuren der Elemente vermischt mit viel Schwefel (letzteres sollte bei Trennung mit $LiOH/KNO_3$ nicht passieren!). Ist sie hingegen braun oder gar schwarz, so ist sie durch verschleppte Sulfide aus der Kupfergruppe verunreinigt (die Trennung muß dann wiederholt werden). Für die Auftrennung der Arsengruppe gibt es *zwei Möglichkeiten*:

B.2 Trennung der Arsengruppe

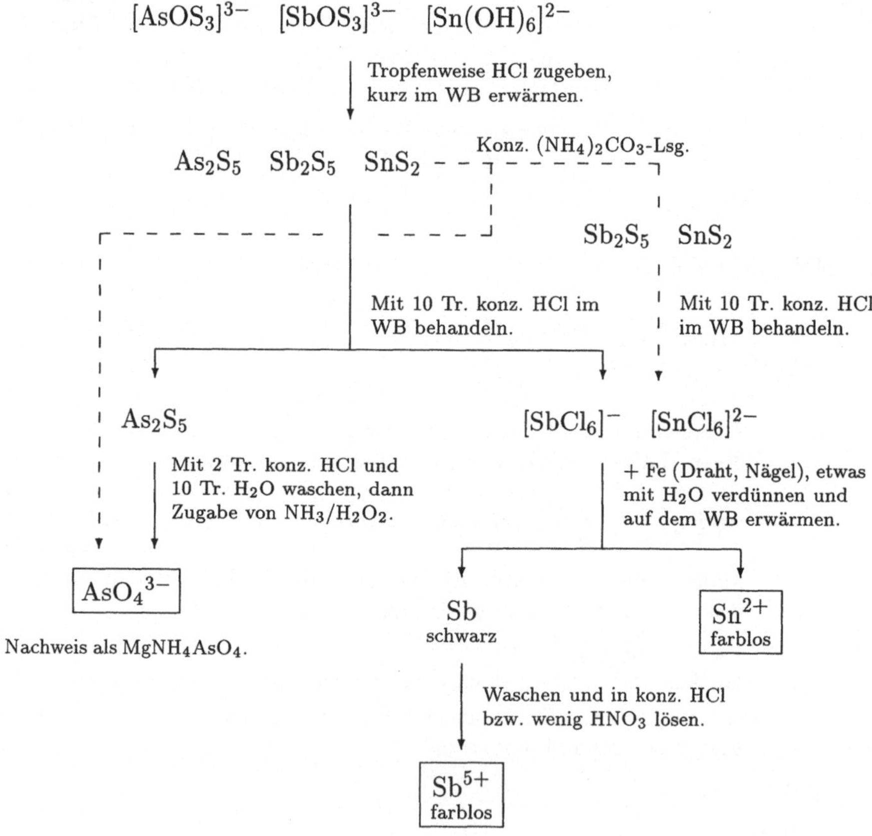

Trennung in saurer Lösung. Man wäscht die Sulfidniederschläge mit wenig verd. H_2SO_4 (das Waschwasser kann verworfen werden) und behandelt sie anschließend mit konz. HCl. Dabei gehen Sb_2S_5 und SnS_2 als Chlorokomplexe in Lösung. Sie werden wie unten beschrieben aufgetrennt.

Als Rückstand verbleibt As_2S_5, das in konz. HCl keinen Chlorokomplex bildet. Es wird nach kurzem Auswaschen mit NH_3/H_2O_2 behandelt, wobei sich gemäß folgender Gleichung $AsO_4{}^{3-}$ bildet:

$$As_2S_5 + 20\,H_2O_2 \longrightarrow 5\,H_2SO_4 + 2\,H_3AsO_4 + 12\,H_2O$$

Trennung in alkalischer Lösung. Behandelt man die Sulfide As_2S_5, Sb_2S_5 und SnS_2 mit konz. $(NH_4)_2CO_3$-Lösung, so löst sich einzig As_2S_5 unter Bildung von $AsO_4{}^{3-}$, das beispielsweise als $MgNH_4AsO_4$ gefällt und nachgewiesen werden kann. Die im Rückstand verbleibenden Sulfide Sb_2S_5 und SnS_2 werden wieder mit konz. HCl in die entsprechenden Chlorokomplexe überführt. Ihre Trennung erfolgt nach der sog. „Reduktionsmethode".

Trennung von Sb_2S_5 und SnS_2. Sb^{5+} wird im Gegensatz zu Sn^{4+} von Eisen zum Element reduziert.[26] Diese meist als „Eisennagelprobe" bezeichnete Reduktion führt zur Abscheidung von schwarzen Flocken an einem blanken Eisennagel (vgl. Seite 73).

As
Arsen

Arsen, As

M	Smp. [a]	Sdp. [b]	ρ [g/cm³]	EN	Oxidationsstufen	e⁻-Konfiguration
74.92	817 °C	613 °C	5.72	2.18	−3, +3, +5	$[Ar]\,3d^{10}\,4s^2\,4p^3$

Standardpotential(e)

$H_3AsO_4 + 2\,H^+ + 2e^- \rightleftharpoons H_3AsO_3 + H_2O.\quad E^0 = +0.559$ V

Vorkommen/Mineralien

In zahlreichen sulfidischen Erzen. Mineralisch als Arsenkies („Giftkies") Fe[AsS] ($FeAs_2 \cdot FeS_2$), Cobaltglanz Co[AsS], Arsennickelkies (Gersdorffit) Ni[AsS], Löllingit (Arsenikalkies) $FeAs_2$, Rotnickelkies NiAs,[c] , Speiscobalt $CoAs_3$, Auripigment („Rauschgelb") As_2S_3, Realgar[d] („Rauschrot") As_4S_4. Seltener sind Scherbencobalt (gediegenes Arsen) und Arsenolith (Arsenikblüte) As_2O_3.

[a] Schmelzpunkt unter erhöhtem Druck (36 bar). [b] Sublimationspunkt. [c] Wichtiger Strukturtyp, sog. „NiAs-Typ"! [d] Kurze Anmerkung: Bei der Oxidationsstufe von Arsen im Realgar muß man berücksichtigen, daß es sich hier um eine *Festkörperstruktur* mit As–As-Bindungen handelt!

Herstellung: Meist wird Arsenkies Fe[AsS] durch Erhitzen unter Luftabschluß in As und FeS überführt. Oder man reduziert As_2O_3 mit Holzkohle oder Koks. Sehr reines As erhält man aus $AsCl_3$ durch Reduktion mit H_2.

[26] Sn^{4+} wird von Eisen nur zu Sn^{2+} reduziert; vgl. Standardpotential! Dagegen reduziert Zink Sn^{4+} infolge Überspannung der H^+-Ionen zu elementarem Zinn, das sich jedoch – im Gegensatz zu Sb – leicht in Säuren löst.

Verwendung: Als Legierungszusatz (besonders für Blei ⟶ Hartblei, Bleilagermetall, Flintenschrot), in Cu/Sn-Legierungen für Verspiegelungen, in der Halbleitertechnik zur Herstellung von Ga/As- bzw. In/As-Halbleitern, in der Glasfabrikation und zur Konservierung von Tierhäuten.

Eigenschaften: Arsen liegt im Übergangsbereich zwischen Metall und Nichtmetall, die stabile Modifikation hat metallischen Charakter.

- *Graues Arsen*, (α-Form): bildet graue, metallisch glänzende, spröde, hexagonal-rhomboedrische Kristalle; es ähnelt damit dem schwarzen Phosphor. Die elektrische Leitfähigkeit spricht für die Einordnung dieser Modifikation in die Reihe der Metalle.
- *Gelbes Arsen*: ist eine durchsichtige, metastabile, wachsweiche, nichtmetallische, kristalline Modifikation.
- *Schwarzes oder amorphes Arsen*: ist schwarz, glasartig hart und tritt in mehreren Formen auf.

Toxikologie: Arsen brennt an der Luft mit blau-weißer Flamme und ist im Gegensatz zu weißem Phosphor in metallischer Form ungiftig. Es geht aber an Luft oder in wss. Lösung leicht in arsenige Säure bzw. As_2O_3 über und wird so zum gefährlichen Gift. Verbindungen des fünfwertigen Arsens (Arsensäure, Arsenate) wirken analog denen des dreiwertigen Arsens (arsenige Säure, Arsenite); nur ist ihre Wirkung im allg. viel schwächer. Natürliche Arsensulfide wie Realgar oder Auripigment sind aufgrund ihrer geringen Löslichkeit praktisch ungiftig.

Verbindung	**Gefahrensymbol(e)**	**R-Sätze**	**S-Sätze**
$AsBr_3$	T (giftig)	23/25	1/2–20/21–28–44
AsI_3	T (giftig)	23/25	1/2–20/21–28–44
As_2O_3	T (giftig)	23/25–45	1/2–20/21–28–44
As_2S_3	T (giftig)	23/25	1/2–20/21–28–44

R23/25 *Giftig beim Einatmen und Verschlucken.* R45 *Kann Krebs erzeugen.*

Vorprobe auf Arsen

Marshsche Probe

$$As_2O_3 + 6\,Zn + 12\,H^+ \longrightarrow 2\,AsH_3\uparrow + 6\,Zn^{2+} + 3\,H_2O$$

$$4\,AsH_3 + 3\,O_2 \longrightarrow 4\,As\downarrow + 6\,H_2O$$

$$2\,As + 5\,H_2O_2 + 6\,NH_3 \longrightarrow 2\,AsO_4{}^{3-} + 6\,NH_4{}^+ + 2\,H_2O$$

Die Marshsche Probe kann sowohl als *Vorprobe* als auch als *Nachweis* auf Arsen dienen. Sie wird auch heute noch in der Gerichtsmedizin zum Nachweis von Arsenspuren in Leichenteilen verwendet („forensischer Arsen-Nachweis").

Praxis: Der NW sollte mit einer Probe der US ausgeführt werden, da im HM-Maßstab die Konzentration der Lsg. während des TG meist nicht ausreicht.

In ein möglichst kurzes Reagenzglas, in dem sich Zink, etwas $CuSO_4$ und 1 Mikrospatel US befinden, werden einige Tr. verd. H_2SO_4 getropft. Darauf wird das RG mit einem durchbohrten Stopfen verschlossen, in dem ein ausgezogenes Glasrohr steckt, und dieses Gemisch schließlich *vorsichtig* erhitzt. Der entstehende Wasserstoff (Zn/H^+), der aus dem Glasrohr strömt, wird vorsichtig entzündet (Vorsicht: Knallgas!) und an die kalte Wand einer Porzellanschale gehalten. Bei Anwesenheit von AsH_3 bzw. SbH_3 brennt die Flamme fahlblau, und es bildet sich auf der Porzellanschale ein metallischer Spiegel.

Zur Unterscheidung von Arsen und Antimon: Man behandelt den Metallspiegel mit alkalischer (ammoniakalischer) H_2O_2-Lösung. Arsen löst sich schnell, Antimon erst nach längerem Erwärmen.

Die Marshsche Probe muß unbedingt unter dem geschlossenen Abzug durchgeführt werden, da einerseits AsH_3 (bzw. SbH_3) sehr giftig ist und andererseits infolge der häufig zu beobachtenden Knallgasreaktion Verletzungsgefahr durch wegfliegende Pipetten droht.

Nachweis von Arsen

1. NW mit $SnCl_2$ (Bettendorfsche Probe)

$$2\,As^{3+} + 3\,Sn^{2+} + 18\,Cl^- \longrightarrow 3\,[SnCl_6]^{2-} + \underset{\text{braun/schwarz}}{2\,As\downarrow}$$

Reduktion zu elementarem Arsen mittels $SnCl_2$. NW ist innerhalb der Gruppe *spezifisch* für Arsen.

Praxis: 5 Tr. der Probelsg. werden auf einem Uhrglas mit 3 Tr. verd. NH_3, 1 Tr. 30%igem H_2O_2 und 3 Tr. 0.1 mol/l $Mg(NO_3)_2$ oder $MgCl_2$ versetzt und langsam zur Trockne eingedampft.

Der RS wird nach kurzem Erhitzen auf Rotglut mit 3–5 Tr. salzsaurer $SnCl_2$-Lsg. versetzt und schwach erwärmt. Ein *schwarzer* Nd. bzw. eine *Braunfärbung* der Lsg. deutet auf Anwesenheit von Arsen. Sehr kleine Arsen-Mengen lassen sich nachweisen, wenn man mit Ether oder Amylalkohol ausschüttelt $\longrightarrow$ *schwarze* Zone in der Grenzschicht.

Störung: Alle Metalle, die mit $SnCl_2$ ebenfalls reduziert werden. Beispielsweise Hg^{2+} (als Reineckat fällen), Ag^+, Bi^{3+} etc.

2. NW als $MgNH_4AsO_4$

$$As_2O_3 + 2\,MgCl_2 + 6\,NH_4OH \longrightarrow 2\,MgNH_4AsO_4 + 4\,NH_4Cl + 3\,H_2O$$

Sehr gut für HM-Maßstab geeignet. Analog dem auf Seite 209 beschriebenen Phosphat-Nachweis erfolgt die Bildung von charakteristischen Mischkristallen.

Praxis: As_2S_5 in 20 Tr. konz. HNO_3 lösen. 1 Tr. dieser Lsg. vorsichtig eindampfen und den RS in 1 Tr. verd. NH_3 aufnehmen. Anschließend 3–4 Körnchen NH_4NO_3 und 1 Körnchen $MgCl_2$ zugeben ⟶ nach ca. 1 Minute bilden sich langsam „sargdeckelförmige" Kristalle (Mikroskop).

Störung:
- Bei zu hoher Konzentration wachsen unregelmäßige Kristalle ⟶ Wiederholung mit verd. Probelösung oder mehr NH_4NO_3 (dieses verzögert die Kristallisation).
- $PO_4{}^{3-}$ bildet $MgNH_4PO_4$, das auch unter dem Mikroskop nur sehr schwer von $MgNH_4AsO_4$ unterschieden werden kann. Man gibt daher 1 Tr. Na_2S-Lösung auf den OT. Bei Anwesenheit von $AsO_4{}^{3-}$ färben sich die Kristalle durch Bildung von Arsensulfid *gelb*.

3. NW als AsH_3 (Gutzeitsche Probe)

$$AsH_3 + 6\,AgNO_3 \longrightarrow \underset{\text{gelb}}{Ag_3As \cdot 3\,AgNO_3} + 3\,HNO_3$$

$$Ag_3As \cdot 3\,AgNO_3 + 3\,H_2O \longrightarrow \underset{\text{schwarz}}{6\,Ag} + H_3AsO_3 + 3\,HNO_3$$

As^{3+} bildet mit naszierendem Wasserstoff AsH_3, welches mit $AgNO_3$ zu dem *gelben* Doppelsalz $Ag_3As \cdot 3\,AgNO_3$ reagiert. Dieses färbt sich nach einigem Stehen unter Ag-Bildung *schwarz*. As^{3+} kann durch Reduktion von As^{5+} mit Zn/H_2SO_4 erhalten werden.

Praxis: Etwas US wird in einem kleinen Erlenmeyerkolben mit einer Zn-Granalie und etwas H_2SO_4 versetzt. Das Kölbchen wird mit einem Wattebausch verschlossen und auf seine Öffnung ein Filterpapier mit etwas *festem* $AgNO_3$ (+ einige Tr. H_2O) gelegt ⟶ *Gelbfärbung* des Nitrats und anschließende *Schwärzung* durch elementares Ag.

Störung: Sb^{3+} stört sowie S^{2-} (Bildung von schwarzem Ag_2S!) ⟶ Abhilfe: Wattebausch mit etwas $Pb(Ac)_2$ tränken.

4. Fleitmannsche Probe

Bildung von AsH_3 in *alkalischem* Medium. Antimon reagiert unter diesen Bedingungen *nicht!* As^{5+} muß zuvor mit H_2SO_3 zu As^{3+} reduziert werden.

$$As_2O_3 + 9\,H_2O + 4\,OH^- + 4\,Al \longrightarrow 4\,[Al(OH)_4]^- + 2\,AsH_3\uparrow$$

Statt $AgNO_3$ kann auch $HgCl_2$ zum Nachweis von AsH_3 verwendet werden...

$$AsH_3 + HgCl_2 \longrightarrow AsH_2HgCl + HCl$$

$$2\,AsH_2HgCl + HgCl_2 \xrightarrow[-HCl]{} AsH(HgCl)_2 + AsH_2HgCl \xrightarrow[-3\,HCl]{} As_2Hg_3$$

Praxis: Zunächst reduziert man As^{5+} mit H_2SO_3 zu As^{3+}. Dann wird in einem kleinen Erlenmeyerkolben mit KOH und Al-Pulver erhitzt. Eventuell entstehendes H_2S wird mit $Pb(Ac)_2$-Lsg. (auf einem Wattebausch in der Mündung des RG) abgefangen. Die Öffnung des Kölbchens wird mit einem Filterpapier bedeckt, das mit $AgNO_3$- oder $HgCl_2$-Lösung getränkt ist.[27] Eine *Gelbfärbung*, die allmählich in Braun übergeht, bzw. eine *Braunfärbung* zeigen As an.

Störung: Wenn der NW aus der US durchgeführt wird, stören

- Hg^{2+} ⟶ als Reineckat fällen.
- H_2S ⟶ RG mit einem $Pb(Ac)_2$-getränkten Wattebausch verschließen.

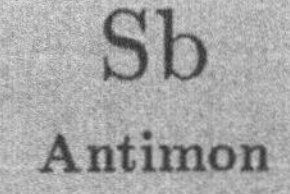

Antimon, Sb

M	Smp.	Sdp.	ρ [g/cm^3]	EN	Oxidationsstufen	e^--Konfiguration
121.75	631 °C	1650 °C	6.68	2.05	−3, +3, +5	[Kr] $4d^{10}\,5s^2\,5p^3$

Standardpotential(e)

$Sb_2O_3 + 6\,H^+ + 6e^- \rightleftharpoons 2\,Sb + 3\,H_2O.\quad E^0 = +0.152$ V
$Sb_2O_5 + 2\,H^+ + 2e^- \rightleftharpoons Sb_2O_4 + H_2O.\quad E^0 = +0.48$ V

Vorkommen/Mineralien

Antimon findet sich (wie Arsen) in *Antimonsulfiden* (wichtigstes Beispiel ist Grauspießglanz (Antimonglanz) Sb_2S_3), *Metallantimoniden* (z. B. Breithauptit NiSb oder Ullmannit NiSbS) und *Antimonoxiden* (Weißspießglanz (Valentinit) Sb_2O_3). Antimon findet sich selten gediegen.

Herstellung: Durch „Röstreaktionsarbeit" (vgl. Seite 59) oder „Röstreduktionsarbeit" (vgl. Seite 40) aus Grauspießglanz Sb_2S_3. Ferner fällt es als Nebenprodukt bei der Bleigewinnung an.

Verwendung: Als Zusatz in Pb-Legierungen (Hartblei, Letternmetall, Lagermetalle) oder in Sn-Legierungen (Britannia-Metall, Lagermetalle), als sog. Goldschwefel (Sb_2S_5) Verwendung beim Vulkanisieren und Färben von Kautschuk.

[27] Es kann auch festes $AgNO_3$ verwendet werden; die Färbung ist dann aber nicht so schnell zu erkennen!

Eigenschaften: Antimon ist ein weiß-glänzendes, grob-kristallines Metall, das wie Arsen auch in verschiedenen Modifikationen existiert. Die elektrische Leitfähigkeit entspricht ca. 8% der Leitfähigkeit von Kupfer. Im Vergleich zu anderen Metallen ist Antimon ein schlechter Wärmeleiter. Flüssiges Antimon expandiert beim Erstarren. Es steht an der 62. Stelle der Elementhäufigkeit.

- *Graues (metallisches) Antimon:* stabilste Modifikation.
- *Schwarzes (amorphes) Antimon:* entsteht aus Antimon-Dampf durch Kondensation an kalten Flächen. Es ist sehr reaktionsfähig und wandelt sich beim Erhitzen in graues Antimon um.

Toxikologie: Antimon gilt als Reizstoff für Haut, Schleimhaut und den Magen-Darm-Trakt. SbH_3 ist etwa so giftig wie Arsenwasserstoff. Allgemein bildet Antimon gleichartige Verbindungen wie Arsen, die ähnliche Eigenschaften, aber geringere toxische Wirkung besitzen.

Verbindung	Gefahrensymbol(e)	R-Sätze	S-Sätze
SbF_3	T (giftig)	23/24/25	7–26–44
SbI_3	Xn (mindergiftig)	20/22	22
Sb_2O_3	T (giftig)	A45.2	53–44
Sb_2S_3	Xi (reizend)	37	

R20/22 *Gesundheitsschädlich beim Einatmen und Verschlucken.* R23/24/25 *Giftig beim Einatmen, Verschlucken und Berührung mit der Haut.* R37 *Reizt die Atmungsorgane.* RA45.2 *Kann Krebs erzeugen (in atembarer Form).*

Vorproben auf Antimon

1. NW als SbH_3 (Marshsche Probe)

Siehe Ausführungen beim Arsen (s. Seite 68)! Im Gegensatz zu Arsen löst sich Antimon (Metallspiegel) in ammoniakalischer H_2O_2-Lösung nicht oder nur sehr langsam.

2. Fällung mit H_2S ergibt charakteristische, *orange* Farbe[28] . Es fällt aus saurer Antimonatlösung je nach Reaktionsbedingungen *oranges* Sb_2S_5 oder auch Sb_2S_3 und S:

$$2\,[SbCl_6]^- + 5\,H_2S \longrightarrow \underset{\text{orange/rot}}{Sb_2S_5\downarrow} + 10\,H^+ + 12\,Cl^-$$

$$Sb_2S_5 + 3\,S^{2-} \longrightarrow 2\,[SbS_4]^{3-}$$

[28] Die orange Farbe der Antimonsulfide ist jedoch nur dann ein sicherer Hinweis, wenn z. B. bei der „Eisennagelprobe" elementares Antimon gelöst und anschließend als Sulfid wieder ausgefällt wird. Bei der Gruppenfällung mit TAA sind die Farben der Sulfide nicht immer sicher interpretierbar.

Sb_2S_5 löst sich in Ammonium- und Alkalisulfiden zu Thioantimonaten; in Alkalien zu Thio- und Thiooxoantimonaten (s. Seite 53).

Nachweis von Antimon

1. NW durch Reduktion mit Fe

$$2\,Sb^{3+} + 3\,Fe \longrightarrow \underset{\text{schwarz}}{2\,Sb\downarrow} + 3\,Fe^{2+}$$

Unedle Metalle wie z. B. Zn, Fe oder Sn reduzieren in schwach sauren Lösungen Sb(V) und Sb(III) zu elementarem Sb. Am besten ist Fe geeignet, da dieses Sb^{3+}/Sb^{5+} zum Element, Sn^{4+} dagegen nur bis zum Sn^{2+} reduziert. Zn reduziert auch Sn zum Element (man betrachte die Standardpotentiale!). Es ist daher für diesen NW nicht geeignet!

Praxis: Die salzsaure Lösung wird mit der gleichen Menge Wasser verdünnt und in die entstehende, schwach saure Lösung ein Eisendraht oder Eisennagel gegeben ⟶ Sb scheidet sich nach wenigen Minuten in *schwarzen* Flocken ab. Diese Methode dient auch zur Trennung von Sb und Sn (Sn(IV) wird nur zu Sn(II) reduziert – vgl. Schema B.2).

Achtung: Bei längerem Stehen überzieht sich der Eisennagel fast immer mit einer dunklen *Schicht!* Bei Anwesenheit von Sb sollten aber wirklich *Flocken* entstehen (d. h. die Nägel nicht über mehrere Stunden oder über Nacht in der Lösung stehen lassen, sonst ist das Ergebnis nicht mehr zu interpretieren).

Man trennt die schwarzen Flocken ab und löst in konz. HCl und wenig HNO_3. Nach Verkochen der Salpetersäure kann aus dieser Lösung oranges Antimonsulfid gefällt werden.

2. NW mit Rhodamin B

Praxis: Die schwach salzsaure Lsg. wird von ausgefallenen Sulfiden abzentrifugiert und mit einigen Tr. verd. HCl angesäuert. Hierbei werden nur Antimon und Zinn gelöst. 5 Tr. dieser Lösung werden auf der TP mit 1 Tr. verd. HCl und 3 Kriställchen KNO_3 versetzt (Oxidation von Sb^{3+} zu Sb^{5+}). Zur Zersetzung von überschüssiger HNO_2 wird etwas Amidoschwefelsäure zugegeben. Nach Durchmischung wird mit 1–2 Tr. Reagenzlsg. getüpfelt: Farbumschlag hellrot nach *violett* ⟶ Sb.

Reagenz: Man löst 2 g KCl und 50 mg Rhodamin B in 100 ml verd. HCl.

Störung: Hg^{2+}, Bi^{3+}, Wolframate und Molybdate bzw. größere Mengen an Fe^{3+} ⟶ ähnliche Färbungen.

3. NW mit Molybdophosphorsäure

Molybdophosphorsäure wird in saurer Lösung durch Sb^{3+}- und Sn^{2+}-Salze zu „Molybdänblau“ reduziert, das sich mit Amylalkohol ausschütteln läßt. Bei Abwesenheit von Sn^{2+} ist dieser NW für Sb^{3+} *spezifisch.*

Praxis: Zur Reduktion von Sb(V) wird die alkalische Probelösung (im TG verwendet man die Lösung der Thiosalze von As, Sb und Sn – nach Abtrennen der Arsengruppe von der Kupfergruppe) mit verd. H_2SO_4 erwärmt. 1 Tr. dieser Lsg. wird auf ein mit Molybdophosphorsäure getränktes Filterpapier getüpfelt und mit heißem Wasserdampf behandelt. Die Bildung eines *blauen* Flecks (innerhalb weniger Minuten) deutet auf Anwesenheit von Antimon.

Störung: Neben Sn^{2+} stören Fe^{2+}-Verbindungen. Daher sollte der NW nur aus dem Trennungsgang heraus angewendet werden.

Reagenz: Frisch bereitete 5%ige wäßrige Lösung von Molybdophosphorsäure. Diese stellt man durch ca. zweistündiges Kochen von 3.5 g MoO_3 in verd. H_3PO_4 her. Nach Filtration wird mit 7 Teilen Wasser verdünnt.

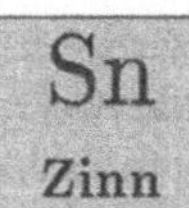

Zinn, Sn

M	Smp.	Sdp.	ρ [g/cm³]	EN	Oxidationsstufen	e⁻-Konfiguration
118.69	232 °C	2270 °C	7.30	1.80	+2, +4	[Kr] $4d^{10}\,5s^2\,5p^2$

Standardpotential(e)

$Sn^{2+} + 2e^- \rightleftharpoons Sn.\quad E^0 = -0.136$ V

Vorkommen/Mineralien

Das wichtigste Zinnerz ist Zinnstein (Kassiterit) SnO_2. Man findet jedoch auch Zinnkies (Stannin) Cu_2FeSnS_4.

Herstellung: Zinnstein wird zur Entfernung von Verunreinigungen geröstet und anschließend bei 1000 °C im Flammofen mit Kohle reduziert. Ferner kann Zinn auch durch Elektrolyse oder durch Einwirkung unedler Metalle auf Zinnverbindungen gewonnen werden. Die Wiedergewinnung aus Weißblechabfällen (Elektrolyse!) gewinnt dabei mehr und mehr an Bedeutung.

Verwendung: Zur Fertigung von Weißblech (verzinntes Eisen; z. B. für Konservendosen), Legierungen (Bronzen, Britannia-Metall, Lagermetalle, Weich- bzw. Schnellot), Folien und zur unechten Vergoldung (Musivgold SnS_2).

Eigenschaften: Zinn ist ein silberweißes, stark glänzendes, dehnbares und weiches Schwermetall (daher schon in früheren Zeiten Verwendung zur Fertigung von Gefäßen und Geschirr). Es sind zwei Modifikationen bekannt:

- *Weißes Sn*, β-Form: ist eine metallische Modifikation mit tetragonalem Gitter. Beim Biegen von β-Zinn vernimmt man ein eigentümliches Knistern („Zinngeschrei"). Wird β-Zinn mit HCl angeätzt, so erscheinen eisblumenartige Zeichnungen („moiriertes Sn"). Es verbrennt mit hell-weißem Licht zu Zinnasche (SnO_2).

- *Graues Zinn*, α-Form (unterhalb 13 °C beständig): ist eine graue Modifikation mit pulverförmiger, feinkristalliner Struktur, die einem verzerrten Diamantgitter entspricht. Kühlt man β-Zinn auf Temperaturen unter 13 °C, so erfolgt allmähliche Umwandlung in die α-Form. Haben sich davon erst einmal kleinere Kristallisationskeime gebildet, so breitet sich die Umwandlung fortschreitend aus („Zinnpest").

Sn ist an der Luft sehr beständig (es behält seinen silbernen Glanz und wird als Rostschutz beim „Verzinnen" von Eisenblech eingesetzt), löst sich jedoch in HCl und H_2SO_4 unter allmählicher Bildung von Sn^{2+}-Salzen. Bei Behandlung mit HNO_3 entsteht weiße Zinnsäure $SnO_2 \cdot aq$, die mit der Zeit in unlösliches Zinndioxid SnO_2 übergeht. Unter Einwirkung von warmen Laugen bildet sich zunächst (etwa bei pH 10.5) $Sn(OH)_2$, das im OH^--Überschuß löslich ist (amphoteres Hydroxid). Sn(II)-Verbindungen gehen leicht in Sn(IV)-Verbindungen über und wirken daher reduzierend. Sn steht an der 48. Stelle der Elementhäufigkeit.

Toxikologie: Weder das Metall noch seine anorganischen Verbindungen (mit Ausnahme des sehr giftigen SnH_4 und dem mindergiftigen $SnCl_2$) sind giftig.[29] Organische Zinnverbindungen können dagegen sehr toxisch sein!

Vorprobe auf Zinn

Leuchtprobe

Praxis: In einer kleinen Porzellanschale werden zwei Zn-Granalien und etwas feste US (oder Lsg.) mit konz. HCl übergossen. Man läßt einige Zeit stehen (ca. 20 Minuten), damit evtl. vorhandenes, schwerlösliches SnO_2 von Zn aufgeschlossen werden kann. Dann benetzt man ein mit Eis befülltes Reagenzglas mit obiger Lösung und hält es in den oxidierenden Teil der Bunsenbrennerflamme.[30]

Eine *blaue* Lumineszenz an der Oberfläche des Reagenzglases zeigt Zinn an. Der NW ist sehr empfindlich, jedoch stören größere Mengen an Arsen (grüne Lumineszenz) bzw. NO_3^- (verhindert die Lumineszenz)!

Nachweis von Zinn

1. NW durch die Molybdänblaureaktion

Im Gegensatz zum Sb(III) reduziert Sn(II) auch schwerlösliche Molybdophosphate zu Molybdänblau. Die Durchführung verläuft ganz analog wie unter NW 3, Seite 73 beschrieben.

[29] Daher ist die Verwendung von Sn bei der Herstellung von Lebensmittelverpackungen (Stanniol etc.) erlaubt. [30] Anmerkung: falls kein Eis zur Verfügung steht, kann das RG auch mit *kalter* $KMnO_4$-Lsg. befüllt werden. Allerdings sollte es dann beim NW *nur in den kälteren* Teil der Flamme gehalten werden, da es andernfalls sehr schnell zu Siedeverzügen kommen kann.

Molybdophosphorsäure wird durch Sb(III)- und Sn(II)-Salze in saurer Lösung zu Molybdänblau reduziert, das sich mit Amylalkohol ausschütteln läßt. Bei Abwesenheit von Sb(III) ist dieser NW für Sn(II) *spezifisch.*

2. NW durch Reduktion

$$Sn^{2+} + Zn \longrightarrow Sn\downarrow + Zn^{2+}$$

Unedle Metalle wie Zink reduzieren Sn^{4+} und Sn^{2+} zu elementarem Zinn (das entstehende Zinn, das sich an der Zn-Granalie abscheidet, zeigt meist eine „schwammige Form"). Eisen reduziert Sn^{4+} in saurer Lösung nur zu Sn^{2+}. Dies ermöglicht den Nachweis von Antimon, wie er unter NW 1, Seite 73 beschrieben ist.

3.3 Urotropin- und $(NH_4)_2S$-Gruppe

Zugehörige Kationen	Fe^{3+}, Al^{3+}, Cr^{3+}	Urotropin-Gruppe
	Mn^{2+}, Co^{2+}, Ni^{2+}, Zn^{2+}	$(NH_4)_2S$-Gruppe

Zu diesen beiden Gruppen gehören diejenigen Kationen, die in ammoniakalischer Lsg. schwerlösliche Hydroxide oder Sulfide bilden (vgl. pH-Abhängigkeit der Sulfidkonzentration, Seite 48). Für die Trennung gibt es prinzipiell zwei Möglichkeiten:[31]

1. Gemeinsame Fällung der Hydroxide und Sulfide in alkalischer Lösung mit $(NH_4)_2S$ und NH_3 bei anschließender Trennung mit HCl/H_2O_2. Es fallen

$\longrightarrow$ die Ionen Fe^{2+}, $Ni^{2+/3+}$, $Co^{2+/3+}$, Mn^{2+} und Zn^{2+} als Sulfide,
die Ionen Fe^{3+}, Al^{3+} und Cr^{3+} als Hydroxide.

Nachteile: Da bei der gemeinsamen Fällung der Hydroxide und Sulfide verhältnismäßig große Mengen an Niederschlägen anfallen, ist die Gefahr von „Mitreißeffekten" und den damit verbundenen Verunreinigungen relativ hoch. Weiter müssen die verwendeten Reagenzien stets frisch bereitet werden, um zu verhindern, daß beispielsweise schwerlösliche Erdalkalicarbonate, -sulfate oder -silicate mitausgefällt werden.[32] Auf der anderen Seite verläuft aber gleichzeitig die Fällung der gewünschten Hydroxide und Sulfide nur bei saubersten Arbeiten quantitativ, was dazu führt, daß man meist einen Teil der Kationen in die späteren Analysengruppen verschleppt.

[31] Die beiden Methoden lassen sich durch geeignete Kombination auch miteinander verbinden!

[32] Ältere $(NH_4)_2S$-Lösung enthalten meist nennenswerte Mengen an $SiO_3{}^{2-}$, $CO_3{}^{2-}$ und $SO_4{}^{2-}$ (aus der Oxidation von S^{2-}), die zur unerwünschten Mitfällung von schwerlöslichen Erdalkaliverbindungen führen können.

Schließlich ergeben sich Schwierigkeiten beim Trennen von Gemischen, in denen die Ionen in stark unterschiedlichen Mengen vorhanden sind (wenig Zink neben viel Mangan; viel Eisen neben wenig Mangan etc.) und bei der Bestimmung von seltenen Elementen in Vollanalysen, die sich in vielen Fällen weder eindeutig einordnen noch sicher identifizieren lassen.

2. Hydrolysetrennung, also Fällung der Hydroxide aus schwach saurer Lösung (pH = 5–6) mit Urotropin oder NH_3 und anschließende Fällung der Sulfide aus ammoniakalischer Lösung mit $(NH_4)_2S$. Es fallen

⟶ die Ionen Fe^{3+}, Al^{3+} und Cr^{3+} als Hydroxide,
die Ionen Mn^{2+}, Ni^{2+}, Co^{2+} und Zn^{2+} als Sulfide.

3.3.1 Hydrolysetrennung

In schwach saurer Lösung werden mit geeigneten Reagenzien die schwerlöslichen Hydroxide der Elemente Fe, Al und Cr gefällt. Bei richtiger Durchführung kann mittels dieser Methode eine nahezu quantitative Trennung der Elemente erreicht werden. Außerdem sind bei der Hydrolysetrennung auch solche Ionen nachweisbar, die in stark unterschiedlichen Mengen in Lösung vorhanden sind.

Fällungsreagenzien der Hydrolysetrennung:

1. NH_3

Die stärker basischen, zweifach positiven Kationen bleiben als Amminkomplexe in Lösung (Ni, Co, Zn, Mn).[33] Die dreifach positiven Kationen bilden Hydroxide. Nachteile:

- Die im basischen Milieu ausfallenden Oxidhydrate der Elemente Al, Fe, Cr usw. fällen Erdalkaliionen mit, da an der Eintropfstelle ein großer NH_3-Überschuß vorhanden ist.
- Verbindungsbildung: Mg-Aluminat, Zn-Manganat.
- Verschleppung von Mn^{2+} in zwei Gruppen durch Luftoxidation und Bildung von $MnO(OH)_2$.
- NH_3 enthält oft $CO_3{}^{2-}$ ⟶ Erdalkalicarbonate fallen aus (⟶ die Niederschläge müssen umgefällt werden).
- $PO_4{}^{3-}$ muß vorher abgetrennt werden, da in ammoniakalischer Lösung Erdalkaliphosphate fallen.

[33] Ni^{2+} als $[Ni(NH_3)_6]^{2+}$; Co^{2+} geht an Luft in Gegenwart von NH_3 in Co^{3+} über und bildet sehr stabile Co(III)-Amminkomplexe; Mn^{2+} als $[Mn(NH_3)_6]^{2+}$ und Zn als $[Zn(NH_3)_4]^{2+}$.

2. Urotropin

Urotropin (Hexamethylentetramin, $C_6H_{12}N_4$) ist ein Kondensationsprodukt aus Ammoniak NH_3 und Formaldehyd (CH_2O), das beim Erhitzen in wäßriger Lösung wieder in die Ausgangskomponenten zerfällt (CH_2O stört den TG nicht):

$$C_6H_{12}N_4 + 6\,H_2O \overset{\Delta}{\rightleftharpoons} 6\,CH_2O + 4\,NH_3$$

$$NH_3 + H^+ \rightleftharpoons NH_4^+ \tag{3.1}$$

Das freiwerdende Ammoniak fällt die Hydroxide der Elemente Fe, Al und Cr. Urotropin bewirkt also – ähnlich wie TAA – eine Fällung aus „homogener Lösung“, was in der Regel zu gut filtrierbaren, wenig verunreinigten Niederschlägen führt. Dabei verhindert zugleich die reduzierende Wirkung des Formaldehyds eine unerwünschte Oxidation von Mn^{2+} bzw. Cr^{3+}, ohne jedoch das Fe^{2+}/Fe^{3+}-Gleichgewicht in nennenswertem Umfang zu beeinflussen. Aufgrund der allmählich steigenden Formaldehyd-Konzentration wird außerdem die Konzentration an freiem NH_3 immer relativ gering gehalten (Gleichgewicht in Reaktion 3.1). Die Vorteile, die mit einer Fällung aus verdünnter Lösung verbunden sind, wurden bereits auf Seite 48 angesprochen.

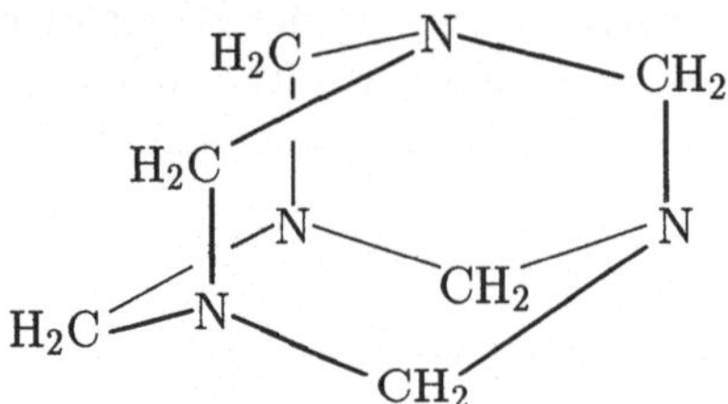

Bild 3.3
Die Adamantanstruktur von Hexamethylentetramin (Urotropin).

Eine hilfreiche Eigenschaft von Urotropin ist ferner die Tatsache, daß in Gegenwart von Ammoniumsalzen (Puffer) die exakte Einstellung des erforderlichen pH-Bereiches (pH 5–6) keine Schwierigkeiten bereitet. Dies ist insbesondere für das amphotere $Al(OH)_3$ von Bedeutung, das sich sowohl bei kleinerem pH-Wert (Al^{3+}), als auch bei höherem pH-Wert ($[Al(OH)_4]^-$) wieder löst. Schließlich werden auch die oben erwähnten Nachteile älterer Fällungslösungen vermieden (Verunreinigung durch $SO_4{}^{2-}$, $CO_3{}^{2-}$ und $SiO_3{}^{2-}$), da sich bei Verwendung von Urotropin das Fällungsmittel *erst in Lösung* bildet.

Die Kationen der $(NH_4)_2S$-Gruppe ($Ni^{2+/3+}$, $Co^{2+/3+}$, Mn^{2+} und Zn^{2+}) bilden in ammoniakalischer Lösung Amminkomplexe:

$$Zn(OH)_2 + 4\,NH_3 \rightleftharpoons [Zn(NH_3)_4]^{2+} + 2\,OH^- \tag{3.2}$$

Zur Einstellung der erforderlichen Fällungsbedingungen wird – wie erwähnt – eine definierte Menge an festem $(NH_4)_2CO_3$ zugesetzt. Dadurch wird das Gleichgewicht in Reaktion 3.1 nach links, das in Reaktion 3.2 nach rechts verschoben, was zur Folge hat, daß die zweiwertigen Kationen der $(NH_4)_2S$-Gruppe nicht als Hydroxide ausfallen können.

Durchführung der Trennung

1. Vorproben

Als Vorprobe auf *Chrom* kann eine Oxidationsschmelze mit einer kleinen Menge Ursubstanz durchgeführt werden (s. Seite 95). Als Vorprobe auf *Eisen* wird das Zentrifugat der H_2S-Fällung mit etwas NH_4SCN-Lösung versetzt ($\longrightarrow$ blutrote Färbung) oder man prüft durch Zugabe von Blutlaugensalz anhand der „Berliner Blau"-Reaktion.

2. Oxidation und Reduktion

Man sollte sich stets vor Augen führen, daß die meisten Kationen nach Fällung der H_2S-Gruppe in den jeweils niedrigsten Oxidationsstufen vorliegen (H_2S ist ein Reduktionsmittel!). Um daher eine quantitative Fällung des Eisens als Eisenhydroxid zu gewährleisten, muß zunächst Fe^{2+} zu Fe^{3+} oxidiert werden.

Bei Gruppenanalysen unterbleibt die vorherige H_2S-Fällung und demnach auch die Reduktion. Die saubere Trennung der Hydroxide von den Sulfiden erfordert jedoch, daß Mangan als Mn^{2+} und Chrom als Cr^{3+} in Lösung vorliegen. In einem solchen Fall muß also anschließend noch reduziert werden.

Praktisch erhält man die gewünschten Oxidationsstufen, indem man zunächst durch Zugabe einiger Tropfen verd. H_2O_2 zur heißen Lösung oxidiert und anschließend (zur Reduktion von Mn(VII) und Cr(VI)) mit 2–3 Tropfen Ethanol reduziert[34] . Schließlich wird noch solange gekocht, bis das H_2O_2 vollständig aus der Lösung vertrieben ist.

$$2\,MnO_4^- + 5\,C_2H_5OH + 6\,H^+ \longrightarrow 2\,Mn^{2+} + 5\,CH_3CHO + 8\,H_2O$$

$$Cr_2O_7^{2-} + 3\,C_2H_5OH + 8\,H^+ \longrightarrow 2\,Cr^{3+} + 3\,CH_3CHO + 7\,H_2O$$

$$2\,Fe^{2+} + H_2O_2 + 2\,H^+ \longrightarrow 2\,Fe^{3+} + 2\,H_2O$$

3. Störanionen

Nach der Oxidation/Reduktion muß noch auf die Anwesenheit sog. „Störanionen" geprüft werden, da bei Vorliegen von F^-, PO_4^{3-} und/oder $B_4O_7^{2-}$ die Trennungsgänge in geeigneter Form zu modifizieren sind.

F^- bildet stabile Komplexe mit Fe^{3+}, Zr^{4+}, Al^{3+}, Ti^{4+} bzw. schwerlösliche Erdalkalifluoride $\longrightarrow$ F^- vor der Urotropin-Trennung mit konz. H_2SO_4 abrauchen (s. Seite 150).

PO_4^{3-} bildet schwerlösliche Salze mit Li^+, Mg^{2+}, Sr^{2+}, Ca^{2+}, Ba^{2+} $\longrightarrow$ mit $ZrOCl_2$ als $Zr_3(PO_4)_4$ fällen (s. Seite 209).

$B_4O_7^{2-}$ bildet schwerlösliche Salze mit Ca^{2+}, Sr^{2+}, Ba^{2+} $\longrightarrow$ als Borsäuremethylester verflüchtigen (s. Seite 232).

[34] Wie oben erwähnt, könnte diese Reduktion bei einer Vollanalyse theoretisch unterbleiben – die Erfahrung zeigt jedoch, daß sie nicht schadet, aber häufig nutzt!

C Trennung der Urotropin-Gruppe

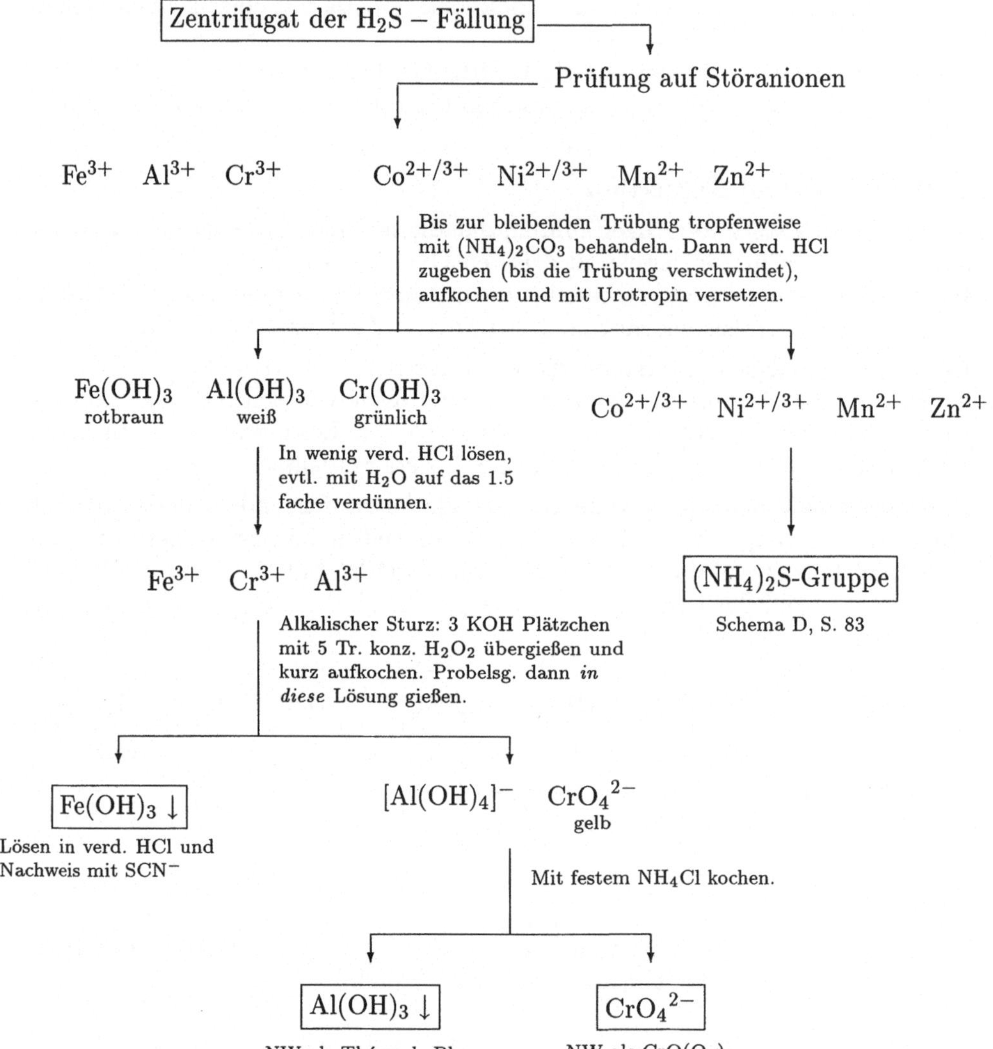

4. Lösen der Ursubstanz

Falls *nur* die Kationen der Urotropin-/$(NH_4)_2S$-Gruppe vorliegen (Gruppenanalyse), so sollte (wie gewohnt) in demjenigen Lösungsmittel gelöst werden, in dem sich die Substanz am besten löst (H_2O, HCl, HNO_3, Königswasser). Wird jedoch HNO_3 bzw. Königswasser benutzt, so ist vor dem Fortgang der Analyse mehrmals mit HCl abzurauchen.

Im Falle einer Vollanalyse erfolgt nun die Aufarbeitung des Zentrifugats der H_2S-Fällung. Man engt die Lösung auf ca. 5 ml ein, entfernt Borat als Borsäuretrimethylester, oxidiert Fe^{2+} mit einigen Tr. H_2O_2, reduziert CrO_4^{2-} und MnO_4^- mit einigen Tr. Alkohol (EtOH) und prüft schließlich auf Anwesenheit von PO_4^{3-}.

Dies kann entweder durch Fällen mit frisch bereiteter $ZrOCl_2$-Lösung oder, nach vorheriger Prüfung auf Fe^{3+}, mit ca. 10%iger $FeCl_3$-Lösung erfolgen. Die Prüfung auf Fe^{3+} darf *auf keinen Fall* vergessen werden, da *nach Zugabe* von $FeCl_3$-Lösung die Eisen-Nachweise naturgemäß positiv verlaufen.

Falls nötig: Rückstände abtrennen und geeignet aufschließen (z. B. hochgeglühte Oxide wie Fe_2O_3, $FeCr_2O_4$ (Chromeisenstein), Al_2O_3, $MgAl_2O_4$ (Spinell), Cr_2O_3, CoO, NiO, Ni_2O_3, TiO_2, ZrO_2). Man beachte dazu die Hinweise in Kap. 5, Seite 233.

5. Trennungsgang

Nach Abtrennung von PO_4^{3-} (s. Seite 209) wird bis zu einer bleibenden Trübung mit festem $(NH_4)_2CO_3$ versetzt. Anschließend gibt man solange verd. HCl zu, bis die Lösung gerade wieder klar wird. Daraufhin erhitzt man auf dem WB zum Sieden, gibt bei pH 5–6 solange tropfenweise 10%ige Urotropinlösung zu, bis sich kein Niederschlag mehr bildet und zentrifugiert die ausgefallenen Hydroxide (rotbraunes $Fe(OH)_3$, weißes $Al(OH)_3$, grünliches $Cr(OH)_3$) aus heißer Lösung ab. Die Niederschläge werden mit wenig heißem Wasser gewaschen.

Möchte man vermeiden, daß Mitfällungen die weitere Trennung beeinträchtigen, so sollten die Niederschläge umgefällt werden! Man wäscht dazu die Hydroxide mit wenig H_2O (einige Tr. verd. NaOH zufügen), löst in verd. HCl und wiederholt die Urotropinfällung wie oben beschrieben. Die Aufarbeitung und Trennung der nachzuweisenden Ionen erfolgt dann nach Schema C.

Zunächst werden die gefällten Hydroxide in wenig verd. HCl gelöst und anschließend einem *alkalischen Sturz* unterworfen. Dazu versetzt man einige KOH-Plätzchen mit etwas Wasser und einigen Tr. konz. H_2O_2 und erhitzt in einer Porzellanschale zum Sieden. *In diese Lösung* schüttet man unter Rühren die gelösten Hydroxide. Rotbraunes $Fe(OH)_3$ fällt wieder aus, $Al(OH)_3$ geht infolge seines amphoteren Charakters in lösliches Hydroxoaluminat $[Al(OH)_4]^-$ über und Chrom bildet intensiv gelbes, lösliches Chromat CrO_4^{2-}.

Nach Abtrennen von $Fe(OH)_3$ kocht man das Zentrifugat mit festem NH_4Cl und fällt damit weißes, gelartiges $Al(OH)_3$. Schließlich wird noch auf Anwesenheit von Chrom geprüft. Dies geschieht nach Abtrennen von $Al(OH)_3$ durch Nachweis als $CrO(O_2)_2$ (s. Seite 96).

3.3.2 Die $(NH_4)_2S$-Gruppe

1. Vorproben

Aus der Ursubstanz kann mithilfe der Phosphorsalzperle auf *Cobalt* und durch eine Oxidationsschmelze auf *Mangan* (s. Seite 104) geprüft werden. *Nickel* kann vor Fällung der $(NH_4)_2S$-Gruppe durch Fällung mit Diacetyldioxim als himbeerrotes, inneres Komplexsalz nachgewiesen werden (s. Seite 99).

2. Fällungsreagenz

Nach Fällung der Urotropin-Gruppe (Hydroxide) werden in ammoniakalischer Lösung die Sulfide der Ammoniumsulfidgruppe gefällt. Früher wurde hierzu bevorzugt $(NH_4)_2S$ verwendet (weshalb die Gruppe diesen Namen trägt), was sich jedoch über die Jahre nicht bewährt hat. Insbesondere in älteren $(NH_4)_2S$-Lösungen können sich bei längerem Stehen durch Oxidation SO_4^{2-}-Ionen bilden, die zur vorzeitigen Fällung von schwerlöslichen Erdalkalisulfaten führen. Für die Fällung wird daher stattdessen die Verwendung von Thioacetamid (TAA) empfohlen.

3. pH-Wert und kolloidale Lösungen

Wie bereits auf Seite 48 dargestellt, ist die S^{2-}-Konzentration in Lösungen pH-abhängig. Während sie in stark saurer Lösung so gering ist, daß nur die LP sehr schwerlöslicher Sulfide überschritten werden, wird sie mit steigendem pH-Wert so groß, daß auch weniger schwerlösliche Sulfide gefällt werden können.

Problematisch ist dabei die Tatsache, daß die im Rahmen der $(NH_4)_2S$-Gruppe zu fällenden Sulfide (vor allem NiS/Ni_2S_3 und CoS/Co_2S_3) zur Bildung kolloidaler Lösungen neigen, aus denen sich keine quantitative Abscheidung der Niederschläge erreichen läßt.[35] Um dies zu verhindern, engt man das NH_4Cl-haltige Zentrifugat der Urotropin-Fällung auf 5 ml ein und versetzt mit soviel carbonat- und sulfatfreiem, halbkonz. Ammoniak,[36] bis der pH-Wert der Lösung etwa 8 beträgt. Für die eigentliche Fällung wird der Lösung dann tropfenweise TAA zugesetzt und – analog zur Fällung der H_2S-Gruppe – eine Zeit lang auf dem WB erhitzt.

Bei dem eingestellten pH-Wert ist die Sulfidkonzentration gerade hoch genug, um die Hauptmenge der Sulfide zu fällen. Sie ist jedoch gleichzeitig so gering, daß die Bildung kolloidaler Lösungen verhindert wird. Erst nachdem der größte Teil der Sulfide ausgefallen ist, wird der pH-Wert durch weiteren Zusatz von halbkonz. Ammoniak auf etwa 10 erhöht. Man erwärmt gelinde (nicht zu lang, sonst werden ZnS und MnS zu leichtlöslichen Sulfaten oxidiert) und gibt noch 1–2 Tr. TAA zur Lösung. Damit wird die quantitative Abscheidung der zu fällenden Niederschläge gewährleistet.

Man zentrifugiert, wäscht die Sulfide mit NH_3/NH_4Cl-haltigem Wasser und trennt dann gemäß Schema D. Waschwasser und Zentrifugat werden vereinigt, mit etwas HCl angesäuert und schließlich durch Kochen von H_2S befreit (sonst droht Oxidation von S^{2-} zu SO_4^{2-}!). Diese Lösung wird dann für die Trennung und den Nachweis der restlichen Ionen beiseite gestellt.

4. Trennungsgang

Die ausgewaschenen Sulfide werden zunächst in der Kälte mehrmals mit wenig halbkonz. HCl behandelt. Es lösen sich darin nur ZnS und MnS; NiS/Ni_2S_3

[35] Sollte man in der Praxis mit diesem Problem konfrontiert werden, so hilft zuweilen der Zusatz von festem NH_4Cl oder das Kochen mit kleinen Filterpapierschnitzeln. [36] Ist der Ammoniak carbonat- oder sulfathaltig, so fallen vorzeitig die entsprechenden Erdalkaliverbindungen.

D Trennung der $(NH_4)_2S$-Gruppe

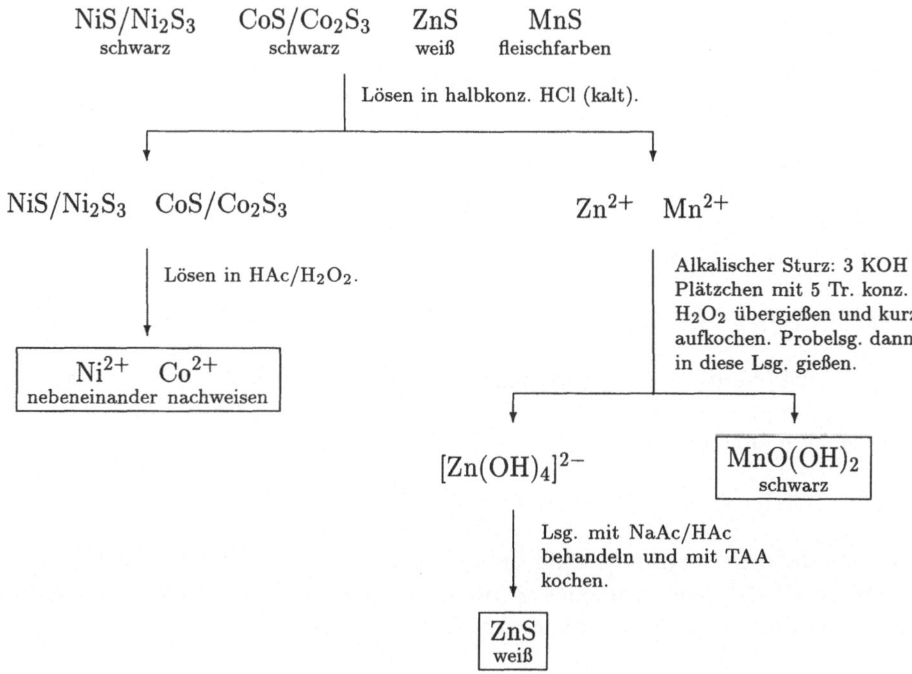

und CoS/Co_2S_3 bleiben als schwarzer Niederschlag zurück. Sie werden *sofort* in HAc/H_2O_2 gelöst und später nebeneinander nachgewiesen (s. unten).

Das Zn^{2+} und Mn^{2+} enthaltende Zentrifugat wird – wie auf Seite 81 beschrieben – einem „alkalischen Sturz“ unterworfen. Dabei fällt schwarzes $MnO(OH)_2$ (⟶ Oxidationsschmelze), während $Zn(OH)_2$ infolge seines amphoteren Charakters in lösliches Hydroxozinkat $[Zn(OH)_4]^-$ übergeht. Die Lösung wird nach Abtrennen des Manganoxidhydrats mit NaAc/HAc auf pH 5–6 gebracht und Zn^{2+} durch Behandeln mit TAA als *weißes* ZnS gefällt (⟶ „Rinmans Grün“).

5. Nachweis bzw. Trennung von Ni^{2+} und Co^{2+}

Will man die beiden Ionen nebeneinander nachweisen, so fällt man Ni^{2+} aus neutraler oder schwach ammoniakalischer Lösung (vor der Fällung der $(NH_4)_2S$-Gruppe) als Diacetyldioxim-Komplex (NW 1, Seite 99) und Co^{2+} durch Bildung von $Co[Hg(SCN)_4]$ (NW 2, Seite 101) oder durch Bildung einer blauen Etherschicht beim Ausschütteln von $Co(SCN)_2$ bzw. $H_2[Co(SCN)_4]$ (NW 1, Seite 101). Liegt viel Co^{2+} neben wenig Ni^{2+} vor, so empfiehlt sich für Cobalt die Fällung als $K_2Na[Co(NO_2)_6]$ (NW 3, Seite 102).

Schließlich können Ni^{2+} und Co^{2+} auch über die unterschiedlichen Stabilitäten ihrer Cyanokomplexe ($[Ni(CN)_4]^{2-}$ und $Co[(CN)_6]^{3-}$) getrennt werden. Diese Trennung wird hier jedoch nur unter theoretischen Gesichtspunkten aufgeführt; sie sollte wegen der Giftigkeit der auftretenden Verbindungen *keinesfalls* im Praktikum durchgeführt werden! Durch Reaktion von CN^- mit Ni^{2+} bzw. Co^{2+} bilden sich die beiden Cyanide $Ni(CN)_2$ und $Co(CN)_2$, die im CN^--Überschuß unter Bildung von Cyanokomplexen löslich sind.

$$Ni^{2+} + 2\,CN^- \longrightarrow \underset{\text{hellgrün}}{Ni(CN)_2\downarrow} \xrightarrow{+2\,CN^-} \underset{\text{gelb}}{[Ni(CN)_4]^{2-}}$$

$$Co^{2+} + 2\,CN^- \longrightarrow \underset{\text{rotbraun}}{Co(CN)_2\downarrow} \xrightarrow{+3\,CN^-} \underset{\text{gelb bis olivgrün}}{[Co(CN)_5]^{3-}}$$

Bei Zugabe von $Br_2/NaOH$ wird Ni(II) zu Ni(III) oxidiert und es fällt in alkalischer Lösung schwarzes $Ni(OH)_3$:

$$2\,[Ni(CN)_4]^{2-} + 6\,OH^- \xrightarrow{9\,Br_2} \underset{\text{schwarz}}{2Ni(OH)_3\downarrow} + 10\,Br^- + \underset{\text{Bromcyan}}{8\,BrCN}$$

Co(II) wird ebenfalls zu Co(III) oxidiert. Da sich jedoch der äußerst stabile Hexacyanokomplex $[Co(CN)_6]^{3-}$ bildet, in dem Co formal Kryptonkonfiguration besitzt, fällt hier *kein* $Co(OH)_3$:

$$2\,[Co(CN)_5]^{3-} + 2\,CN^- + H_2O_2 \longrightarrow \underset{\text{gelb}}{2\,[Co(CN)_6]^{3-}} + 2\,OH^-$$

Wie schon früher erwähnt, muß bei derartigen Reaktionen *unbedingt* ein Überschuß an CN^--Ionen vermieden werden, da andernfalls Br_2 mit CN^- unter Bildung von *äußerst giftigem* Bromcyan (BrCN) reagiert.

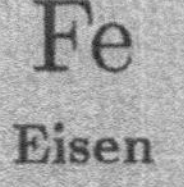

Eisen, Fe

M	Smp.	Sdp.	ρ [g/cm³]	EN	Oxidationsstufen	e⁻-Konfiguration
55.85	1540 °C	3000 °C	7.86	1.83	+2, +3, (+4) [a]	[Ar] $3d^6\,4s^2$

Standardpotential(e)

$Fe^{2+} + 2e^- \rightleftharpoons Fe.\quad E^0 = -0.440$ V
$Fe^{3+} + e^- \rightleftharpoons Fe^{2+}.\quad E^0 = +0.771$ V

Vorkommen/Mineralien

Eisen ist das vierthäufigste Element und zugleich das häufigste Schwermetall der Erdkruste. Mineralisch findet es sich hauptsächlich in oxidischer und sulfidischer Form. Wichtige *Oxide* sind Magneteisenstein (Magnetit) Fe_3O_4, [b] Roteisenstein (Hämatit) Fe_2O_3 und Brauneisenstein (Limonit) FeO(OH) ($Fe_2O_3 \cdot x\,H_2O$). Wichtige *Sulfide* sind Magnetkies (Magnetopyrit) FeS und Eisenkies (Pyrit) FeS_2. [c] . Als *Carbonat* findet sich Eisen beispielsweise im Eisenspat (Siderit) $FeCO_3$.

[a] Fe^{4+} liegt in den unbeständigen, rotvioletten Ferraten(IV) vor. [b] Spinellstruktur: „$Fe^{II}Fe_2^{III}O_4$“. [c] Pyrit enthält den Schwefel in Form von Disulfid-Ionen $S_2{}^{2-}$!

Herstellung: Roheisen gewinnt man im Hochofen durch Reduktion von oxidischen Erzen mit Koks, wobei die Erze unter Zusatz von Stückerz und Pellets[37] als gebrochener Sinter[38] in den Ofen eingebracht werden. Chemisch reines Fe erhält man durch thermische Zersetzung von Eisenpentacarbonyl $Fe(CO)_5$.

Verwendung: Eisen ist das wichtigste Gebrauchsmetall, das z. B. als *Gußeisen* (Roheisen mit ca. 2–4% C, 1.5–3% Si und <1% Mn) für die Herstellung maßgenauer Formstücke verwendet wird.[39] Als *Stähle* bezeichnet man Eisensorten mit einem C-Gehalt < 1.7% (schmiedbares Eisen), aus denen beispielsweise Werkzeuge oder Baumaterialien (Bleche, Rohre, Stahlträger usw.) gefertigt werden können. Darüberhinaus kennt man eine große Anzahl sog. *Stahllegierungen*, die nach Beimischung bestimmter metallischer oder nichtmetallischer Legierungszusätze spezifische Eigenschaften besitzen. Hier eine kurze Übersicht:

Stähle:	Geringerer C-Gehalt als Roheisen, daher schmiedbar. Erweichen beim Erhitzen erst allmählich. „Werkzeugstahl“, „Baustahl“ etc. Cr-Zusatz erhöht die Korrosionsbeständigkeit und Härte. Ni-Zusatz erhöht die Zähigkeit (z. B. 18/8-Stahl mit Cr und Ni). Weitere Zusätze sind: Mo, Co, V, Al, Zn.
Invarstahl:	Nickelstahl mit 36% Nickel. Kaum thermische Ausdehnung, daher Verwendung bei Präzissionsmeßgeräten.
WT4-Stahl:	Mit etwas Chrom legierter Invarstahl, der zum Einschmelzen von Glühdrähten in Glühbirnen benutzt werden kann.
V2A:	„Chrom-Nickel-Stahl“ (sehr hart und sehr zäh). 71% Fe, 20% Cr, 8% Ni, 0.2% Si, C, Mn.
Drehstahl:	auch „Schnelldrehstahl“ – hoher Mo-Gehalt. Für mechanisch stark beanspruchte Werkzeuge.

Stahlherstellung. Das grundsätzliche Ziel der Stahlherstellung ist das (teilweise) Entfernen von C und anderen Begleitelementen (P, Si, S) aus dem Roheisen, damit es schmied- und besser bearbeitbar wird. Gängige Verfahren sind...

1. Siemens-Martin-Verfahren (Herdfrischverfahren)

   Frischen: gezielte Entkohlung des Roheisens bis zum gewünschten C-Gehalt des Stahls, durch Oxidation mit sauerstoffhaltigen Flammengasen, die bei 1500 °C über das heiße, flüssige Roheisen geblasen werden. Unterstützt wird die Oxidation durch den O_2-Gehalt von zugegebenem Schrott („Schrott-Verfahren“) oder oxidischen Erzen („Roheisen-Erz-Prozeß“).

---

[37] Als Pellets bezeichnet man in diesem Fall gebrannte Kügelchen aus feingemahlenem, angereichertem Erz. [38] Sinter wird im Wandröstofen bei 1300 °C aus granulierten, auf über 60% angereicherten Erzen mit diversen Zuschlägen (Kalk, Dolomit etc.) und etwas Koksgrus (zerbröckelte Kohle, Kohlestaub) als Brennmaterial hergestellt. [39] Gußeisen ist sehr spröde, gießbar aber *nicht* schmiedbar.

2. Windfrischverfahren

Bei diesem Verfahren wird das Roheisen zunächst vollständig entkohlt (auch andere Begleitstoffe wie P, Si, Mn werden oxidiert), wobei man Oxidschlacke und reines Eisen erhält. Der so erzeugte Stahl kann dann nachträglich mit Ferromangan[40] auf den gewünschten C-Gehalt „rückgekohlt" werden.

Eigenschaften: Reines Eisen ist ein silberweißes, glänzendes, verhältnismäßig weiches, dehnbares und recht reaktionsfreudiges Schwermetall. Es kommt in drei enantiotropen Modifikationen als α- (kubisch-raumzentriert, ferromagnetisch), γ- (kubisch-dichtest, paramagnetisch) und δ-Fe (kubisch-raumzentriert, paramagnetisch) vor. Die elektrische Leitfähigkeit entspricht ca. 17% der Leitfähigkeit von Kupfer.

Bemerkenswert ist das Redoxverhalten der Eisen-Kationen. Fe^{2+} ist nur in Salzen verhältnismäßig stabil (wie z. B. im Mohrschen Salz $(NH_4)_2Fe^{II}(SO_4)_2$). In Lösung wird es aber bereits von Luftsauerstoff zu Fe^{3+} oxidiert (insbesondere in alkalischer Lösung).

$$\underset{\text{weiß}}{8\,Fe(OH)_2} + NO_3^- + 6\,H_2O \longrightarrow \underset{\text{braun}}{8\,Fe(OH)_3} + NH_3\uparrow + OH^-$$

$$3\,Fe^{2+} + NO_3^- + 4\,H^+ \longrightarrow 3\,Fe^{3+} + NO\uparrow + 2\,H_2O$$

Fe^{3+} wird von H_2S zu Fe^{2+} reduziert. Aus diesem Grund sollte man im Trennungsgang sicherheitshalber *vor der Fällung* der Urotropin-Gruppe mit H_2O_2 oxidieren, damit Fe^{3+} anschließend als schwerlösliches Hydroxid abgetrennt werden kann (s. Seite 79).

$$Fe^{3+} + H_2S \longrightarrow 2\,Fe^{2+} + S + 2\,H^+$$

In Wasser hydrolysieren Fe^{3+}-Salze leicht unter Bildung höhermolekularer Aggregate. Es laufen hierbei Kondensationsreaktionen der folgenden Form ab:[41]

$$4\,[Fe(H_2O)_6]^{3+} \longrightarrow 4\,[Fe(H_2O)_5OH]^{2+} + 4\,H^+$$
$$\longrightarrow 2\,[H_2O\text{-}Fe(H_2O)_4\text{-}O\text{-}Fe(H_2O)_4\text{-}OH_2]^{4+} + 2\,H_2O$$
$$\longrightarrow \text{weitere Kondensation...}$$

Durch Basenzugabe, Salze schwacher Säuren (Carbonat, Acetat) oder Verdünnung läßt sich diese Kondensation beschleunigen. Man erhält hochmolekulare, kolloidale Gebilde, die immer schwerlöslicher werden und schließlich ausflocken.[42]

[40] Ferromangane sind Fe/Mn-Legierungen mit ca. 30–80% Mn. [41] Als Folge der Kondensationsreaktion färben sich Fe^{3+}-haltige Lösungen allmählich *gelb* bis *braun*. [42] Der gebildete Niederschlag wird meist vereinfachend als $Fe(OH)_3\downarrow$ formuliert.

Man nennt solche Kondensate allgemein „Isopolybasen“ (vgl. Kap. 6.1, Seite 256). Ihre Bildung wird auch bei anderen hochgeladenen Kationen wie Al^{3+} oder Cr^{3+} beobachtet. In salzsaurer, eisenhaltiger Lösung bildet sich dagegen ein gelber Chlorokomplex der Zusammensetzung $[FeCl_4(H_2O)_2]^-$. Daher werden $FeCl_3$-Lösungen zur Unterdrückung der Hydrolyse immer angesäuert.

Toxikologie: Eisen spielt eine zentrale Rolle in vielen Enzymsystemen des O_2-Stoffwechsels. Es findet sich z. B. komplex-gebunden im roten Blutfarbstoff „Hämoglobin“ oder in den gelben Atmungsfermenten.

Obwohl Eisen ein wichtiges Spurenelement ist, kann die Aufnahme großer Mengen durchaus zu Vergiftungserscheinungen führen. Insbesondere bei Kindern kann Eisen (z. B. aus mediz. Präparaten) ernsthafte Vergiftungen hervorrufen, da der Körper über keinen wirksamen Ausscheidungsmechanismus für den Eisenüberschuß verfügt. Im Labor verdient unter den anorganischen Eisenverbindungen Fe(II)-sulfat Beachtung, da es unter die Klassifizierung „mindergiftig“ fällt.

Vorprobe auf Eisen

Phosphorsalzperle

Oxidationsflamme heiß: *gelbrot*, kalt: [43] *gelbrot*. Reduktionsflamme heiß: *orange*, kalt: *grün*.

Nachweis von Eisen

1. NW als $Fe(SCN)_3$

$$Fe^{3+} + 3\,SCN^- \rightleftharpoons \underset{\text{blutrot}}{Fe(SCN)_3}$$

Alkali- und Ammoniumthiocyanate ergeben mit Fe^{3+} blutrote Lösungen von undissoziiertem $Fe(SCN)_3$. Die Verbindung kann mit Ether oder Amylalkohol ausgeschüttelt werden. Sehr empfindlicher Nachweis!

Praxis: Auf der TP wird 1 Tr. der salzsauren Probelösung mit 1 Tr. 1 mol/l NH_4SCN-Lösung versetzt $\longrightarrow$ *blutrote* Färbung.

Störung:
- Co^{2+}/Mo^{3+} bilden ebenfalls (blaue bzw. rote) Verbindungen mit SCN^-.
- NO_2^- bildet *rotes* Nitrosylthiocyanat NOSCN.
- Hg^{2+} bildet schwerlösliches $Hg(SCN)_2$, das im ÜS unter Bildung von stabilem $[Hg(SCN)_4]^{2-}$ komplexiert wird.
- F^- komplexiert Fe^{3+} durch Bildung von $[FeF_6]^{3-}$.

[43] Abhängig von der Konzentration! Bei starker Sättigung kann die Perle in der Oxidationsflamme auch braunrot sein!

- PO_4^{3-}, Borat, Arsenat komplexieren analog.
  Daher: Fe^{3+} als Hydroxid fällen, abtrennen, wieder auflösen und dann als $Fe(SCN)_3$ nachweisen.

2. NW als $FePO_4$

$$Fe^{3+} + HPO_4^{2-} + Ac^- \longrightarrow \underset{\text{weiß/gelb}}{FePO_4\downarrow} + HAc$$

Fe^{3+}-Ionen können durch Zugabe von Natriumhydrogenphosphat als *weißes,* meist etwas gelbstichiges $FePO_4$ gefällt werden. Falls in mineralsaurer Lösung gearbeitet wird, ist die Reaktion reversibel, da die freiwerdende (starke) Säure den Niederschlag sofort wieder löst. Aus diesem Grund wird vor der Fällung etwas NH_4Ac zugesetzt, das im Verlauf der Reaktion als Puffer wirkt.

3. NW als Berliner Blau/Turnbulls Blau

Beim Versetzen einer Fe^{2+}-haltigen Lsg. mit rotem Blutlaugensalz[44] $K_3[Fe(CN)_6]$ bzw. einer Fe^{3+}-Lsg. mit gelbem Blutlaugensalz[44] $K_4[Fe(CN)_6]$ entsteht zunächst intensiv blaues,[45] *lösliches* (kolloidales) Berliner Blau:

$$Fe^{2+} + \underset{\text{rotes Blutlaugensalz}}{K_3[Fe^{III}(CN)_6]} \longrightarrow \underset{\text{blau}}{K[Fe^{III}Fe^{II}(CN)_6]} + 2\,K^+$$

$$Fe^{3+} + \underset{\text{gelbes Blutlaugensalz}}{K_4[Fe^{II}(CN)_6]} \longrightarrow \underset{\text{blau}}{K[Fe^{III}Fe^{II}(CN)_6]} + 3\,K^+$$

Die Tatsache, daß in beiden Fällen das gleiche Produkt gebildet wird, ist auf die folgende Reaktion zurückzuführen, deren Gleichgewicht nahezu vollständig auf der rechten Seite liegt (vgl. Potentiale):

$$Fe^{2+} + [Fe^{III}(CN)_6]^{3-} \rightleftharpoons Fe^{3+} + [Fe^{II}(CN)_6]^{4-} \qquad (*)$$

Das lösliche Berliner Blau geht bei einem Überschuß an Fe^{2+}/Fe^{3+} in *unlösliches* Berliner Blau bzw. Turnbulls Blau über:

$$3\,[Fe^{II}(CN)_6]^{4-} + 4\,Fe^{3+} \longrightarrow \underset{\text{Berliner Blau}}{Fe_4^{III}[Fe^{II}(CN)_6]_3\downarrow}$$

$$4\,[Fe^{III}Fe^{II}(CN)_6]^- \longrightarrow \underset{\text{Turnbulls Blau}}{Fe_4^{III}[Fe^{II}(CN)_6]_3\downarrow} + [Fe^{II}(CN)_6]^{4-}$$

Aufgrund der obigen Gleichgewichtsreaktion (∗) bildet sich in beiden Fällen das gleiche Produkt, das als $Fe^{III}[Fe^{III}Fe^{II}(CN)_6]_3$ formuliert werden kann.

---

[44] Blutlaugensalz: weil es früher durch Erhitzen von Blut (C-, N-, Fe-haltig) mit K_2CO_3 und Schrott und anschließendem Auslaugen der Schmelze mit Wasser gewonnen wurde. [45] Die intensive Farbe kommt vom gleichzeitigen Vorliegen zweier unterschiedlicher Wertigkeiten (Fe^{2+}/Fe^{3+}) in ein und demselben komplexen Molekül. Auch hierbei handelt es sich um einen sog. „Charge-Transfer-Komplex" (vgl. Seite 202).

Zur Anordnung der einzelnen $[FeFe(CN)_6]$-Gruppen in $[Fe^{II}Fe^{II}(CN)_6]^{2-}$ (farblos), $[Fe^{III}Fe^{II}(CN)_6]^-$ (blau) und $[Fe^{III}Fe^{III}(CN)_6]$ (braun) siehe Bild 3.4. Die Strukturen leiten sich von einem einfachen Würfelgitter ab, in dem die Würfelecken von Eisen-Ionen und die Würfelkanten zwischen den Eisen-Ionen von längs dieser Kante angeordneten CN-Ionen besetzt sind.

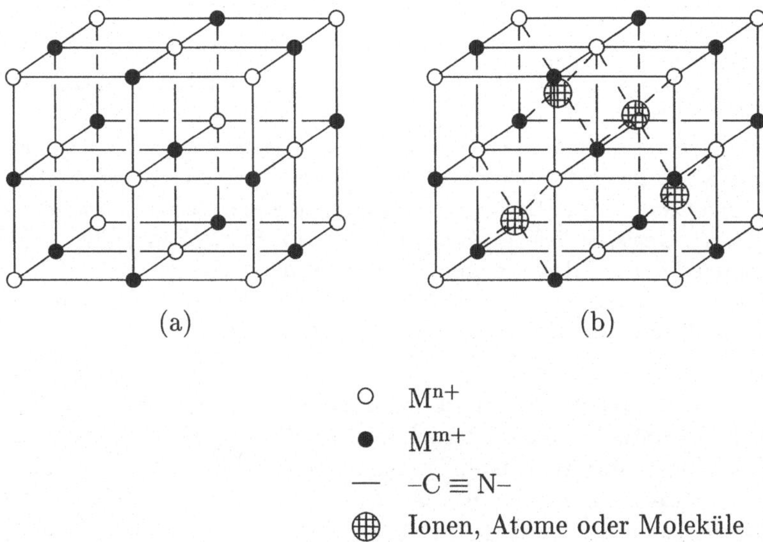

Bild 3.4 Zur Struktur komplexer Cyanide des Eisens und anderer Metalle: (a) „leere“, kubische Elementarzelle; (b) halbbesetzte, kubische Elementarzelle.

Die CN-Ionen sind auf der einen Seite über C (stärkere Bindung), auf der anderen Seite über N (schwächere Bindung) verknüpft, so daß jedes Fe-Ion oktaedrisch von sechs CN- und jedes CN diagonal von zwei Fe-Ionen umgeben ist (Bild 3.4a), was einer Zusammensetzung $Fe(CN)_{6/2} = Fe(CN)_3$ bzw. $^1/_2$ $[FeFe(CN)_6]$ entspricht.

Die oben besprochene Struktur findet sich nur im Falle des $Fe^{II}[Fe^{II}Fe^{II}(CN)_6]$ ideal verwirklicht, in dem die Hälfte aller kubischen Lücken der $[Fe^{II}Fe^{II}(CN)_6]$-Teilstruktur durch Fe^{2+}-Ionen besetzt sind (Bild 3.4b).

Die Kristallstruktur des Berliner Blaus, das als Hydrat $Fe_4^{III}[Fe^{II}(CN)_6]_3 \cdot x\,H_2O$ mit x ca. 14 erhalten wird, leitet sich von der in Bild 3.4a veranschaulichten Struktur dadurch ab, daß $^1/_4$ der Fe^{2+}-Plätze (gefüllte Kreise) frei bleiben und darüberhinaus $^3/_4$ der Fe^{3+}-Ionen (leere Kreise) von 4 Cyanogruppen und 2 Wassermolekülen koordiniert sind: $[Fe^{III}(NC)_4(H_2O)_2]$, wobei die H_2O-Moleküle in das (leere) Innere der Elementarzelle weisen.

Die verbleibenden Fe^{3+}- und alle Fe^{2+}-Ionen haben die erwartete Koordination: $[Fe^{III}(NC)_6]$ und $[Fe^{II}(CN)_6]$. Die Oktanden der Elementarzelle sind dabei zusätzlich mit Wassermolekülen gefüllt.

Al
Aluminium

Aluminium, Al

M	Smp.	Sdp.	ρ [g/cm^3]	EN	Oxidationsstufen	e^--Konfiguration
26.98	660 °C	2450 °C	2.70	1.61	+3	[Ne] $3s^2\,3p^1$

Standardpotential(e)

$Al^{3+} + 3e^- \rightleftharpoons Al.\quad E^0 = -1.660$ V

Vorkommen/Mineralien

Aluminium ist das dritthäufigste Element und damit zugleich das häufigste Metall der Erdkruste. Mineralisch findet es sich vor allem in Form von Alumosilicaten, Hydroxiden, Fluoriden und Oxiden. Wichtigste Vertreter der Alumosilicate sind *Feldspate* (Granit, Porphyr, Basalt, Gneis, Schiefer), *Glimmer* (Muscovit, Biotit, Lepidolith) und *Tone* (Verwitterungsprodukte der Feldspate und Glimmer; Kaolinit, Mergel, Lehm). Wichtigstes Hydroxid ist roter Bauxit, wichtigstes Fluorid ist Kryolith $Na_3[AlF_6]$. Die Klasse der Oxide umfaßt vor allem Korund, Schmirgel, Rubin und Saphir.

Herstellung: Beim „Bayer-Verfahren“ wird gemahlener Bauxit mit heißer Natronlauge (250 °C) unter erhöhtem Druck aufgeschlossen (als Rückstand erhält man sog. Rotschlamm, der als Gasreinigungsmasse oder Kontaktmasse für Synthesegas-Fabriken weiterverwendet werden kann). Aus der abgekühlten, alkalischen Aluminatlösung erhält man durch Verdünnen mit Wasser (Gleichgewichtsbeeinflussung) kristalliner Hydrargillit $[Al(OH)_3]$, das man zu Al_2O_3 glüht und schließlich mit $Na_3[AlF_6]$ (Flußmittel) einer Schmelzflußelektrolyse unterwirft.

Verwendung: Wegen seines geringen spezifischen Gewichts und seiner Korrosionsbeständigkeit[46] ist Aluminium als Konstruktionsmetall im Hoch- und Apparatebau und bei der Herstellung von Fahrzeug- und Flugzeugteilen von großer Bedeutung. Wichtige Al-Legierungen sind „Hydronalium“ (seewasserfest – Schiffsbau) und „Dural“ (besonders hart, aber schmiedbar; dabei sehr leicht – Flugzeugbau). Weitere Verwendung findet Aluminium und seine Verbindungen in der Feuerwerkerei, beim sog. „aluminothermischen Verfahren“, in der Keramikindustrie, als Schleifmittel (Korund), bei der Chromatographie (als Säulenmaterial) und der Katalyse organischer Synthesen, in adstringierenden Mitteln (lösliche Aluminiumsalze, Alaune) sowie in der Verpackungsindustrie (unechtes Stanniol, Al-Folie).

Eigenschaften: Aluminium ist ein silberweißes, stark glänzendes und duktiles Leichtmetall, das in der kubisch-dichtesten Kugelpackung kristallisiert. Oberhalb 600 °C nimmt es eine körnige Struktur an (Al-Gries), bei Raumtemperatur kann es leicht zu Pulver gemahlen werden (Aluminiumbronze-Pulver). Die durchsichtige, oberflächliche Oxidschicht kann durch anodische Oxidation nach dem sog.

[46] Die Korrosionsbeständigkeit des Aluminiums ist auf die Bildung einer oberflächlichen Al_2O_3-„Passivierungsschicht“ zurückzuführen.

„Eloxalverfahren“ verstärkt werden. Die elektrische Leitfähigkeit entspricht ungefähr 60% der Leitfähigkeit von Kupfer. Al bildet sowohl Verbindungen mit mehr ionischem als auch Verbindungen mit mehr kovalentem Charakter. Es löst sich in HCl und H_2SO_4, nicht hingegen in HNO_3. In Laugen löst sich Al unter Bildung von Hydroxoaluminat, da das primär gebildete Hydroxid amphoter reagiert.

Toxikologie: Über die Giftigkeit von Aluminium ist bisher wenig bekannt, es wird aber vermutet, daß zwischen Alumosilicat-Anreicherungen in bestimmten Hirngewebe-Regionen und der „Alzheimerschen Krankheit“ ein Zusammenhang bestehen könnte.

Nachweis von Aluminium

1. NW als Thénards Blau

$$Co(NO_3)_2 + Al_2O_3 \longrightarrow \underset{\text{Spinell, blau}}{CoAl_2O_4} + 2\,NO_2 + {}^1\!/_2\,O_2$$

Sehr empfindliche Reaktion! Die beiden Oxide (aus $Co(NO_3)_2$ wird CoO!) reagieren unter Bildung des blauen „Spinells“ $CoAl_2O_4$ (vgl. Seite 22).

Praxis: Der gewaschene und getrocknete Nd. wird auf einer Magnesiarinne mit 1 Tr. einer sehr verd. $Co(NO_3)_2$-Lsg. (höchstens 0.1%ig) befeuchtet und in der oxidierenden Flamme geglüht ⟶ *Thénards Blau.*

Oder: Man taucht ein Magnesia-Stäbchen wiederholt in den gewaschenen Nd. und glüht solange in der oxidierenden Flamme, bis genügend Substanz am Stäbchen haftet. Darauf taucht man das Stäbchen kurz in 1 Tr. verd. $Co(NO_3)_2$-Lösung und glüht erneut ⟶ *blaue* Färbung, sehr zuverlässige Probe.

Störung:
- Bei Verwendung einer zu konzentrierten $Co(NO_3)_2$-Lsg. entsteht schwarzes Co_3O_4,[47] das Thénards Blau überdeckt.
- SiO_2, B_2O_3 und P_2O_5 geben ähnliche Reaktionen und müssen zuvor entfernt werden.

Wichtig: Unbedingt Blindproben durchführen, da Magnesiarinnen je nach Hersteller einen mehr oder minder großen Anteil an gebrannten Alumosilicaten enthalten können und demzufolge oft schon *vor der Zugabe* von Fremdsubstanzen eine blaue Färbung mit $Co(NO_3)_2$-Lösung zeigen.

2. NW mit Alizarin-S

Al^{3+} bildet mit Alizarin-S einen *roten* Farblack, der in verd. Essigsäure schwerlöslich ist (während die rotviolette Färbung der ammoniakalischen Alizarin-S-Lösung beim Ansäuern in gelb umschlägt). Allgemein wirken viele Hydroxyanthrachinone als Chelatbildner. Sie reagieren mit zahlreichen Metallen unter Bildung schwerlöslicher Farblacke. Alizarin-S ist das Natriumsalz der Alizarinsulfonsäure (1,2-Dihydroxyanthrachinonsulfonsäure-3).

[47] Co_3O_4 besitzt ebenfalls Spinellstruktur! Das wird deutlich, wenn man das Co_3O_4 als $Co^{II}Co_2^{III}O_4$ formuliert.

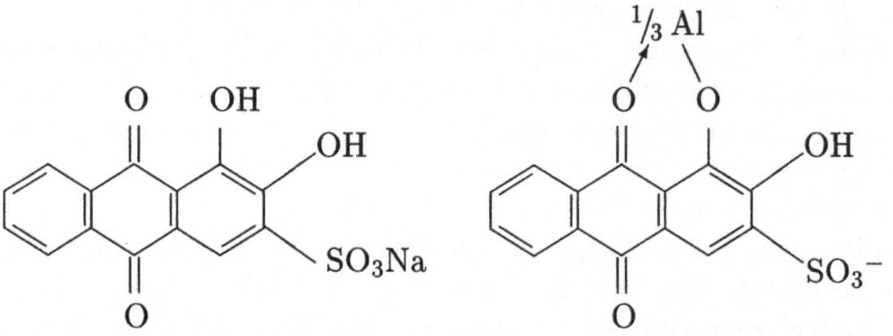

Alizarin-S roter Farblack

Bild 3.5 Nachweis von Aluminium mit Alizarin-S.

Praxis: Die zu untersuchende Probe wird mit möglichst wenig KOH versetzt und zentrifugiert. Anschließend gibt man auf der TP zu 3 Tr. des Zentrifugats 1–2 Tr. Reagenzlsg., versetzt bis zum Verschwinden der rotvioletten Farbe mit verd. HAc ⟶ *roter* Nd., der oft erst nach einigen Minuten sichtbar wird und *unbedingt* mit einer Blindprobe verglichen werden sollte!

Reagenz: 0.1%ige wäßrige Lösung von Na-Alizarinsulfonat.

Störung:
- Fe^{3+}, Cr^{3+}, Ti^{4+} geben ähnlich farbige, gegen verd. HAc stabile Farblacke.
- Der Farblack mit Zr^{4+} fällt erst in stärker salzsaurer Lösung aus, während sich der Al-Komplex schon in verd. HCl-Lösung wieder löst.

3. NW mit Morin

Al^{3+} bildet mit Morin einen intensiv *grün* fluoreszierenden, kolloidalen Farblack. Die Struktur der entstehenden Metallverbindung ist noch nicht sicher bekannt.

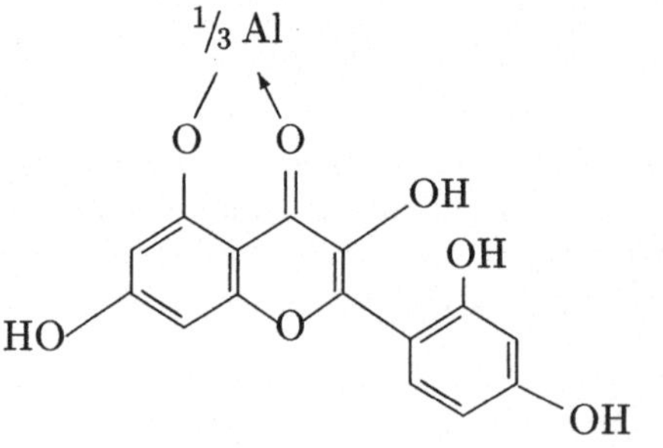

Bild 3.6
Der Al-Morin-Komplex.

Praxis: Die saure Probelsg. wird mit KOH (nicht NaOH, da Morin in NaOH auch ohne Al fluoresziert!) stark alkalisch gemacht und zentrifugiert. Einige Tr. des Zentrifugats werden auf dem schwarzen Teil der TP mit konz. HAc angesäuert und mit einigen Tr. Reagenzlösung versetzt. Eine *grüne* Fluoreszenz, die beim Ansäuern mit HCl wieder verschwindet, deutet auf Anwesenheit von Al^{3+}. Hilfreich ist das Betrachten des Farblacks unter einer UV-Lampe! Die Durchführung einer Blindprobe ist absolut unerläßlich!

Reagenz: Gesättigte Lösung von Morin in Ethanol.

Störung:
- NaOH fluoresziert mit Morin!
- Zr^{4+} und Silicat können ebenfalls mit Morin fluoreszieren (pH-abhängig!). Der Farblack mit Zr^{4+} fluoresziert allerdings erst im salzsauren Medium.

4. Kryolithprobe

Al^{3+} bildet mit F^- einen stabilen Komplex, der OH^- aus $Al(OH)_3$ verdrängt. Die freiwerdenden OH^--Ionen lassen sich mit Phenolphthalein nachweisen.

$$Al(OH)_3 + 6\,NaF \longrightarrow Na_3[AlF_6] + 3\,NaOH$$

Praxis: Der $Al(OH)_3$-Niederschlag muß solange *gut gewaschen* werden, bis das Zentrifugat nicht mehr alkalisch reagiert, da andernfalls Phenolphthalein mit überschüssigen OH^--Ionen reagiert.

Man befeuchtet den zu untersuchenden Niederschlag auf einer Magnesiarinne oder der TP zunächst mit etwas Phenolphthalein und anschließend mit einigen Tropfen NaF-Lösung.[48] Eine *Rotfärbung* der so behandelten $Al(OH)_3$/Phenolphthalein-Mischung deutet auf Anwesenheit von Al^{3+}.

Störung: Fe^{3+}, Ti^{4+}, Zr^{4+}, La^{3+}, $SiO_4{}^{4-}$ bilden mit F^- ebenfalls stabile Komplexe!

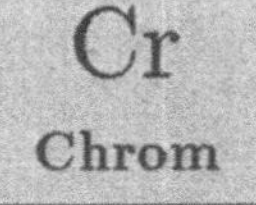

Chrom, Cr

M	Smp.	Sdp.	ρ [g/cm³]	EN	Oxidationsstufen	e⁻-Konfiguration
52.00	1900 °C	2642 °C	7.19	1.66	(+2), +3, (+4), (+5), +6	$[Ar]\,3d^5\,4s^1$

Standardpotential(e)

$Cr^{3+} + 3e^- \rightleftharpoons Cr.\quad E^0 = -0.753$ V
$Cr_2O_7{}^{2-} + 14\,H^+ + 6e^- \rightleftharpoons 2\,Cr^{3+} + 7\,H_2O.\quad E^0 = +1.330$ V

Vorkommen/Mineralien

In der Natur hauptsächlich als Chromeisenstein (Chromit) $FeCr_2O_4$, seltener als Rotbleierz (Krokoit) $PbCrO_4$.

Herstellung: Reines Chrom kann durch aluminothermische Reduktion von Cr_2O_3 oder durch kathodische Reduktion von Chromalaunlösungen gewonnen werden. Cr-Fe-Legierungen (sog. „Ferrochrom“) entstehen durch Reduktion von $FeCr_2O_4$ (Chromeisenstein) mit Koks im elektrischen Ofen.

[48] Anmerkung: Man muß *zuerst* Phenolphthalein zusetzen, um sicher zu sein, daß sich der Indikator tatsächlich erst beim Zutropfen von NaF-Lösung färbt.

Verwendung: Chrom ist ein wichtiger Legierungszusatz für nichtrostende Stähle (Anteil > 12% Cr; „Nirosta") und für hitzebeständige Ni- oder Co-Legierungen (Turbinenbau). Ferner nutzt man das Metall in schützenden Metallüberzügen („Verchromen") und als Oxidationsmittel in der organischen Chemie. Darüber hinaus sind $PbCrO_4$ („Chromgelb") und Cr_2O_3 („Chromoxidgrün") geschätzte Mineralpigmente in der Farbstoffindustrie.

Eigenschaften: Chrom ist ein silberglänzendes, zähes und duktiles Schwermetall. α-Chrom kristallisiert kubisch-raumzentriert, β-Chrom in einer hexagonal-dichtesten Kugelpackung. Beide Modifikationen werden durch Verunreinigungen sehr spröde. Die elektrische Leitfähigkeit entspricht ca. 11% der Leitfähigkeit von Kupfer. Es steht an der 21. Stelle der Elementhäufigkeit und tritt in seinen Verbindungen *hauptsächlich* in den Oxidationsstufen +III und +VI auf. Weitere Beispiele unterschiedlicher Oxidationsstufen zeigt nachfolgende Übersicht:

Cr(I)	$K_3[Cr(CO)_5(NO)]$
Cr(II)	in Lösung meist *blau* ($CrCl_2$), starke Reduktionsmittel
Cr(III)	stabil (versch. Aquakomplexe; in der Hitze *grün*; in der Kälte *violett*). Bsp.: $CrCl_3$, $NH_4Cr(SO_4)_2$ bzw. $[CrOH(H_2O)_5]^{2+}$, $[Cr(OH)_2(H_2O)_4]^+$
Cr(IV)	relativ selten und nur in Salzen beständig Bsp.: *grünschwarzes* CrF_4
Cr(V)	*rote* Peroxochromate $[Cr(O_2)_4]^{3-}$, unbeständig
Cr(VI)	*gelbe* Chromate und *orange* Dichromate (toxisch, Oxidationsmittel) CrO_3 (rotbraune Nadeln) $\longrightarrow$ Chromschwefelsäure

Toxikologie: Vorsicht ist bei vielen Cr-Verbindungen geboten: $CrO_4{}^{2-}$ ist sehr giftig und wahrscheinlich kanzerogen! Aufgrund seiner strukturchemischen Ähnlichkeit zum Sulfat-Ion kann Chromat Membranschranken überwinden und bis in den Bereich des Zellkerns gelangen, wo es aufgrund seiner Oxidationskraft schädigend wirkt. Generell sind Chrom(VI)-Verbindungen nur mit größter Sorgfalt zu handhaben, da vor allem das Einatmen (der Stäube) das Risiko für Krebs beim Menschen deutlich erhöht. Als Beispiele seien genannt: CrO_3, $PbCrO_4$, $ZnCrO_4$.

Verbindung	Gefahrensymbol(e)	R-Sätze	S-Sätze
K_2CrO_4	Xi (reizend)	36/37/38–43	22–28
$K_2Cr_2O_7$	T (giftig)	A45.3–36/37/38–43	53–22, 28.1/44
$PbCrO_4$	Xn (mindergiftig)	33–40	22
$SrCrO_4$	T (giftig)	45–22	53–44
$ZnCrO_4$	T (giftig)	45–22–43	53–44

R22 *Gesundheitsschädlich beim Verschlucken.* R33 *Gefahr kumulativer Wirkungen.* R36/37/38 *Reizt die Augen, Atmungsorgane und die Haut.* R40 *Irreversibler Schaden möglich.* R43 *Sensibilisierung durch Hautkontakt möglich.* R45 *Kann Krebs erzeugen.* RA45.3 *Kann Krebs erzeugen (in atembarer Form).*

Nachweis von Cr^{3+}

1. NW durch Oxidationsschmelze

$$Cr_2O_3 + 3\,NO_3^- + 2\,CO_3^{2-} \longrightarrow \underset{\text{gelb}}{2\,CrO_4^{2-}} + 3\,NO_2^- + 2\,CO_2\uparrow$$

Vergleiche hierzu die Ausführungen auf Seite 23 bzw. Seite 234!

Praxis: Man vermengt die zu untersuchende Substanz auf einer Magnesiarinne mit einer Mischung aus 3 Teilen KNO_3 und 2 Teilen Na_2CO_3 und schmilzt in der heißen Oxidationsflamme. Ist der Schmelzkuchen nach dem Erkalten *gelb* gefärbt, so deutet dies auf Anwesenheit von Chromverbindungen. Die Oxidationsschmelze kann auch als Vorprobe aus der US dienen (vgl. Seite 23).

2. NW durch Oxidation von Cr^{3+}

Cr^{3+} wird in alkalischer Lösung leicht zu Cr^{6+} oxidiert:

$$2\,Cr^{3+} + 3\,H_2O_2 + 10\,OH^- \longrightarrow \underset{\text{gelb}}{2\,CrO_4^{2-}} + 8\,H_2O$$

In saurer Lösung erfolgt die Oxidation hingegen erst in Gegenwart stärkerer Oxidationsmittel (z. B. $S_2O_8^{2-}$):

$$2\,Cr^{3+} + 3\,S_2O_8^{2-} + 7\,H_2O \longrightarrow Cr_2O_7^{2-} + 6\,SO_4^{2-} + 14\,H^+$$

Versetzt man *gelbes* Chromat CrO_4^{2-} mit Säuren, so erfolgt zunächst Protonierung zu $HCrO_4^-$ und schließlich Kondensation zum *orangen* Dichromat $Cr_2O_7^{2-}$ (Gleichgewichtsreaktion!):

$$\underset{\text{pH} \leq 2}{H_2CrO_4} \underset{+H^+}{\rightleftharpoons} \underset{\text{pH } 2\text{–}6}{HCrO_4^-} \underset{+H^+}{\rightleftharpoons} \underset{\text{pH} > 6}{CrO_4^{2-}}$$

Die Lagen dieser Gleichgewichtsreaktionen sind sowohl vom pH-Wert, als auch vom Verdünnungsgrad der Lösung abhängig (vgl. Seite 41): In nicht zu stark verdünnten Lösungen kondensiert $HCrO_4^-$ zu Dichromat $Cr_2O_7^{2-}$ (vgl. Bild 6.1, Seite 258 bzw. Seite 41):

$$HCrO_4^- + HCrO_4^- \longrightarrow Cr_2O_7^{2-} + H_2O$$

Bei ausreichender Konzentration an $HCrO_4^-$ kann die Kondensation bei weiterem Ansäuern mit konz. H_2SO_4 bis hin zum kristallinen Anhydrid CrO_3 (rot) verlaufen.

$$6\,Cr_2O_7^{2-} + 6\,H^+ \rightleftharpoons 4\,Cr_3O_{10}^{2-} + 2\,H^+ + 2\,H_2O$$

$$4\,Cr_3O_{10}^{2-} + 2\,H^+ + 2\,H_2O \rightleftharpoons 3\,Cr_4O_{13}^{2-} + 3\,H_2O$$

$$3\,Cr_4O_{13}^{2-} + 6\,H^+ \rightleftharpoons 12\,CrO_3 + 3\,H_2O$$

Eine Kondensation zu höhermolekularen Gebilden bei pH-Erniedrigung (Ansäuern) tritt in wäßriger Lösung außer bei der Chromsäure noch bei verschiedenen anderen Säuren (Mo-, W-, V-, Nb-, Ta-, Sn-, Kieselsäure) auf. Entsprechend den auf Seite 87 beschriebenen „Isopolybasen" werden sie als „Isopolysäuren" bezeichnet (vgl. Kap. 6.2, Seite 258).

$$\ldots \longrightarrow [Cr_2O_7]^{2-} \longrightarrow [Cr_3O_{10}]^{2-} \longrightarrow [Cr_nO_{3n+1}]^{2-} \xrightarrow{n\to\infty} [CrO_3]_n$$

Beim Ansäuern der Lösungen anderer mehrbasiger Säuren (wie z. B. Na_2SO_4 oder Na_3PO_4) entstehen nur die *sauren Salze* (wie z. B. HSO_4^-, HPO_4^{2-}, $H_2PO_4^-$). Kondensierte Verbindungen bilden sich hier erst in wasserfreiem Zustand (Anhydride):

$$2\,KHSO_4 \xrightarrow{\Delta} K_2S_2O_7 + H_2O\uparrow$$

Nachweis von Cr^{6+}

1. NW als $CrO(O_2)_2$

$$Cr_2O_7^{2-} + 4\,H_2O_2 + 2\,H^+ \longrightarrow \underset{\text{blau}}{2\,CrO(O_2)_2} + 5\,H_2O$$

$$4\,CrO(O_2)_2 + 12\,H^+ \longrightarrow 4\,Cr^{3+} + 6\,H_2O + 7\,O_2\uparrow$$

In salpeter- oder schwefelsaurer Lösung bildet Dichromat mit H_2O_2 die *blaue* Peroxoverbindung $CrO(O_2)_2$, die mit Alkohol oder Ether extrahiert werden kann $\longrightarrow$ blaue Etherschicht. Dabei bildet sich durch Koordination von Ether an die Peroxoverbindung eine kurzzeitig stabile *Oxoniumverbindung*. $CrO(O_2)_2 \cdot R_2O$ kann durch Zusatz von Pyridin in Form einer kristallinen Additionsverbindung isoliert werden. Das magnetische Verhalten zeigt, daß Cr darin nicht 3- sondern 6-wertig ist.

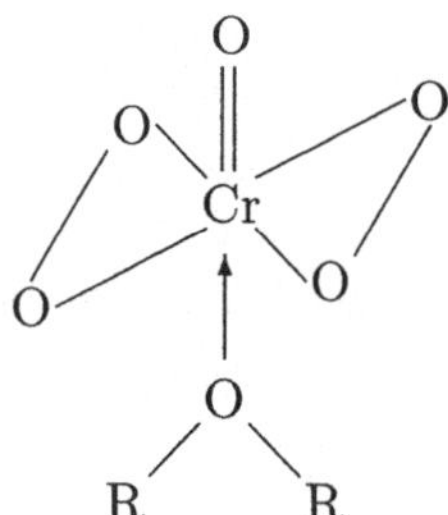

Bild 3.7
Die Oxoniumverbindung $CrO(O_2)_2 \cdot R_2O$. Koordinative Absättigung durch den Ether.

Praxis: In der Kälte wird die salpetersaure Lsg. mit 1 ml Ether überschichtet, mit wenigen Tr. verd. H_2O_2 versetzt und anschließend kurz geschüttelt. Eine *Blaufärbung* der Etherschicht deutet auf Anwesenheit von Cr. Nach einiger Zeit schlägt die Färbung (je nach Konzentration) in *grün* oder *violett* um (Reduktion zu Cr^{3+}).

Störung: In Gegenwart von Vanadium(V)-verbindungen entsteht nach Zusatz des ersten Tr. H_2O_2 eine rötlichbraune wäßrige Phase.

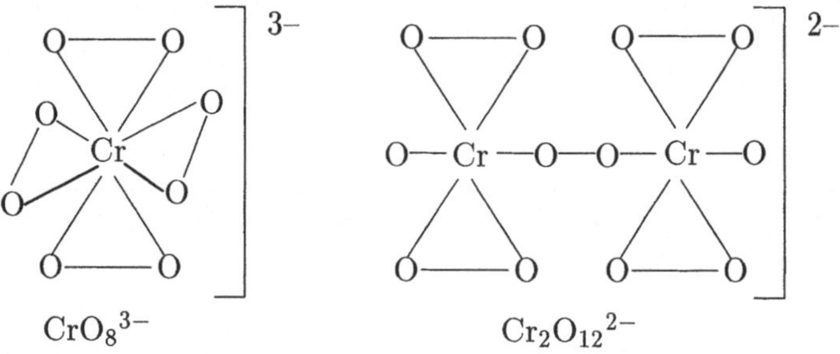

Bild 3.8 Weitere Peroxoverbindungen des Chroms.

2. NW als $BaCrO_4$

$$2\,Ba^{2+} + Cr_2O_7^{2-} + H_2O \longrightarrow \underset{\text{gelb}}{2\,BaCrO_4\downarrow} + 2\,H^+$$

Störung: Um eine vollständige Fällung zu erreichen, müssen die freiwerdenden H^+-Ionen gepuffert werden ⟶ etwas Natriumacetat zugeben! $Cr_2O_7^{2-}$ steht immer im Gleichgewicht mit CrO_4^{2-} (s.o.).

3. NW als Ag_2CrO_4

$$CrO_4^{2-} + 2\,Ag^+ \longrightarrow \underset{\text{rotbraun}}{Ag_2CrO_4\downarrow}$$

Aus schwach salpetersaurer Lösung fallen *rotbraune* Kristalle in Form von Tafeln, Prismen oder Nadeln (⟶ Mikroskop).

Praxis: 1 Tr. salpetersaure Lösung mit 1 Tr. einer verd. $AgNO_3$-Lösung versetzen und mit NH_3 bis zur *schwach sauren* Rkt. versetzen ⟶ *rotbraune* Kristalle.

Störung: Lösung darf weder neutral noch stark salpetersauer sein!

4. NW als Chromylchlorid

$$4\,Cl^- + Cr_2O_7^{2-} + 6\,H^+ \longrightarrow \underset{\text{rot}}{2\,CrO_2Cl_2\uparrow} + 3\,H_2O$$

$$CrO_2Cl_2 + 4\,OH^- \longrightarrow 2\,Cl^- + CrO_4^{2-} + 2\,H_2O$$

Praxis: Man verreibt etwas NaCl mit der gleichen Menge an Substanz und übergießt diese Mischung in einem trockenen RG mit konz. H_2SO_4. Dabei freigesetztes, *rotes* Chromylchlorid wird über ein gebogenes Glasrohr in ein Reagenzglas mit NaOH eingeleitet und als *gelbes* CrO_4^{2-} nachgewiesen.

5. NW durch Reduktion von Chromat

In saurer Lösung wirkt Dichromat als starkes Oxidationsmittel, das beispielsweise Cl^- in Cl_2, S^{2-} in Schwefel oder SO_3^{2-} in SO_4^{2-} zu überführen vermag.

Nickel, Ni

M	Smp.	Sdp.	ρ [g/cm^3]	EN	Oxidationsstufen	e^--Konfiguration
58.71	1450 °C	2730 °C	8.90	1.91	+2, +3	[Ar] $3d^8\,4s^2$

Standardpotential(e)

$Ni^{2+} + 2e^- \rightleftharpoons Ni. \quad E^0 = -0.250$ V

Vorkommen/Mineralien

Die größten nutzbaren Nickelvorkommen enthält der vorwiegend in Kanada bzw. Rußland vorkommende Magnetkies (Pyrrhotin) $Fe_{1-x}S$. Reine Ni-Mineralien sind Gelbnickelkies (Nickelblende) NiS, Rotnickelkies (Nickelit) NiAs, Weißnickelkies (Chloanthit) $NiAs_{2-3}$, Arsennickelkies (Gersdorffit) Ni[AsS], Breithauptit (Antimonnickel) NiSb, Eisennickelkies (Fe,Ni)S und Garnierit $(Ni,Mg)_6(OH)_4[Si_2O_5]$.

Herstellung: Man kennt verschiedene Darstellungsmethoden für elementares Nickel. Allen gemein ist die primäre Anreicherung von Nickeloxid (aus sulfidischen oder oxidischen Erzen), das anschließend einer Reduktion mit Kohlenstoff unterworfen wird. Sehr reines Nickel gewinnt man aus Rohnickel über Nickeltetracarbonyl $Ni(CO)_4$ nach dem „Mond-Verfahren":

$$NiC_2O_4 \cdot 2\,H_2O \longrightarrow NiO + CO\uparrow + CO_2\uparrow + 2\,H_2O$$

$$NiO + CO \longrightarrow Ni + CO_2\uparrow$$

$$Ni + 4\,CO \rightleftharpoons Ni(CO)_4$$

Verwendung: Hauptsächlich als Legierungsbestandteil in Stahl (V2A, Invar, Ni-Stähle), dessen Härte, Zähigkeit und Korrosionsbeständigkeit durch Zulegieren von Ni deutlich erhöht wird. Ferner in Ni/Cu-Legierungen (Monelmetall: große Korrosionsbeständigkeit; Verwendung in Apparaturen, in denen mit Fluor umgegangen wird) und in Ni/Mo/Fe/Cr-Legierungen. Außerdem dient es als Katalysator bei Hydrierungsreaktionen (z. B. „Raney-Nickel" bei der Fetthärtung) und wird in der Akkumulatortechnik (z. B. Ni/Cd-Akku), als Elektrodenmaterial (Ni(III)-oxidhydrat) und zur galvanischen „Vernickelung" genutzt.

Eigenschaften: Nickel ist ein silberweiß-glänzendes, zähes und duktiles, ferromagnetisches Schwermetall, das in einem kubisch-dichtesten Metallgitter kristallisiert (β-Nickel). Es reagiert nicht an der Luft und löst sich in nichtoxidierenden Säuren nur langsam, in verd. HNO_3 hingegen leicht (allerdings wird es von konz. HNO_3 infolge „Passivierung" nicht angegriffen). Gegenüber Laugen ist es (selbst bei hohen Temperaturen) beständig, weshalb Ni-Tiegel im Labor für die Ausführung alkalischer Schmelzen verwendet werden können. Die elektrische Leitfähigkeit beträgt ca. 24% der Leitfähigkeit von Kupfer. Nickelpulver kann sich an der Luft spontan entzünden. Es ist ein wichtiges Spurenelement für den Pflanzenwuchs und steht an der 22. Stelle der Elementhäufigkeit.

Toxikologie: Elementares Ni besitzt toxikologische Bedeutung, weil es zu allergiebedingten Hauterkrankungen führen kann. Von den anorg. Ni-Verbindungen verdient das $NiSO_4$ Beachtung, weil es unter die Klassifizierung „giftig" fällt. Einige Ni-Verbindungen ($Ni(Ac)_2$, NiO, Ni_2S_3) sind im Tierversuch kanzerogen.

Vorprobe auf Nickel

Phosphorsalzperle

Oxidationsflamme heiß: *gelb bis rubinrot*, kalt: *bräunlich*. Reduktionsflamme heiß: *farblos*, kalt: *farblos*.

Nachweis von Nickel

1. NW als $Ni(Dado)_2$-Komplex

$$Ni^{2+} + 2\,H^+Dado^- \longrightarrow \underset{\text{himbeerrot}}{Ni(Dado)_2} + 2\,H^+$$

Diacetyldioxim (Dado) fällt mit Nickelionen in neutraler und ammoniakalischer Lösung ein *himbeerrotes*, schwerlösliches, inneres Komplexsalz (vgl. Seite 34).

Praxis: Zunächst muß die Probelösung mit etwas H_2O_2 gekocht werden, um Fe^{2+} zu Fe^{3+} zu oxidieren. Darauf macht man die Lösung schwach ammoniakalisch, trennt von evtl. ausfallendem $Fe(OH)_3$ und verkocht sorgfältig das zugesetzte H_2O_2 (andernfalls wird Diacetyldioxim zerstört!). Schließlich versetzt man 1 Tr. des klaren Zentrifugats auf der TP mit 1 Tr. Reagenzlsg. $\longrightarrow$ *himbeerroter* Niederschlag.

Reagenz: Gesättigte Lsg. von Diacetyldioxim in 96%igem Ethanol.

Störung:
- Oxidationsmittel wie HNO_3, H_2O_2 usw. verhindern die Fällung durch Zerstörung des organischen Chelatbildners.
- Fe^{3+} gibt eine rote, Co^{2+} eine braunrote Färbung.
- Fe^{3+}/Co^{2+} nebeneinander $\longrightarrow$ braunrote Fällung.

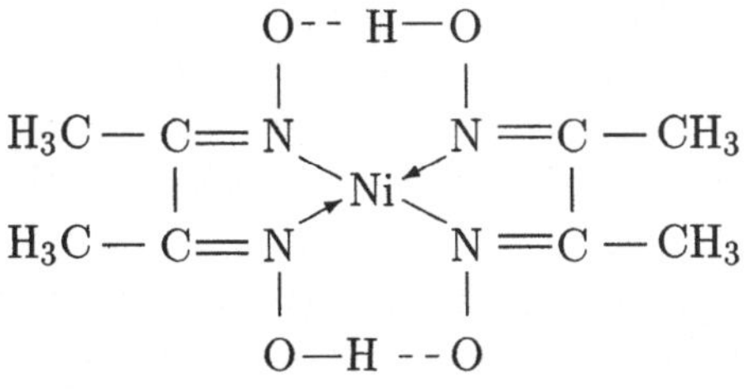

Bild 3.9
Nachweis von Nickel mit Diacetyldioxim (schematisch).

2. NW als $Ni(OH)_3$

$$Ni^{2+} + 2\,CN^- \longrightarrow \underset{\text{hellgrün}}{Ni(CN)_2 \downarrow}$$

$$Ni(CN)_2 + 2\,CN^- \underset{+H^+}{\rightleftharpoons} \underset{\text{gelb}}{[Ni(CN)_4]^{2-}}$$

$$2\,[Ni(CN)_4]^{2-} + 6\,OH^- + 9\,Br_2 \longrightarrow \underset{\text{schwarz}}{2\,Ni(OH)_3 \downarrow} + 10\,Br^- + 8\,BrCN$$

$$Br_2 + CN^- \longrightarrow Br^- + BrCN$$

Cyanide fällen aus neutraler Nickelsalzlösung *hellgrünes* Nickelcyanid $Ni(CN)_2$, das sich im ÜS von CN^- (unter Bildung von $[Ni(CN)_4]^{2-}$) mit *gelber* Farbe löst. Aus einer solchen Lösung fällt bei Zusatz von NaOH *kein* $Ni(OH)_2$.

Mit NaOH und Br_2 bildet sich – im Gegensatz zu Co – nach Oxidation *schwarzes* $Ni(OH)_3$. Das CN^- geht dabei in *äußerst* giftiges Bromcyan über (Abzug!).

Cobalt, Co

M	Smp.	Sdp.	ρ [g/cm³]	EN	Oxidationsstufen	e⁻-Konfiguration
58.93	1490 °C	2900 °C	8.90	1.88	+2, +3	[Ar] $3d^7\,4s^2$

Standardpotential(e)

$Co^{2+} + 2e^- \rightleftharpoons Co.\quad E^0 = -0.277$ V

Vorkommen/Mineralien

Co findet sich in der Natur nur in gebundener Form, meist mit Nickel vergesellschaftet. Wichtige Mineralien sind Speiscobalt (Smaltit) $CoAs_3$, Cobaltglanz (Cobaltit) CoAsS und Cobaltkies (Linnéit) Co_3S_4.

Herstellung: Zunächst erfolgt – wie beim Nickel beschrieben – Anreicherung von Co_2O_3 aus sulfidischen oder oxidischen Erzen, das anschließend mit Kohlenstoff oder aluminothermisch reduziert wird.

Verwendung: Vorwiegend als Bestandteil von Spezialstählen und Legierungen (harter „Stellit" für die Fertigung von Meißelspitzen; *„Widia"* (hart *wie Dia*mant) zur Herstellung von Schneidwerkzeugen). Ferner zur Blaufärbung von Glas und Porzellan (als sog. „Smalte") und als harte γ-Strahlenquelle in der Krebstherapie.

Eigenschaften: Cobalt ist ein stahlgraues, glänzendes, sprödes und ferromagnetisches Schwermetall, das zäher, härter und fester ist als unlegierter Stahl. In Säuren ist Co leicht, in Laugen dagegen nicht löslich. α-Co kristallisiert in einem hexagonalen, β-Co in einem kubisch-flächenzentrierten Metallgitter. Die elektrische Leitfähigkeit beträgt ca. 26% der Leitfähigkeit von Cu; Co-Pulver kann sich (wie Ni-Pulver) an der Luft spontan entzünden. Co ist das Zentralatom in Vitamin B_{12} (Cobalamine, Corrinoide) und zugleich ein wichtiges Spurenelement.

Toxikologie: Co ist neben Cr einer der häufigsten Verursacher von allergischen Ekzemen. Co-Allergien treten oft zusammen mit Ni-Allergien auf. Werden größere Mengen Co eingenommen, so können davon Herz und Schilddrüse in Mitleidenschaft gezogen werden.[49] Einige Co-Verbindungen (CoS, CoO, $CoSO_4$) haben sich im Tierversuch als kanzerogen erwiesen.

Verbindung	Gefahrensymbol(e)	R-Sätze	S-Sätze
$Co(NO_3)_2 \cdot 6\,H_2O$	T (giftig)	A45.3–22	53–24/25–44
$CoCl_2$	T (giftig)	A45.3–22	53–24/25–44
$CoSO_4$	T (giftig)	A45.3–22	53–24/25–44

R22 *Gesundheitsschädlich beim Verschlucken.* RA45.3 *Kann Krebs erzeugen (in atembarer Form).*

Vorprobe auf Cobalt

Phosphorsalzperle

Oxidationsflamme heiß: *blau*, kalt: *blau*. Reduktionsflamme heiß: *blau*, kalt: *blau*.

Nachweis von Cobalt

1. NW als $Co(SCN)_2$

$$Co^{2+} + 2\,SCN^- \rightleftharpoons Co(SCN)_2$$

$$Co^{2+} + 4\,SCN^- + 2\,H^+ \rightleftharpoons H_2[Co(SCN)_4]$$

Praxis: 1 Tr. essigsaure Probelsg. wird auf der TP mit 5 Tr. einer gesättigten Lsg. von $(NH_4)SCN$ in Aceton versetzt $\longrightarrow$ *grün* bis *blau* gefärbte Lsg.

Störung: Fe^{3+} (mit SCN^- tiefrote Verbindung; vgl. Seite 87) $\longrightarrow$ mit NaF als $[FeF_6]^{3-}$ maskieren.

2. NW als $Co[Hg(SCN)_4]$

$$Co^{2+} + Hg(SCN)_4{}^{2-} \longrightarrow \underset{\text{tiefblau}}{Co[Hg(SCN)_4]} \downarrow$$

[49] Als man vor Jahren in Kanada Co-Salze zur Stabilisierung des Bierschaums einsetzte, traten bei passionierten Biertrinkern plötzlich eine Reihe von Todesfällen auf.

Bildung von *tiefblauen* Prismen und sternförmig verwachsenen Nadeln in neutraler bis essigsaurer Lösung (analog NW 3, Seite 46).

Praxis: 1 Tr. Probelösung wird auf dem OT bis fast zur Trockne eingedampft und danach unter leichtem Reiben mit dem Glasstab mit 1 Tr. Reagenzlösung versetzt. Betrachtung unter dem Mikroskop!

Reagenz: 5 g $HgCl_2$ und 6.5 g NH_4SCN in 10 ml Wasser.

Störung: Fe^{3+} bildet rotes $Fe(SCN)_3$ (maskieren mit NaF).

3. NW als $K_3[Co(NO_2)_6]$ oder $K_2Na[Co(NO_2)_6]$

$$Co^{2+} + 7\,NO_2^- + 2\,H^+ \longrightarrow [Co(NO_2)_6]^{3-} + NO + H_2O$$

Diese Reaktion kann auch zum Nachweis von Kalium dienen und ermöglicht außerdem den Nachweis von Co neben allen anderen Kationen der $(NH_4)_2S$-Gruppe. Co^{2+} wird durch HNO_2 zu Co^{3+} oxidiert.

Praxis: 2 Tr. der essigsauren Probelsg. werden auf der TP mit 1 Tr. verd. NH_4Ac-Lsg. und 2 Tr. verd. KNO_2-Lsg. versetzt $\longrightarrow$ *gelber* Nd. des Hexanitrocobaltatkomplexes $(K,NH_4)_3[Co(NO_2)_6]$. Ein Zusatz von EtOH erhöht die Empfindlichkeit. Der ausgewaschene Niederschlag löst sich in verd. HCl mit *blauer* Farbe.

Alternativ dazu werden 5 Tr. der essigsauren Probelsg. auf dem OT mit einem Körnchen KNO_2 versetzt. Eine auftretende Trübung wird mit 1 Tr. verd. HAc behandelt $\longrightarrow$ nach ~ 15 min Bildung der charakteristischen Kristalle.

Störung: Fe^{3+} im ÜS (vermindert die Kristallisationsgeschwindigkeit durch Bildung basischer Salze).

Mn
Mangan

Mangan, Mn

M	Smp.	Sdp.	ρ [g/cm³]	EN	Oxidationsstufen	e⁻-Konfiguration
54.94	1250 °C	2100 °C	7.43	1.55	+2, +4, (+5), +6, +7	[Ar] $3d^5\,4s^2$

Standardpotential(e)

$Mn^{2+} + 2e^- \rightleftharpoons Mn.\quad E^0 = -1.180$ V

Vorkommen/Mineralien

Mn ist nach dem Eisen das zweithäufigste Schwermetall. Es begleitet Eisen in vielen seiner Erze, doch kennt man auch reine Manganlagerstätten. Die wichtigsten Mn-Erze sind: Braunstein (Pyrolusit) MnO_2, Braunit Mn_2O_3 (entspricht dem Roteisenstein Fe_2O_3), Manganit MnO(OH) (entspricht dem Goethit FeO(OH)), Hausmannit Mn_3O_4 (entspricht dem Magneteisenstein Fe_3O_4), schwarzer Glaskopf (Psilomelan) $MnO_2 \cdot aq$ (enthält meist Ba^{2+} und K^+), Manganspat $MnCO_3$ (entspricht dem Eisenspat $FeCO_3$).

Herstellung: Reines Mangan wird aluminothermisch oder silicothermisch aus Mn_3O_4 (entsteht durch Glühen von Braunstein) erzeugt. Ferner kann man Mangan durch Elektrolyse von $MnSO_4$-Lösungen erhalten. Wichtiger ist jedoch die Darstellung von „Ferromangan", das man im Hochofen durch Glühen eines Gemisches aus Mangan- und Eisenerzen mit Koks gewinnen kann.

Verwendung: Vorwiegend als Legierungszusatz (Ferromangan, Spiegeleisen, Silicomangan, ferromagnetisches Manganin, „Heuslersche Legierung" Cu_2AlMn). Weiterhin Verwendung in Batterien (Braunstein als Depolarisator), in der Glas- und Keramikfabrikation sowie als Oxidations-, Bleich- und Desinfektionsmittel ($KMnO_4$).

Eigenschaften: Mangan ist ein helles, eisenfarbenes, hartes und sehr sprödes Schwermetall, das in der kubischen Gitterstruktur kristallisiert. Die elektrische Leitfähigkeit beträgt ca. 4% der Leitfähigkeit von Kupfer. Feinverteiltes Mn kann sich bei Raumtemperatur entzünden. Mn ist ein wichtiges Spurenelement und hilft beim Abbau von Vitamin B_1. Es steht an der 12. Stelle der Elementhäufigkeit und tritt in seinen Verbindungen hauptsächlich in den Oxidationsstufen +II bis +VII auf:

Mn(II)	$MnSO_4$	schwach *rosa* (stabil wegen d^5-Konfig.)
Mn(III)	$MnPO_4$	in wss. Lsg. unbeständig; beständige anionische Komplexe; versch. Farben
Mn(IV)	MnO_2	Manganate = Doppeloxide
Mn(V)	$Na_3{}^{I}MnO_4$	*hellblaues* Natriummanganat(V)
Mn(VI)	$M_2{}^{I}MnO_4$	*grüne* bis *dunkelgrüne* Manganate(VI) nur in stark alk. Lösungen oder in fester Form beständig (Oxidationsschmelze!)
Mn(VII)	$M^{I}MnO_4$	*tiefrotviolette* Permanganate (ergeben mit konz. H_2SO_4 das *hochexplosive* Anhydrid Mn_2O_7! $\longrightarrow$ daher Permanganate *nie* in konz. H_2SO_4 lösen!)

Man kennt sechs Oxide des Mangans, deren Acidität und Oxidationskraft mit steigender Oxidationszahl wächst: MnO, Mn_3O_4 (enthält sowohl Mn(II) als auch Mn(III)!), Mn_2O_3, MnO_2, MnO_3 und Mn_2O_7. Allgemein gilt: Die jeweils beständigsten Oxidationsstufen sind in *saurem* Milieu +II und +VII, in *alkalischem* Milieu +IV und +VI.

Toxikologie: Das Einatmen von Mn-Staub bzw. MnO_2 reizt die Atemwege und die Lunge und kann das Entstehen einer Lungenentzündung fördern. Längere Exposition führt zu schweren Stoffwechsel- und Nervenstörungen (Symptome ähnlich der „Parkinsonschen Krankheit"). Ferner stehen $KMnO_4$ und $MnSO_4$ unter dem Verdacht, kanzerogen zu sein.

Verbindung	Gefahrensymbol(e)	R-Sätze	S-Sätze
$KMnO_4$	Xn (mindergiftig) O (brandfördernd)	8–22	2
MnO_2	Xn (mindergiftig)	20/22	25

R8 *Feuergefahr bei Berührung mit brennbaren Stoffen.* R20/22 *Gesundheitsschädlich beim Einatmen und Verschlucken.* R22 *Gesundheitsschädlich beim Verschlucken.*

Nachweis von $Mn^{2+/4+}$

1. NW durch Oxidationsschmelze

$$Mn^{2+} + 2\,NO_3^- + 2\,CO_3^{2-} \xrightarrow{\Delta} \underset{\text{grün}}{MnO_4^{2-}} + 2\,NO_2^- + 2\,CO_2\uparrow$$

$$Mn^{2+} + 4\,NO_2^- \longrightarrow \underset{\text{grün}}{MnO_4^{2-}} + 4\,NO\uparrow$$

$$3\,MnO_4^{2-} + 4\,H^+ \longrightarrow \underset{\text{violett}}{2\,MnO_4^-} + \underset{\text{braun}}{MnO_2} + 2\,H_2O$$

Vergleiche hierzu auch die Ausführungen auf Seite 23 bzw. Seite 234!

Praxis: Im HM-Maßstab wird dieser NW auf einer Magnesiarinne durchgeführt. Hierfür etwas US mit der 3–6 fachen Menge einer Mischung aus gleichen Teilen KNO_3 und Na_2CO_3 mischen und in der Oxidationsflamme zu Manganat(VI) oxidieren. Da letzteres nur in stark alkalischem Medium beständig ist, kann die Farbreaktion intensiviert werden, indem man man zur erkalteten Schmelze ein kleines NaOH-Plätzchen gibt und daraufhin nochmals glüht.[50] Eine intensiv *blaugrüne* Färbung deutet auf Anwesenheit von Mn.

In Wasser disproportioniert Manganat(VI) langsam, beim Ansäuern mit HAc schnell in MnO_4^- und MnO_2 ⟶ Schmelze mit wenig H_2O lösen und ansäuern ⟶ *rotviolette* Färbung zeigt Mn an (evtl. müssen die gleichzeitig gebildeten Flocken (Braunstein) abzentrifugiert werden, damit man die violette Farbe erkennen kann).

2. NW durch Oxidation zu MnO_4^-

(a) Oxidation in *saurer Lösung* mit $S_2O_8^{2-}$ oder PbO_2:

$$2\,Mn^{2+} + 5\,S_2O_8^{2-} + 8\,H_2O \xrightarrow{Ag^+} 2\,MnO_4^- + 10\,SO_4^{2-} + 16\,H^+$$

$$2\,Mn^{2+} + 5\,PbO_2 + 4\,H^+ \longrightarrow 2\,MnO_4^- + 5\,Pb^{2+} + 2\,H_2O$$

[50] Vorsicht! Heiße Laugen besitzen eine besonders hohe Ätzwirkung. Man sollte daher beim Schmelzen von NaOH unbedingt *Handschuhe* tragen!

Praxis: In einer kleinen Porzellanschale werden einige Tr. Probelösung zur Trockne eingedampft und der RS mit 5 Tr. konz. H_2SO_4, 1 Tr. verd. $AgNO_3$-Lsg. (Silberspuren wirken katalytisch) sowie 1 Spatelspitze festem $Na_2S_2O_8$ oder $(NH_4)_2S_2O_8$ verrührt. Bei schwachem Erwärmen[51] $\longrightarrow$ charakteristische, *violette* MnO_4^--Färbung.

Alternativ dazu können auch einige Tr. Probelösung mit 1–2 ml konz. HNO_3 und 1 Spatelspitze PbO_2 (manganfrei!) versetzt werden, die man einige Minuten kocht und anschließend mit Wasser auf das Doppelte verdünnt. Nach dem Zentrifugieren $\longrightarrow$ *violette* Färbung des Zentrifugats durch MnO_4^-.

Störung: Alle Ionen, die MnO_4^- reduzieren (Cl^-, Br^-, I^-, Wasserstoffperoxid[52] usw.) müssen abwesend sein $\longrightarrow$ saure Lösung vor dem NW tropfenweise mit $AgNO_3$-Lösung versetzen, gut aufkochen und zentrifugieren.

(b) Oxidation in *alkalischer Lösung* mit Hypobromid:

$$2\,Mn^{2+} + 5\,Br_2 + 16\,OH^- \longrightarrow 2\,MnO_4^- + 10\,Br^- + 8\,H_2O$$

In alkalischer Lösung kann Mn^{2+} beispielsweise durch Hypobromid (aus Br_2 und $OH^- \longrightarrow OBr^-$) oxidiert werden. Vorteil: unter diesen Bedingungen wird die Reaktion von Cl^-, Br^-, I^- etc. nicht gestört und sie kann auch in Gegenwart praktisch aller Schwermetallionen ausgeführt werden, da diese als schwerlösliche Hydroxide gefällt werden.

Praxis: 5 Tr. Probelsg. werden im RG mit ca. 2 ml einer sehr verd. $CuSO_4$-Lsg. und 8–10 ml einer frischen NaOBr-Lsg. (NaOH und Bromwasser) versetzt und kurz gekocht. Nach dem Abzentrifugieren (Hydroxide!) deutet eine *violette* Färbung der überstehenden Lsg. auf Anwesenheit von MnO_4^-.

Störung: Cr^{3+} im ÜS $\longrightarrow$ durch Bildung von gelbem CrO_4^{2-} wird das Erkennen geringer Mn-Mengen erschwert.

Nachweis von Mn^{7+}

1. NW durch Reduktion von MnO_4^- in saurer Lösung

$$2\,MnO_4^- + 5\,C_2O_4^{2-} + 16\,H^+ \longrightarrow 2\,Mn^{2+} + 10\,CO_2\uparrow + 8\,H_2O$$

MnO_4^- läßt sich in *saurer* Lösung durch Oxalsäure, $FeSO_4$, H_2SO_3, H_2S, halbkonz. HCl, KI, H_2O_2, Ethanol etc. zu Mn^{2+} reduzieren.

2. NW durch Reduktion von MnO_4^- in alk. Lösung

$$2\,MnO_4^- + 3\,SO_3^{2-} + H_2O \longrightarrow 2\,MnO_2\downarrow + 3\,SO_4^{2-} + 2\,OH^-$$

MnO_4^- läßt sich in *alkalischer* Lösung durch Na_2SO_3 oder $MnCl_2$ (unter Komproportionierung) zu MnO_2 reduzieren.

[51] Nicht kochen, da sonst H_2O_2 entsteht, welches MnO_4^- in saurer Lsg. wieder zu Mn^{2+} reduziert! [52] Gemäß: $5\,H_2O_2 + 2\,MnO_4^- + 6\,H^+ \longrightarrow 2\,Mn^{2+} + 5\,O_2 + 8\,H_2O$

Zn
Zink

Zink, Zn

M	Smp.	Sdp.	ρ [g/cm³]	EN	Oxidationsstufen	e⁻-Konfiguration
65.37	419 °C	906 °C	7.14	1.65	+2	[Ar] $3d^{10}\,4s^2$

Standardpotential(e)

$Zn^{2+} + 2e^- \rightleftharpoons Zn.\quad E^0 = -0.763$ V

Vorkommen/Mineralien

Zn kommt natürlich nur in Form von *sulfidischen* oder *oxidischen* Erzen vor. Die wichtigsten Mineralien sind ZnS (kubische Zinkblende, Sphalerit oder hexagonaler Wurtzit), Zinkspat (Galmei) $ZnCO_3$ und Kieselzinkerz (Hemimorphit) $Zn_4(OH)_2[Si_2O_7] \cdot H_2O$.

Herstellung: Zink wird entweder auf *trockenem Weg* erhalten, indem man durch Abrösten und Brennen von Zinkerzen ZnO produziert, das anschließend mit Koks zu Zink reduziert wird. Oder man laugt geröstete Zinkblende oder carbonathaltiges Zinkerz mit Schwefelsäure aus (*nasser Weg*) und elektrolysiert die dabei entstehende Zinksulfatlösung nach vorheriger Reinigung.

Verwendung: Vorwiegend zum Schutz anderer Metalle („Verzinken"), als Legierungsmetall (Messing, Rotguß, Al- und Mg-Legierungen), im Zink-Druckguß, in Taschenlampenbatterien und zur Herstellung von Farbstoffpigmenten (Zinkweiß ZnO, Lithopone $ZnS/BaSO_4$).

Eigenschaften: Zink ist ein bläulich-weißes, glänzendes Schwermetall, das in einem gestreckt hexagonalen Gitter kristallisiert. Bei Raumtemperatur ist es relativ spröde, bei 100–150 °C leicht formbar und bei 250 °C brüchig. Es ist nach Aluminium und Kupfer eines der wichtigsten Nichteisenmetalle. Sehr reines Zink ist relativ reaktionsträge. An Luft bildet sich unter „Passivierung" allmählich sog. „Weißrost" (Zinkoxid bzw. basisches Zinkcarbonat), der das darunter befindliche Zinkmetall gegen weitere Einflüsse schützt. Beim Erhitzen an der Luft verbrennt Zink mit grüner Flamme zu weißem ZnO-Rauch. Zink löst sich leicht in Säuren, langsam auch in Alkalilaugen unter Wasserstoffentwicklung. Sein Hydroxid ist amphoter. Aufgrund seines relativ unedlen Charakters kann Zink gegenüber vielen Metallen als Reduktionsmittel wirken.

Die mechanischen Eigenschaften sind anisotrop[53] (gestrecktes Gitter). Thermische und elektrische Leitfähigkeit betragen ca. 27% der Leitfähigkeit von Kupfer. Zn steht an der 24. Stelle der Elementhäufigkeit.

Toxikologie: Zn ist ein sehr wichtiges Spurenelement, da es auf Enzyme aktivierend wirkt und das Körperwachstum beeinflußt. Zn ist erst in großen Mengen

[53] „Anisotrop" bedeutet etwa: „nicht in alle drei Raumrichtungen gleichermaßen ausgeprägt".

für den Menschen giftig. Von den Verbindungen des Zinks sei an dieser Stelle neben dem bereits erwähnten $ZnCrO_4$ (s. Seite 94) auf $ZnCl_2$ hingewiesen, da sich beim Erhitzen giftige Zinkchloridnebel bilden können.

Nachweis von Zink

1. NW als ZnS

$$Zn^{2+} + 2\,Cl^- + H_2S \rightleftharpoons \underset{\text{weiß}}{ZnS\downarrow} + 2\,H^+ + 2\,Cl^-$$

Aus essigsauren Lösungen fällt quantitativ *weißes* ZnS. Da es sich bei obiger Reaktion um eine Gleichgewichtsreaktion handelt, muß die freiwerdende starke Säure mit Essigsäure/Acetat abgepuffert werden (das Gleichgewicht wird damit nach rechts verschoben).

Praxis: Die essigsaure Lösung wird mit etwas festem NaAc abgestumpft und darauf mit einigen Tr. TAA erwärmt ⟶ quantitative Fällung von *weißem* ZnS.

2. NW als Rinmans Grün

$$ZnO + 2\,Co(NO_3)_2 \longrightarrow \underset{\text{grün}}{ZnCo_2O_4} + 4\,NO_2 + {}^1\!/_2\,O_2$$

Zahlreiche Zink-Verbindungen reagieren beim Glühen mit $Co(NO_3)_2$ unter Bildung des grünen Spinells $ZnCo_2O_4$ (vgl. „Thénards Blau“, Seite 91 bzw. die Erläuterungen auf Seite 22). Sehr empfindliche Reaktion!

Praxis: Der gewaschene und getrocknete Nd. wird auf einer Magnesiarinne mit 1 Tr. einer sehr verd. $Co(NO_3)_2$-Lsg. befeuchtet und in der oxidierenden Flamme geglüht ⟶ *Rinmans Grün.* Führt man die Reaktion mit dem unter NW 4 (folgende Seite) beschriebenen Nd. durch, so ist sie für Zn spezifisch!

Störung:
- Bei Verwendung einer zu konzentrierten $Co(NO_3)_2$-Lsg. entsteht schwarzes Co_3O_4, das Rinmans Grün überdeckt.
- Alle gefärbten Schwermetalloxide (vgl. Tab. 2.7, Seite 23).

Achtung: Wird der unter NW 4 (folgende Seite) beschriebene Nd. verwendet, so muß unbedingt beachtet werden, daß beim Glühen *giftiges* HCN entweicht!

3. NW als Dithizonat-Komplex

Die Durchführung des NW verläuft wie beim Blei beschrieben (NW 4, Seite 42). In neutraler, alkalischer oder essigsaurer Lösung erfolgt die Bildung eines *purpurroten* Komplexes, der mit gleicher Farbe in $CHCl_3$ löslich ist.

Praxis: Die Probelösung wird mit einigen Tr. H_2O_2 gekocht und mit verd. NaOH im ÜS versetzt. Gegebenenfalls gebildete Niederschläge trennt man ab und schüttelt die klare Lösung mit einigen Tr. frischer Reagenzlösung ⟶ *roter* Zn-Chelatkomplex.

Reagenz: $^1/_2$ Mikrospatel Dithizon oder Dithizon/KCl-Verreibung wird in ca. $^1/_2$ ml $CHCl_3$ gelöst (⟶ Blindprobe!).

Störung:
- Cu^{2+}, Hg^{2+}, $Hg_2{}^{2+}$ und Pb^{2+} müssen vorher abgetrennt werden.
- Andere Schwermetalle bilden ähnlich gefärbte Komplexe ⟶ NW ist aber (bei Abwesenheit von Pb^{2+}) trotz der geringen Empfindlichkeit in alkalischer Lösung eindeutig, da die entsprechenden Schwermetallhydroxide ausfallen. *Alternativ* dazu kann der NW auch aus dem Zentrifugat eines alkalischen Auszugs durchgeführt werden, wenn man Pb^{2+} bei einem pH-Wert von ca. 2 als PbS abtrennt und anschließend nach obiger Vorschrift verfährt.

4. NW als $Zn_3[Fe(CN)_6]_2$

$$3\,Zn^{2+} + 2\,[Fe(CN)_6]^{3-} \longrightarrow \underset{\text{braungelb}}{Zn_3[Fe(CN)_6]_2} \downarrow$$

Mit rotem Blutlaugensalz $K_3[Fe(CN)_6]$ fällt ein *braungelber* Nd., der in verd. Säuren schwerlöslich ist. Dieser Niederschlag ist besonders geeignet für den NW als „Rinmans Grün".

5. NW als $K_2Zn_3[Fe(CN)_6]_2$

$$3\,Zn^{2+} + 2\,K^+ + 2\,[Fe(CN)_6]^{4-} \longrightarrow \underset{\text{weiß}}{K_2Zn_3[Fe(CN)_6]_2} \downarrow$$

Zn^{2+}-Ionen bilden mit gelbem Blutlaugensalz $K_4[Fe(CN)_6]$ in salzsaurer, mit Acetat gepufferter Lösung einen sehr schwerlöslichen, *schmutzig weißen* Niederschlag, der allmählich in der Wärme entsteht.

Praxis: 5 Tr. der gepufferten Lsg. werden auf dem dunklen Teil der TP mit 3 Tr. verd. $K_4[Fe(CN)_6]$-Lsg. versetzt. Es bildet sich *schmutzig weißes* $K_2Zn_3[Fe(CN)_6]_2$, das sich in konz. HCl und in verd. NaOH wieder löst. Auch diese Verbindung eignet sich gut für den NW als „Rinmans Grün"!

Störung: Cd^{2+} und Mn^{2+} (vorher quantitativ abtrennen).

3.4 $(NH_4)_2CO_3$-Gruppe

Zugehörige Kationen	Ca^{2+}, Sr^{2+}, Ba^{2+}

Die Elemente, deren Kationen zur HCl-, H_2S-, Urotropin- und $(NH_4)_2S$-Gruppe gehören, werden unabhängig von ihrer Stellung im Periodensystem allein aufgrund der Löslichkeitsprodukte ihrer Chloride, Sulfide und Hydroxide gefällt. Nach deren Abtrennung verbleiben die Kationen der Alkali- und Erdalkalielemente in Lösung. Diese zeigen ein ausgeprägtes Gruppenverhalten und unterscheiden sich nur geringfügig in ihrem chemischen Verhalten.

Die Erdalkaliionen Ca^{2+}, Sr^{2+} und Ba^{2+} können in ammoniakalischer Lösung als relativ schwerlösliche Carbonate gefällt werden. Magnesium weicht aufgrund der „Schrägbeziehung im Periodensystem“ in verschiedener Hinsicht von den schwereren Erdalkalielementen ab und wird zusammen mit Natrium, Kalium und Ammonium im Rahmen der „Löslichen Gruppe“ behandelt (s. Seite 119ff.).

3.4.1 Schrägbeziehung im PSE

Bekanntlich steigt die Elektronegativität innerhalb einer Periode *von links nach rechts* (Fluor ist das elektronegativste Element!) und innerhalb einer Gruppe *von unten nach oben*. Das liegt (unter anderem) an zwei Effekten:

1. Die Kernladung (bzw. die Ladung der Metallionen, +1 in der ersten Hauptgruppe, +2 in der zweiten Hauptgruppe etc.) nimmt innerhalb einer Periode zu. Die Anziehung auf die Elektronen wächst also *von links nach rechts*.[54]
2. Innerhalb einer Gruppe nimmt der Atom- bzw. Ionenradius *von oben nach unten* kontinuierlich zu (neu hinzukommende Schalen!). Die Anziehung auf die Elektronen nimmt demnach in gleicher Richtung ab.

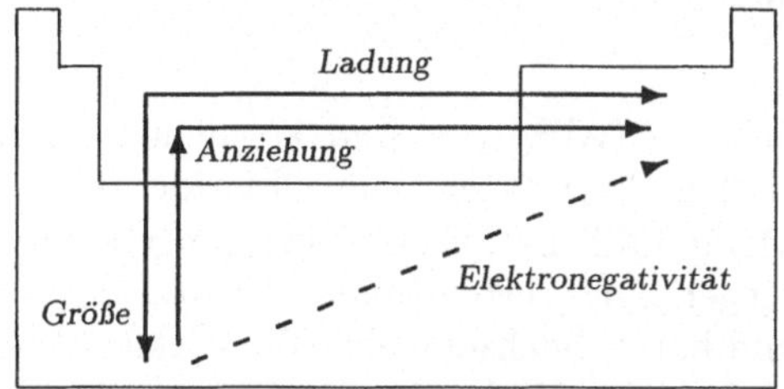

Bild 3.10
Tendenzen im Periodensystem der Elemente.

Da „die Chemie“ der Elemente aber wesentlich vom Verhalten der Valenzelektronen (d. h. den Elektronen der äußersten, nicht vollständig aufgefüllten Schale) geprägt wird, kann man bei leichteren Elementen der vorderen Hauptgruppen einen Effekt beobachten, den man allg. als „Schrägbeziehung im PSE“ bezeichnet.

Immer dann, wenn die Zunahme des Radius' von Periode zu Periode von der Zunahme der Ionenladung in etwa kompensiert wird, beobachtet man eine große chemische Ähnlichkeit zweier Elemente.[55] Oder anders ausgedrückt: Die Schrägbeziehung im PSE bewirkt, daß die ersten Elemente der Hauptgruppen nicht den zweiten Elementen der gleichen Hauptgruppe, sondern den zweiten Elementen der jeweils nachfolgenden Hauptgruppe chemisch sehr ähnlich sind – und umgekehrt. Aus Gründen der Schrägbeziehung wird beispielsweise Beryllium in der Urotropin-Gruppe (wie Al) nachgewiesen, und nicht – wie eigentlich zu erwarten wäre – in der $(NH_4)_2CO_3$-Gruppe. Weitere Beispiele:

[54] Gleichzeitig werden die Atome bzw. Ionen innerhalb einer Periode durch die wachsende Anziehung der Elektronen *von links nach rechts* stetig kleiner. [55] Beispiel: r_{ion} von Be^{2+} ist 35 pm, r_{ion} von Al^{3+} ist 53 pm.

Ia	IIa	IIIa	IVa
Li	Be	B	C
⇘	⇘	⇘	
Na	Mg	Al	Si

Bild 3.11
Schrägbeziehung im Periodensystem.

1. Lithium/Magnesium

Das Verhältnis (Ladung : Radius) von Li^+ (1 : 0.6 = 1.7) ist sowohl dem von Mg^{2+} (2 : 0.65 = 3.1) als auch dem von Na^+ (1 : 0.95 = 1.0) vergleichbar. Insofern ist diese Schrägbeziehung nicht so stark ausgeprägt wie die von Be/Al bzw. B/Si.

Beide Elemente bilden beim Verbrennen an der Luft „normale" Oxide (Li_2O, MgO), während Na das Peroxid Na_2O_2 bildet. Li_2CO_3 ist zum Unterschied vom homologen Na_2CO_3 und in Analogie zum $MgCO_3$ – unter CO_2-Abgabe – thermisch relativ leicht in das Oxid überführbar. Entsprechende Unterschiede in den thermischen Stabilitäten bestehen auch bei den Nitraten, Hydroxiden und Hydrogensulfiden.

Beide Elemente bilden mit Stickstoff Nitride (Li_3N, Mg_3N_2) – Natrium reagiert nicht analog. Ferner besteht Analogie bei der Löslichkeit verschiedener Salze (die Carbonate und Phosphate beider Elemente sind schwer löslich, während sowohl Na_2CO_3, als auch Na_3PO_4 löslich sind).

2. Beryllium/Aluminium[56]

Die Hydride beider Elemente – $(BeH_2)_x$, $(AlH_3)_x$ – sind kovalente, polymere Stoffe; MgH_2 besitzt hingegen ionischen Charakter. Die Chloride $BeCl_2$ und $AlCl_3$ sind sublimierbare, hydrolyseempfindliche „Elektronenmangelverbindungen" (Lewis-Säuren); $MgCl_2$ ist hingegen eine Verbindung mit salzartigem Charakter. Die Oxide BeO und Al_2O_3 sind harte, hochschmelzende, kovalente Oxide; MgO ist dagegen ionisch (NaCl-Struktur). Die Hydroxide $Be(OH)_2$ und $Al(OH)_3$ sind amphoter und bilden im Gegensatz zu $Mg(OH)_2$ mit CO_2 keine stabilen Carbonate.

Beide Metalle sind durch die Ausbildung einer Oxidschicht leicht passivierbar und kommen in ihren Verbindungen sowohl anionisch als auch kationisch vor. Mg ist dagegen unedler und kommt in seinen Verbindungen nur kationisch vor.

3. Bor/Silicium[57]

Es gibt eine große Vielfalt von flüchtigen, oxidationsempfindlichen, niedermolekularen Hydriden (Borane und Silane); $(AlH_3)_x$ ist polymer und gleichzeitig das einzige Hydrid des Aluminiums. Die Hydroxide $B(OH)_3$ und $Si(OH)_4$ kondensieren leicht zu höhermolekularen Säuren (nur in Basen löslich); $Al(OH)_3$ neigt hingegen kaum zur Kondensation und ist überdies amphoter. Die Chloride BCl_3 und $SiCl_4$ sind flüssig, monomer und leicht hydrolysierbar; $AlCl_3$ ist hingegen fest und schwer hydrolysierbar. Bor und Silicium sind harte, schlecht leitende, hochschmelzende Elemente; Aluminium ist ein duktiles, gut leitendes Metall.

[56] Verhältnis (Ladung : Radius) von Be^{2+} (2 : 0.35 = 5.7) und Al^{3+} (3 : 0.53 = 5.6). [57] Verhältnis (Ladung : Radius) von B^{3+} (3 : 0.20 = 15) und Si^{4+} (4 : 0.41 = 10).

3.4.2 Trennungsgang der $(NH_4)_2CO_3$-Gruppe

Die Löslichkeitsverhältnisse der Erdalkalisalze bilden die Grundlage der folgenden Trennungsgänge. Während die Nitrate und Chloride in Wasser leicht löslich sind, finden sich deutliche Abstufungen bei den Sulfaten, Chromaten und Fluoriden. Die Carbonate und Phosphate sind durchweg schwer löslich.

Genauer betrachtet nimmt die Löslichkeit der Sulfate und Chromate mit steigendem Atomgewicht ab; während sich die Hydroxide, Phosphate und Fluoride gerade umgekehrt verhalten. Die Magnesiumsalze nehmen aufgrund der „Schrägbeziehung" eine Sonderstellung ein. Ihre Löslichkeit liegt im allgemeinen deutlich höher als die der Salze schwererer Erdalkalielemente. Die Erdalkalicarbonate (außer Mg^{2+}) zeigen dagegen keine signifikanten Abstufungen, weshalb sich deren Fällung zur Trennung von Ca^{2+}, Sr^{2+} und Ba^{2+} besonders gut eignet.

In der Praxis fällt man $CaCO_3$, $SrCO_3$ und $BaCO_3$ in ammoniakalischer Lösung mit einer kalt gesättigten $(NH_4)_2CO_3$-Lsg., die im Überschuß zugegeben wird. Da die Löslichkeitsprodukte der Erdalkalicarbonate verhältnismäßig groß sind, darf das Zentrifugat der vorhergehenden Gruppen *nicht zu verdünnt* sein. Außerdem sollte der Gehalt an Fremdionen (besonders NH_4^+-Ionen) *möglichst gering* sein, da andernfalls keine quantitative Fällung der Carbonate zu erreichen ist.[58]

Die anwesenden Ammoniumsalze (aus vorhergehenden Neutralisiationsreaktionen) werden daher zunächst durch Abrauchen mit HNO_3 vollständig entfernt. Anschließend setzt man der Lösung durch Zugabe von $(NH_4)_2CO_3$ wieder eine definierte Menge an NH_4^+-Ionen zu, da diese in zweierlei Hinsicht die Fällung von $Mg(OH)_2$ verhindern:

- Einerseits werden ammoniakalische Lösungen durch Zusatz von NH_4^+ gepuffert, wodurch die Fällung von $Mg(OH)_2$ unterbunden wird (pH-Wert!).
- Andererseits bildet Mg^{2+} in geringem Maß mit NH_3 *lösliche* Komplexe (z. B. $[Mg(H_2O)_5NH_3]^{2+}$).

Durchführung: Bei einer *Gruppenanalyse* löst man die Ursubstanz (sofern möglich) in H_2O oder in HCl, engt auf ein geringes Volumen ein und fällt mit konz. $(NH_4)_2CO_3$-Lösung die Carbonate aus. Falls schwerlösliche Erdalkalisulfate zugegen sind, mussen diese zuvor durch eine Na_2CO_3/K_2CO_3-Schmelze (Soda/Pottasche-Aufschluß, Seite 236) in leichtlösliche Carbonate überführt werden.

Bei *Vollanalysen* befreit man das Zentrifugat der $(NH_4)_2S$-Gruppe zunächst von überschüssigem H_2S bzw. NH_4^+, indem man nach Zugabe von 5 Tr. konz. HCl und 10 Tr. konz. HNO_3 zur Trockne eindampft (dabei wird noch vorhandenes NH_4^+ größtenteils zu N_2/N_2O oxidiert) und daraufhin das Sublimat, das sich an den Wänden der Porzellanschale gebildet hat, durch direktes Erhitzen restlos entfernt.

---

[58] Vor allem $CaCO_3$ fällt in Anwesenheit großer Mengen an NH_4^+-Salzen nicht quantitativ und kann daher später die Nachweise auf Mg^{2+} stören.

E Trennung von Ba^{2+}, Sr^{2+} und Ca^{2+} (Chromat-Sulfat-Verfahren)

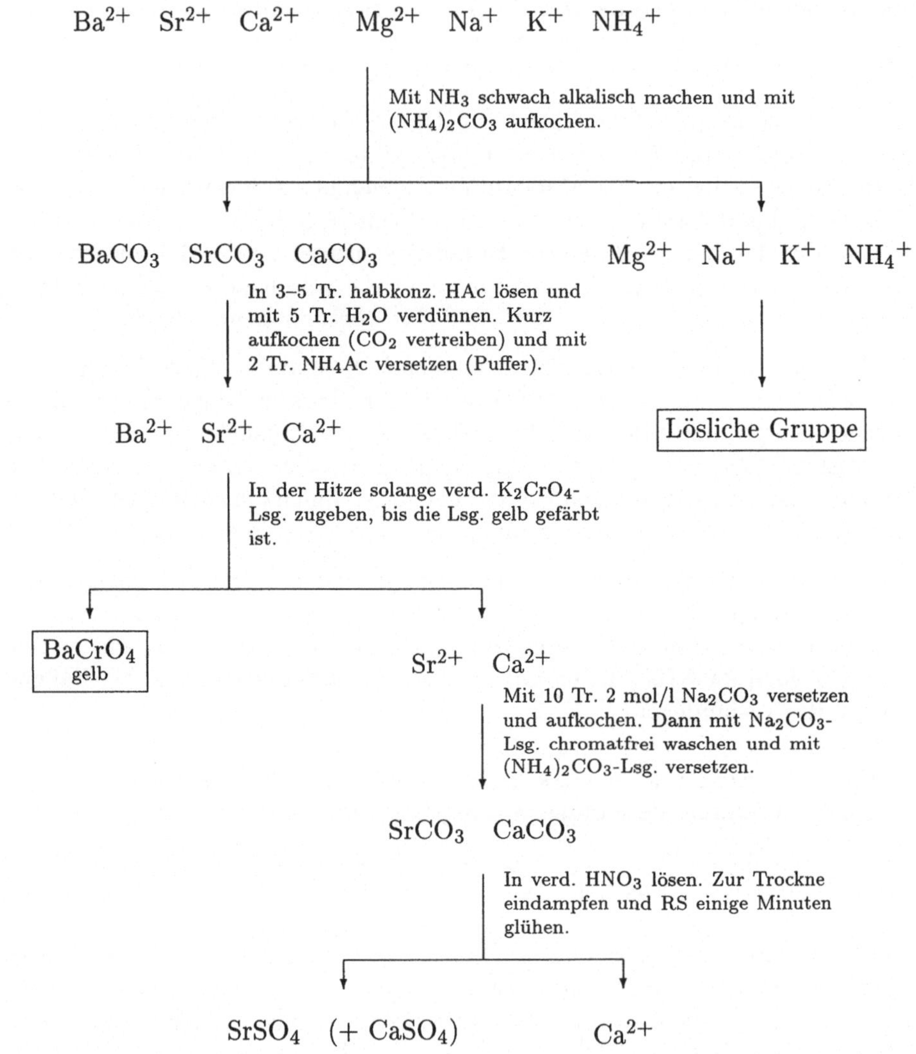

Ba^{2+} Sr^{2+} Ca^{2+} Mg^{2+} Na^{+} K^{+} NH_4^{+}

Mit NH_3 schwach alkalisch machen und mit $(NH_4)_2CO_3$ aufkochen.

$BaCO_3$ $SrCO_3$ $CaCO_3$ | Mg^{2+} Na^{+} K^{+} NH_4^{+} → **Lösliche Gruppe**

In 3–5 Tr. halbkonz. HAc lösen und mit 5 Tr. H_2O verdünnen. Kurz aufkochen (CO_2 vertreiben) und mit 2 Tr. NH_4Ac versetzen (Puffer).

Ba^{2+} Sr^{2+} Ca^{2+}

In der Hitze solange verd. K_2CrO_4-Lsg. zugeben, bis die Lsg. gelb gefärbt ist.

$BaCrO_4$ gelb | Sr^{2+} Ca^{2+}

Mit 10 Tr. 2 mol/l Na_2CO_3 versetzen und aufkochen. Dann mit Na_2CO_3-Lsg. chromatfrei waschen und mit $(NH_4)_2CO_3$-Lsg. versetzen.

$SrCO_3$ $CaCO_3$

In verd. HNO_3 lösen. Zur Trockne eindampfen und RS einige Minuten glühen.

$SrSO_4$ (+ $CaSO_4$) | Ca^{2+}

Der erkaltete Rückstand wird in wenig halbkonz. HCl gelöst und anschließend mit einigen Tr. konz. NH_3 bis zur schwach alkalischen Reaktion versetzt. Darauf fällt man die Carbonate aus warmer Lösung durch Zusatz von 5–10 Tr. 2.5 mol/l $(NH_4)_2CO_3$-Lösung. Es empfiehlt sich, die Niederschläge durch Umfällen von Verunreinigungen zu befreien. Man löst sie dazu in verd. HCl, fällt erneut und wäscht die dabei erhaltenen Niederschläge mit einer Lösung aus 1 ml 2.5 mol/l $(NH_4)_2CO_3$-Lösung, 1 Tr. 5 mol/l NH_3 und 1 Tr. 5 mol/l NH_4Cl.[59]

[59] *Wichtig:* Wegen der relativ hohen Löslichkeit der Carbonate in Wasser, sollten die Niederschläge nie mit *reinem Wasser* gewaschen werden.

Eine quantitative Trennung von Sr^{2+} und Ca^{2+} ist nach den gängigen Methoden nahezu *nicht* zu erreichen. Man untersucht daher die Sr^{2+}- und Ca^{2+}-haltige Lösung (Schema E) zur einen Hälfte spektralanalytisch und zur anderen Hälfte mikrochemisch:

Ca^{2+} als $CaSO_4 \cdot 2\,H_2O$ (NW 3, Seite 115)

Sr^{2+} als $Sr(IO_3)_2 \cdot 6\,H_2O$ (NW 1, Seite 116)

Grundsätzlich besteht auch die Möglichkeit, $CaCO_3$, $SrCO_3$ und $BaCO_3$ nach dem sog. „Ether-Ethanol-Verfahren" zu trennen, dem die unterschiedliche Löslichkeit der Erdalkalinitrate und -chloride in einem Ether-Ethanol-Gemisch zugrunde liegt. Da dieses Verfahren in der Praxis nur sehr selten angewendet wird und – wegen der hohen Brand- bzw. Verpuffungsgefahr von Ether und Ethanol – auch mit einigen Risiken behaftet ist, wird im Rahmen dieses Buches nicht näher darauf eingegangen.

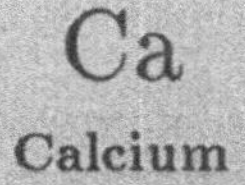

Calcium, Ca

M	Smp.	Sdp.	ρ [g/cm³]	EN	Oxidationsstufen	e⁻-Konfiguration
40.08	838 °C	1490 °C	1.55	1.00	+2	$[Ar]\,4s^2$

Standardpotential(e)

$Ca^{2+} + 2e^- \rightleftharpoons Ca. \quad E^0 = -2.87$ V

Vorkommen/Mineralien

Calcium ist das fünfthäufigste Element der Erdkruste. Mineralisch findet es sich hauptsächlich in Form von *Carbonaten* (als Calcit $CaCO_3$ (Kalkspat, Kalkstein, Marmor, Kreide) oder als Dolomit $CaCO_3 \cdot MgCO_3$), *Sulfaten* (Gips $CaSO_4 \cdot 2\,H_2O$ und sein Anhydrit $CaSO_4$), *Fluoriden* (Flußspat (Fluorit)CaF_2), *Silicaten* (Kalkfeldspat (Anorthit) $CaAl_2Si_2O_8$ und viele andere) und *Phosphaten* (Apatit[60] $Ca_5[(PO_4)_3F, Cl]$).

Herstellung: Durch Schmelzelektrolyse von $CaCl_2$ in Gegenwart von CaF_2 und KCl bei 850 °C an Eisenkathoden.

Verwendung: Als Legierungsbestandteil findet Calcium vorwiegend in Bleilegierungen (Bahnlagermetall) Verwendung. Ferner wird es bei der Edelgasgewinnung als Absorptionsmittel für Sauerstoff, Stickstoff und Wasserstoff (Gasreinigung) und bei der Herstellung von „Sondermetallen" (Vanadium, Zirconium, Uran, Thorium, Lanthanoidmetalle) als Reduktionsmittel genutzt.

[60] Hydroxylapatit $Ca_5[(PO_4)_3OH]$ ist der Hauptbestandteil der anorganischen Knochensubstanz!

Von den Calciumverbindungen findet Flußspat CaF_2 Verwendung bei der Flußsäuredarstellung (s. Seite 147) und Calciumcarbid CaC_2 bei der Darstellung von Acetylen und Kalkstickstoff $CaCN_2$ (Düngemittel). Ferner benutzt man $CaCl_2$ als Trockenmittel, Chlorkalk $CaOCl_2$ als Desinfektionsmittel, Superphosphat als Düngemittel und Kalkstein $CaCO_3/CaO$, gebrannten Gips $CaSO_4 \cdot {}^1\!/_2\, H_2O$ und Calciumsilicate und -aluminate als wichtige Baumaterialien (Mörtel, Zement). $Ca(OH)_2$ (gelöschter Kalk) ist die billigste technische Base für die chemische Industrie.

Eigenschaften: Calcium ist ein silberweißes, glänzendes Leichtmetall, das etwa so weich wie Blei ist und sowohl ein kubisch-dichtestes, als auch ein hexagonal-dichtestes Metallgitter ausbildet. An der Luft läuft Calcium infolge Bildung von Hydroxid und Carbonat schnell an. Es verbrennt beim Erhitzen mit *hellroter* Flamme, wobei sich fein verteiltes Calcium von selbst entzünden kann! Calcium ist sehr reaktionsfreudig, reagiert mit Wasser unter Freisetzung von Wasserstoff und kommt in der Natur niemals gediegen vor.

Vorproben auf Calcium

1. Flammenfärbung (ziegelrot)

2. Spektralanalyse

Im Spektroskop finden sich *rote* (622.0 nm) und *grüne* (553.3 nm) Linien, die die Na-Linie in etwa gleichem Abstand umgeben („Ampelspektrum").

Nachweis von Calcium

1. NW als $Ca(NH_4)_2[Fe^{II}(CN)_6]$

$$Ca^{2+} + 2\,NH_4{}^+ + [Fe(CN)_6]^{4-} \longrightarrow \underset{\text{weiß}}{Ca(NH_4)_2[Fe(CN)_6]} \downarrow$$

Bei Raumtemperatur bilden Calciumionen in Gegenwart von NH_4Cl mit einer konz. Lösung von gelbem Blutlaugensalz $K_4[Fe(CN)_6]$ einen *weißen* Niederschlag. Die Fällung erfolgt in neutraler oder in schwach ammoniakalischer Lösung. Ba^{2+} und Sr^{2+} stören diesen NW nicht.

Störung:
- Beim Erhitzen kann sich der Hexacyanoferrat-Komplex unter Bildung eines ähnlichen Niederschlags zersetzen, der die Anwesenheit von Ca^{2+} vortäuscht.
- Zn^{2+} und Mg^{2+} ergeben eine ähnliche Fällung.
- Bei Anwesenheit von Fe^{3+} kann Grün- oder Blaufärbung auftreten (vgl. auch „Berliner Blau").

2. NW als CaC_2O_4

$$Ca^{2+} + C_2O_4{}^{2-} \longrightarrow \underset{\text{weiß}}{CaC_2O_4} \downarrow$$

Durch Zusatz von $(NH_4)_2C_2O_4$ zu calciumhaltigen Lösungen wird ein *weißer* kristalliner Nd. gefällt, der in HAc schwerlöslich, in starken Säuren jedoch löslich ist. Der NW ist relativ empfindlich (pH-Wert beachten, niemals zu sauer arbeiten).

Praxis: Fällung aus ammoniakalischer oder schwach essigsaurer Lsg. (stärker saure Lösungen werden mit NH_4Ac abgestumpft). Sr^{2+} und Ba^{2+} werden zuvor mit einem ÜS an $(NH_4)_2SO_4$ als schwerlösliche Sulfate abgetrennt.

Störung:
- Sr^{2+} und Ba^{2+} bilden ähnliche Niederschläge.
- F^-, $SO_3{}^{2-}$, $PO_4{}^{3-}$, $[Fe(CN)_6]^{4-}$ ergeben mit Ca^{2+} ebenfalls weiße Niederschläge.

3. NW als $CaSO_4 \cdot 2\,H_2O$

$$Ca^{2+} + SO_4{}^{2-} + 2\,H_2O \longrightarrow CaSO_4 \cdot 2\,H_2O \downarrow$$

Die vorliegende Reaktion verläuft zwar selten quantitativ (als Fällungsreaktion ungeeignet), doch ist die Bildung der farblosen, meist büschelförmig verwachsenen Gipsnadeln ein sehr empfindlicher und charakteristischer Nachweis.

Praxis: Man versetzt auf einem OT 1 Tr. der salzsauren Probelsg. mit 1 Tr. 1%iger H_2SO_4 $\longrightarrow$ beim Einengen bilden sich nach einiger Zeit *farblose,* monokline Stäbchen, die sich zuerst am Rand des Tropfens abzuscheiden beginnen.

Störung:
- Sr^{2+} und Ba^{2+} ergeben ebenfalls kristalline Niederschläge, die jedoch sehr *fein*kristallin anfallen.
- Borat, F^- und $SO_3{}^{2-}$ stören.

Sr
Strontium

Strontium, Sr

M	Smp.	Sdp.	ρ [g/cm^3]	EN	Oxidationsstufen	e^--Konfiguration
87.62	770 °C	1380 °C	2.6	0.95	+2	[Kr] $5s^2$

Standardpotential(e)

$Sr^{2+} + 2e^- \rightleftharpoons Sr.$ $E^0 = -2.89$ V

Vorkommen/Mineralien

Strontium kommt in der Natur vorwiegend als Strontianit $SrCO_3$ oder Cölestin $SrSO_4$ vor.

Herstellung: Durch Schmelzflußelektrolyse von $SrCl_2$ in Gegenwart von KCl (Schmelzpunktserniedrigung).

Verwendung: In der Feuerwerkerei („bengalische Feuer"), zur Glasherstellung für Farbbildröhren und zur Herstellung von Leuchtfarben (SrS).

Eigenschaften: Strontium ist ein silberweißes, leicht verformbares Leichtmetall, dem eine kubisch-raumzentrierte Gitterstruktur zugrunde liegt. An Luft bildet sich bald ein gelbbrauner Überzug (SrO, $SrCO_3$), weshalb Strontium meist unter Toluol aufbewahrt wird. In fein gepulverter Form entzündet es sich spontan. In seinem chemischen Verhalten unterscheidet es sich nur wenig vom homologen Calcium. Während die Löslichkeit seines Sulfats und Chromats geringer ist, steigt die Löslichkeit des Hydroxids, Fluorids, Oxalats und Phosphats gegenüber den entsprechenden Calciumverbindungen. Das Isotop $^{90}_{38}Sr$ ist ein sehr gefährliches Folgeprodukt von Kernexplosionen (Halbwertszeit 28 Jahre; β-Strahler), das anstelle von Ca^{2+} in die menschliche Knochensubstanz inkorporiert wird. Es steht an der 16. Stelle der Elementhäufigkeit.

Vorproben auf Strontium

1. Flammenfärbung (karminrot)

2. Spektralanalyse

Im Spektroskop finden sich mehrere *rote* Linien (600–675 nm). Die charakteristische *blaue* Linie bei 460.7 nm ist jedoch nur selten erkennbar.

Nachweis von Strontium

1. NW als $Sr(IO_3)_2 \cdot 6\,H_2O$

$$Sr^{2+} + 2\,IO_3^- + 6\,H_2O \longrightarrow Sr(IO_3)_2 \cdot 6\,H_2O$$

Bei Zusatz von KIO_3-Lsg. zu einer strontiumhaltigen Lösung kommt es zur Bildung von Kristallnadeln, die oft verwachsen und an den Enden leicht gebogen sind („Integralform").

Praxis: Man dampft auf dem OT 1 Tr. der salzsauren Lsg. ein und nimmt den RS in 1 Tr. H_2O auf. Bei Zusatz von 3–4 Tr. einer kalt gesättigten KIO_3-Lsg. bildet sich aus neutraler Lsg. ein *kristalliner* Niederschlag, der nach kurzem Erwärmen die charakteristische Kristallform zeigt.

Störung: Ba^{2+} und Ca^{2+} bilden ähnliche Kristalle.

2. NW als Rhodizonat

Ba^{2+} und Sr^{2+} (nicht Ca^{2+}!) bilden mit Na-Rhodizonat in neutraler Lösung *rotbraun* gefärbte Niederschläge. Während Sr-Rhodizonat in verd. HCl löslich ist, wird Ba-Rhodizonat unter den gleichen Bedingungen in eine hellrote Verbindung umgewandelt.

Praxis: Auf ein mit K_2CrO_4 getränktes Filterpapier wird 1 Tr. der zu untersuchenden Probelsg. gebracht und dieser Fleck nach ca. 1–2 min mit 2 Tr. Wasser benetzt. Darauf tüpfelt man mit ca. 0.2%iger Na-Rhodizonatlsg. ⟶ *braunrote* Färbung bei Anwesenheit von Sr^{2+}.

Störung: Viele zweiwertige Schwermetallkationen geben ähnliche Niederschläge.

Ba
Barium

Barium, Ba

M	Smp.	Sdp.	ρ [g/cm³]	EN	Oxidationsstufen	e⁻-Konfiguration
137.34	714 °C	1640 °C	3.50	0.89	+2	[Xe] 6s²

Standardpotential(e)

$Ba^{2+} + 2e^- \rightleftharpoons Ba.$ $E^0 = -2.90$ V

Vorkommen/Mineralien

In der Natur kommt Barium vorwiegend als Witherit $BaCO_3$ oder Schwerspat $BaSO_4$ vor.

Herstellung: Die Darstellung auf schmelzelektrolytischem Weg ist problematisch. Daher wird Barium vorwiegend durch Reduktion von BaO mit Silicium (silicothermisch) oder Aluminium (aluminothermisch) im Vakuum bei 1200 °C hergestellt.[61]

Verwendung: Schwerspat wird beim Erschließen von Erdöl- und Erdgasvorkommen zur Erhöhung der Dichte von Bohrflüssigkeiten genutzt. Verschiedene Ba-Verbindungen finden als Farbstoffe (Permanentweiß, Barytgelb, Lithopone), Füllstoffe (Papier- und Kautschukindustrie), Röntgenkontrastmittel ($BaSO_4$) und pyrotechnische Zusätze („Grüne Farben" in der Feuerwerkerei; $Ba(ClO_3)_2$ und $Ba(NO_3)_2$) Verwendung. Schließlich nutzt man $BaCO_3$ zur Herstellung stark lichtbrechender Gläser und BaO zur Fertigung von Glühkathoden und Ferriten.

Eigenschaften: Ba ist ein silberweißes, bleiweiches Metall, dem ein kubisch-raumzentriertes Gitter zugrunde liegt. In Gegenwart von CO_2 läuft das Metall schwarz an; es wird daher unter Luftabschluß aufbewahrt. Brennendes Barium muß mit Sand gelöscht werden. Ba steht an der 14. Stelle der Elementhäufigkeit.

[61] Bei Verwendung von Koks als Reduktionsmittel würde sich Bariumcarbid bilden.

Toxikologie: Lösliche Bariumverbindungen sind im allgemeinen giftig! Die chronische Einatmung von $BaSO_4$-Staub kann zu Staublungenerkrankungen („Barytose") führen.

Verbindung	Gefahrensymbol(e)	R-Sätze	S-Sätze
$Ba(NO_3)_2$	Xn (mindergiftig)	20/22	28
$BaCl_2$	Xn (mindergiftig)	20/22	28.1
$BaCO_3$	Xn (mindergiftig)	20/22	28.1
Ba_3N_2	Xn (mindergiftig)	20/22	28

R20/22 *Gesundheitsschädlich beim Einatmen und Verschlucken.*

Vorproben auf Barium

1. Flammenfärbung (fahlgrün)

Allerdings sind viele Ba-Verbindungen so schwerflüchtig, daß die Flammenfärbung erst nach einiger Zeit und nach mehrfachem Befeuchten mit konz. HCl sichtbar wird.

2. Spektralanalyse

Im Spektroskop findet sich eine Schar *grüner* Linien, von denen diejenigen bei 524.2 nm und 513.9 nm besonders intensiv sind. Sinngemäß gilt auch hier das oben Gesagte: Aufgrund der Schwerflüchtigkeit vieler Ba-Verbindungen zeigen sich die charakteristischen Linien oft erst nach einiger Zeit! Dabei hilft nur Geduld und – falls notwendig – vorheriges Aufschließen der US mit Zn/HCl.

Achtung: Kupfer- und Thalliumsalze geben ähnliche Flammenfärbungen bzw. Spektrallinien.

Nachweis von Barium

1. NW als $BaCrO_4$

$$Ba^{2+} + CrO_4^{2-} \longrightarrow \underset{\text{gelb}}{BaCrO_4} \downarrow$$

$$2\,Ba^{2+} + Cr_2O_7^{2-} + H_2O \rightleftharpoons 2\,BaCrO_4 \downarrow + 2\,H^+$$

$$2\,CrO_4^{2-} + 2\,H^+ \longrightarrow Cr_2O_7^{2-} + H_2O$$

Die Fällung von *gelbem* $BaCrO_4$ kann aufgrund des Chromat/Dichromat-Gleichgewichtes sowohl mit K_2CrO_4 als auch mit $K_2Cr_2O_7$ erfolgen. Jedoch müssen die bei der Fällung mit Dichromat freiwerdenden H^+-Ionen durch Zusatz von NaAc abgepuffert werden. Andernfalls verschiebt sich das Chromat/Dichromat-Gleichgewicht zugunsten des Dichromats und das LP von $BaCrO_4$ wird nicht mehr überschritten. Man fällt in neutralem oder schwach saurem Milieu.

- $BaCrO_4$ ist im Vergleich zu $SrCrO_4$ schwerer löslich. Letzteres fällt deshalb erst in alkalischer Lösung. Diesen Sachverhalt macht man sich bei der Trennung von Sr^{2+} und Ba^{2+} zunutze.
- Neben Sr^{2+}, Ca^{2+} und Mg^{2+} kann Ba^{2+} in schwach essigsaurer Lösung als gelbes $BaCrO_4$ nachgewiesen werden ($\longrightarrow$ hellgelbe Täfelchen oder Würfel). $SrCrO_4$ $\longrightarrow$ nadelförmig.

Praxis: In einem kleinen RG wird die essigsaure Lsg. mit 2 Tr. verd. NaAc-Lsg. gepuffert und in der Wärme solange mit verd. K_2CrO_4-Lsg. versetzt, bis die Lösung durch einen ÜS an $CrO_4{}^{2-}$-Ionen *gelb* gefärbt ist. Das ausgefällte $BaCrO_4$ wird abgetrennt und das Zentrifugat durch Zusatz von einem weiteren Tr. NH_4Ac-Lsg. auf Vollständigkeit der Fällung geprüft. Der $BaCrO_4$-Niederschlag wird mit H_2O gewaschen und unter dem Mikroskop auf seine Kristallform hin untersucht.

2. NW als Rhodizonat

Vgl. den analogen Strontium-NW auf Seite 117! Ba-Rhodizonat (rotbraun) löst sich jedoch im Gegensatz zu Sr-Rhodizonat nicht in verd. HCl, sondern wandelt sich in einen schwerlöslichen, *hellroten* Niederschlag um.

Praxis: Auf ein Stück Filterpapier wird 1 Tr. der zu untersuchenden, neutralen Probelsg. gebracht und dieser Fleck mit ca. 0.2%iger Na-Rhodizonatlsg. getüpfelt $\longrightarrow$ *braunroter* Fleck in Gegenwart von Ba^{2+}, der durch Versetzen mit verd. HCl intensiv *rot* wird.

3.5 Lösliche Gruppe

Zugchörigc Kationcn	Na^+, K^+, Mg^{2+}, $NH_4{}^+$

Die „Lösliche Gruppe“ umfaßt diejenigen Elemente, die unter den gewählten Bedingung mit allen zuvor benutzten Fällungsmitteln keine isolierbaren Niederschläge bilden. Ihre Identifizierung erfolgt – unter Ausnahme von $NH_4{}^+$ – aus dem Zentrifugat der $(NH_4)_2CO_3$-Gruppe.

Liegen *nur* Kationen der löslichen Gruppe vor, so können diese aus einem wäßrigen oder sauren Auszug (Mineral- oder Essigsäure) der US nachgewiesen werden. Bei Vollanalysen erfolgt zunächst die Abtrennung von Mg^{2+} als Oxinat. Na^+ und K^+ werden dann (nach dem Abrauchen von $NH_4{}^+$) nebeneinander nachgewiesen.

Na
Natrium

Natrium, Na

M	Smp.	Sdp.	ρ [g/cm^3]	EN	Oxidationsstufen	e^--Konfiguration
22.99	98 °C	892 °C	0.97	0.93	+1	[Ne] $3s^1$

Standardpotential(e)

$Na^+ + e^- \rightleftharpoons Na.$ $E^0 = -2.714$ V

Vorkommen/Mineralien

Die häufigsten Natrium-Mineralien sind Steinsalz (Halit) NaCl, Natronfeldspat (Albit) $Na[AlSi_3O_8]$, Kalk-Natron-Feldspat $Na[AlSi_3O_8]/Ca[Al_2Si_2O_8]$, Chilesalpeter $NaNO_3$, Borax (Tinkal) $Na_2B_4O_7 \cdot 10\,H_2O$, Kryolith $Na_3[AlF_6]$, Soda $Na_2CO_3 \cdot 10\,H_2O$ und Glaubersalz $Na_2SO_4 \cdot 10\,H_2O$.

Herstellung: Schmelzflußelektrolyse von NaCl unter Zusatz von $CaCl_2$ und $BaCl_2$ (Schmelzpunktserniedrigung).

Verwendung: Natrium findet Verwendung in der Beleuchtungstechnik (Natriumdampflampen), als Kühlmittel in Kernreaktoren, als Reduktionsmittel in der organische Chemie und bei der Darstellung wichtiger Grundchemikalien (NaOH, Na_2O_2, $NaNH_2$, NaCN etc.). Außerdem wird es als Trockenmittel für Ether und andere halogenfreie Lösungsmittel genutzt.

Eigenschaften: Natrium ist ein silberweißes, weiches (mit dem Messer schneidbares) und paramagnetisches Metall, dem eine kubische Gitterstruktur zugrunde liegt. Natrium läuft an der Luft unter Bildung von NaOH und Na_2CO_3 rasch an, weshalb man es gewöhnlich unter Petroleum aufbewahrt. Es reagiert mit Wasser heftig unter Bildung von Natronlauge und Wasserstoff, weshalb brennendes Natrium mit Sand zu löschen ist. In Chlor verbrennt es unter blendend heller Lichterscheinung.

Bei Raumtemperatur ist Natrium (hinsichtlich seiner spezifischen Dichte) nach Lithium und Kalium das drittleichteste aller festen Elemente. Seine elektrische und thermische Leitfähigkeit beträgt ca. 40% der Leitfähigkeit von Kupfer. Es steht an der 7. Stelle der Elementhäufigkeit. Na^+ ist ein außerordentlich wichtiger Bestandteil der extrazellulären Räume vieler Lebewesen („Kalium-Natrium-Pumpe").

Einige Natriumverbindungen sind gemäß der gängigen Klassifizierung gesundheitsschädlich. Es ist jedoch darauf hinzuweisen, daß diese Schädlichkeit in der Regel *nicht* durch Na^+, sondern vielmehr durch das jeweilige Anion bedingt wird.

Verbindung	Gefahrensymbol(e)	R-Sätze	S-Sätze
$NaClO_3$	Xn (mindergiftig) O (brandfördernd)	9–20/22	2–13–16–27
NaF	T (giftig)	23/24/25	1/2–26–44
$NaNO_2$	T (giftig) O (brandfördernd)	8–25	44
$Na_2[FeNO(CN)_5] \cdot 2\,H_2O$	T (giftig)	25	44

R8 *Feuergefahr bei Berührung mit brennbaren Stoffen.* R9 *Explosionsgefahr bei Mischung mit brennbaren Stoffen.* R20/22 *Gesundheitsschädlich beim Einatmen und Verschlucken.* R23/24/25 *Giftig beim Einatmen, Verschlucken und Berührung mit der Haut.* R25 *Giftig beim Verschlucken.*

Vorproben auf Natrium

1. Flammenfärbung (gelb)

Da Natrium in fast allen Substanzen als Verunreinigung enthalten ist, ist die Vorprobe erst nach *längerem* Aufleuchten (~ 30 Sek.) der gelben Flamme positiv. Magnesiastäbchen sind für die Probe ungeeignet! Man benutzt stattdessen besser einen sorgfältig ausgeglühten Pt-Draht.

2. Spektralanalyse

Charakteristische gelbe Na-Linie bei 589 nm.

Nachweis von Natrium

1. NW als Natriumhexahydroxoantimonat

Im Gegensatz zum analogen Komplex des Kaliums ist Natriumhexahydroxoantimonat verhältnismäßig schwerlöslich. Man kann daher mit einer $K[Sb(OH)_6]$-Lösung aus neutraler oder schwach alkalischer Lösung *weißes, grob kristallines* $Na[Sb(OH)_6]$ fällen! In stark saurer Lösung zerfällt der Komplex unter Abscheidung von Antimonsäure. Bei Anwesenheit von Ammoniumsalzen muß die Lösung vor dem NW abgeraucht werden, da Ammoniumionen ebenfalls eine Fällung von Sb_2O_5 bewirken.

Störung: Zahlreiche Metallkationen stören (fast alle außer K^+). Mit Mg^{2+} bildet sich meist ein *amorpher* Niederschlag, mit Li^+ bildet sich ebenfalls ein *kristalliner* Nd. ($Li[Sb(OH)_6]$).

Reagenz: 1 g $K[Sb(OH)_6]$ wird mit 20 ml verd. KOH und 2–3 ml 3%igem H_2O_2 aufgekocht und die Lösung anschließend von unlöslichen Bestandteilen getrennt. Das klare Zentrifugat ist längere Zeit haltbar.

2. NW als $NaMg(UO_2)_3(Ac)_9 \cdot 9\,H_2O$

In neutraler oder schwach essigsaurer Lsg. bildet Na^+ mit Magnesiumuranylacetat *schwach gelbe* Oktaeder oder Dodekaeder mit meist abgerundeten Ecken.

Praxis: Ein Tr. Probelsg. wird auf dem OT mit einem Tr. Reagenzlsg. versetzt. In der Kälte bildet sich der *gelbe* Uranylacetat-Niederschlag.

Störung:
- Na^+ muß in größerer Konzentration vorliegen.
- Li^+ und K^+ bilden feine, büschelartig verwachsene Kristalle.
- Außerdem stören Ag^+, Hg_2^{2+}, Sb^{3+}, PO_4^{3-} und AsO_4^{3-}.

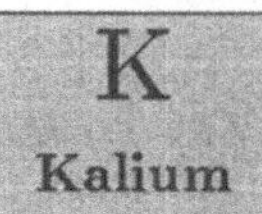

Kalium, K

M	Smp.	Sdp.	ρ [g/cm³]	EN	Oxidationsstufen	e⁻-Konfiguration
39.10	64 °C	760 °C	0.86	0.82	+1	[Ar] $4s^1$

Standardpotential(e)

$K^+ + e^- \rightleftharpoons K.\quad E^0 = -2.925$ V

Vorkommen/Mineralien

Wichtige Kaliummineralien sind Kalifeldspat (Orthoklas) $K[AlSi_3O_8]$, Muskovit und Phlogopit $KMg_3(OH,F)_2[AlSi_3O_{10}]$, Carnallit $KCl \cdot MgCl_2 \cdot 6\,H_2O$, Kainit $KMgCl(SO_4) \cdot 3\,H_2O$ und Sylvin KCl.

Herstellung: Kalium wurde früher aus Holzasche gewonnen. Darin enthaltenes K_2CO_3 wurde in einem „Pott“ mit H_2O ausgelaugt und die Lösung dann eingedampft.[62] Heute erfolgt die Gewinnung vorwiegend durch Aufarbeitung von Abraumsalzen aus NaCl-Lagerstätten, indem die Kaliumsalze auf elektrostatischem Weg von Na-Salzen getrennt werden (z. B. Verfahren der Kali & Salz AG), mittels Schmelzflußelektrolyse von KOH (Ätzkali) oder durch Erhitzen von KF mit CaC_2.

Verwendung: Elementares Kalium kann mit Natrium zu Na-K-Legierung verschmolzen werden (Reduktionsmittel in der Synthesechemie). Kaliumsalze sind wichtige Bestandteile von Düngemitteln. KOH kann zur Herstellung von Schmierseife und Farbstoffen sowie als Elektrolyt in Ni-Cd-Akkumulatoren verwendet werden. KNO_3 ist Bestandteil von Schwarzpulver und Zündsätzen (Pyrotechnik). K_2CO_3 wird zur Herstellung von Kaligläsern und photographischen Entwicklern genutzt.

[62] Daher der Name „Pottasche“ für K_2CO_3. Kalium wird im Englischen als „potassium“ bezeichnet.

Eigenschaften: Kalium ist ein silberweiß-glänzendes, wachsweiches und paramagnetisches Metall mit kubisch zentrierter Gitterstruktur. Bei Raumtemperatur ist es (hinsichtlich seiner spezifischen Dichte) nach Lithium das zweitleichteste aller festen Elemente. Kalium ist sehr reaktiv (reaktiver als Na) und feuergefährlich (bei Bränden nur Trockenlöscher benutzen), weshalb beim Umgang mit Kalium generell äußerste Vorsicht geboten ist! Kalium ist eines der stärksten Reduktionsmittel. Es steht an der 8. Stelle der Elementhäufigkeit.

Bei der Reizleitung in Nervenfasern spielen K^+-Ionen eine wichtige Rolle: Ihre Konzentration im Inneren (K_1) der Nervenfaser ist etwa 40 mal größer als außerhalb (K_2). Dieser Konzentrationsunterschied führt zu einem Ruhe-Membranpotential von $U = 58 \cdot \log\frac{K_1}{K_2}$ [mV]. Die erregte Membran wird für die Dauer von wenigen ms selektiv permeabel für K^+. Durch den K^+-Strom resultiert ein Aktionspotential von ca. 100 mV.

Verbindung	Gefahrensymbol(e)	R-Sätze	S-Sätze
$KClO_3$	Xn (mindergiftig) O (brandfördernd)	9–20/22	2–13–16–27
$KClO_4$	Xn (mindergiftig) O (brandfördernd)	9–22	2–13–22–27
KF	T (giftig)	23/24/25	1/2–26–44
$KMnO_4$	Xn (mindergiftig) O (brandfördernd)	8–22	2
KNO_2	T (giftig) O (brandfördernd)	8–25	44
KSCN	Xn (mindergiftig)	20/21/22–32	2–13
K_2CrO_4	Xi (reizend)	36/37/38–43	22–28

R8 *Feuergefahr bei Berührung mit brennbaren Stoffen.* R9 *Explosionsgefahr bei Mischung mit brennbaren Stoffen.* R20/21/22 *Gesundheitsschädlich beim Einatmen, Verschlucken und Berührung mit der Haut.* R20/22 *Gesundheitsschädlich beim Einatmen und Verschlucken.* R22 *Gesundheitsschädlich beim Verschlucken.* R23/24/25 *Giftig beim Einatmen, Verschlucken und Berührung mit der Haut.* R25 *Giftig beim Verschlucken.* R32 *Entwickelt bei Berührung mit Säure sehr giftige Gase.* R36 *Reizt die Augen.* R36/37/38 *Reizt die Augen, Atmungsorgane und die Haut.* R43 *Sensibilisierung durch Hautkontakt möglich.*

Vorproben auf Kalium

1. Flammenfärbung (blauviolett)

Kann von viel Na überdeckt werden. Ein Co- oder Neophanglas absorbiert jedoch die gelbe Na-Flamme und rötliches K-Licht strahlt durch (Blindprobe!).

2. Spektralanalyse

Im Spekroskop beobachtet man ein rote, relativ weit links (768.2 nm) liegende Linie sowie ein violette Linie (404.4 nm), die je nach Güte des Spektroskops nicht immer zu sehen ist.

Nachweis von Kalium

1. NW als $K_2Na[Co(NO_2)_6]$

Der Nachweis als Kaliumnatriumhexanitrocobaltat(III), der analog der entsprechenden Reaktion beim Cobalt (NW 3, Seite 102) durchgeführt wird, ist für den HM-Maßstab gut geeignet!

$$2\,K^+ + Na^+ + [Co(NO_2)_6]^{3-} \longrightarrow K_2Na[Co(NO_2)_6]$$

Die Probelösung muß neutral oder schwach essigsauer und möglichst konzentriert sein. Sofern die Lsg. chloridfrei ist, kann die Empfindlichkeit durch Zusatz einiger Tr. $AgNO_3$ noch gesteigert werden. Der entstehende Niederschlag, der dann aus $K_2Ag[Co(NO_2)_6]$ oder $KAg_2[Co(NO_2)_6]$ besteht, ist schwerer löslich als $K_2Na[Co(NO_2)_6]$.

Praxis: 3 Tr. der möglichst neutralen Probelsg. werden auf der TP mit 3 Tr. einer frisch bereiteten, kaltgesättigten $Na_3[Co(NO_2)_6]$-Lsg. versetzt. Bei Ggw. von K^+-Ionen entsteht eine *gelborange* Fällung von $K_2Na[Co(NO_2)_6]$.

Störung:
- $NH_4{}^+$-Salze ergeben einen analogen Nd. $\longrightarrow$ durch vorheriges Abrauchen entfernen.
- Rb^+, Cs^+ und Tl^+ reagieren analog.

2. NW als $K_2CuPb(NO_2)_6$-Tripelsalz

Der Nachweis als $K_2CuPb(NO_2)_6$-Tripelsalz wird analog NW 3, Seite 42 bzw. NW 3, Seite 62 durchgeführt $\longrightarrow$ Bildung von *schwarzen* bis *dunkelbraunen* Würfeln.

$$2\,K^+ + Cu^{2+} + Pb^{2+} + 6\,NO_2{}^- \longrightarrow K_2CuPb(NO_2)_6$$

3. NW als $KClO_4$

Der Nachweis ist *nicht sehr empfindlich* und findet daher eher als Nachweis von $ClO_4{}^-$ Verwendung. $KClO_4$ bildet farblose, rhombische, stark lichtbrechende Kristalle, die sich bei höherer Temperatur in H_2O lösen, beim Abkühlen jedoch als größere Kristalle wieder ausfallen.

Außer K^+ bilden noch einige komplexe Anionen schwerlösliche Perchlorate (z. B. $[Ni(NH_3)_6](ClO_4)_2$ oder $[Zn(NH_3)_4](ClO_4)_2$). Diese sind aber nur in ammoniakalischer Lösung beständig. Der Nachweis ist daher in saurer Lösung auch aus der US spezifisch.

Aus konz. $NH_4{}^+$-Salzlösungen fällt unter Umständen NH_4ClO_4 aus, welches sich aber in wenig H_2O wieder löst.

Störung: Rb^+ und Cs^+ reagieren analog.

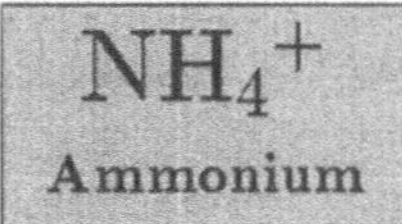

Ammonium, NH_4^+

Standardpotential(e)

$NO_3^- + 10\,H^+ + 10e^- \rightleftharpoons NH_4^+ + 3\,H_2O.\quad E^0 = 0.88$ V

Vorkommen/Mineralien

In der Natur in Form zahlreicher Mineralien, die in ihren Kristallstrukturen und Eigenschaften den analogen K- oder Rb-Verbindungen ähneln.

Verwendung: NH_4^+-Verbindungen werden industriell vor allem als Düngemittel (NH_4NO_3, $(NH_4)_2SO_4$, $(NH_4)_2HPO_4$), Sprengstoffe (NH_4NO_3), Fixiermittel ($(NH_4)_2S_2O_3$), Backpulver („Hirschhornsalz") und Flammschutzmittel genutzt.

Eigenschaften: Ammoniumsalze entsprechen in vielen Eigenschaften (Löslichkeiten, Strukturen etc.) den Alkalimetallsalzen, wobei eine besonders ausgeprägte Ähnlichkeit zwischen K^+ und NH_4^+ besteht. Diese Tatsache beruht unter anderem auf nahezu gleichen Ionenradien (Strukturen) bzw. Hydratationsenthalpien (Löslichkeitsverhalten). Sie läßt sich zwanglos mit dem sog. „Grimmschen Hydridverschiebungssatz" erklären, nach dem bestimmte Atome durch Aufnahme von n Wasserstoffatomen die Eigenschaften derjenigen Atome annehmen, die eine um n höhere Ordnungszahl besitzen.

Toxikologie: Einige der häufiger im Labor verwendeten Ammoniumverbindungen sind giftig bzw. mindergiftig. Sie sind in der nachfolgenden Tabelle aufgeführt:

Verbindung	Gefahrensymbol(e)	R-Sätze	S-Sätze
$(NH_4)_2S_2O_8$	Xn (mindergiftig) O (brandfördernd)	8–22–42/43	17–26–43.1
NH_4Cl	Xn (mindergiftig)	22–36	22
NH_4F	T (giftig)	23/24/25	1/2–26–44
NH_4SCN	Xn (mindergiftig)	20/21/22–32	2–13

R8 *Feuergefahr bei Berührung mit brennbaren Stoffen.* R20/21/22 *Gesundheitsschädlich beim Einatmen, Verschlucken und Berührung mit der Haut.* R22 *Gesundheitsschädlich beim Verschlucken.* R23/24/25 *Giftig beim Einatmen, Verschlucken und Berührung mit der Haut.* R32 *Entwickelt bei Berührung mit Säure sehr giftige Gase.* R36 *Reizt die Augen.* R42/43 *Sensibilisierung durch Einatmen und Hautkontakt möglich.*

Vorprobe auf Ammonium

Austreiben als NH_3

$$NH_4^+ + OH^- \rightleftharpoons NH_3\uparrow + H_2O$$

Praxis: Auf einem großen Uhrglas wird eine Spatelspitze US mit 5 Tr. NaOH versetzt und rasch mit einem zweiten Uhrglas (mögl. größerer Durchmesser) bedeckt, in das ein Streifen angefeuchtetes Indikatorpapier geheftet wurde. Es ist sorgfältig darauf zu achten, daß keine NaOH auf das Indikatorpapier spritzt. Bei Anwesenheit von NH_4^+ beobachtet man nach kurzer Zeit eine *gleichmäßige* Blaufärbung des Indikatorpapiers.

Alternativ dazu kann über das Uhrglas ein kleiner Trichter gestellt werden, in dessen Auslauf ein angefeuchtetes Indikatorpapier gehalten wird (Tip: einige Zeit stehen lassen, damit NH_3-Gas im Trichter aufsteigen kann). Oder man verwendet ein kleines RG mit aufgesetztem Gärröhrchen, das zuvor mit einer geeigneten Indikatorlösung (Phenolphthalein) befüllt wird.

Nachweis von Ammonium

1. NW als Natriumhexanitrocobaltat

Die Reaktion wird wie unter NW 1, Seite 124 beschrieben durchgeführt. Hierin kommt die chemische Ähnlichkeit von K^+ und NH_4^+ zum Ausdruck.

$$2\,NH_4Cl + Na_3[Co(NO_2)_6] \longrightarrow (NH_4)_2Na[Co(NO_2)_6] + 2\,NaCl$$

2. NW mit Neßlers Reagenz

Der NW wird im Praktikum *nicht* durchgeführt, da er so empfindlich ist, daß man damit selbst Ammoniak in Trinkwasser nachweisen kann. NH_3 bildet mit $K_2[HgI_4]$ (Neßlers Reagenz) ein schwerlösliches Iodid, das von der Millionschen Base abgeleitet werden kann.

$$2\,K_2[HgI_4] + 3\,NaOH + NH_3 \longrightarrow [Hg_2N]I \cdot H_2O\downarrow + 2\,H_2O + \ldots$$
$$\ldots + 4\,KI + 3\,NaI$$

Es entsteht zuerst eine *gelbbraune* Lösung, aus der nach einiger Zeit *braune* Flocken ausfallen.

3. Vertreiben von NH_4-Salzen durch Erhitzen

Das Zentrifugat der Mg-Oxinat-Fällung wird zur Zersetzung von überschüssigem Oxinat und NH_4^+ zweimal langsam mit HCl und konz. HNO_3 zur Trockne eingedampft. Der RS wird noch 1–2 Minuten vorsichtig erhitzt (Vorsicht: K-Salze können verdampfen!) und nach dem Erkalten in wenig Wasser aufgenommen.

NH_4^+-Salze zersetzen sich bei hohen Temperaturen. Die Salze leichtflüchtiger Säuren verflüchtigen sich vollständig:

$$NH_4Cl \rightleftharpoons NH_3\uparrow + HCl\uparrow$$

Bei den Salzen nichtflüchtiger Säuren entweicht nur NH_3 und evtl. H_2O.

$$NH_4H_2PO_4 \longrightarrow NH_3\uparrow + H_3PO_4$$

Mg
Magnesium

Magnesium, Mg

M	Smp.	Sdp.	ρ [g/cm^3]	EN	Oxidationsstufen	e^--Konfiguration
24.31	650 °C	1110 °C	1.74	1.31	+2	[Ne] $3s^2$

Standardpotential(e)

$Mg^{2+} + 2e^- \rightleftharpoons Mg.\quad E^0 = -2.37$ V

Vorkommen/Mineralien

Magnesium steht an der 6. Stelle der Elementhäufigkeit. Aufgrund seiner großen chemischen Reaktivität kommt es nie gediegen, sondern nur in (kationisch) gebundenem Zustand vor. Mineralisch findet es sich vorwiegend in *Silicaten,* z. B. im Olivin $Mg_2[SiO_4]$, Serpentin $Mg_3(OH)_4[Si_2O_5]$, Talk $Mg_3(OH)_2[Si_4O_{10}]$ oder Enstatit $Mg[SiO_3]$. Ferner als *Carbonat* in Magnesit $MgCO_3$ oder Dolomit $MgCO_3 \cdot CaCO_3$, als *Sulfat* in Kieserit $MgSO_4 \cdot H_2O$, Langbeinit $K_2Mg_2(SO_4)_3$ oder Polyhalit $K_2Ca_2Mg(SO_4)_4$ und als *Chlorid* in Carnallit $KCl \cdot MgCl_2 \cdot 6\,H_2O$.

Herstellung: Durch Schmelzflußelektrolyse von wasserfreiem $MgCl_2$ bei 700 °C in Gegenwart von Alkalichloriden oder $CaCl_2$ (Schmelzpunktserniedrigung). Oder durch Reduktion von MgO mit Kohlenstoff oder Ferrosilicium FeSi, wobei das Metall dampfförmig entweicht, durch kaltes H_2-Gas kondensiert und durch Vakuumdestillation gereinigt wird.

Verwendung: Als Legierungsbestandteil in Werkstoffen für die Automobil-, Flugzeug- und Raumfahrtindustrie (Korrosionsbeständigkeit, hohe Festigkeit bei kleiner Dichte), als „Sprühkomponente" in der Pyrotechnik, als Reduktionsmittel und Alkyl- oder Arylüberträger in der org. Synthesechemie („Grignard-Verbindungen"). Darüberhinaus finden Magnesiumverbindungen Verwendung bei der Herstellung feuerfester Steine und Geräte (Magnesiastäbchen), als Düngemittel, im pharmazeutischen Bereich (Abführmittel, Medikamente gegen Krampfzustände, Puder, Wundpulver), als Metallputzmittel sowie als Füllstoffe.

Eigenschaften: Magnesium ist ein silberglänzendes, an der Luft matt werdendes Leichtmetall mittlerer Härte, das in einer hexagonal-dichtesten Kugelpackung kristallisiert. Mg ist ein starkes Reduktionsmittel ($\longrightarrow$ Titangewinnung, „Kroll-Prozeß"). Selbst siedendes Wasser wird unter Bildung von $Mg(OH)_2$ und H_2 reduziert. Beim Glühen mit Stickstoff entsteht grünlichgelbes Magnesiumnitrid Mg_3N_2. Beim Erhitzen an der Luft verbrennt Mg mit sehr heller, UV-reicher Flamme (Verwendung in Lichtblitzen). Brennendes Magnesium wird wie Barium mit Sand oder CO_2 (Trockenlöscher) erstickt. Die elektrische Leitfähigkeit beträgt etwa 30% der Leitfähigkeit von Kupfer. In warmem Wasser, schwachen Säuren und in Gegenwart von Ammoniumsalzen löst sich die passivierende $Mg(OH)_2$-Schicht rasch auf.

Mg ist für Lebewesen ein sehr wichtiges Spurenelement; so enthält die Muskulatur etwa 0.023% Mg. Als Zentralatom des Chlorophyllmoleküls spielt es in der Pflanzenzelle eine entscheidende Rolle bei der Assimilation des Kohlenstoffs.

Nachweis von Magnesium

Wurden die Kationen der HCl-, H_2S-, Urotropin- und $(NH_4)_2S$-Gruppe nicht vollständig abgetrennt, so können in Vollanalysen Fehler bei den Mg-Nachweisen auftreten. Man sollte daher **entweder**:

- Das Zentrifugat der $(NH_4)_2CO_3$-Gruppe stark eindampfen.
- Durch erneute Zugabe von $(NH_4)_2CO_3/(NH_4)_2S$ nochmals Carbonate und Sulfide fällen.
- Durch Zugabe von $HgCl_2$ HgS fällen, das kolloidale Sulfide wie ZnS oder NiS/Ni_2S_3 aus der Lösung entfernt (Mitfällung). Aus diesem Zentrifugat kann Mg^{2+} dann „sicher" nachgewiesen werden.

Oder man trennt Mg^{2+}, wie bei NW 4 (rechts) beschrieben, als Mg-Oxinat ab, löst den Nd. in konz. HNO_3, dampft zur Trockne ein (Zerstörung der organischen Substanz) und nimmt in wenig Wasser auf.

Grundsätzlich sollten immer mehrere verschiedene Mg-Nachweise durchgeführt werden: $Mg(NH_4)PO_4$, Titangelb, Chinalizarin, Magneson etc. Bei sauberer Arbeit sollten alle Nachweise eindeutig ausfallen! Wichtig sind in allen Fällen Vergleiche mit geeigneten Blindproben.

1. NW als $Mg(NH_4)PO_4 \cdot 6\,H_2O$

Man beachte die Analogie zwischen $PO_4{}^{3-}$ und $AsO_4{}^{3-}$ $\longrightarrow$ $Mg(NH_4)AsO_4$ bildet ähnliche Kristalle wie $Mg(NH_4)PO_4$.

$$Mg^{2+} + HPO_4{}^{2-} + NH_4{}^+ + 5\,H_2O \xrightarrow{OH^-} \underset{\text{sargdeckelförmige Kristalle}}{Mg(NH_4)PO_4 \cdot 6\,H_2O \downarrow}$$

Da auch Ca^{2+}, Sr^{2+}, Ba^{2+} und andere Schwermetallkationen mit Phosphat schwerlösliche Verbindungen bilden, diese aber nicht so schön kristallisieren, sondern meist amorph sind, sollte man den Niederschlag auf jeden Fall *mikroskopisch* untersuchen $\longrightarrow$ Reaktion direkt auf dem OT durchführen!

Bei zu hoher Konzentration oder zu schneller Kristallisation erhält man statt der erwarteten prismenförmigen Kristallen gekreuzte, scherenartige Kristalle. Diese werden mit NH_3/H_2O_2 behandelt:

Praxis: Die neutrale oder schwach saure Probelsg. wird auf einem OT mit ammoniakalischer Diammoniumhydrogenphosphatlsg. ($(NH_4)_2HPO_4$) versetzt und auf dem WB erwärmt. Nach kurzer Zeit bildet sich einer weißer, kristalliner Nd., der unter dem Mikroskop auf seine Kristallform hin untersucht wird.

Störung:
- Der Nd. darf sich bei Zugabe von H_2O_2 nicht braun färben, sonst liegt $Mn(NH_4)PO_4$ vor.

$$Mn(NH_4)PO_4 + H_2O_2 \longrightarrow MnO_2 + NH_4H_2PO_4$$

- Die Kristalle dürfen sich in konz. NH_3 nicht lösen, da sonst $Zn(NH_4)PO_4$ vorliegen kann.

$$Zn(NH_4)PO_4 + 4\,NH_3 \longrightarrow [Zn(NH_3)_4]^{2+} + PO_4{}^{3-} + NH_4{}^{+}$$

- Die Lösung darf auf dem OT nicht zu stark eingedampft werden, sonst kristallisieren $NH_4{}^+$-Salze in allen Formen aus.

2. NW als Titangelb-Farblack

Mg^{2+} bildet mit Titangelb in alkalischer Lösung einen *signalroten* Farblack ($\longrightarrow$ rote Flocken oder Rotfärbung, je nach Konzentration). Die Reaktion ist sehr empfindlich, daher sollte nur bei genügender Verdünnung geprüft werden.

Praxis: Auf der TP werden 4 Tr. der sauren Lsg. mit 2 Tr. Reagenzlsg. versetzt[63] und anschließend tropfenweise verd. NaOH bis zur stark alk. Reaktion zugegeben. Eine *Rotfärbung* (oder Bildung roter Flocken) zeigt Mg^{2+} an. Blindprobe!

Störung:
- Ammoniumionen stören, da sie die Bildung von $Mg(OH)_2$ verhindern.
- Ca^{2+} erhöht die Farbintensität.
- Schwermetalle (Ni, Co, Mn, Zn) abtrennen oder mit CN^- maskieren (Farbe darf bei CN^- Zugabe nicht verschwinden!).

3. NW als Chinalizarin-Farblack

Chinalizarin ist wie Alizarin-S ein Hydroxyanthrachinon, das mit Mg^{2+} in alkalischer Lsg. einen *blauen* Chelatkomplex (Färbung und/oder Nd.) bildet.

Praxis: Auf der TP werden 3 Tr. der sauren Lsg. mit 2 Tr. Reagenzlsg. versetzt und tropfenweise verd. NaOH (frisch bereiten) bis zur stark alkalischen Reaktion zugegeben. Eine *Blaufärbung* bzw. ein *blauer* Nd. zeigen Mg^{2+} an. Unbedingt Blindprobe durchführen!

Reagenz: 0.05%ige Lsg. von Chinalizarin in 0.1 mol/l NaOH

Störung:
- $PO_4{}^{3-}$, $NH_4{}^+$ verringern die Empfindlichkeit des Nachweises.
- Be^{2+}, Ce^{4+}, La^{3+}, Zr^{4+}, Mn^{2+} $\longrightarrow$ ähnlich gefärbte Lacke.

4. Abtrennung als Mg-Oxinat

Magnesium bildet mit Oxin (8-Hydroxychinolin) einen sehr schwer löslichen *grüngelblichen* Innerkomplex. Der Nd. ballt sich beim Erwärmen zusammen.

$$Mg^{2+} + 2\,H^+Ox^- \longrightarrow Mg(Ox)_2 + 2\,H^+$$

[63] Falls *zuerst* NaOH zugegeben wird, kann $Mg(OH)_2$ ausfallen. Die Konzentration an Mg^{2+} wird dadurch stark erniedrigt!

Die Reaktion eignet sich zum Abtrennen von Mg^{2+} aus der zu untersuchenden Lösung. Für die weiteren Mg-Nachweise löst man den Oxinat-Niederschlag in Königswasser auf, dampft zur Trockne ein (Zerstörung der org. Subst.) und nimmt in wenig Wasser auf.

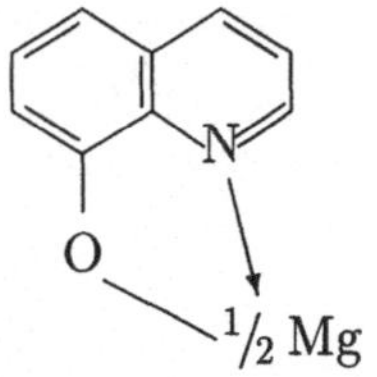

N
O
$^1/_2$ Mg

Bild 3.12
Der Mg-Oxinat-Komplex.

Praxis: Zur Fällung versetzt man die Probelösung mit NH_4OH und puffert mit NH_4Cl. Bei Zugabe von einigen Tr. Oxinlsg. fällt in Gegenwart von Mg^{2+} ein gelbgrüner, pulvriger Niederschlag.

Störung: Fast alle Schwermetalle bilden mit Oxin ebenfalls schwerlösliche Niederschläge $\longrightarrow$ auf saubere Trennung achten.

5. NW mit Magneson

In stark alkalischer Lösung bildet Mg^{2+} mit Magneson einen *tiefblauen* Farblack.

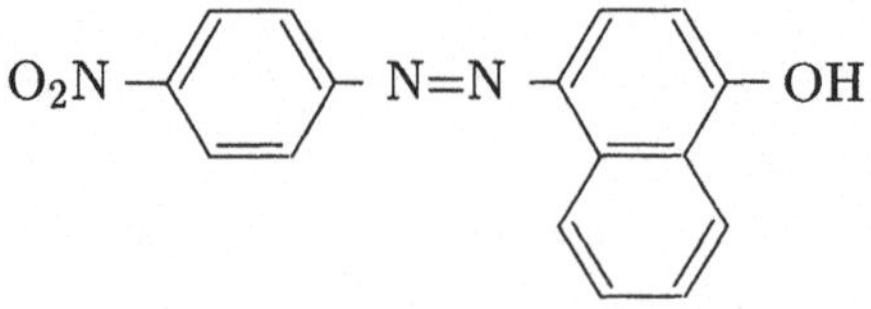

O_2N N=N OH

Bild 3.13
Magneson.

Praxis: Man versetzt auf der TP einige Tr. Probelsg. mit 1–2 Tr. Reagenzlsg. und wenig konz. NaOH. Eine *Blaufärbung* bzw. ein *blauer* Nd. zeigen Mg^{2+} an. Es sollte unbedingt eine Blindprobe durchgeführt werden!

Störung: Zahlreiche Schwermetallkationen stören (auf saubere Trennung achten und gegebenfalls mit NH_3/TAA nachfällen).

Reagenz: 1 mg Magneson in 100 ml 2 mol/l NaOH (unbegrenzt haltbar).

4 Anionenanalysen

4.1 Vorproben auf Anionengruppen

Wie bereits in Fußnote 4, Seite 16 erwähnt, wird im vorliegenden Buch auf die *Interpretation* von Gerüchen weitestgehend verzichtet. Aufgrund der nicht zu unterschätzenden Gesundheitsgefahren, die von vielen gas- oder dampfförmigen Stoffen ausgehen, sollten generell *alle* Reaktionen, in deren Verlauf es zur Bildung flüchtiger Stoffe kommen kann, unter einem gut belüfteten Abzug durchgeführt werden. Infolgedessen können *die Gerüche* freigesetzter Gase allenfalls unbeabsichtigt „wahrgenommen", keinesfalls jedoch gezielt zu deren Identifikation herangezogen werden.

Verhalten der Ursubstanz gegen verd. H_2SO_4

Wie auf Seite 17 beschrieben, behandelt man eine *geringe* Menge Ursubstanz zunächst in der Kälte dann in der Wärme mit verd. H_2SO_4 und beobachtet sorgfältig alle auftretenden Reaktionen (Abzug! Schutzbrille!). Diese Vorprobe kann Hinweise auf die Anwesenheit folgender Anionen geben:

Tabelle 4.1 Gasentwicklung beim Versetzen der US mit verd. H_2SO_4.

Gas	Hinweis auf	Nachweis
CO_2	Carbonate	Trübt $Ba(OH)_2$-Lsg.
HCN	Cyanide	Trübt $AgNO_3$-Lsg.; Vorsicht giftig!
NO_2	Nitrite	Braunes Gas.
H_2S	Lösliche Sulfide, Thiosulfate	Schwärzung von $Pb(Ac)_2$-Papier; brennt mit blauer Flamme.
SO_2	Sulfite, Thiosulfate	Trübt $Ba(OH)_2$-Lsg.; entfärbt Malachitgrün. Schwefelabscheidung bei Anwesenheit von $S_2O_3^{2-}$.
Cl_2	Hypochlorite	Hellgrünes Gas.

Verhalten der Ursubstanz gegen konz. H_2SO_4

Wegen der teilweise sehr heftig verlaufenden Reaktionen (ClO_3^-, MnO_4^-) sollte man nur *sehr geringe* Mengen an Ursubstanz verwenden! Nach Beendigung der Gasentwicklung (mit verd. H_2SO_4) setzt man der Probe *vorsichtig* konz. H_2SO_4

zu, beobachtet sorgfältig die entstehenden Gase und erwärmt nach Abklingen aller sichtbaren Reaktionen (Abzug! Schutzbrille!). *Zusätzlich* zu den in Tabelle 4.1 (vorige Seite) aufgeführten Gasen können entweichen:

Tabelle 4.2 Gasentwicklung beim Versetzen der US mit konz. H_2SO_4.

Gas(e)	gebildet aus	Anmerkung
Farblose Gase		
CO_2	Carbonate [a]	Trübt $Ba(OH)_2$-Lsg.
HF, SiF_4	Fluoride	Ätzt Glas an („Ätzprobe"); trübt Wassertropfen („Wassertropfenprobe").
HCl	Chloride	Saure Rkt. mit feuchtem pH-Papier; reagiert mit NH_3 zu weißen Nebeln (NH_4Cl).
Grüne Gase		
Cl_2	Chloride [b]	Bläut KI/Stärke-Papier [c]
Gelbe Gase		
ClO_2 [d]	Chlorate	$3\,HClO_3 \rightarrow 2\,ClO_2 + HClO_4 + H_2O$ $2\,ClO_2 \rightarrow Cl_2 + 2\,O_2$
Braune Gase		
NO_2	Nitrate	$2\,HNO_3 \rightarrow N_2O_5 + H_2O \rightarrow 2\,NO_2 + \frac{1}{2}\,O_2$
Br_2, HBr	Bromide	Braune Dämpfe. Br_2 bläut KI/Stärke-Papier. $2\,HBr + H_2SO_4 \rightarrow Br_2 + SO_2 + 2\,H_2O$
Violette Gase		
I_2, HI	Iodide	Violette Dämpfe. I_2 bläut KI/Stärke-Papier. $8\,HI + H_2SO_4 \rightarrow H_2S + 4\,H_2O + 4\,I_2$
Mn_2O_7 [d]	MnO_4^-	Ölige, rotbraune Flüssigkeit (Dämpfe: violett).

[a] Schwerlösliche mineralische oder basische Carbonate! [b] Bei Anwesenheit von Oxidationsmitteln. [c] Zum Nachweis kann ein Filterpapier verwendet werden, das zuvor mit einer KI/Stärke-Lösung getränkt wurde. [d] *Vorsicht beim Erhitzen:* Explosionsgefahr!

Prüfung auf oxidierende Ionen mit KI/Stärke-Lösung

Man säuert etwas Probelösung oder SA mit verd. HNO_3 an und versetzt anschließend mit einer 1–2 Tr. KI-Lsg. und 1–2 ml Stärkelösung. I^- wird von oxidierenden Substanzen zu I_2 oxidiert, das mit Stärke eine *blaue* Einschlußverbindung bildet.[1] Eine Blaufärbung wird von folgenden Ionen hervorgerufen:

[1] Auch hier handelt es sich um einen sog. „Charge-Transfer-Komplex"; vgl. Seite 202.

Bei Anionenanalysen:	NO_2^-, NO_3^- (nur in stark saurer Lsg.), ClO_3^-, BrO_3^-, IO_3^-, (ClO^-, $S_2O_8^{2-}$, O_2^{2-})
Bei Vollanalysen:	CrO_4^{2-}, AsO_4^{3-}, SbO_4^{3-}, MnO_4^-, Cu^{2+}, Fe^{3+}, NO_3^- (nur in stark saurer Lsg.)

Bemerkungen: ClO^-, $S_2O_8^{2-}$ und O_2^{2-} werden bei längerem Kochen mit Soda (SA) meist vollständig zerstört, AsO_4^{3-} und SbO_4^{3-} reagieren nur schwach (abhängig von Konzentration und pH-Wert).

Auch die Reaktionen mit Cu^{2+} oder Fe^{3+} sind nicht immer zu beobachten, da diese Ionen nur unter bestimmten Umständen in den SA gelangen.

Prüfung auf reduzierende Ionen mit I_2/Stärke-Lösung

Umgekehrt können reduzierende Substanzen durch Entfärbung einer I_2/Stärke-Lösung nachgewiesen werden. Die I_2/Stärke-Lösung wird in *neutraler* Lösung durch folgende Anionen entfärbt:

Bei Anionenanalysen:	S^{2-}, SO_3^{2-}, $S_2O_3^{2-}$ (CN^-, SCN^-)
Bei Vollanalysen:	AsO_3^{3-}, SbO_3^{3-}, S^{2-} (lösliche Sulfide)

Bemerkungen: In *salzsaurer* Lsg. reagieren auch BrO_3^- und IO_3^-; vgl. dazu die Erläuterungen zu NW 2, Seite 168! Allerdings handelt es sich hierbei nicht um eine Reduktion, sondern um eine *Oxidation* von Iod! AsO_3^{3-} und SbO_3^{3-} reagieren nur schwach reduzierend.

Prüfung auf reduzierende Ionen mit MnO_4^--Lösung

Einige Anionen, die eine I_2/Stärke-Lösung *nicht* entfärben, können in schwefelsaurer Lösung MnO_4^- reduzieren. Man versetzt für diese Vorprobe etwas Probelösung oder SA mit verd. H_2SO_4 und 1 Tr. $MnSO_4$-Lsg., erwärmt auf 40–50 °C und gibt tropfenweise eine sehr verd. MnO_4^--Lösung zu. Eine Entfärbung kann durch folgende Ionen bewirkt werden:

Bei Anionenanalysen:	SCN^-, NO_2^-, O_2^{2-}, S^{2-}, $S_2O_3^{2-}$, SO_3^{2-}, ($S_2O_8^{2-}$), Cl^-, Br^-, I^-,
Bei Vollanalysen:	AsO_3^{3-}, SbO_3^{3-}, S^{2-} (lösliche Sulfide), Cl^-

Bemerkungen: O_2^{2-} wird bei längerem Kochen mit Na_2CO_3 meist vollständig zerstört. AsO_3^{3-} und SbO_3^{3-} wirken nur schwach reduzierend.

Reaktion mit $AgNO_3$-Lösung

Man säuert etwas Probelösung oder SA mit wenig verd. HNO_3 an und versetzt tropfenweise mit $AgNO_3$-Lösung. Dabei können verschiedene Niederschläge auftreten, deren Farben auf die Anwesenheit folgender Anionen deuten:

Bei Anionenanalysen:	(weiß)	CN^-, SCN^-, (SO_3^{2-}), Cl^-, (ClO^-), BrO_3^-, IO_3^-
	(gelblich)	Br^-, I^-
	(schwarz)	S^{2-}, $S_2O_3^{2-}$ (nach Zersetzung in S^{2-})
Bei Vollanalysen:		AsO_3^{3-}, AsO_4^{3-}, CrO_4^{2-}, S^{2-}, Cl^-

ClO^- wird bei längerem Kochen mit Soda vollständig zerstört und ist daher in der Regel nicht aus dem SA nachzuweisen. $AgBrO_3$ fällt erst bei höheren BrO_3^--Konzentrationen! Wurde zu wenig angesäuert, so kann außerdem schwarzes Ag_2S (aus S^{2-} oder $S_2O_3^{2-}$), weißes Ag_2SO_3 oder rotes Ag_2CrO_4 ausfallen (vgl. S. 31).

Behandelt man den Nd. nach dem Zentrifugieren und Auswaschen mit NH_3, so lösen sich AgCl, AgBr, $AgBrO_3$, $AgIO_3$, AgCN, AgSCN, Ag_2CrO_4 und Ag_2SO_3. Vom verbliebenen Rückstand löst sich in konz. KCN-Lsg. nur AgI; Ag_2S bleibt als schwerlöslicher Rückstand zurück.

Reaktion mit $BaCl_2$

Man säuert etwas Probelösung oder einige Tr. SA mit wenig verd. HCl an und setzt einige Tr. kalt gesättigte $BaCl_2$-Lsg. zu. Bei Anwesenheit folgender Anionen erhält man weiße Niederschläge:

Bei Anionenanalysen: SO_4^{2-}, eventuell auch F^- (wenn die Lsg. nur schwach sauer ist).

Reaktion mit $CaCl_2$

Man säuert etwas Probelösung oder einige Tr. SA mit wenig verd. HAc an und versetzt mit $CaCl_2$-Lsg. Bei Anwesenheit folgender Anionen erhält man weiße Niederschläge:

Bei Anionenanalysen:	$B_4O_7^{2-}$, PO_4^{3-}, SO_3^{2-}/SO_4^{2-} und F^-.
Bei Vollanalysen:	MoO_4^{2-}, WO_4^{2-}, VO_4^{3-}, PO_4^{3-}, SO_4^{2-}

$CaSO_4$ fällt häufig erst bei höheren SO_4^{2-}-Konzentrationen! Man sollte also darauf achten, daß man die Lösung beim Ansäuern mit Essigsäure nicht zu stark verdünnt.

Tabelle 4.3 Übersicht zu den Vorproben auf Anionengruppen

	+ KI (Färbung)	+ KI/I_2 (Entfärbung)	+ MnO_4^- (Entfärbung)	+ Ag^+ (Fällung)	+ $BaCl_2$ (Fällung)	+ $CaCl_2$ (Fällung)
F^-					(+)	+
Cl^-			+	+		
Br^-			+	+		
I^-			+	+		
ClO^-	(+)			(+)		
ClO_3^-	+					
BrO_3^-	+	(+)		+ [a]		
IO_3^-	+	(+)		+ [a]		
ClO_4^-						
O_2^{2-}	(+)		+			
S^{2-}		+	+	(+)		
SO_3^{2-}		+	+	(+)		+
$S_2O_3^{2-}$		+	+	(+)		
SO_4^{2-}					+	(+)
$S_2O_8^{2-}$	(+)		(+)			
NO_2^-	+		+			
NO_3^-	(+)					
PO_4^{3-}						+
CN^-		(+)		+		
SCN^-		(+)	+	+		
$B_4O_7^{2-}$						+

[a] Quantitative Fällung nur in der Kälte!

4.2 Trennung von Anionengemischen

An vielen Hochschulen werden neben Kationengemischen, die nur eine geringe Zahl an Standardanionen enthalten dürfen, auch Anionengemische zur Analyse ausgegeben. Bei der Besprechung dieser Analysen wird im Folgenden davon aus gegangen, daß alle Ionen als Na-, K- oder Ammonium-Salze vorliegen.

$\mathbf{F^-}$, Cl^-, Br^-, I^-, ClO^-, ClO_3^-, ClO_4^-, BrO_3^-, IO_3^-
$\mathbf{O_2^{2-}}$, $\mathbf{S^{2-}}$, $S_2O_3^{2-}$, SO_3^{2-}, $\mathbf{SO_4^{2-}}$, $S_2O_8^{2-}$
$\mathbf{NO_2^-}$, $\mathbf{NO_3^-}$, $\mathbf{PO_4^{3-}}$
$\mathbf{CO_3^{2-}}$, $\mathbf{CN^-}$, $\mathbf{SCN^-}$, $\mathbf{SiO_3^{2-}}$
$\mathbf{B_4O_7^{2-}}$

(Fett gedruckte Ionen werden direkt aus der US nachgewiesen)

Allgemeines. Anionenanalysen unterscheiden sich stark von Kationenanalysen! Aufgrund der *größeren Löslichkeitsprodukte* der zu untersuchenden Substanzen sind Trennungen, die auf einer *quantitativen* Fällung definierter Niederschläge beruhen, nur sehr schwer zu realisieren. Dabei ist die Zahl der verwendbaren Fällungsmittel ohnehin nur auf wenige Reagenzien beschränkt ($Ca(NO_3)_2$, $Ba(NO_3)_2$, $Zn(NO_3)_2$, $AgNO_3$, Na_2CO_3), was für einen potentiellen Trennungsgang kaum Variationsmöglichkeiten eröffnet.

Generell erfordern die Trennungen großes präparatives Geschick! Infolge der *geringen Abstufungen* in Eigenschaften und Löslichkeitsverhalten der fällbaren Niederschläge müssen alle Reaktionsparameter (pH-Wert, Temperatur, Konzentrationen) äußerst genau eingehalten werden. Schließlich erschweren in vielen Fällen *Redoxprozesse* die sichere Bestimmung der nachzuweisenden Ionen, indem sie durch Dis- oder Komproportionierungsreaktionen die ursprüngliche Zusammensetzung der Probe verändern. Aus den genannten Gründen ist man bei Anionenanalysen in besonderem Maße auf die Durchführung *geeigneter Vorproben* angewiesen (s. Seite 131), um zuverlässige Informationen über die Zusammensetzung der Analysensubstanz zu erhalten. Im Zusammenspiel mit selektiven Gruppentrennungen müssen die Ergebnisse der Vorproben schließlich bestätigt und in gegenseitigen Einklang gebracht werden.

Hierin liegt auch zugleich der größte Unterschied zu Kationenanalysen. Im Gegensatz zu letzteren darf man bei Anionenanalysen die Untersuchungen nicht auf die sichere Ausführung von Vorproben, Trennungen und Nachweise beschränken. Sondern man muß in hohem Maße auch theoretische Überlegungen einbringen, um die beobachteten Befunde auf ihre Plausibilität hin zu überprüfen. Oder anders formuliert: Man sollte sich am Ende der Analyse unbedingt die Frage stellen, welche Reaktionen *theoretisch* in einer Lösung ablaufen könnten oder müßten, die die (vermeintlich) gefundenen Ionen enthält. Diese Überlegungen müssen sich dann mit *allen* praktischen Beobachtungen decken, andernfalls verbirgt sich irgendwo ein praktischer Fehler oder eine sachliche Fehlinterpretation.[2]

Erste Schritte. Eine charakteristische Eigenschaft vieler Anionengemische ist deren große (Redox-)Labilität, die im Verlauf einiger Stunden zu einer Veränderung der Probenzusammensetzung führen kann. Es empfiehlt sich daher, das zu analysierende Ionengemisch *möglichst rasch* zu bearbeiten. Idealerweise übt man Vorproben und Gruppentrennungen zuvor an *Übungsanalysen* und fordert erst dann die eigentliche Probe an, wenn man mit allen relevanten Reaktionen gut vertraut ist. Außerdem sollte man Anionengemische stets auf Eis aufbewahren, um unerwünschte Redoxprozesse zumindest zu verlangsamen. Man füllt zu diesem Zweck ein großes Becherglas mit Eis und stellt das Analysendöschen hinein. Allerdings muß streng darauf geachtet werden, daß *keine Feuchtigkeit* in die Probe gelangen kann.

[2] Beispielsweise muß sich in einer Analysensubstanz, die durch freiwerdendes Iod violett gefärbt wird, neben Iodid auch ein Oxidationsmittel oder, falls das freiwerdende Iod aus IO_3^- stammt, ein starkes Reduktionsmittel finden lassen.

Optische Prüfung. Analog zur Vorgehensweise bei Kationenanalysen sollte die Analysensubstanz zuerst einer optischen Prüfung unterzogen werden. Lassen sich charakteristische Kristallformen erkennen? Wie ist deren Beschaffenheit? Feinpulvrig, kristallin, grobkörnig, amorph, hygroskopisch, klebrig... ? Insbesondere hygroskopische Bestandteile (Na_2S, NH_4^+-Salze etc.) sollten umgehend entfernt und getrennt untersucht werden, da „Feuchtigkeit" im Analysendöschen zu ersten Wechselwirkungen der vorliegenden Ionen führen kann. Auf der anderen Seite dürfen feuchte Substanzen aber *auf gar keinen Fall* im Ofen getrocknet werden, da sich z. B. manche Ammoniumsalze schon ab ca. 60 °C zersetzen können.

Schließlich füllt man die Substanz in ein trockenes Schliffdeckelgläschen und rührt mit einem sauberen Spatel sorgfältig um. Dieser Schritt ersetzt das sonst übliche Mörsern, das bei Anionenanalysen möglichst unterbleiben sollte.[3]

Lösungsversuche und pH-Wert. Bleibt beim Lösen der Substanz in *kaltem* Wasser ein schwerlöslicher Rückstand, so deutet dies auf Anwesenheit von $KClO_4$ und/oder SiO_2. $KClO_4$ löst sich allmählich beim Erwärmen; dagegen wird SiO_2 auch beim Behandeln mit heißen Mineralsäuren nicht gelöst.

Anschließend ist der pH-Wert der in Wasser gelösten Analysensubstanz zu bestimmen. Einerseits kann dies bereits erste Anhaltspunkte auf die Zusammensetzung der Analysensubstanz geben,[4] andererseits verlaufen viele Redoxprozesse bevorzugt in saurer oder alkalischer Lösung, was in der Regel unerwünscht und daher zu verhindern ist. Weicht also der pH-Wert deutlich vom neutralen Bereich ab, so sollte die Probe möglichst schonend neutralisiert werden (keine konzentrierten Reagenzien!).

Sodaauszug. Ein Sodaauszug wird für diejenigen Anionen durchgeführt, deren Nachweise durch *Metallkationen* gestört werden. Die einzigen Kationen, die keinen der gebräuchlichen Anionen-Nachweise stören, sind Na^+, K^+ und NH_4^+. Aus diesem Grund kann bei den „reinen" Anionenanalysen auf die Anfertigung eines Sodaauszugs verzichtet werden. Es sei denn, man möchte ClO^-, $S_2O_8^{2-}$ oder O_2^{2-} durch längeres Kochen mit Sodalösung zerstören.

Wichtig. Noch *vor* den Vorproben oder Gruppentrennungen sollte unbedingt auf Peroxodisulfat geprüft werden (s. Seite 142), da sich dieses mehr oder minder schnell in H_2O_2 und SO_4^{2-} zersetzt. Gleiches gilt für Hypochlorit, das (besonders im alkalischen Milieu) leicht in Cl^- und ClO_3^- disproportioniert (s. Seite 139).

Gruppenfällung der Anionen. Die folgende Vorschrift erlaubt die Trennung zahlreicher Anionen in fünf verschiedene Gruppen. Diese Trennung beruht auf der unterschiedlichen Löslichkeit von Calcium-, Barium-, Zink- und Silber-Salzen.

---

[3] Das Mörsern sollte einerseits wegen der Explosivität von Chlorat unterbleiben und andererseits wegen der Tatsache, daß viele Substanzen beim Zerkleinern Feuchtigkeit „ziehen". [4] Beispielsweise deutet ein saurer pH-Wert auf Anwesenheit von Ammoniumsalzen, während ein alkalischer pH-Wert von CO_3^{2-}, SiO_3^{2-}, S^{2-}, $B_4O_7^{2-}$ etc. hervorgerufen werden kann.

1. $Ca(NO_3)_2$-Gruppe

Die Probelsg. (SA oder wss. Lsg. der Ursubstanz) wird mit einigen Tr. NaOH auf pH 10 gebracht und tropfenweise mit $Ca(NO_3)_2$-Lösung versetzt. Folgende Ionen werden dabei als Ca-Salze gefällt:

$B_4O_7{}^{2-}$, $CO_3{}^{2-}$, $SiO_4{}^{4-}$, $PO_4{}^{3-}$, $SO_3{}^{2-}$, $(SO_4{}^{2-})$ und F^-.

Außer CaF_2 und Ca_2SiO_4 lösen sich alle Niederschläge in verd. HAc.

2. $Ba(NO_3)_2$-Gruppe

Das Zentrifugat der $Ca(NO_3)_2$-Gruppe wird in der Kälte mit einigen Tropfen $Ba(NO_3)_2$-Lösung versetzt. Folgende Ionen werden dabei als Ba-Salze gefällt:

$SO_4{}^{2-}$, $(S_2O_8{}^{2-})$, $(BrO_3{}^-)$ und $IO_3{}^-$.

Man zentrifugiert ab und erhitzt das Zentrifugat zum Sieden. Bildet sich beim Abkühlen erneut $BaSO_4$, so stammt diese Nachfällung aus zersetztem $S_2O_8{}^{2-}$ (vgl. Seite 192).

3. $Zn(NO_3)_2$-Gruppe

Das Zentrifugat der $Ba(NO_3)_2$-Gruppe wird mit einigen Tr. $Zn(NO_3)_2$-Lösung versetzt. Dabei werden folgende Ionen als Zn-Salze gefällt:

CN^- und S^{2-}.

4. $AgNO_3$-Gruppe

Das Zentrifugat der $Zn(NO_3)_2$-Gruppe wird zunächst mit verd. NH_3 auf pH 8–9 gebracht, mit einigen Tr. $AgNO_3$-Lsg. versetzt, mit verd. HNO_3 angesäuert und schließlich kurz aufgekocht. Folgende Ionen werden dabei als Ag-Salze gefällt:

SCN^-, $S_2O_3{}^{2-}$, Cl^-, Br^-, I^-, $BrO_3{}^-$ und $IO_3{}^-$.

5. Lösliche Gruppe

Das Filtrat der $AgNO_3$-Gruppe wird einige Minuten mit Na_2CO_3 gekocht! Dadurch werden die zuvor zugesetzten Metallkationen (Ca^{2+}, Ba^{2+}, Zn^{2+}, Ag^+) als Carbonate gefällt. In Lösung verbleiben schließlich die Ionen der „Löslichen Gruppe“:

$ClO_3{}^-$, $ClO_4{}^-$ und $NO_2{}^-$.

4.2.1 Trennung der halogenhaltigen Anionen

Zusammensetzung. Es können folgende Anionen zugegen sein: F^-, Cl^-, Br^-, I^-, ClO^-, $ClO_3{}^-$, $ClO_4{}^-$, $BrO_3{}^-$, $IO_3{}^-$. Vereinbarungsgemäß wird ClO^- jedoch *nicht* neben Cl^-, Br^-, I^-, $BrO_3{}^-$ und $IO_3{}^-$ ausgegeben.

Vorproben. Das Redoxverhalten der Probe ermittelt man durch die in Kapitel 4.1, Seite 131 beschriebene „Prüfung auf oxidierende Substanzen“ (ClO^-, $ClO_3{}^-$, $BrO_3{}^-$ und $IO_3{}^-$) bzw. durch „Prüfung auf reduzierende Substanzen“ ($BrO_3{}^-$ und $IO_3{}^-$ in salzsaurer Lösung).

Weitere Informationen können durch vorsichtiges „Erhitzen der US mit H_2SO_4" gewonnen werden: So deutet die Freisetzung der Halogene Cl_2, Br_2 und I_2 auf Anwesenheit von ClO^- bzw. der entsprechenden Halogenide, Freisetzung von HCl auf Anwesenheit von Cl^-. Darüberhinaus kann in Gegenwart von ClO_3^- die Bildung von gelbem, explosivem ClO_2 erfolgen. Durch „Fällung mit $AgNO_3$" aus saurer Lösung erhält man Niederschläge bei Anwesenheit von ClO^-, Cl^-, Br^-, I^-, BrO_3^- und IO_3^-. Fluorid wird gemäß NW 1, Seite 149 in einem Reagenzglas mit heißer, konz. H_2SO_4 in SiF_4 überführt und anhand des veränderten Benetzungsverhaltens des Reagenzglases gegenüber konz. H_2SO_4 identifiziert.

Hypochlorit. Vor der Ausführung weiterer Proben ist zunächst auf Anwesenheit von ClO^- zu prüfen, da letzteres (besonders im alkalischen Milieu) leicht in Cl^- und ClO_3^- disproportioniert. Am besten behandelt man eine *neutrale* Probelösung mit KI/Stärke-Lösung (s. Seite 132) oder man versetzt einen kalt bereiteten „Sodaauszug" mit $Pb(Ac)_2$-Lsg. Der dabei ausfallende weiße Niederschlag von basischem Bleicarbonat färbt sich in Gegenwart von ClO^- unter Oxidation allmählich *orangebraun*.

Zur Entfernung des ClO^- wird zunächst mit einigen Tropfen verd. NH_3, dann mit reichlich $MnSO_4$-Lsg. versetzt (Reduktion des ClO^- zu Cl^-) und zentrifugiert. Nach Ansäuern des Zentrifugats mit verd. HNO_3 wird Cl^- mit $AgNO_3$ gefällt. Nach Abtrennen des Silberchlorids kann im Zentrifugat auf Anwesenheit von ClO_3^- und ClO_4^- geprüft werden.

Trennungsgang in der Kälte. Ist kein ClO^- zugegen, so können die Ionen Cl^-, Br^-, I^-, ClO_3^-, ClO_4^-, BrO_3^- und IO_3^- nach folgendem Verfahren getrennt und nachgewiesen werden (Schema F, folgende Seite): Die neutrale Probelösung[5] wird tropfenweise mit kalter $AgNO_3$-Lösung versetzt. Dabei fallen die Ionen der $AgNO_3$-Gruppe als schwerlösliche Silbersalze; ClO_3^- und ClO_4^- bleiben dagegen in Lösung. Da BrO_3^- und IO_3^- nur in der Kälte quantitativ fallen, stellt man die Fällung auf Eis und wartet einige Zeit. Gelegentliches Kratzen an der Innenwand des Reaktionsgefäßes wirkt einer eventuellen Lösungsübersättigung entgegen.

Nach Abtrennen der Niederschläge kann im Zentrifugat auf ClO_3^- und ClO_4^- geprüft werden. Dazu versetzt man zunächst mit einigen Tropfen Schwefliger Säure[6] oder mit Zn/H_2SO_4 und gibt anschließend einige Tropfen Ag_2SO_4 zur Lösung. Ein sich daraufhin bildender weißer Niederschlag deutet auf die vorherige Anwesenheit von ClO_3^-. ClO_4^- wird durch die genannten Reduktionsmittel nicht zu Cl^- reduziert. Es kann (nach Abtrennen des Silberchlorids) entweder mit $RbNO_3$ und $KMnO_4$ als $RbClO_4 \cdot RbMnO_4$-Mischkristall gefällt und nachgewiesen

[5] Die möglichst genaue Einhaltung des pH-Werts ist notwendig, um unerwünschte Redoxreaktionen zu verhindern. Beispielsweise können in saurer Lösung I^- und IO_3^- zu I_2 komproportionieren. [6] Bei Verwendung von H_2SO_3 als Reduktionsmittel muß *unbedingt* kurz aufgekocht werden (SO_2 ↑); andernfalls fällt bei Zugabe von Ag^+ weißes Ag_2SO_3, das fälschlicherweise für AgCl gehalten werden kann!

werden (s. NW 3, Seite 165). Oder man reduziert es mit $Ti(SO_4)_2/Zn/H_2SO_4$ (s. NW 2, Seite 165) und fällt anschließend mit $AgNO_3$ abermals weißes AgCl.

F Halogenid/Halogenat-Trennung in der Kälte

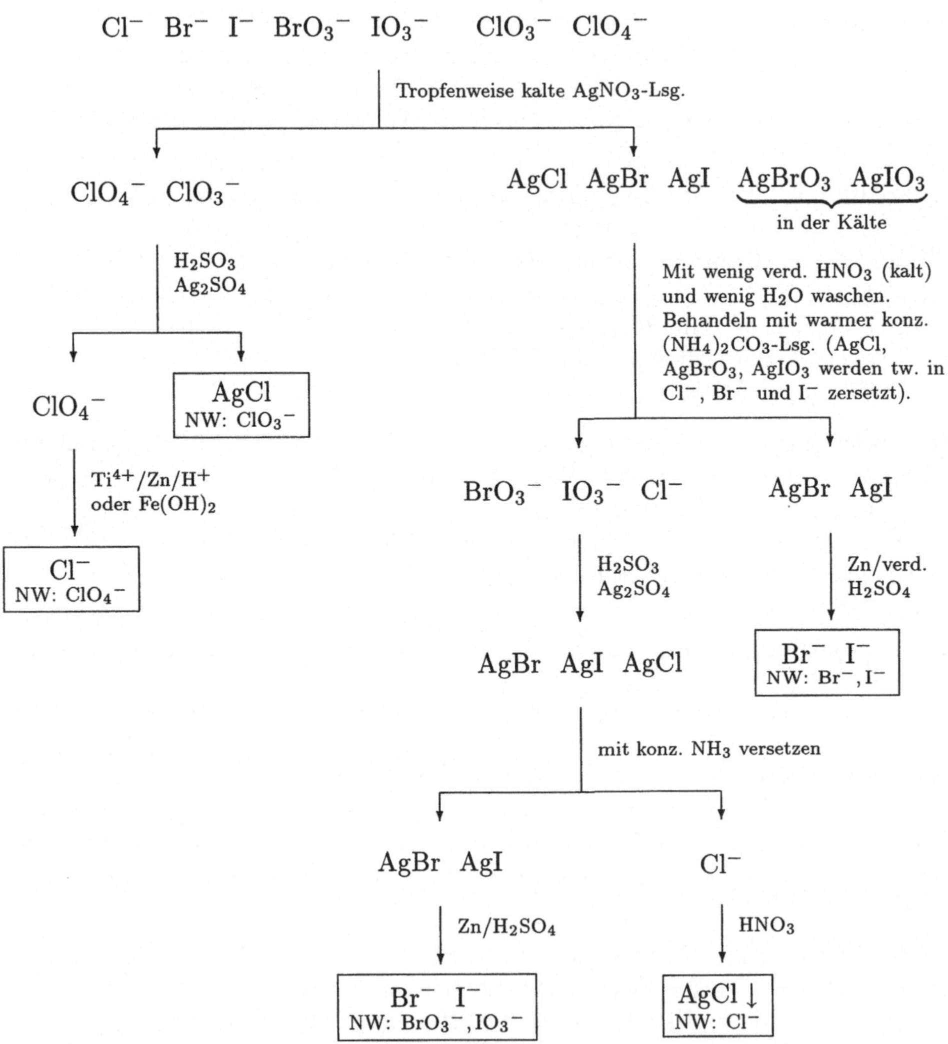

Die zuvor erhaltenen Niederschläge (AgCl, AgBr, AgI, $AgBrO_3$ und $AgIO_3$) werden nach kurzem Auswaschen mit warmer $(NH_4)_2CO_3$-Lsg. behandelt. Dabei lösen sich AgCl, $AgBrO_3$ und $AgIO_3$; AgBr und AgI bleiben ungelöst zurück und werden nach Reduktion mit Zn/H_2SO_4 wie gewohnt nachgewiesen (vgl. Seite 154ff.). Die Cl^--, BrO_3^-- und IO_3^--Ionen enthaltende Lösung wird erst mit H_2SO_3 aufgekocht und dann erneut mit $AgNO_3$ behandelt. Von den dabei entstehenden Niederschlägen löst sich AgCl in konz. NH_3. AgBr und AgI werden mit Zn/H_2SO_4 reduziert und entsprechend nachgewiesen.

Trennungsgang in der Hitze. Die neutrale Probelösung wird mit festem Na_2CO_3 versetzt und anschließend zum Sieden erhitzt.[7] Aus der heißen Lösung werden durch tropfenweisen Zusatz von $AgNO_3$-Lsg. die Silberhalogenide gefällt; ClO_3^-, BrO_3^-, IO_3^- und ClO_4^- bleiben in Lösung.[8]

G Halogenid/Halogenat-Trennung in der Hitze

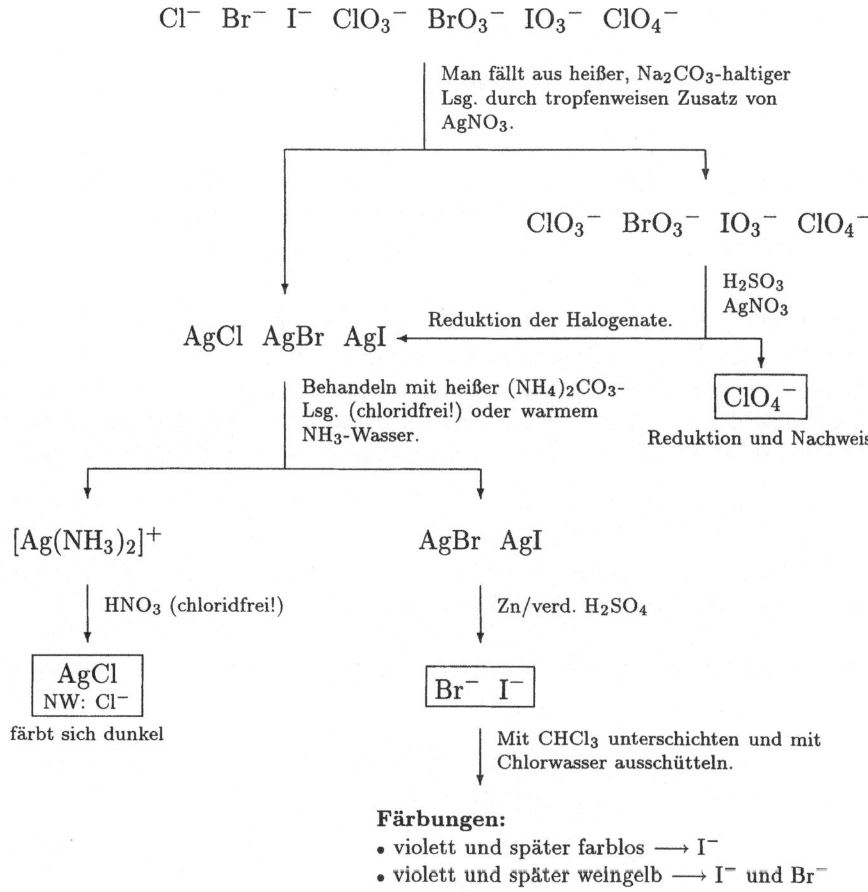

Aus dem Niederschlag der Silberhalogenide (AgCl, AgBr, AgI) wird AgCl durch Behandeln mit heißer $(NH_4)_2CO_3$-Lsg. oder warmem NH_3-Wasser herausgelöst. AgBr und AgI können nach Reduktion mittels Zn/H_2SO_4 durch Ausschütteln mit Chlorwasser in Gegenwart von Chloroform nachgewiesen werden.

[7] Die Anwesenheit von Carbonat-Ionen hält (infolge Bildung von Ag_2CO_3 ↓) die Konzentration von Ag^+ so gering, daß zwar die Silberhalogenide (AgCl, AgBr, AgI) ausfallen, das LP von $AgBrO_3$, $AgIO_3$ und $AgClO_4$ jedoch nicht überschritten wird. [8] An dieser Stelle muß unbedingt auf eine *quantitative* Fällung der Silberhalogenide geachtet werden! Man prüfe nach dem Zentrifugieren durch Zusatz einiger Tr. $AgNO_3$-Lsg. auf eventuelle Nachfällungen!

Das die Ionen ClO_3^-, BrO_3^-, IO_3^- und ClO_4^- enthaltende Zentrifugat wird anschließend mit H_2SO_3 behandelt. Dabei werden die Halogenate reduziert und können (wie oben) durch Fällung mit $AgNO_3$ aus der Lösung entfernt werden. ClO_4^- wird durch H_2SO_3 nicht reduziert. Es kann (nach Abtrennen der Silberhalogenide) entweder mit $RbNO_3$ und $KMnO_4$ als $RbClO_4 \cdot RbMnO_4$-Mischkristall gefällt werden. Oder man reduziert es mit $Ti(SO_4)_2/Zn/H_2SO_4$ und fällt anschließend mit $AgNO_3$ weißes AgCl.

4.2.2 Trennung der schwefelhaltigen Anionen

Zusammensetzung. Es können folgende Anionen zugegen sein: S^{2-}, $S_2O_3^{2-}$, SO_3^{2-}, SO_4^{2-}, $S_2O_8^{2-}$. Aufgrund seiner oxidierenden Wirkung kann $S_2O_8^{2-}$ jedoch nicht neben S^{2-}, SO_3^{2-} oder $S_2O_3^{2-}$ vorliegen. Es muß daher nur bei Abwesenheit von $S_2O_8^{2-}$ auf diese Anionen geprüft werden.

pH-Wert. Entsprechend der obigen Hinweise sollte die zu untersuchende Probelösung möglichst neutral sein. Andernfalls besteht die Gefahr von Redoxprozessen, die die ursprüngliche Zusammensetzung der Probelösung verändern können.[9] Falls also der pH-Wert der Probelösung vom neutralen Bereich abweicht, so ist möglichst schonend zu neutralisieren (keine konzentrierten Reagenzien!).

Andererseits kann die Prüfung des pH-Werts aber auch Rückschlüsse auf die Zusammensetzung der Analysensubstanz liefern: So wird eine saure Reaktion von HSO_4^- (Hydrogensulfat) oder durch Hydrolyse von $S_2O_8^{2-}$ hervorgerufen. Eine alkalische Reaktion deutet hingegen auf die Ionen S^{2-} oder SO_3^{2-}.

Peroxodisulfat. Vor der Ausführung weiterer Nachweise ist *unbedingt* auf Anwesenheit von $S_2O_8^{2-}$ zu prüfen! Dazu versetzt man die Probe *in der Kälte* mit gesättigter $BaCl_2$-Lsg. und fällt damit SO_4^{2-} als schwerlösliches $BaSO_4$ (quantitativ!). Nach Abtrennen dieses Niederschlags wird das Zentrifugat 5–10 Min. gekocht. Dabei hydrolysiert $S_2O_8^{2-}$ zu H_2O_2 und SO_4^{2-} (s. NW 1, Seite 192), das nach Abkühlen der Lösung mit gesättigter $BaCl_2$-Lsg. als $BaSO_4$ gefällt werden kann („Nachfällung").

Häufig empfiehlt sich auch die folgende Methode: Man versetzt eine verd. $MnSO_4$-Lsg. gemäß NW 3, Seite 193 mit wenig verd. HNO_3, 1 Tr. $AgNO_3$-Lsg. und schließlich tropfenweise mit der zu untersuchenden Probelösung. $S_2O_8^{2-}$ oxidiert dabei Mn^{2+} zu MnO_4^-, das an seiner violetten Farbe zu erkennen ist (man beachte aber die auf Seite 193 beschriebenen Störungsmöglichkeiten!).

Vorproben. Das in Kap. 4.1, Seite 131 erwähnte „Erhitzen der US mit H_2SO_4" kann folgende Informationen liefern: H_2S deutet auf Anwesenheit von S^{2-}, SO_2

[9] In saurer Lösung zersetzen sich insbesondere $S_2O_3^{2-}$ und SO_3^{2-}. Gleichzeitig kann auch durch S^{2-} und SO_3^{2-} die Anwesenheit von $S_2O_3^{2-}$ vorgetäuscht werden.

auf Anwesenheit von SO_3^{2-} oder $S_2O_3^{2-}$. Darüberhinaus beobachtet man Schwefelabscheidung in Gegenwart von $S_2O_3^{2-}$ oder S^{2-} neben SO_3^{2-}.

Trennungsgang. Ist kein $S_2O_8^{2-}$ zugegen, so können die Ionen S^{2-}, $S_2O_3^{2-}$, SO_3^{2-} und SO_4^{2-} nach folgendem Verfahren getrennt und nachgewiesen werden: Die möglichst neutrale Probelsg. wird zunächst tropfenweise mit verd. $Cd(Ac)_2$-Lsg. versetzt und anschließend kurz erwärmt (s. NW 2, Seite 176). Dabei geht (bei Anwesenheit von S^{2-}) die anfänglich *gelbe* Trübung der Lsg. in einen *gelben, flockigen* Nd. über, der von der Lsg. abzentrifugiert und mit Hilfe der Iod/Azid-Probe (NW 1, Seite 176) als CdS ↓ identifiziert werden kann.

H **Trennung der schwefelhaltigen Anionen**

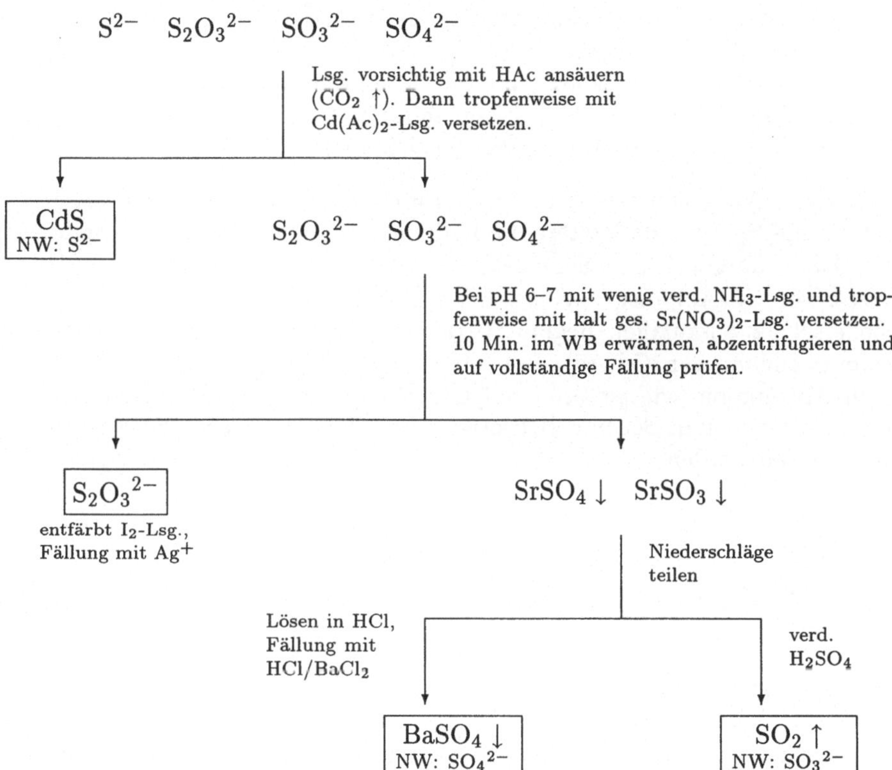

Das Zentrifugat wird daraufhin mit wenig verd. NH_3 behandelt und anschließend tropfenweise mit kalt gesättigter $Sr(NO_3)_2$-Lsg. versetzt. Nach kurzem Erwärmen im WB (ca. 10 Min.) fallen SO_3^{2-} und SO_4^{2-} als schwerlösliches $SrSO_3$ und $SrSO_4$ (auf Vollständigkeit der Fällung prüfen!). Falls CO_3^{2-} zugegen ist, fällt auch $SrCO_3$. Dieses stört jedoch die weitere Trennung nicht.

Den sorgfältig ausgewaschenen Nd. trennt man in zwei Teile. Nach Lösen der einen Hälfte mit konz. HCl wird SO_4^{2-} durch Zugabe von $BaCl_2$-Lösung als schwerlösliches $BaSO_4$ gefällt. Die andere Hälfte des Nd. säuert man mit verd. H_2SO_4 an und weist das aus $SrSO_3$ gebildete SO_2 durch Fällung von $BaSO_3$ oder Entfärbung einer Malachitgrün-Lösung nach (beide Reaktionen im Gärröhrchen).

Das bei der $Sr(NO_3)_2$-Fällung in Lösung verbleibende $S_2O_3{}^{2-}$ kann durch Entfärbung einer I_2-Lösung, durch Fällung mit Ag^+ oder durch Ansäuern mit HCl (Bildung von Schwefel, SO_2) nachgewiesen werden.

Anmerkungen. Besondere Vorsicht ist bei Anwesenheit von S^{2-} neben $SO_3{}^{2-}$ geboten. In saurer Lösung bilden diese beiden Ionen unter Komproportionierung Schwefel, aus dem durch Reaktion mit $SO_3{}^{2-}$ leicht $S_2O_3{}^{2-}$ entstehen kann (s. Seite 184). Die exakte Einhaltung eines neutralen pH-Werts ist in diesem Fall also unerläßlich.

Sollte F^- zugegen sein, so kann bei Zugabe von $Sr(NO_3)_2$-Lsg. auch *weißes* SrF_2 fallen! Falls also die Vorproben auf F^- positiv verlaufen, so ist der (vermeintliche) $SrSO_4$-Nd. in halbkonz. HCl zu lösen. Aus dessen Lsg. kann dann nach Zugabe einer sehr verd. $KMnO_4$-Lsg. mit $BaCl_2$ der charakteristische $BaSO_4 \cdot KMnO_4$-Mischkristall gefällt werden (NW 2, Seite 191).

Besonderes Vorgehen erfordert die Prüfung auf $CO_3{}^{2-}$ in Gegenwart von S^{2-}, $SO_3{}^{2-}$ und $S_2O_3{}^{2-}$, da letztere die Fällung von $CO_3{}^{2-}$ mit Ba^{2+} durch Bildung von $BaSO_3$ überdecken (s. Seite 213): Man fällt in diesem Fall durch tropfenweisen Zusatz von $Cd(Ac)_2$-Lsg. solange *gelbes* CdS, bis an der Eintropfstelle ein *weißer* Niederschlag auszufallen beginnt ($CdCO_3$). Man zentrifugiert und fällt durch weitere Zugabe von $Cd(Ac)_2$-Lsg. zum Zentrifugat möglichst viel $CdCO_3$, das nach Abtrennung wie gewohnt auf $CO_3{}^{2-}$ geprüft wird. Das Zentrifugat kann anschließend der in Schema H (vorige Seite) beschriebenen „Schwefeltrennung" unterworfen werden.

4.3 7. Hauptgruppe, Halogene

Das chemische Verhalten der Elemente Fluor, Chlor, Brom und Iod wird durch die Tendenz bestimmt, durch Aufnahme eines Elektrons „Edelgaskonfiguration" zu erreichen ($\hat{=}$ hohe „Elektronenaffinität", vgl. unten). Daraus ergibt sich allgemein eine hohe Reaktivität der Halogene gegenüber anderen Stoffen, die von Iod über Brom und Chlor zum Fluor hin zunimmt. Überhaupt ist Fluor das reaktionsfreudigste aller Elemente. Es besitzt die höchste Elektronegativität und tritt, im Gegensatz zu seinen schwereren Homologen, nur in der Oxidationsstufe –I auf (Ausnahme: HFO).

Die freien Elemente bilden zweiatomige Moleküle, die durch kovalente Bindungen zusammengehalten werden. Sie sind verhältnismäßig leichtflüchtig, riechen unangenehm „ätzend" und sind giftig. Ihre Eigenschaften ändern sich, mit wenigen

Ausnahmen, stetig mit steigender Ordnungszahl. So nimmt die Elektronenaffinität (und damit die Reaktionsfähigkeit), die thermische Beständigkeit der Wasserstoffverbindungen HX sowie die Löslichkeit der Silberhalogenide ab, die Farbe vertieft sich von farblos nach violett (Tab. 4.4). Dagegen steigen die Schmelz- bzw. Siedepunkte innerhalb der Gruppe in Folge der wachsenden van-der-Waals-Wechselwirkungen zwischen den Molekülen (steigende Polarisierbarkeit mit zunehmendem Radius).

Tabelle 4.4 Einige Eigenschaften der Halogene.

	F	**Cl**	**Br**	**I**
Farbe im Gaszustand	farblos [a]	gelbgrün	tiefbraun	violett
Elektronenaffinität [kJ/mol]	332.6	348.5	324.7	295.5
Ionisierungsenergie [kJ/mol]	1680.6	1255.7	1142.7	1008.6
Elektronegativität	4.10	2.83	2.74	1.96
Smp. [°C]	–219.6	–101.0	–7.2	113.6
Sdp. [°C]	–188.0	–34.6	58.8	184.0
Atomradius [pm]	64	99	114	133
Ionenradius [b] X^- [pm]	131	181	195	216

[a] In dicker Schicht ist gasförmiges Fluor schwach grünlich-gelb gefärbt. [b] Die Werte beziehen sich jeweils auf die Koordinationszahl 6.

Diejenige Energie, die bei der Bildung von Anionen freigesetzt wird, nennt man „Elektronenaffinität“ (EA). Aufgrund der hohen Elektronegativität sollte man erwarten, daß die EA beim Fluor den höchsten Wert erreicht. Überraschenderweise liegt sie jedoch zwischen der des Chlors und der des Broms. Auch die Dissoziationsenergie des Fluors (Energie, die zur Spaltung eines Moleküls in Atome oder Atomgruppen erforderlich ist) ist unerwartet gering. Diese beiden Effekte sind als Folge des geringen Kovalenzradius des Fluors und der dadurch bedingten Abstoßung durch die nichtbindenden Rumpfelektronen zu verstehen. Bei den schwereren Halogenen ist diese Abstoßung aufgrund der größeren Kovalenzradien deutlich schwächer.

Wegen ihrer großen Reaktivität kommen in der Natur keine elementaren Halogene vor. Die Farbvertiefung von Fluor nach Iod wird durch eine zunehmende Verschiebung von „Charge-Transfer-Banden“ in den sichtbaren Bereich verursacht (vgl. Seite 202).

4.3.1 Halogenwasserstoffe und Halogenide

Während die schwereren Halogenwasserstoffe HCl, HBr und HI bei Raumtemperatur farblose, zweiatomige *Gase* sind, ist HF bei Raumtemperatur eine farblose, leichtflüchtige *Flüssigkeit.* Das abweichende Verhalten des Fluorwasserstoffs äußert sich auch in einem auffallend hohen Schmelz- bzw. Siedepunkt sowie der vergleichsweise geringen Säurestärke seiner wäßrigen Lösung. Diese häufig als „Anomalie des Fluorwasserstoffs" bezeichneten Abweichungen beruhen auf der Assoziation der HF-Moleküle über Wasserstoffbrückenbindungen.

Tabelle 4.5 Einige Eigenschaften von Halogenwasserstoffverbindungen.

	HF	HCl	HBr	HI
Smp. [°C]	**−83.4**	−114.2	−86.9	−50.9
Sdp. [°C]	**19.5**	−85.0	−66.7	−35.4
Dichte ρ am Sdp. [g/cm^3]	0.991	1.187	2.160	2.799
Azeotrop mit H_2O [Anteil HX]	38.0	20.2	47.6	56.7
Sdp. (Azeotrop) [°C]	112.0	108.6	124.3	83.1
pK_s (wss. Lsg.) bei 25 °C	3.17	−6.1	−8.9	−9.3
Bindungslänge H–X [pm]	91.7	127.4	141.6	160.8

Die beiden Halogenwasserstoffe HF und HCl besitzen große technische Bedeutung. HF wird vorwiegend zur Herstellung von synthetischem Kryolith (Aluminiumproduktion), zur Kunststoffproduktion (Teflon, Hostaflon), zum Ätzen von Glas (Glühlampen, Fernsehröhren) und – mittlerweile rückläufig – zur Synthese von FCKW (Fluorchlorkohlenwasserstoffe) verwendet. HCl ist eine der meistproduzierten (Grund-)Chemikalien überhaupt. Sie findet als Chlorierungsreagenz in der PVC-Herstellung oder allgemein als „technische Säure" in chemischen Syntheseprozessen vielseitigste Anwendungen.

Pseudohalogene/-halogenide:

Definition. Als Pseudohalogene bezeichnet man einige kovalent gebundene, einwertige Radikale (z. B. N_3, CN, OCN, CNO, SCN, SeCN etc.), die in bestimmter Hinsicht ähnliche Eigenschaften wie die Halogene zeigen. Pseudohalogene bilden – in Analogie zu den Halogenen – Anionen der Form Y^-, die man allgemein als *Pseudohalogenide* bezeichnet. Beispiele dafür sind die Azide N_3^- (Anionen der Stickstoffwasserstoffsäure HN_3), Cyanide CN^- (Anionen der Blausäure HCN), Cyanate OCN^- (Anionen der Cyansäure HOCN), Fulminate CNO^- (Anionen der Knallsäure HCNO) und Thiocyanate NCS^- (Anionen der Thiocyansäure HNCS).

Vergleich. Charakteristisch für beide Gruppen ist die Bildung schwer- bzw. unlöslicher Salze mit Kationen der HCl-Gruppe (Ag^+, Hg_2^{2+}, Pb^{2+}).

AgCl, Hg_2Cl_2, $PbCl_2$ AgSCN, $Hg_2(CN)_2$, $Pb(SCN)_2$

Analog den Halogenwasserstoffsäuren existieren auch Pseudohalogenwasserstoffsäuren, von denen sich Metallsalze und kovalente Nichtmetallverbindungen ableiten.

HCl, HBr, HI HCN, HNCO, HNCS

Die Metallsalze bilden mit Halogeniden/Pseudohalogeniden im Überschuß Halogeno- bzw. Pseudohalogeno-Komplexe.

$[AgCl_2]^-$, $[PbI_4]^{2-}$ $[Ag(CN)_2]^-$, $[Hg(SCN)_4]^{2-}$

Sowohl Halogenide als auch Pseudohalogenide lassen sich durch geeignete Oxidationsmittel zu flüchtigen Stoffen der allgemeinen Form Y_2 oxidieren.

Cl_2, Br_2 etc.	$(CN)_2$, $(SCN)_2$

Diese disproportionieren in Alkalilaugen in Halogenid/Halogenat bzw. Pseudohalogenid/Pseudohalogenat.

$3\,Br_2 + 6\,OH^- \longrightarrow 5\,Br^- + BrO_3^-$	$(CN)_2 + 2\,OH^- \longrightarrow CN^- + OCN^- + H_2O$

Weiter kennt man Interhalogen- und Interpseudohalogenverbindungen der allgemeinen Zusammensetzung YY'...

BrCl, IBr	$NC(N_3)$, NC(NCS)
ICl_3, BrF_3	$I(NCS)_3$, $(NCS)Cl_3$

sowie Polyhalogenid- bzw. Polypseudohalogenid-Ionen.

Br_3^-, I_3^-, I_5^-	$(SCN)_3^-$

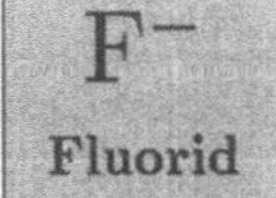

Fluorid, F^-

Allgemeines

Fluoride sind die Salze der giftigen, leicht flüchtigen Flußsäure (vgl. „Sicherheitshinweise"). Wichtige Vertreter natürlicher Fluoridmineralien sind Flußspat CaF_2, Fluorapatit $Ca_5(PO_4)_3F$ ($\widehat{=}\ 3\,Ca_3(PO_4)_2 \cdot CaF_2$) und Kryolith $Na_3[AlF_6]$. Letzteres spielt eine wichtige Rolle als Flußmittel bei der Schmelzflußelektrolyse des Aluminiums, wenngleich der natürliche Kryolith aufgrund des enormen Bedarfs inzwischen mehr und mehr von technischem Kryolith verdrängt wird.

Als Flußsäure bezeichnet man eine Lösung von Fluorwasserstoff in Wasser.[10] Gemäß ihrer geringen Dissoziation ($pK_s = 3.19$) zählt man die Flußsäure eher zu den schwachen Säuren, die Säurestärke steigt jedoch mit zunehmender Konzentration an HF. Dennoch werden zahlreiche Metalle unter Wasserstoffentwicklung gelöst.[11] Auch Glas oder Porzellan werden von HF angegriffen (vgl. NW 1, Seite 149). Man kann die Säure daher nur in paraffinüberzogenen Glas-, Blei- oder Kunststoffgefäßen (Polyethylen) aufbewahren.

Wasserfreier Fluorwasserstoff ist bei Raumtemperatur eine farblose, hygroskopische, stechend riechende und giftige Flüssigkeit. In festem HF liegen die Moleküle in Form von polymeren, gewinkelten $(HF)_x$-Ketten vor (Bild 4.1a). In gasförmigem HF finden sich gewellte $(HF)_6$-Ringe (Bild 4.1b) neben HF-Monomeren; letztere überwiegen anteilsmäßig bei höheren Temperaturen. Die Assoziation der Moleküle über Wasserstoffbrückenbindungen bedingt den auffallend hohen Schmelz- bzw. Siedepunkt von HF (Tab. 4.5, links).

---

[10] Das azeotrope Gemisch von HF mit Wasser, das bei 112 °C siedet, hat die Zusammensetzung 38% HF und 62% H_2O. [11] Vollständig gegen HF beständig sind nur Au und Pt. Pb wird oberflächlich angegriffen, ist aber ebenfalls weitgehend gegen HF resistent.

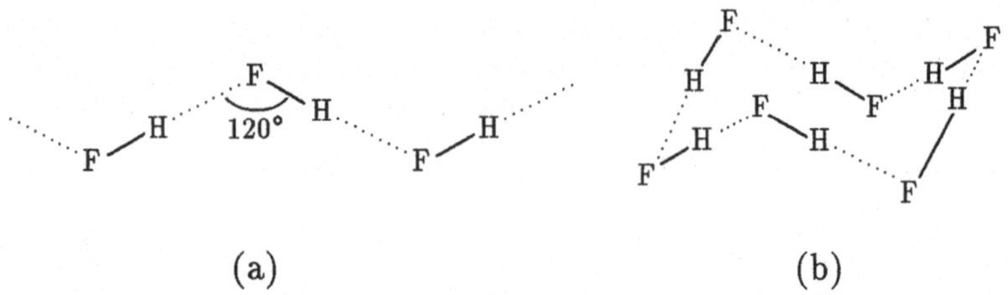

(a) (b)

Bild 4.1 Zickzack-Ketten in festem HF (a) und hexameres $(HF)_6$ in gasförmigem HF (b).

Üblicherweise wird HF durch Einwirkung einer Säure auf Fluoride (vorwiegend Flußspat CaF_2) hergestellt. Alternativ dazu kann HF auch durch Direktsynthese aus den Elementen dargestellt werden. Wasserfreien Fluorwasserstoff gewinnt man dagegen durch Erhitzen von sog. „sauren Fluoriden" des Typs $M'F \cdot x HF$ (M' = Metalläquivalent).

Sicherheitshinweise zum Umgang mit Flußsäure und HF

Bei Einwirkung von Säuren auf lösliche Fluoride oder auf deren wss. Lösungen kann stechend riechender, giftiger Fluorwasserstoff HF freigesetzt werden. Dieser Gefahr sollte man sich stets bewußt sein, *bevor* man die weiter unten beschriebenen Vorproben oder Nachweise von F^- ausführt (Abzug!).

Flußsäure HF ist eine farblose, giftige, stark ätzende und äußerst reaktionsfähige Flüssigkeit, die auf der Haut sehr schmerzhafte (aber meist erst nach einigen Tagen sichtbare) Verätzungen hervorruft. Infolge ihrer geringen Dissoziation dringt die Säure weit ins Gewebe vor und kann neben tieferliegenden Hautschichten selbst Knochen angreifen und zerstören.[12] Mit Flußsäure darf daher nur im geschlossenen Abzug und – zur Vermeidung von Verätzungen – mit Schutzbrille und säurefesten, dichten Handschuhen gearbeitet werden. Diese Sicherheitsempfehlungen gelten natürlich sinngemäß auch für den Umgang mit HBr und HI.

Nachweis von Fluorid

Die meisten Fluoride sind in Wasser leicht, FeF_3, BaF_2 und LiF dagegen eher wenig löslich. Schwerlöslich sind ferner die Erdalkalifluoride CaF_2 und SrF_2 sowie die Metallfluoride CuF_2 und PbF_2. Im Gegensatz zu den schwereren Halogeniden bildet F^- mit höher geladenen Kationen zahlreiche, teilweise sehr stabile Fluorokomplexe ($[AlF_6]^{3-}$, $[SiF_6]^{2-}$, $[ZrF_6]^{2-}$, $[BF_4]^-$, $[FeF_6]^{3-}$ ...). Auch kristallisieren einige Fluoride unter Bindung unterschiedlicher Mengen HF („saure

[12] Die meisten (stärker dissoziierten) Säuren entziehen dem Gewebe Wasser. Die Haut bildet daraufhin einen schützenden „Ätzschorf", der ein weiteres Vordringen der schädigenden Säuren in tiefere Gewebeschichten verhindert. Einige Säuren (HF, H_2SO_4) sind jedoch dazu in der Lage, diesen Ätzschorf zu lösen. Die durch sie verursachten Verätzungen sind dementsprechend schmerzhaft und gefährlich.

Fluoride“); hierzu gehört beispielsweise das KF, das aus wäßriger Flußsäure als $KF \cdot HF$ kristallisiert. Im Kationentrennungsgang wirkt Fluorid als „Störanion“:

- Es stört die Nachweise einiger dreiwertiger Elemente durch die Bildung stabiler Fluorokomplexe (s. o.).
- Erdalkaliionen können in neutraler und schwach saurer Lsg. als schwerlösliche Fluoride gefällt werden.
- F^- kann mit Säuren HF bilden, wodurch Glas- und Porzellangefäße angeätzt und Na^+, Al^{3+}, Ca^{2+}, Silicat etc. herausgelöst werden können.

F^- muß daher durch mehrmaliges Abrauchen mit konz. H_2SO_4 im Bleitiegel entfernt werden (Achtung: hierbei können Hg-, Cd-, As- und K-Salze sublimieren!).

1. NW durch Kriech- bzw. Ätzprobe

$$CaF_2 + H_2SO_4 \longrightarrow CaSO_4 + 2\,HF$$

$$4\,HF + SiO_2 \longrightarrow SiF_4\uparrow + 2\,H_2O$$

Durch Reaktion mit heißer, konz. H_2SO_4 werden Fluoride in gasförmigen Fluorwasserstoff HF überführt. Aufgrund der hohen Viskosität der „öligen“ H_2SO_4 entweicht das Gas nur sehr langsam aus der Lösung. Meist kriechen kleine Gasblasen an der Innenwand des Reagenzglases empor, weshalb man den Nachweis als „Kriechprobe“ bezeichnet.[13]

Der freigesetzte Fluorwasserstoff reagiert an der Reagenzglaswand (SiO_2) zu flüchtigem SiF_4. Dadurch wird die Innenseite des Glases oberflächlich angeätzt („Ätzprobe“), was man am Benetzungsverhalten gegenüber konz. H_2SO_4 erkennen kann:

Gibt man heiße, konz. Schwefelsäure in ein neues, ungebrauchtes Reagenzglas und schüttelt dieses kurz, so wird die Innenwand von der öligen Säure vollständig benetzt. Der entstandene Flüssigkeitsfilm reißt erst allmählich und die Säure läuft langsam von der Glaswandung ab. Prüft man dagegen das Benetzungsverhalten mit einem *angeätzten* Reagenzglas, so perlt die Säure nun „wie Wasser an einer fettigen Oberfläche“ ab.

Praxis: Man gibt ca. 10–20 Tr. konz. H_2SO_4 in ein sauberes, trockenes RG und schüttelt kurz um, um sich davon zu vergewissern, daß die Oberfläche des Glases noch nicht angeätzt wurde. Daraufhin gibt man eine Spatelspitze US hinzu und stellt das Glas in ein siedendes WB. Bei Anwesenheit von F^- kriechen bald Blasen an der Glaswandung empor. Man prüft nach ca. 10 Minuten durch kurzes Umschwenken der Lösung, ob die Glasoberfläche durch freigesetzten Fluorwasserstoff angeätzt wurde. Verläuft der Nachweis negativ, so sollte *kurz* über der Brennerflamme erhitzt werden, da die Fluoride einiger höher geladener Kationen erst in der Hitze reagieren.

[13] Vorsicht bei Anwesenheit gasentwickelnder Stoffe (Tab. 2.4, Seite 18). Diese können beim Erhitzen mit H_2SO_4 ebenfalls Gasblasen erzeugen.

Störung:
- Der NW ist nur bei größeren Mengen an F^- sinnvoll!
- Zu starkes Erwärmen beeinträchtigt die Deutlichkeit des Nachweises! Die Säure beginnt zu schäumen und „verteilt“ damit den Fluorwasserstoff auf eine sehr große (Ober-)Fläche. Der Unterschied im Benetzungsverhalten ist dann anschließend nur sehr schwer zu erkennen.
- Überschüssige Mengen an Borsäure bzw. Kieselsäure stören, weil sie F^- unter Bildung von $BF_3 \uparrow$ bzw. $SiF_4 \uparrow$ verbrauchen (beide Substanzen greifen das Glas nicht an; auch kann die Blasenbildung völlig ausbleiben!). In diesem Fall sollte F^- mittels $CaCl_2$ gefällt und der NW mit dem Nd. wiederholt werden.

Achtung:
- Der NW darf nur in einem Reagenzglas erfolgen, in dem *noch nie* eine Kriech- bzw. Ätzprobe durchgeführt wurde (am besten ein *neues* RG verwenden)!
- Schwefelsäure hat einen Siedepunkt von 279.3 °C! Das ist insofern zu beachten, als man der heißen Säure ihre hohe Temperatur *nicht ansieht.* Ferner droht bei Anwesenheit von ClO_3^- oder MnO_4^- die Bildung explosiver Stoffe (ClO_2, Mn_2O_7).

2. NW durch Bleitiegelprobe

Bei der Bleitiegelprobe erzeugt man, wie oben beschrieben, durch Einwirken von heißer, konz. H_2SO_4 auf Fluoride Fluorwasserstoff HF. Anders als in NW 1 (vorige Seite) wird nun jedoch festes SiO_2 vorgelegt, das mit HF zu SiF_4 reagiert. Letzteres hydrolysiert in Wasser zu *weißer, gallertartiger* Metakieselsäure, die man durch Abscheidung auf einem schwarzen Papier sichtbar machen kann.

$$2\,CaF_2 + SiO_2 + 2\,H_2SO_4 \rightleftharpoons 2\,CaSO_4 + 2\,H_2O + SiF_4$$

$$3\,SiF_4 + 3\,H_2O \longrightarrow \underset{\text{Metakieselsäure}}{H_2SiO_3 \downarrow} + 2\,H_2[SiF_6]$$

$$SiF_4 + 2\,H_2O \longrightarrow SiO_2 \downarrow + 4\,HF$$

Praxis: Die getrocknete US wird in einem Bleitiegel mit der vierfachen Menge an frisch gefällter und geglühter Kieselsäure (SiO_2) vermengt und mit 5 ml konz. H_2SO_4 versetzt. Den Tiegel verschließt man mit einem durchbohrten Deckel, auf dessen Öffnung ein feuchtes, schwarzes Filterpapier[14] gelegt wird. Schließlich erwärmt man den Tiegel einige Zeit lang auf dem WB.

Bei Anwesenheit von F^- scheidet sich allmählich SiO_2 bzw. Metakieselsäure ab, die als *weißer* Fleck auf dem schwarzen Papier zu erkennen sind. Während des NW sollte das Papier durch gelegentliches Auftropfen von Wasser feucht gehalten werden. Vor der Interpretation von eventuellen Abscheidungen muß das Papier jedoch sorgfältig getrocknet werden.

[14] Am besten eignet sich dünnes, schwarzes Fließpapier, das durch Beschweren mittels Büroklammern oder Siedesteinen fest auf den Deckel gepreßt wird (andernfalls besteht die Gefahr, daß gasförmiges SiF_4 an den Seiten des Deckels entweicht). Ungünstig ist die Verwendung von normalem, weißem Filterpapier, das zuvor mit einem schwarzen Filzstift eingefärbt wurde. Die Farbe wird nämlich meist von HF zerstört und täuscht somit einen „weißen Fleck“ vor.

Störung:
- $S_2O_3^{2-} \longrightarrow S$ (zuvor mit H_2O_2 zu SO_4^{2-} oxidieren).
- $S^{2-} \longrightarrow S$ (zuvor mit $Cd(Ac)_2$ fällen).
- Größere Mengen an Borsäure $B(OH)_3 \longrightarrow BF_3$ (hydrolysiert zu HF und löslicher Borsäure H_3BO_3).

Achtung:
- Beim Erhitzen mit konz. H_2SO_4 droht in Anwesenheit von ClO_3^- oder MnO_4^- die Bildung explosiver Stoffe (ClO_2, Mn_2O_7).
- Blei schmilzt bei 327 °C! Daher bei Verwendung eines Bleitiegels *niemals* das Wasserbad eindampfen lassen!

3. NW durch Entfärbung von Zr/Alizarin-Farblack

Wie Al^{3+} bildet auch Zr^{4+} mit Alizarin-S einen stabilen, *rotvioletten* Farblack (vgl. S. 91). Im Gegensatz zum Al/Alizarin-S-Farblack (der nur in essigsaurer Lsg. stabil ist) ist der Zr/Alizarin-S-Farblack auch in salzsaurer Lsg. stabil. Die Farbe des Farblacks ändert sich bei F^--Zugabe (ebenso unter Einwirkung von SiF_4 oder H_2SiF_6) von *rotviolett* nach *gelb*, da sich stabileres Hexafluorozirkonat $[ZrF_6]^{2-}$ bildet und infolgedessen der Zr/Alizarin-S-Farblack zerstört wird.

Praxis: Man tränkt ein sauberes und trockenes Stück Filterpapier mit einer 5%igen Lsg. von $Zr(NO_3)_4$ in verd. HCl und legt dieses anschließend in eine 2%ige, wss. Lsg. von Natriumalizarinsulfonat. Das Papier wird solange mit dest. Wasser gewaschen, bis das Waschwasser nahezu farblos abläuft. Dann trocknet man das Papier, schneidet es in kleine Teststreifen und bewahrt diese in einem trockenen, dunklen und abgeschlossenen Schliffgefäß auf.

Zum Nachweis von F^- wird ein mit 1 Tr. konz. HAc befeuchteter Teststreifen mit 1 Tr. der neutralen Testlösung getüpfelt. Eine *Gelbfärbung* (Farbe der freien Alizarinsulfonsäure) deutet auf Anwesenheit von F^-.

Alternativ dazu können die Teststreifen auch auf die Öffnung eines Bleitiegels gelegt werden (s. oben). Das hat den Vorteil, daß auch geringe Mengen an F^- relativ sicher erfaßt werden können.

Störung:
- Größere Mengen an SO_4^{2-}, $S_2O_3^{2-}$, PO_4^{3-}, AsO_4^{3-}, $[BF_4]^-$ und $[SiF_6]^{2-}$ geben ähnliche Reaktionen.
- Bei zu starkem Erhitzen des Bleitiegels kann der Farblack auch durch verdampfende H_2SO_4 zersetzt werden.
- Flüchtige Oxidationsmittel wie Cl_2, Br_2, I_2 (z. B. aus Halogeniden und konz. H_2SO_4) können den Farblack ebenfalls entfärben.

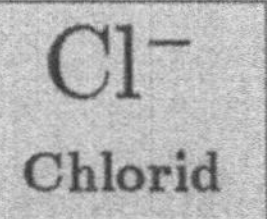

Chlorid, Cl^-

Allgemeines

Chloride sind die Salze der Salzsäure. Als Salzsäure bezeichnet man allgemein eine wss. Lösung von Chlorwasserstoff HCl. Chlorwasserstoff ist ein farbloses, stechend riechendes und die Atemwege reizendes Gas, das unter Normalbedingungen eine außerordentlich große Löslichkeit in Wasser zeigt (17.61 mol HCl in 1000 ml Wasser ≙ 39.1%ige Lsg.). Konz. Salzsäure raucht stark an feuchter Luft; sie wird daher häufig als „rauchende Salzsäure" bezeichnet. Erhitzt man konz. Salzsäure, so entweicht zunächst gasförmiger Chlorwasserstoff, ehe bei 108.5 °C ein *azeotropes Gemisch* aus 20.2% HCl und 79.8% Wasser siedet.

HCl ist eine wichtige (Grund-)Chemikalie. Die gezielte Herstellung erfolgt in der Regel nach dem „Natriumsulfat-Prozeß", dem „Hargreaves-Verfahren" oder der Direktsynthese. Beim zweistufigen Natriumsulfat-Prozeß wird NaCl mit konz. Schwefelsäure ausgelaugt, wobei zunächst Natriumhydrogensulfat $NaHSO_4$, später Natriumsulfat Na_2SO_4 entsteht.

$$NaCl + H_2SO_4 \xrightarrow{\sim 150\,°C} HCl + NaHSO_4$$

$$NaCl + NaHSO_4 \xrightarrow{\sim 600\,°C} HCl + Na_2SO_4 \qquad (\text{„Natriumsulfat-Prozeß"})$$

Das Hargreaves-Verfahren ist eine Variante des Natriumsulfat-Prozesses, bei der NaCl bei hohen Temperaturen mit einer Gasmischung aus SO_2, H_2O und Luft (also „H_2SO_4") umgesetzt wird. Diese Verfahren werden heute insbesondere dort angewandt, wo NaCl (Steinsalz) billig zur Verfügung steht.

$$2\,NaCl + SO_2 + H_2O + {}^1\!/_2\,O_2 \xrightarrow{450\,°C} 2\,HCl + Na_2SO_4 \qquad (\text{„Hargreaves"})$$

Die Direktsynthese von HCl durch Verbrennung von H_2 in Cl_2 liefert besonders reines HCl. In den letzten Jahren wurde die Bedeutung der gezielten HCl-Synthesen jedoch mehr und mehr zurückgedrängt, da inzwischen HCl in großer Menge als Nebenprodukt der org. Synthesechemie verfügbar ist.

Sicherheitshinweise zum Umgang mit Salzsäure

Beim Umgang mit konz. HCl ist stets an die *starke Ätzwirkung* sowie an die Möglichkeit der Freisetzung von *ätzendem, reizendem* HCl-Gas (Abrauchen, Erhitzen) oder von *giftigem* Chlor (bei Reaktion mit Oxidationsmitteln wie $KMnO_4$ oder PbO_2) zu denken. Mit der konz. Säure sollte daher nur im geschlossenen Abzug, mit Schutzbrille und – zur Vermeidung von Verätzungen – mit säurefesten Handschuhen gearbeitet werden.

Nachweis von Chlorid

Fast alle Chloride sind in Wasser leicht löslich. Ausnahmen bilden die schwerlöslichen Chloride der sog. HCl-Gruppe (AgCl, Hg_2Cl_2, $PbCl_2$) sowie CuCl, AuCl und TlCl. Ebenfalls schwerlöslich in Wasser sind die „basischen" Chloride BiOCl, SbOCl und Hg_2OCl_2.

1. NW als AgCl

$$Cl^- + Ag^+ \longrightarrow AgCl \downarrow$$

Chlorid-Ionen bilden mit Ag^+ einen *weißen, käsigen* Niederschlag, der sehr lichtempfindlich ist und sich nach einiger Zeit (durch Reduktion von Ag^+) *blaugrau* verfärbt. AgCl ist im Gegensatz zu Ag_2CO_3 und Ag_3PO_4 in verd. und konz. HNO_3 unlöslich.[15] In NH_3 lösen sich alle drei Ag-Verbindungen unter Bildung von entsprechenden Amminkomplexen.

$$AgCl + 2\,NH_3 \longrightarrow \underset{\text{Diamminsilber(I)-Komplex}}{[Ag(NH_3)_2]^+} + Cl^- \qquad (*)$$

$$[Ag(NH_3)_2]^+ + 2\,HNO_3 + Cl^- \longrightarrow AgCl \downarrow + 2\,NH_4NO_3$$

Der Diamminsilber(I)-Komplex wird durch Säuren zerstört. Oder anders betrachtet: Die zugesetzte Säure reagiert mit NH_3 zu NH_4^+ und „entzieht" damit dem Komplex seine Liganden. Betrachtet man das MWG für die obige Reaktion (*)

$$K = \frac{[\{Ag(NH_3)_2\}^+]}{[Ag^+][NH_3]^2},$$

so erkennt man die Auswirkung auf das LP_{AgCl}: Wird $[NH_3]$ verringert (Reaktion mit H^+), so nimmt bei konstantem K auch $[\{Ag(NH_3)_2\}^+]$ ab. Gleichzeitig steigt jedoch $[Ag^+]$ (Zerstörung des Komplexes). Das heißt, LP_{AgCl} wird überschritten und AgCl fällt aus.

Praxis: 20 Tr. SA werden zunächst mit einigen Tr. verd. HNO_3, dann mit einigen Tr. konz. HNO_3 angesäuert. Nach Zugabe von einigen Tr. $AgNO_3$-Lsg. deutet ein *weißer, käsiger* Nd. (bei wenig Cl^- oft nur eine Trübung) auf Anwesenheit von Cl^-. Der Nd. kann durch Behandeln mit NH_3 in Lösung gebracht und durch anschließendes Ansäuern mit HNO_3 wieder ausgefällt werden.

Störung:
- CO_3^{2-} muß durch Verkochen bzw. Ansäuern restlos entfernt werden (sonst fällt gelbliches $Ag_2CO_3 \downarrow$, insbesondere wenn die Lsg. nicht sauer genug ist).
- $S^{2-} \longrightarrow$ als Ag_2S oder mit $Cd(Ac)_2$ als CdS fällen.

  Allerdings: die beiden letztgenannten Ag-Niederschläge (Ag_2CO_3, Ag_2S) lösen sich in konz. HNO_3, weshalb ein Nd. in diesem Medium als spezifischer NW für Cl^- gelten kann.
- Br^-, I^- (Fällungen von hellgelbem AgBr bzw. gelbem AgI) $\longrightarrow$ Unterscheidung anhand der Löslichkeit in NH_3 (AgCl ist gut, AgBr ist wenig und AgI ist nahezu nicht löslich. Die Trennungswirkung kann durch Verwendung einer silbernitrathaltigen Ammoniaklösung[16] noch verbessert werden – Löslichkeitsprodukt). Zur Trennung der Halogenidionen s. später.

Achtung: Ammoniakalische Silber-Abfälle müssen stets angesäuert werden, da sich sonst explosives „Knallsilber" (Ag_3N) bilden kann (Entsorgung: Silberrückstände)!

[15] Anmerkung: Ag_3PO_4 ist gelb und nur bei etwa pH 7 beständig. [16] *Achtung:* Diese Lösung muß *immer frisch angesetzt* werden, da sich andernfalls mit der Zeit explosives Knallsilber Ag_3N bilden kann!

Br⁻
Bromid

Bromid, Br^-

Allgemeines

Bromide sind die Salze des giftigen, stark reizenden Bromwasserstoffs HBr. Natürliche Bromide entsprechen in ihrer Zusammensetzung analogen Mineralien des homologen Chlors, mit denen sie zum Teil vergesellschaftet vorkommen.

HBr zeigt eine noch höhere Löslichkeit in Wasser als HCl (25.5 mol HBr in 1000 ml Wasser). Das azeotrope Gemisch von HBr mit Wasser, das bei 124.3 °C siedet, hat die Zusammensetzung 47.6% HBr und 52.4% H_2O. Da die Bindung zwischen Halogen und Wasserstoff in HBr schwächer ist, als in den homologen HF und HCl (EN, Ionenradius), wirkt HBr als stärkere Säure ($pK_s = -8.9$).

Technisch stellt man HBr durch Umsetzung von Bromiden mit nichtoxidierenden, schwerflüchtigen Säuren wie H_3PO_4 dar.[17] Oder man tropft Wasser zu leicht zersetzlichen Bromiden (Bsp. PBr_3) und treibt den flüchtigen Bromwasserstoff durch Erwärmen aus der Lösung.

$$3\,KBr + H_3PO_4 \longrightarrow K_3PO_4 + 3\,HBr$$

$$PBr_3 + 3\,H_2O \longrightarrow \underset{\text{Phosphonsäure}}{H_3PO_3} + 3\,HBr$$

Auch aus den Elementen kann HBr in guten Ausbeuten gewonnen werden. Um jedoch das Gleichgewicht der Bildungsreaktion in die gewünschte Richtung zu drängen, muß bei verhältnismäßig niedrigen Temperaturen gearbeitet werden (200–300 °C). Um dennoch akzeptable Reaktionsgeschwindigkeiten zu erhalten, wird die Reaktion mit Pt oder Aktivkohle katalysiert. Schließlich fällt HBr auch als Nebenprodukt bei der technischen Bromierung organischer Verbindungen an.

$$H_2 + Br_2 \rightleftharpoons 2\,HBr$$

Alkalibromide gewinnt man durch Reduktion von Bromaten mittels Holzkohlepulver. Sie werden für die Photographie als Entwicklerzusatz oder – nach Umsetzung mit $AgNO_3$ – als lichtempfindliche Komponente in Filmbeschichtungen verwendet (vgl. „photographischer Prozeß“; Seite 186).

Nachweis von Bromid

Die meisten Bromide sind in Wasser leicht löslich. Ausnahmen sind die Bromide der „HCl-Gruppe“ AgBr, Hg_2Br_2, TlBr und $PbBr_2$, die jedoch schwerer löslich sind als die entsprechenden Chloride.

[17] Bei Verwendung oxidierender Säuren (Bsp. H_2SO_4) wird der freigesetzte Bromwasserstoff teilweise zu elementarem Brom oxidiert.

1. Nachweis als AgBr

$$Br^- + Ag^+ \longrightarrow \underset{\text{gelblich}}{AgBr} \downarrow$$

Beim Versetzen mit $AgNO_3$-Lsg. werden Br^--Ionen als *schwach gelbes* AgBr gefällt. AgBr ist schwerlöslich in HNO_3, löslich in konz. NH_3, KCN oder $Na_2S_2O_3$.

2. Nachweis mit Oxidationsmitteln

$$2\,HBr + H_2SO_4 \longrightarrow Br_2 \uparrow + SO_2 + 2\,H_2O$$

Oxidationsmittel wie konz. H_2SO_4 oder $Cr_2O_7{}^{2-}$, MnO_2, $MnO_4{}^-$ oder PbO_2 setzen aus saurer bromid-haltiger Lösung (bes. beim Erwärmen) *braune* Bromdämpfe frei (vgl. Tab. 4.2, Seite 132). Im Unterschied zu Cl^- wird Br^- jedoch bereits in essigsaurer Lsg. von Permanganat oxidiert und bildet mit $Cr_2O_7{}^{2-}/H_2SO_4$ *kein* flüchtiges „Chromylbromid" (vgl. NW 1, Seite 201).

3. Nachweis mit Chlorwasser

$$2\,Br^- + Cl_2 \longrightarrow 2\,Cl^- + \underset{\text{braun}}{Br_2}$$

$$Br_2 + Cl_2 \longrightarrow \underset{\text{weingelb}}{2\,BrCl}$$

Br^- wird durch Cl_2 zu braunem Br_2 oxidiert, das mit überschüssigem Chlor zur *weingelben* „Interhalogenverbindung" BrCl reagiert.

Praxis: Man säuert einge Tr. Probelösung mit wenig verd. H_2SO_4 an und unterschichtet mit 5 Tr. $CHCl_3$ (Chloroform). Bei tropfenweiser Zugabe von gesättigtem Chlorwasser und gelegentlichem Umschwenken (Ausschütteln) beobachtet man eine *Braunfärbung* der Chloroform-Phase durch freiwerdendes Brom. Wird ein Überschuß an Chlorwasser zugesetzt, so ändert sich die Farbe (infolge Bildung von BrCl) von braun nach *weingelb*.

Gleichzeitig anwesendes I^- wird (vor Br^-) von Chlorwasser zu violettem I_2 oxidiert, das sich im Cl_2-Überschuß zu farblosem ICl_3 bzw. $IO_3{}^-$ umsetzt. Eine bleibende, *weingelbe* Färbung deutet daher auf Anwesenheit von Br^-.

Störung:

- Stark reduzierende Substanzen verhindern die Oxidation (Verwendung von Chlorgas statt Chlorwasser).
- Viel I^- neben wenig Br^- $\longrightarrow$ Chlorwasser wird von I^- „verbraucht" (Oxidation der Hauptmenge an I^- mittels einer Lsg. von KNO_2 in verd. H_2SO_4. Dann Reaktion mit Chlorwasser wie beschrieben).
- Cyanide $\longrightarrow$ bilden farbloses CNBr (HCN nach Ansäuern der Lösung durch Auskochen *im Abzug* vertreiben).

Achtung: Chlorwasser ist meist selbst schwach gelb gefärbt, weshalb bei Anwendung größerer Mengen die „weingelbe" Farbe der organischen Phase von Cl_2 vorgetäuscht werden kann.

I^-
Iodid

Iodid, I^-

Allgemeines

Iodide sind die Salze des giftigen, stark reizenden Iodwasserstoffs HI. HI löst sich analog HCl und HBr sehr gut in Wasser (17.7 mol HI in 1000 ml Wasser). Das azeotrope Gemisch von HI mit Wasser, das bei 126.7 °C siedet, hat die Zusammensetzung 56.7% HI und 43.3% H_2O. Da die Bindung zwischen Halogen und Wasserstoff in HI noch schwächer ist als in den homologen HF, HCl und HBr (EN, Ionenradius), wirkt HI als starke Säure ($pK_s = -9.3$). Außerdem ist HI infolge seiner leichten Oxidierbarkeit zu Iod ein starkes Reduktionsmittel.

Technisch stellt man HI durch Hydrolyse von PI_3 oder (unter Pt-Katalyse) aus den Elementen dar. Alkaliiodide gewinnt man, wie die -bromide, durch Reduktion von Iodaten mittels Holzkohlepulver.

Nachweis von Iodid

Die meisten Iodide sind in Wasser leicht löslich. Ausnahmen sind HgI_2 und CuI sowie die Iodide der „HCl-Gruppe“ AgI, Hg_2I_2, TlI und PbI_2, die jedoch schwerer löslich sind als die entsprechenden Chloride und Bromide. AgI wird im SA nahezu nicht gelöst. Es kann aber nach Behandeln mit konz. H_2SO_4 (Vorprobe) an frei werdenden Iod-Dämpfen erkannt werden.

1. Nachweis als AgI

$$I^- + Ag^+ \longrightarrow \underset{\text{gelb}}{AgI \downarrow}$$

Beim Versetzen mit $AgNO_3$-Lsg. werden I^--Ionen als *käsig gelbes* AgI gefällt. AgI ist schwerlöslich in HNO_3 und NH_3, löslich in KCN oder $Na_2S_2O_3$.

2. Nachweis mit Oxidationsmitteln

$$8\,HI + H_2SO_4 \longrightarrow 4\,I_2 + H_2S + 4\,H_2O$$

$$2\,I^- + 2\,NO_2^- + 4\,H^+ \longrightarrow I_2 + 2\,NO\uparrow + 2\,H_2O$$

Starke Oxidationsmittel wie $Cr_2O_7^{2-}$, MnO_2, MnO_4^- oder PbO_2 setzen in saurer Lösung (bes. beim Erwärmen) aus Iodiden *violette* Ioddämpfe und aus Bromiden *braune* Bromdämpfe frei (vgl. Tab. 4.2, Seite 132). Konzentrierte H_2SO_4 reagiert analog. Allerdings bildet I^- mit $Cr_2O_7^{2-}/H_2SO_4$ *kein* flüchtiges „Chromyliodid“ (vgl. NW 1, Seite 201).

Br^- wird in saurer Lösung von den genannten Substanzen ebenfalls oxidiert (braune Bromdämpfe). Schwächere Oxidationsmittel wie $NaNO_2$-Lsg. oder Bromwasser oxidieren in saurer Lösung jedoch *nur* I^-.

3. Nachweis mit Chlorwasser

$$2\,I^- + Cl_2 \longrightarrow 2\,Cl^- + \underset{\text{violett}}{I_2}$$

$$I_2 + 3\,Cl_2 \longrightarrow \underset{\text{farblos}}{2\,ICl_3}$$

$$\text{aber:}\quad I_2 + 5\,Cl_2 + 6\,H_2O \longrightarrow 10\,HCl + \underset{\text{farblos}}{2\,HIO_3}$$

I^- wird durch Cl_2 zu *violettem* I_2 oxidiert, das mit überschüssigem Chlor entweder zur *farblosen* „Interhalogenverbindung“ ICl_3 oder unter weiterer Oxidation zu farblosem Iodat reagiert.

Praxis: Man säuert 5 ml Probelösung mit wenig verd. H_2SO_4 an und unterschichtet mit ca. 2.5 ml $CHCl_3$ (Chloroform). Bei tropfenweiser Zugabe von gesättigtem Chlorwasser und gelegentlichem Umschwenken (Ausschütteln) beobachtet man eine *Violettfärbung* der Chloroform-Phase durch freiwerdendes Iod. Wird ein Überschuß an Chlorwasser zugesetzt, so verschwindet die Farbe infolge Bildung von ICl_3 bzw. IO_3^-.

Br^- wird nach I^- (vgl. Potentiale) von Chlorwasser zu *braunem* Br_2 oxidiert, das sich jedoch im Cl_2-Überschuß zu *weingelbem* BrCl umsetzt. Bei gleichzeitiger Anwesenheit von I^- und Br^- werden daher nacheinander die Farben Violett, Braun und Weingelb durchlaufen (die braune Farbe des freien Br_2 kann zuweilen auch völlig übersprungen werden). Die Reaktion eignet sich gut zum gleichzeitigen Nachweis von Br^- neben I^-.

Störung:

- Stark reduzierende Substanzen verhindern die Oxidation zu I_2 (Verwendung von Chlorgas statt Chlorwasser).
- Cyanide $\longrightarrow$ bilden farbloses CNI (HCN nach Ansäuern der Lösung durch Auskochen *im Abzug* vertreiben).

4.3.2 Sauerstoffsäuren der Halogene und deren Salze

Man kennt von Fluor nur eine einzige stabile Sauerstoffsäure der Zusammensetzung HFO, die man durch Fluorierung von Eis bei −40 °C gewinnen kann.

$$F_2 + H_2O \xrightleftharpoons{-40\,^\circ C} HFO + HF$$

Dagegen bilden die Elemente Chlor, Brom und Iod jeweils vier Sauerstoffsäuren der allgemeinen Zusammensetzung HXO_n (n = 1–4). Die Stärke dieser Säuren wächst einerseits mit fallendem Formelgewicht ($HClO_n > HBrO_n > HIO_n$), andererseits mit zunehmender Oxidationszahl des entsprechenden Halogens (HXO_4

> HXO_3 > HXO_2 > HXO). Oder anders ausgedrückt: Die Stärke der Halogensauerstoffsäuren wächst in Tabelle 4.6 *von oben nach unten* und *von rechts nach links*. Demzufolge ist $HClO_4$ die stärkste und HIO die schwächste aller Halogensauerstoffsäuren.

Tabelle 4.6 Sauerstoffsäuren der Halogene (X = Cl, Br, I).

	Formel	Säure (Salze)	Cl	Br	I
+1	HXO	Hypohalogenige Säure (Hypohalogenite)	HOCl *	HOBr *	HOI *
+3	HXO_2	Halogenige Säure (Halogenite)	HOClO *	HOBrO *	
+5	HXO_3	Halogensäure (Halogenate)	$HOClO_2$ *	$HOBrO_2$ *	$HOIO_2$
+7	HXO_4	Perhalogensäure (Perhalogenate) 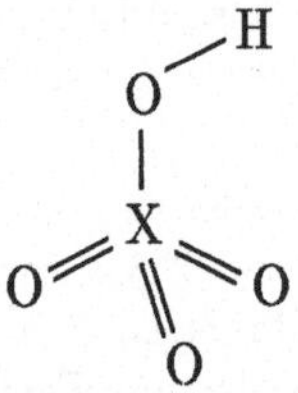	$HOClO_3$	$HOBrO_3$ *	$HOIO_3$ $(HO)_5IO$ $(HO)_7I_3O_7$

* Nur in wäßriger Lösung bekannt.

Man sollte sich übrigens von der in Tabelle 4.6 gewählten Formelschreibweise ($HOXO_{n-1}$) nicht verwirren lassen! Sie trägt lediglich der Tatsache Rechnung, daß das Proton nicht an Halogen, sondern an Sauerstoff gebunden ist.

Unter Normalbedingungen sind nur die Perchlorsäure $HClO_4$, die Iodsäure HIO_3 sowie die Periodsäuren HIO_4, H_5IO_6 (Orthoperiodsäure) und $H_7I_3O_{14}$ (Triperiodsäure) in Substanz isolierbar. Dagegen ist die hypofluorige Säure, wie schon erwähnt, nur bei sehr tiefen Temperaturen beständig.

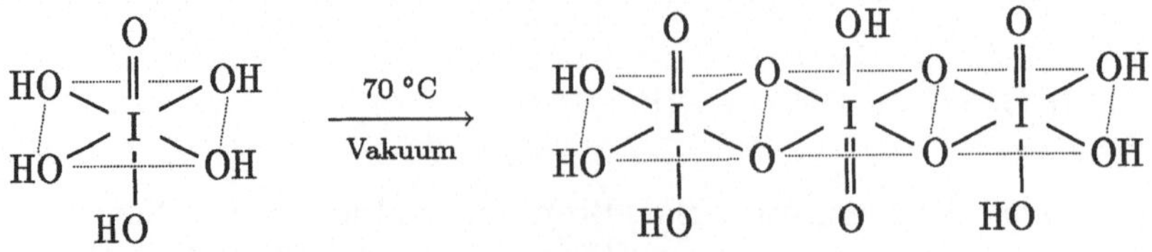

70 °C
Vakuum

(a) (b)

Bild 4.2 Orthoperiodsäure H_5IO_6 (a) und Triperiodsäure $H_7I_3O_{14}$ (b).

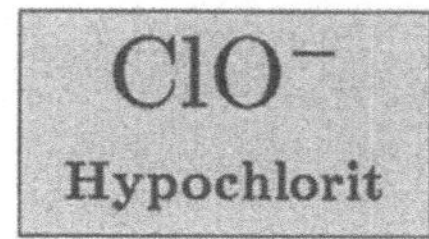

Hypochlorit, ClO^-

Hypochlorite sind die Salze der Hypochlorigen Säure HOCl, die nur als wäßrige Lösung, nicht aber in isolierbarer Form stabil ist. Man erhält sie in geringen Ausbeuten durch Einleiten von Chlor in Wasser. Das Gleichgewicht dieser Reaktion kann aber durch Zugabe von HgO in Richtung der Produkte verschoben werden:

$$Cl_2 + H_2O \longrightarrow HCl + HOCl$$

$$2\,Cl_2 + H_2O + 3\,HgO \longrightarrow \underset{\widehat{=}\ Hg_3O_2Cl_2}{HgCl_2 \cdot 2HgO} + 2\,HOCl$$

HOCl ist aufgrund ihrer großen Neigung zur Sauerstoffabgabe ($2\,HOCl \longrightarrow 2\,HCl + O_2$) ein starkes Oxidationsmittel. Ihre verdünnten Lösungen sind farblos, werden jedoch mit zunehmender Konzentration langsam gelb. Als Säure zählt HOCl zu den sehr schwachen Säuren ($pK_s = 7.53$). Demgemäß hydrolysieren ihre Salze in wäßriger Lösung unter Bildung von HOCl und OH^-.

Hypochlorite entstehen beim Einleiten von Chlorgas in gekühlte Natronlauge durch Disproportionierung (vgl. Seite 161, Seite 147). Technisch wird daher häufig die Chloralkali-Elektrolyse mit der Hypochlorit-Produktion verbunden.

$$Cl_2 + 2\,OH^- \longrightarrow Cl^- + ClO^- + H_2O$$

Hypochlorite werden aufgrund ihrer starken Oxidationswirkung als Bleich- und Desinfektionsmittel verwendet. Besonders zu erwähnen sind KOCl und NaOCl, deren Lösungen (sog. „Eau de Javelle“ bzw. „Eau de Labarraque“) schon früh als Waschmittelzusätze geschätzt wurden. Als Chlorkalk bezeichnet man CaCl(ClO), ein gemischtes Calciumsalz, das durch Einwirkung von Cl_2 auf $Ca(OH)_2$ erhalten werden kann.

Nachweis von Hypochlorit

Alle Hypochlorite sind in Wasser leicht löslich. Sie reagieren infolge Hydrolyse alkalisch, sind nur in kalter Lösung einigermaßen stabil und zersetzen sich allmählich (in heißen Lösungen schnell) durch Disproportionierung in Cl^- und $ClO_3{}^-$.

1. NW als Chlor

$$ClO^- + H^+ \longrightarrow HOCl \xrightarrow{+HCl} Cl_2\uparrow + H_2O$$

Beim Versetzen einer ClO^--haltigen Lösung mit verd. HCl beobachtet man zunächst eine *Gelbfärbung* der Lösung, ehe unangenehm riechendes Chlorgas entweicht. Letzteres kann durch Blaufärbung eines KI/Stärke-Papiers (vgl. Tab. 2.3, Seite 17) nachgewiesen werden.

2. NW mit $AgNO_3$

$$3\,NaOCl + 2\,AgNO_3 \longrightarrow 2\,AgCl\downarrow + NaClO_3 + 2NaNO_3$$

In neutraler Lösung bilden Hypochlorite mit $AgNO_3$ einen *käsigen, weißen* Nd. von AgCl, der sehr lichtempfindlich ist und sich nach einiger Zeit *blaugrau* verfärbt. Primär gebildetes AgOCl zersetzt sich rasch unter der katalytischen Wirkung überschüssiger Ag^+-Ionen.

3. NW durch oxidierende Wirkung

$$ClO^- + 2\,I^- + H_2O \longrightarrow I_2 + 2\,OH^- + Cl^-$$

$$I_2 + OH^- \longrightarrow IO^- + I^- + H_2O \qquad \text{(Disproportionierung)}$$

Hypochlorite oxidieren I^- in neutraler oder schwach alkalischer Lösung zu Iod, das nach Zugabe von Stärkelösung als *blaue* Einschlußverbindung nachgewiesen werden kann. Arbeitet man in zu alkalischer Lösung, so kann die Einschlußverbindung wieder entfärbt werden, da Iod in IO^- und I^- disproportioniert.

$$ClO^- + Pb^{2+} + H_2O \longrightarrow \underset{\text{braun}}{PbO_2\downarrow} + 2\,H^+ + Cl^-$$

$$ClO^- + 2\,Co^{2+} + 5\,H_2O \longrightarrow \underset{\text{schwarz}}{2\,Co(OH)_3\downarrow} + 4\,H^+ + Cl^-$$

Lösungen von $Pb(Ac)_2$, $Pb(NO_3)_2$ oder $Co(NO_3)_2$ werden bei tropfenweisem Zusatz einer ClO^--haltigen Lösung durch entstehendes PbO_2 *braun*, durch freigesetztes $Co(OH)_3$ *schwarz* gefärbt.

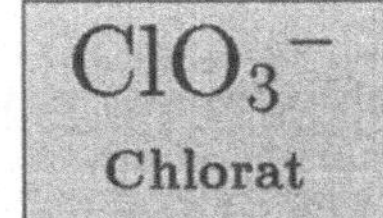

Chlorat, ClO_3^-

Allgemeines

Chlorate sind die Salze der Chlorsäure $HClO_3$, die nur in starker Verdünnung relativ beständig ist (in kaltem Wasser bis zu einer Konzentration von etwa 30%). Die konzentrierte Säure ist ein außerordentlich starkes Oxidationsmittel,[18] das beispielsweise einen in sie eingetauchten Holzspan spontan zu entzünden vermag.

[18] Die Oxidationskraft von $HClO_3$ sinkt jedoch mit wachsender Verdünnung (abnehmende Konzentration) und mit steigendem pH-Wert. In neutraler Lösung ist das Oxidationsvermögen gering, in alkalischer Lösung minimal.

$$3\,Cl_2 + 6\,OH^- \longrightarrow 3\,Cl^- + 3\,ClO^- + 3\,H_2O$$
$$3\,ClO^- \longrightarrow 2\,Cl^- + ClO_3^-$$

$$3\,Cl_2 + 6\,OH^- \longrightarrow ClO_3^- + 5\,Cl^- + 3\,H_2O$$

Technisch stellt man Chlorat durch Elektrolyse einer heißen Kochsalzlösung dar. Im Labor gewinnt man es durch Einleiten von Chlorgas in warme Natronlauge. Dabei disproportioniert Chlor zu Chlorid Cl^- und Hypochlorit ClO^-, welches dann seinerseits zu Chlorid und Chlorat disproportioniert. Insgesamt kann also aus Cl_2 und NaOH Chlorid und Chlorat synthetisiert werden.

Sicherheitshinweise zum Umgang mit Chloraten

Aufgrund ihrer starken Oxidationskraft sind feste Chlorate in Gegenwart von oxidierbaren Substanzen (S, P, organische Verbindungen) sehr explosiv. Oftmals genügt als Auslöser für eine Explosion schon die Reibungswärme beim Zerkleinern in der Reibschale. Mit konz. H_2SO_4 reagieren Chlorate unter Bildung von *gelbem* Chlordioxid ClO_2 (s. NW 3, folgende Seite), das beim Erwärmen oberhalb ca. 45 °C explosionsartig in Cl_2 und O_2 zerfällt. Substanzen, die ClO_3^- enthalten können, dürfen daher *niemals* mit konz. H_2SO_4 erhitzt werden!

Nachweis von Chlorat

Alle Chlorate sind wasserlöslich, es gibt daher keine spezifischen Fällungsreaktionen für dieses Ion. Wie ClO_4^- bleibt auch ClO_3^- bei der Fällung mit Silbersalzen in Lösung. Zum Nachweis wird ClO_3^- demzufolge entweder mit Zn/H_2SO_4 reduziert und anschließend mit Ag^+ als AgCl gefällt. Oder man nutzt seine Oxidationswirkung, um $MnSO_4$ in einen violett gefärbten Komplex zu überführen.

1. NW durch Reduktion zu Cl^-

$$ClO_3^- + 3\,NO_2^- \longrightarrow Cl^- + 3\,NO_3^-$$

ClO_3^- gibt mit Ag-Salzen keine Fällung. Erst nach Reduktion mittels Fe, Fe^{2+}, Sn^{2+}, SO_3^{2-} oder NO_2^- kann ClO_3^- als AgCl gefällt und nachgewiesen werden.

Praxis: 20 Tr. Probelsg. werden zunächst mit einigen Tr. verd. HNO_3, dann mit wenigen Tr. konz. HNO_3 angesäuert. Durch Zugabe von einigen Tr. $AgNO_3$-Lsg. werden die Halogenide ausgefällt. Man zentrifugiert und prüft mit $AgNO_3$-Lsg. auf Vollständigkeit der Fällung. Das klare Z. wird daraufhin mit 5 Tr. verd. HNO_3, 3 Tr. 5 mol/l KNO_2 und 3 Tr. $AgNO_3$ versetzt[19] und im WB

[19] Statt HNO_3/KNO_2 kann zur Reduktion von ClO_3^- auch schweflige Säure H_2SO_3 verwendet werden.

erwärmt. Ein erneut auftretender AgCl-Niederschlag deutet auf Anwesenheit von ClO_3^-. Nach Abtrennen des Niederschlags (unbedingt auf Vollständigkeit der Fällung prüfen) kann im Zentrifugat auf ClO_4^- geprüft werden.

Störung: BrO_3^- und IO_3^- werden von salpetriger bzw. schwefliger Säure ebenfalls zum Halogenid reduziert und mit $AgNO_3$ als *blaßgelbes* AgBr oder *gelbes* AgI gefällt $\longrightarrow$ Unterscheidung daher entweder anhand der Farben oder durch Lösen der erhaltenen Nd. in NH_3.

2. NW durch Bildung von $[Mn(PO_4)_2]^{3-}$

$$ClO_3^- + 6\,Mn^{2+} + 12\,PO_4^{3-} + 6\,H^+ \xrightarrow{\Delta} 6\,\underset{\text{violett}}{[Mn(PO_4)_2]^{3-}} + Cl^- + 3\,H_2O$$

Chlorate reagieren beim Erwärmen mit $MnSO_4$ in stark phosphorsaurem Medium unter Bildung des *violetten* Komplexanions $[Mn(PO_4)_2]^{3-}$.

Praxis: 1 Tr. Probelsg. wird in einer kleinen Porzellanschale mit 2 Tr. $MnSO_4$-Lsg. (gesättigte wss. Lsg.) und 2 Tr. konz. H_3PO_4 versetzt und darauf einige Minuten erhitzt. Eine (meist schwache) *Violettfärbung* deutet auf Anwesenheit von ClO_3^-. Die Färbung kann durch Zusatz von 1 Tr. einer sehr verdünnten, alkoholischen Lsg. von Diphenylcarbazid etwas verstärkt werden.

Störung: $S_2O_8^{2-}$, BrO_3^-, IO_3^-, NO_2^-, NO_3^- reagieren ähnlich und dürfen daher nicht anwesend sein.

3. NW als ClO_2

Chlorate reagieren beim Versetzen mit konz. H_2SO_4 unter Bildung von *gelbem* Chlordioxid ClO_2, das in Schwefelsäure löslich ist. Beim Erwärmen tritt oberhalb ca. 45 °C explosionsartige Zersetzung ein $\longrightarrow$ daher dürfen Substanzen, die ClO_3^- enthalten können, *niemals* mit konz. H_2SO_4 erhitzt werden! Ist man sich über die Zusammensetzung der US im unklaren, so prüft man *nur* sehr kleine Mengen unter dem Schutz eines geschlossenen Abzugs!

$$6\,KClO_3 + 3\,H_2SO_4 \longrightarrow 3\,K_2SO_4 + 6\,HClO_3$$

$$4\,HClO_3 \longrightarrow 2\,HClO_2 + 2\,HClO_4 \qquad \text{(Disproportionierung)}$$

$$2\,HClO_2 + 2\,HClO_3 \longrightarrow 2\,H_2O + \underset{\text{gelb, explosiv}}{\mathbf{4\,ClO_2}\uparrow} \qquad \text{(Komproportionierung)}$$

$$6\,KClO_3 + 3\,H_2SO_4 \longrightarrow \mathbf{4\,ClO_2} + 3\,K_2SO_4 + 2\,H_2O + 2\,HClO_4$$

$$\mathbf{4\,ClO_2} \xrightarrow{\Delta} 2\,Cl_2 + 4\,O_2 \qquad \text{(Zersetzung von } ClO_2\text{)}$$

Das bei der Reaktion freiwerdende Wasser wird von der (hygroskopischen) Schwefelsäure aufgenommen! Auf der Zersetzung von ClO_2 in Cl_2 und O_2 beruht auch die starke Oxidationswirkung der Chlorsäure.[20] Ihre Salze ($NaClO_3$, $KClO_3$) werden in der Zelluloseindustrie als Bleichmittel (Ersatz von Cl_2) eingesetzt.

Praxis: Eine sehr geringe Menge *trockene* US wird im Abzug in einer kleinen Porzellanschale vorsichtig mit einigen Tr. konz. H_2SO_4 versetzt. Bei Anwesenheit von ClO_3^- bildet sich gelbes, gasförmiges und sehr explosives ClO_2.

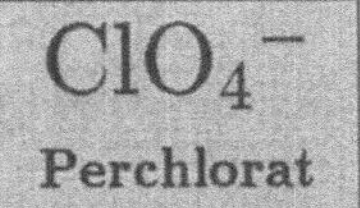

Perchlorat, ClO_4^-

Allgemeines

Perchlorate sind die Salze der Perchlorsäure. Reine, wasserfreie $HClO_4$ ist eine farblose, stark ätzende, stoßempfindliche Flüssigkeit, die sich beim Erwärmen, insbesondere in Gegenwart von oxidierbaren Substanzen (Papier, Holz), explosionsartig zersetzt. Ihre Säurewirkung beruht auf folgendem Dissoziationsgleichgewicht:

$$3\,HClO_4 \longrightarrow Cl_2O_7 + ClO_4^- + H_3O^+$$

Bemerkenswert ist das hohe Oxidationsvermögen der wasserfreien Säure, infolgedessen sich $HClO_4$ mit vielen organischen Materialien explosionsartig zersetzt und selbst edle Metalle wie Ag oder Au zu oxidieren vermag.

Wäßrige $HClO_4$ zeigt hingegen bei Raumtemperatur nur eine geringe Oxidationskraft, was vermutlich auf einer „kinetischen Hemmung" beruht.[21] Beispielsweise kann man verdünnte wss. $HClO_4$ vorsichtig mit HCl erwärmen, ohne daß Chlorid zu Cl_2 oxidiert wird.

Technisch synthetisiert man $HClO_4$ durch Reaktion von wasserfreiem $NaClO_4$ oder $Ba(ClO_4)_2$ mit HCl. Nach Filtration (NaCl ↓) und Einengen der verbliebenen Lösung wird destilliert. Das dabei erhaltene Azeotrop (Sdp. 203.1 °C) ist eine ölige Flüssigkeit der Zusammensetzung 71.6% $HClO_4$ und 28.4% H_2O. Aus diesem Gemisch kann in Gegenwart von rauchender H_2SO_4 (Trockenmittel) durch *vorsichtige* Vakuumdestillation wasserfreie $HClO_4$ gewonnen werden.

$$NaClO_4 + HCl \longrightarrow NaCl + HClO_4$$

[20] Noch stärker ist die Oxidationswirkung einer als „Euchlorin" bezeichneten Mischung aus konz. $HClO_3$ und rauchender HCl. [21] Die geringe Oxidationskraft wird also nicht durch thermodynamische, sondern durch kinetische Gründe bedingt.

Die für die obige Synthese erforderlichen Perchlorate erhält man durch vorsichtiges Erhitzen von trockenem Chlorat, das unter diesen Bedingungen zu Chlorid und Perchlorat disproportioniert. Alternativ dazu können Perchlorate auch durch anodische Oxidation von Chloraten bei pH 6–10 erzeugt werden.

Sicherheitshinweise zum Umgang mit $HClO_4$ und Perchloraten

$HClO_4$ wirkt stark ätzend auf Haut und Schleimhäute und verursacht äußerst schmerzhafte und schlecht heilende Wunden. Außerdem neigt die Säure beim Erwärmen (wie oben erwähnt) zur Bildung von explosivem Cl_2O_7, das bei Berührung mit einer Flamme oder durch Erschütterung heftig detoniert. Schließlich schädigt die Säure auch infolge ihrer starken Oxidationswirkung. In Gegenwart leicht oxidierbarer Substanzen kann das Erwärmen von wss. $HClO_4$ oder von perchlorat-haltigen Lösungen zu heftiger Detonation führen. Mit $HClO_4$ darf daher nur im geschlossenen Abzug, mit Schutzbrille und – zur Vermeidung von Verätzungen – mit säurefesten Handschuhen gearbeitet werden.

Nachweis von Perchlorat

Eine Regel besagt, daß diejenigen Chlorverbindungen am stabilsten sind, in denen Chlor entweder in der niedrigsten (–I) oder in der höchsten Oxidationsstufe (+VII) vorliegt. Demnach sind die Perchlorate die beständigsten Chlor-Sauerstoff-Verbindungen. Sie sind sowohl in festem Zustand, als auch in Lösung außerordentlich stabil.[22]

Fast alle Perchlorate sind in H_2O leicht, nur $KClO_4$, $RbClO_4$, $CsClO_4$ und $TlClO_4$ in *kaltem* Wasser relativ schlecht löslich. Letztere lösen sich jedoch im Normalfall nach kurzem Erwärmen vollständig auf. ClO_4^- bleibt wie ClO_3^- bei der Fällung mit Silbersalzen (Ag_2SO_4) in Lösung. Nach Abtrennen von ClO_3^- wird ClO_4^- mit Zn/Ti^{4+} reduziert und anschließend als Cl^- nachgewiesen.

1. Reduktion zu Cl^- mit $Fe(OH)_2$

$$ClO_4^- + 8\,Fe(OH)_2 + 4\,H_2O \longrightarrow Cl^- + 8\,Fe(OH)_3$$

Praxis: Man behandelt eine gesättigte Lösung von $FeSO_4$ mit soviel verd. NaOH, daß $Fe(OH)_2$ gerade auszufallen beginnt. Mit dieser Lsg. wird eine Probe der zu untersuchenden Lsg. versetzt. Man erhitzt zum Sieden, zentrifugiert, säuert mit konz. HNO_3 an und versetzt mit einigen Tr. $AgNO_3$. Ein *weißer* Nd. von AgCl deutet auf Anwesenheit von ClO_4^-.

[22] Alkaliperchlorate können unzersetzt auf einige hundert Grad erhitzt werden. Jedoch zersetzt sich NH_4ClO_4 oberhalb 200 °C mit gelber Feuererscheinung, weshalb man es als Zusatz in festen Raketentreibstoffen verwendet.

2. Reduktion zu Cl^- mit Ti^{3+}

$$8\,Ti^{4+} + 4\,Zn \xrightarrow{H^+} 4\,Zn^{2+} + 8\,Ti^{3+}$$

$$ClO_4^- + 8\,Ti^{3+} + 8\,H^+ \longrightarrow Cl^- + 8\,Ti^{4+} + 4\,H_2O$$

Praxis: Man löst $Ti(SO_4)_2$ oder $TiOSO_4$ in verd. H_2SO_4 und gibt in kleinen Portionen Fe- oder Zn-Pulver hinzu. Ti^{4+} wird dadurch zu Ti^{3+} reduziert (Ti^{3+} läßt sich leicht an seiner *violetten* Farbe erkennen). In einem anderen RG versetzt man einige Tr. Probelsg. mit wenig konz. H_2SO_4, gibt einige Tr. der zuvor hergestellten (Reduktions-)Lösung zu und kocht ca. 20–30 Min. auf dem WB. Nach Zentrifugieren wird überschüssiges Ti^{3+} mit einigen Tr. konz. HNO_3 oxidiert und Cl^- mit $AgNO_3$ nachgewiesen.

3. NW durch $RbClO_4 \cdot RbMnO_4$-Mischkristallbildung

$$ClO_4^- + MnO_4^- + 2\,Rb^+ \longrightarrow RbClO_4 \cdot RbMnO_4 \downarrow$$

Die entstehenden, rhombischen Kristalle sind je nach Menge des eingebauten MnO_4^- *blaßrosa* bis *rot* gefärbt (Mikroskop, OT!).

Praxis: Die neutrale bis schwach essigsaure Probelsg. wird auf dem OT mit 2–3 Tr. einer sehr verd. $KMnO_4$-Lösung versetzt (die Lsg. darf nur „hell rotweinfarben“ sein). Auf dieses Gemisch gibt man einen Kristall RbCl oder $RbNO_3$. Bei *vorsichtigem* Eindunsten bilden sich rhombische (meist an den Enden zugespitzte), *blaßrosa* bis *rot* gefärbte Mischkristalle. Die Lsg. wird dabei fast oder sogar vollständig entfärbt.[23]

Störung: Alle Substanzen, die MnO_4^- reduzieren können, müssen abwesend sein (daher Probelsg. gegebenenfalls mit konz. HNO_3 bis zur Trockne eindampfen).

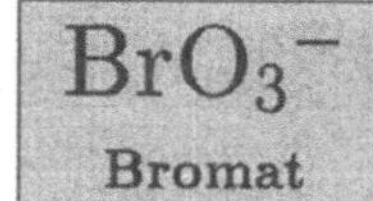

Bromat, BrO_3^-

Bromate sind die Salze der Bromsäure $HBrO_3$, die sich analog $HClO_3$ durch Reaktion von $BaBrO_3$ mit verd. H_2SO_4 gewinnen läßt. Bromsäure ist ein kräftiges Oxidationsmittel und eine starke Säure ($pK_s \cong 0$). Bromate können entweder durch Oxidation heißer alkalischer Bromidlösungen mittels Chlor oder durch Disproportionierung von elementarem Brom in warmen Laugen dargestellt werden.

$$Br^- + 3\,Cl_2 + 6\,OH^- \longrightarrow BrO_3^- + 6\,Cl^- + 3\,H_2O$$

$$3\,Br_2 + 6\,OH^- \longrightarrow BrO_3^- + 5\,Br^- + 3\,H_2O$$ (vgl. S. 161)

[23] Sollte sich die Lsg. nicht vollständig entfärben, so wird die Farbe der Kristalle besser erkennbar, wenn man die Lsg. durch einige Tr. NO_2^--haltiger Lsg. entfärbt.

Nachweis von Bromat

Bromat fällt *in der Kälte* mit Silbersalzen ($AgNO_3$) als weißes $AgBrO_3$. Nach Abtrennung von AgBr und AgI mittels warmer konz. $(NH_4)_2CO_3$-Lösung oder NH_3-Wasser erfolgt Reduktion und anschließendes Wiederausfällen als AgBr (Nachweis als Br^-). Zum Nachweis auf BrO_3^- können folgende Reaktionen durchgeführt werden:

1. Reduktion mit H_2SO_3

$$2\,BrO_3^- + 5\,SO_3^{2-} + 2\,H^+ \longrightarrow Br_2 + 5\,SO_4^{2-} + H_2O$$

$$Br_2 + SO_3^{2-} + H_2O \longrightarrow 2\,Br^- + SO_4^{2-} + 2\,H^+$$

Im Gegensatz zu ClO_3^- kann BrO_3^- mittels $AgNO_3$ als schwerlösliches $AgBrO_3 \downarrow$ gefällt werden. Die Fällung verläuft *nur in der Kälte* quantitativ (auf Eis stellen!). Von AgBr kann der Niederschlag unterschieden werden, wenn man mit konz. $(NH_4)_2CO_3$-Lsg. oder mit NH_3-Wasser behandelt ($AgBrO_3$ löst sich unter Bildung eines Diamminsilber(I)-Komplexes).
Durch geeignete Reduktionsmittel (H_2SO_3, HNO_2, Zn/H^+) kann BrO_3^- in Br^- überführt werden (ClO_3^- und IO_3^- werden ebenfalls reduziert). Diese Reduktion verläuft zunächst über elementares Brom (braune Farbe!), im Überschuß des Reduktionsmittels jedoch leicht zum Br^- (Entfärbung). Dieses kann beispielsweise mit Cl_2-Wasser nachgewiesen werden.

2. NW mit Fuchsin

Eine zuvor mit H_2SO_3 entfärbte Fuchsinlösung ergibt mit BrO_3^- eine charakteristische *Violettfärbung.* (vgl. auch Seite 182)

Praxis: Einige Tr. Probelsg. werden auf der TP mit wenig Reagenzlsg. versetzt. Das sofortige Auftreten einer *blauvioletten* Färbung deutet auf Anwesenheit von BrO_3^-.

Reagenz: 0.05%ige wss. Fuchsinlösung, die bis zur Entfärbung mit H_2SO_3 versetzt wird.

Störung:
- ClO_3^- (reagiert aber etwas langsamer).
- IO_3^- ergibt nach Reduktion violettes I_2, das die Färbung überdeckt (kann mit $CHCl_3$ ausgeschüttelt werden).

3. NW mit $MnSO_4$ und H_2SO_4

$$BrO_3^- + 6\,Mn^{2+} + 6\,H^+ \longrightarrow Br^- + 6\,Mn^{3+} + 3\,H_2O$$

Bei Reduktion von BrO_3^- zu Br^- mittels $MnSO_4$ in schwefelsaurer Lsg. beobachtet man eine *Rotfärbung* infolge Bildung von $Mn_2(SO_4)_3$. Die Farbe verblaßt (insbesondere beim Kochen) nach einiger Zeit. Währenddessen entsteht ein *brauner* Nd. von wasserhaltigem Manganoxidhydrat $MnO(OH)_2$. ClO_3^- und IO_3^- stören nicht.

Praxis: Einige Tr. der schwefelsauren Probelösung werden in einem RG mit dem gleichen Volumen einer verd. $MnSO_4$-Lsg. versetzt, die zuvor mit etwas verd. H_2SO_4 angesäuert wurde. Bei Anwesenheit von BrO_3^- tritt bei vorsichtigem Erwärmen im WB eine kurzzeitige *Rotfärbung* auf, die beim Kochen durch ausfallendes $MnO(OH)_2$ rasch in eine Braunfärbung übergeht.

Achtung: Die verwendete H_2SO_4 darf nicht zu konzentriert sein, da andernfalls Mn^{2+} zu MnO_4^- oxidiert und damit in geringen Konzentrationen eine Rotfärbung vorgetäuscht werden kann.

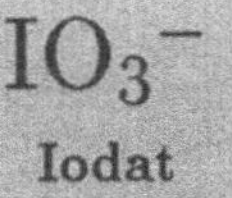

Iodat, IO_3^-

Iodate sind die Salze der Iodsäure HIO_3, die sich analog $HClO_3$ oder $HBrO_3$ durch Umsetzung von $BaIO_3$ mit verd. H_2SO_4 gewinnen läßt. Iodsäure kann als einzige Halogensauerstoffsäure in Form von farblosen, durchsichtigen Kristallen wasserfrei isoliert werden. Sie ist ein kräftiges Oxidationsmittel und eine mittelstarke Säure ($pK_s = 0.804$). Iodate können durch Disproportionierung von elementarem Iod in warmen Laugen dargestellt werden.

$$3\,I_2 + 6\,OH^- \longrightarrow IO_3^- + 5\,I^- + 3\,H_2O \qquad \text{(vgl. S. 161)}$$

Neben den einfachen Iodaten kennt man auch „saure Salze" der allgemeinen Zusammensetzung $M'IO_3 \cdot HIO_3$ und $M'IO_3 \cdot 2\,HIO_3$ (M' = Metalläquivalent). Iodate sind in Lösung beständiger als Chlorate und Bromate. Dennoch besitzen sie eine ausgeprägte Oxidationskraft und zersetzen sich (im Gemisch mit oxidierbaren Substanzen) bei Erschütterung unter mehr oder minder heftiger Detonation.

Nachweis von Iodat

Iodat fällt in der Kälte mit Silbersalzen (Ag_2SO_4) als $AgIO_3$. Nach Abtrennung von AgBr und AgI mittels warmer konz. $(NH_4)_2CO_3$-Lösung erfolgt Reduktion und Wiederausfällen als AgI (Nachweis als I^-). Zum Nachweis von IO_3^- können folgende Reaktionen durchgeführt werden:

1. Reduktion mit H_2SO_3

$$2\,IO_3^- + 5\,SO_3^{2-} + 2\,H^+ \longrightarrow I_2 + 5\,SO_4^{2-} + H_2O$$

$$I_2 + SO_3^{2-} + H_2O \longrightarrow 2\,I^- + SO_4^{2-} + 2\,H^+$$

Im Gegensatz zu ClO_3^- kann IO_3^- mittels $AgNO_3$ als schwerlösliches $AgIO_3 \downarrow$ gefällt werden. Die Fällung verläuft *nur in der Kälte* quantitativ (auf Eis stellen!). Von AgI kann der Niederschlag unterschieden werden, wenn man mit konz. $(NH_4)_2CO_3$-Lsg. oder mit NH_3-Wasser digeriert ($AgIO_3$ löst sich unter Bildung eines Diamminsilber(I)-Komplexes).

Durch geeignete Reduktionsmittel (H_2SO_3, HNO_2, Zn/H^+) kann IO_3^- in I^- überführt werden (ClO_3^- und BrO_3^- werden ebenfalls reduziert). Diese Reduktion verläuft zunächst über elementares Iod (violette Farbe!), im ÜS des Reduktionsmittels jedoch leicht zum I^- (Entfärbung). Dieses kann beispielsweise mit Cl_2-Wasser nachgewiesen werden.

2. Reduktion mit HCl

$$2\,IO_3^- + 10\,Cl^- + 12\,H^+ \rightleftharpoons I_2 + 5\,Cl_2 + 6\,H_2O$$

$$I_2 + 3\,Cl_2 \longrightarrow 2\,ICl_3$$

$$AgIO_3 + 6\,HCl \longrightarrow AgCl\downarrow + Cl_2\uparrow + ICl_3 + 3\,H_2O$$

In *salzsaurer* Lsg. wird IO_3^- zu Iod reduziert. Gleichzeitig bildet sich elementares Chlor, das mit Iod zur *farblosen* Interhalogenverbindung ICl_3 reagiert.

Diese Reaktion erklärt, warum eine I_2/Stärke-Lsg. bei der „Vorprobe auf reduzierende Substanzen" (S. 133) in salzsaurer Lsg. von BrO_3^- und IO_3^- entfärbt wird. Zwar sind Halogenate keine reduzierenden Substanzen, sie oxidieren jedoch Cl^- zu Cl_2, das mit I_2 zu ICl_3 reagiert. Die blaue Iod/Stärke-Einschlußverbindung wird demnach durch *Oxidation* von I_2 entfärbt.

3. Reduktion mit Hypophosphit in der Kälte

$$3\,H_3PO_2 + 2\,HIO_3 \longrightarrow 3\,H_3PO_4 + 2\,HI \qquad (\times 5)$$

$$5\,HI + HIO_3 \longrightarrow 3\,H_2O + 3\,I_2 \qquad (\times 2)$$

$$15\,H_3PO_2 + 12\,HIO_3 \longrightarrow 15\,H_3PO_4 + 6\,I_2 + 6\,H_2O$$

Praxis: Einige Tr. der schwefelsauren Probelösung werden auf der TP mit einigen Tr. einer verd. H_3PO_2-Lsg. oder der Lsg. eines geeigneten Hypophosphits reduziert. Zum Nachweis des entstandenen Iods wird nach einigen Min. ca. 1%ige Stärkelösung zugesetzt. Eine deutliche *Blaufärbung* deutet auf vorherige Anwesenheit von IO_3^-.

Die Anwesenheit von ClO_3^- und BrO_3^- stört nicht, da diese Halogenate unter den gegebenen Bedingungen nicht reduziert werden und mit Stärke daher auch keine blaue Einschlußverbindung bilden.

4.4 6. Hauptgruppe, Chalkogene

Die 6. Hauptgruppe des Periodensystems umfaßt die Elemente Sauerstoff, Schwefel, Selen, Tellur und Polonium. Man bezeichnet sie als „Chalkogene“ (Erzbildner), weil sie – insbesondere in Form von Sauerstoff oder Schwefel (Oxide, Sulfide) – am Aufbau vieler natürlicher Erze beteiligt sind. Innerhalb der Gruppe nimmt der *metallische Charakter* der Elemente mit steigender Atommasse zu. Während Sauerstoff und Schwefel ausgesprochene Nichtmetalle sind, nehmen Selen und Tellur eine Übergangsstellung ein (sie existieren jeweils in verschiedenen Modifikationen). Beim Polonium überwiegt schließlich der Metallcharakter.

Neben physikalischen Eigenschaften wie Glanz oder Leitfähigkeit lassen sich auch in chemischer Hinsicht Kriterien definieren, die den metallischen Charakter eines bestimmten Elements beschreiben. Üblicherweise betrachtet man dazu seine Neigung, mit geeigneten Säuren Salze zu bilden, in denen das betrachtete Element *kationisch* vorliegt. Tabelle 4.7 zeigt eine Zusammenstellung der ionischen Formen der Chalkogene. Man erkennt, daß die Zahl der Anionen vom Sauerstoff zum Polonium hin abnimmt, während die Zahl der Kationen in gleicher Richtung steigt. Gemäß ihres zunehmenden Metallcharakters wächst auch die Affinität der Elemente zu elektronegativen Partnern (größere EN-Differenz). Gleichermaßen sinkt aber die Azidität (Säurestärke) der Chalkogenoxide. Das heißt, daß Schwefelsäure eine starke, Tellursäure eine sehr schwache Säure ist.

Tabelle 4.7 Ionische Formen der Chalkogene.

Anionen

O	S	Se	Te	Po
O^{2-}	S^{2-}	Se^{2-}	Te^{2-}	(Dianionen)
O_2^- gelb O_3^- orange	S_2^- gelb S_3^- blau S_4^- rot			(Polymonoanionen)
O_2^{2-}	S_2^{2-} S_3^{2-} S_4^{2-} S_5^{2-} etc.	Se_2^{2-} Se_3^{2-} Se_5^{2-}	Te_2^{2-} Te_3^{2-}	(Polydianionen)

Kationen

O	S	Se	Te	Po
				Po^{2+} Po^{4+} (Kationen)
O_2^+	S_4^{2+} gelb S_8^{2+} blau S_{19}^{2+} rot	Se_4^{2+} gelb $\mathbf{Se_8^{2+}}$ grün Se_{10}^{2+} braun	$\mathbf{Te_4^{2+}}$ rot Te_6^{2+} orange	(Polydikationen)

In Verbindungen kommt Sauerstoff in den Oxidationsstufen –II (Oxide) und –I (Peroxide), die übrigen Chalkogene vorwiegend in den Oxidationsstufen –II, +IV und +VI vor. Einer allgemeinen Regel zufolge liegt die *stabilste* Oxidationsstufe bei schwereren Elementen jeweils zwei Einheiten unter der maximal möglichen

Oxidationsstufe (≙ Gruppennummer). So lassen sich beim Schwefel Verbindungen in der Oxidationsstufe +IV (SO_3^{2-}) leicht in die Oxidationsstufe +VI (SO_4^{2-}) überführen, während bereits beim Selen die vierwertige gegenüber der sechswertigen Stufe dominiert. Die Elemente (und noch mehr deren Verbindungen) besitzen als Grundchemikalien große Bedeutung für die chemische Industrie.

Die Chalkogene bilden flüchtige, giftige und widerlich riechende Wasserstoffverbindungen (Ausnahme: Wasser), deren Säurecharakter sich mit steigendem Atomgewicht der Chalkogene erhöht. H_2O weicht in seinen Eigenschaften von denen der schwereren Chalkogenwasserstoffe ab (u. a. liegen Schmelz- und Siedepunkt unerwartet hoch). Diese Befunde lassen sich – ähnlich wie beim HF – auf eine Assoziation der Moleküle über Wasserstoffbrücken zurückführen (vgl. Seite 145).

Tabelle 4.8 Einige Eigenschaften der Chalkogene.

	O	S	Se	Te	Po
Farbe [a]	hellblau	gelb	rot	braun	
Elektronenaffinität [kJ/mol]	1.465	2.07	2.15	2.05	
Ionisierungsenergie [kJ/mol]	940.7	869.0	813.0		
Atomisierungsenergie [eV]	13.614	10.357	9.75	9.01	8.43
Elektronegativität	3.50	2.44	2.48	2.01	1.76
Smp. [°C]	–218.75	119.6 [b]	217 [c]	451	252
Sdp. [°C]	–182.97	444.6	685	1390	962
Dichte [d] [g/cm³]	1.27	2.06	4.82	6.25	9.14
Atomradius [pm]	66	104	117	137	153
Ionenradius X^{2-} [pm]	140	184	198	221	230

[a] Jeweils Farbe der nichtmetallischen Modifikation. [b] Monokliner Schwefel. [c] Hexagonales Selen. [d] Fester Sauerstoff am Schmelzpunkt; rhombischer Schwefel; hexagonales Selen; hexagonales Tellur, α-Polonium.

Das vorliegenden Kapitel befaßt sich nur mit Ionen der Nichtmetalle Sauerstoff und Schwefel. Selen und Tellur werden als „seltene Elemente" später behandelt (Seite 270ff.).

O_2^{2-}
Peroxid

Peroxid, O_2^{2-}

Peroxide sind die Salze von Wasserstoffperoxid H_2O_2, einer nahezu farblosen, relativ zähen Flüssigkeit, die im Jahre 1818 von J. L. Thénard erstmals dargestellt wurde. H_2O_2 ist eine wichtige Industriechemikalie, die man entweder durch *Dehydrierung von Wasser* oder durch *Hydrierung von Sauerstoff* großtechnisch gewinnt.

Ersteres wird heute nur noch selten angewandt und entspricht einer anodischen Oxidation von H_2SO_4 zur Peroxodischwefelsäure $H_2S_2O_8$.[24] Dieses instabile Disulfonsäurederivat ($HO_3S{-}O{-}O{-}SO_3H$) des Wasserstoffperoxids wird durch Hydrolyse über das Monosulfonsäure-Derivat ($HO_3S{-}O{-}O{-}H \mathrel{\widehat{=}} H_2SO_5$) in H_2O_2 und H_2SO_4 überführt.

$$2\,H_2SO_4 \xrightarrow{\text{Elektrolyse}} H_2S_2O_8 + H_2$$

$$H_2S_2O_8 + 2\,H_2O \xrightarrow{\text{Hydrolyse}} H_2O_2 + 2\,H_2SO_4$$

$$2\,H_2O \longrightarrow H_2O_2 + H_2 \qquad \text{(Gesamtreaktion)}$$

Gegenwärtig wird zur großtechnischen Darstellung von H_2O_2 nahezu ausschließlich die *Hydrierung von Sauerstoff* angewendet. Beim „Anthrachinon-Verfahren" der BASF wird Sauerstoff mit 2-Ethylanthrahydrochinon zu H_2O_2 „hydriert", das entstehende H_2O_2 anschließend mit Wasser extrahiert und die erhaltene ca. 1%ige Lösung durch Destillation unter vermindertem Druck konzentriert. Das als Oxidationsprodukt anfallende 2-Ethylanthrachinon wird danach am Pd-Katalysator durch Hydrierung wieder in 2-Ethylanthrahydrochinon überführt.

OH, Et, OH, $+O_2;\ -H_2O_2$, $+H_2$, O, Et, O

(2-Ethylanthrahydrochinon) (2-Ethylanthrachinon)

Ein ähnliches Prinzip liegt auch dem sog. „Isopropanol-Verfahren" (SHELL) zugrunde: Hier wird Sauerstoff mit Isopropanol hydriert, wobei neben Aceton das gewünschte H_2O_2 entsteht, das – wie oben beschrieben – mit Wasser extrahiert werden kann. Die verdünnte wäßrige H_2O_2-Lösung wird durch Destillation aufkonzentriert und gelangt entweder als 3%iges oder als 30%iges H_2O_2 („Perhydrol") in den Handel. Eine katalytische Rückgewinnung des eingesetzten Isopropanols wird jedoch aus Kostengründen meist nicht durchgeführt.

$$\underset{\text{Isopropanol}}{(CH_3)_2CH{-}OH} + O_2 \longrightarrow H_2O_2 + \underset{\text{Aceton}}{(CH_3)_2C{=}O}$$

Das H_2O_2-Molekül liegt sowohl in der Gasphase als auch im kristallinen Festkörper in einer gefalteten Struktur vor. Innerhalb der reinen, wasserfreien Flüssigkeit

[24] Hinweis: Die „anodische Oxidation" bezieht sich *nicht* auf Schwefel, der in beiden Säuren in der formalen Oxidationsstufe +6 vorliegt. Stattdessen erfolgt eine Oxidation des Sauerstoffs, dem in den Peroxo-Gruppen –O–O– der $H_2S_2O_8$ die formale Oxidationsstufe -1 zukommt!

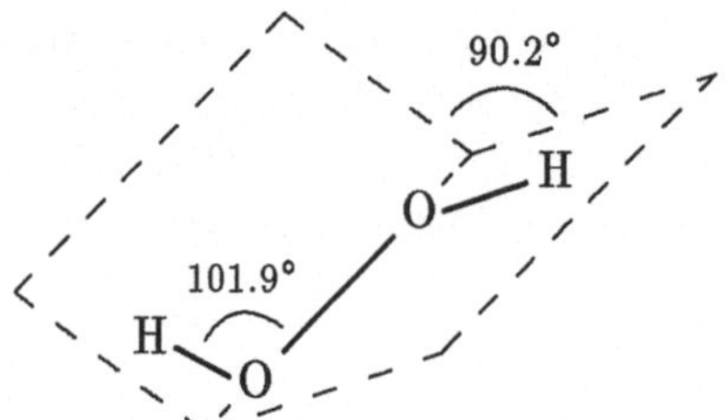

Bild 4.3
Struktur des H_2O_2-Moleküls im kristallinen Zustand.

herrscht starke Vernetzung der Moleküle über H-Brücken (Ähnlichkeit zu Wasser). Allerdings ist Wasserstoffperoxid nur metastabil. Es zerfällt beim Erwärmen oder durch Einwirkung geeigneter Katalysatoren mehr oder minder schnell zu Wasser und Sauerstoff (vgl. Sicherheitshinweise).

$$2\,H_2O_2 \longrightarrow 2\,H_2O + O_2$$

Eine wichtige Eigenschaft von H_2O_2 ist dessen *oxidierende* Wirkung in saurer und alkalischer Lösung. Letzteres macht man sich beim Lösen von Analysensubstanzen zunutze, indem man das Lösevermögen der gewählten Säure oder Lauge durch Zusatz einiger Tropfen H_2O_2 erhöht. Vorteilhaft ist dabei die Tatsache, daß H_2O_2 außer Wasser und Sauerstoff keinerlei störenden Nebenprodukte liefert. Es ist daher insbesondere in der analytischen Chemie als *sauberes Oxidationsmittel* geschätzt. Gegenüber stärkeren Oxidationsmitteln (MnO_4^-, Ag_2O, PbO_2 etc.) tritt H_2O_2 auch als *Reduktionsmittel* auf („Redoxamphoterie"). Man beachte dazu beispielsweise NW 3 (rechts).

Industriell verwendet man H_2O_2 zur Produktion von Perboraten oder Percarbonaten (Waschmittelzusätze), als Oxidationsmittel in der org. Synthesechemie, als Bleichmittel für Fasern und Felle (oder allg. organische Substanzen) sowie als Sauerstoffüberträger in Raketenantrieben oder in Zündsätzen (Thermitgemisch). Im Haushalt findet H_2O_2 als Bleichmittel für Haare und als Desinfektionsmittel Verwendung. Darüberhinaus gewinnt H_2O_2 in neuerer Zeit zunehmende Bedeutung im Umweltbereich, da es als sauberes Oxidationsmittel (Zerstörung von H_2S oder Cyaniden) zur Reinigung von Abwässern und deren Anreicherung mit Sauerstoff genutzt werden kann.

Sicherheitshinweis zum Umgang mit H_2O_2

Auf die Haut wirkt 30%iges Wasserstoffperoxid stark ätzend und verursacht bei Kontamination äußerst schmerzhafte weiße Flecken. Es sollten daher unbedingt Schutzhandschuhe getragen werden. Weiter ist darauf hinzuweisen, daß man *niemals* konz. H_2O_2 in durchsichtige PE-Tropffläschchen abfüllen und diese längere Zeit im Sonnenlicht stehen lassen sollte. Durch den allmählichen Zerfall von H_2O_2 bzw. die Freisetzung von O_2 erhöht sich nämlich deren Innendruck, was beim Öffnen zum plötzlichen Herausspritzen von H_2O_2 führen kann!

Nachweis von Peroxid

Peroxide sind in Wasser gewöhnlich gut löslich. Ihr Nachweis erfolgt daher *nicht* über Fällungsreaktionen, sondern vielmehr über ihr charakteristisches Redoxverhalten.

1. Reaktion mit KI

$$2\,KI + H_2O_2 + 2\,HCl \longrightarrow I_2 + 2\,KCl + 2\,H_2O$$

Als Oxidationsmittel bildet H_2O_2 in iodidhaltigen Lösungen elementares Iod, das in Gegenwart von Stärke durch die Bildung einer blauen Einschlußverbindung nachgewiesen werden kann.

Praxis: Eine verd. KI-Lsg. wird mit wenig verd. HCl angesäuert und nach Zugabe einiger Körnchen Stärke tropfenweise mit der zu untersuchenden Probelsg. versetzt. Eine allmählich auftretende *Blaufärbung* deutet auf Anwesenheit von H_2O_2. Die beschriebene Farbreaktion kann durch vorherige Zugabe eines Tr. Ammoniummolybdatlsg. noch beschleunigt werden.

Störung: Alle auf Seite 132 angegebenen Oxidationsmittel geben dieselbe Farbreaktion.

2. NW durch Oxidation von Mn^{2+}

$$MnCl_2 + 2\,NaOH \longrightarrow 2\,NaCl + \underset{\text{schwach rosa}}{Mn(OH)_2\downarrow}$$

$$H_2O_2 + Mn(OH)_2 \longrightarrow \underset{\text{schwarzbraun}}{MnO(OH)_2\downarrow} + H_2O$$

Mn(II)-Salze reagieren mit Natronlauge unter Bildung eines *schwach rosafarbenen* Niederschlags, der infolge Luftoxidation allmählich braun wird. Ist in der zu untersuchenden Lösung H_2O_2 zugegen, so bildet sich bei Reaktion mit alkalischer $MnCl_2$-Lsg. sofort *schwarzbraunes* Manganoxidhydrat $MnO(OH)_2\downarrow$. Letzteres nutzt man im Trennungsgang beim sog. „alkalischen Sturz", um in der $(NH_4)_2S$-Gruppe Mn^{2+} von Zn^{2+} abzutrennen (s. Seite 83).

3. NW durch Reduktion von $KMnO_4$

$$2\,MnO_4^- + 5\,H_2O_2 + 3\,H^+ \longrightarrow 2\,Mn^{2+} + 5\,O_2\uparrow + 8\,H_2O$$

Tropft man zu einer schwach schwefelsauren $KMnO_4$-Lösung verd. H_2O_2, so beobachtet man langsame Entfärbung der Lösung infolge Reduktion von MnO_4^- zu Mn^{2+} (einige Tr. $MnSO_4$ wirken katalysierend). Zugleich unterliegt H_2O_2 einer Disproportionierungsreaktion: Es zerfällt einerseits zu Wasser (Reduktion), andererseits zu gasförmigem Sauerstoff (Oxidation).

4. NW als Peroxotitanylkation

$$[Ti(OH)_2(H_2O)_4]^{2+} + H_2O_2 \longrightarrow \underset{\text{gelborange}}{[Ti(O)_2 \cdot aq]^{2+}} + 6\,H_2O$$

In schwefelsaurer Lsg. bilden sich durch Reaktion von H_2O_2 mit $Ti(SO_4)_2$- bzw. $(TiO)SO_4$-Lsg. *gelb bis gelborange* gefärbte $[Ti(O_2) \cdot aq]^{2+}$-Kationen. Bei Zugabe von gesättigter KF- oder NH_4F-Lsg. wird die Reaktionslsg. wieder entfärbt (vgl. NW 1, Seite 255).

Praxis: Einige Tr. Probelösung werden auf der TP mit 3 Tr. verd. H_2SO_4 und 5 Tr. $Ti(SO_4)_2$-Lsg. versetzt $\longrightarrow$ *gelbe bis gelborange* Färbung.

Störung:
- F^- stört infolge Komplexbildung ($[TiF_6]^{2-}$). In diesem Fall empfiehlt sich der NW als „Chromblau".
- ${CrO_4}^{2-}$ stört aufgrund seiner gelben Farbe.

5. NW als „Chromblau"

$$Cr_2{O_7}^{2-} + 4\,H_2O_2 + 2\,H^+ \longrightarrow \underset{\text{blau}}{2\,CrO(O_2)_2} + 5\,H_2O$$

$$4\,CrO(O_2)_2 + 12\,H^+ \longrightarrow 4\,Cr^{3+} + 6\,H_2O + 7\,O_2\uparrow$$

In salpeter- oder schwefelsaurer Lsg. bildet Dichromat mit H_2O_2 *tiefblau* gefärbtes $CrO(O_2)_2$ („Chromblau"), das mit Ether extrahiert und kurzzeitig (unter Bildung einer Oxoniumverbindung) stabilisiert werden kann $\longrightarrow$ blaue Etherphase (vgl. NW 1, Seite 96). F^- stört diesen NW nicht!

Praxis: In einem Reagenzglas werden 10 ml $K_2Cr_2O_7$-Lsg. in der Kälte (Eis) mit 2 ml Ether überschichtet und anschließend mit derselben Menge Probelsg. versetzt. Man schüttelt sofort kräftig durch. Bei Anwesenheit von H_2O_2 bildet sich eine *blaue* Etherphase, deren Färbung nach einiger Zeit in *grün* oder *violett* umschlägt.

4.4.1 Wasserstoffverbindungen des Schwefels (Sulfane)

Die analytisch wichtigste Schwefelwasserstoffverbindung ist H_2S. Dieses einzige thermodynamisch stabile Sulfan wurde lange Zeit als Fällungsmittel für schwerlösliche Metallsulfide verwandt, ehe es in den meisten Laboratorien durch Thioacetamid oder ähnliche Sulfiddonoren ersetzt wurde. Daneben kennt man auch Polysulfane der Zusammensetzung H_2S_n (n = 2–8), die man durch Umsetzung von Alkalipolysulfiden mit kalter, konz. HCl gewinnen kann.

$$Na_2S_n + 2\,HCl \longrightarrow 2\,NaCl + H_2S_n \quad (n = 4\text{–}6)$$

Strukturell spiegelt sich in den Polysulfanen die ausgeprägte Neigung des Schwefels zur Kettenbildung wider. So bestehen Polysulfane aus unverzweigten Ketten mehrerer Schwefelatome.

S^{2-}
Sulfid

Sulfid, S^{2-}

Allgemeines

Sulfide sind die Salze der schwachen, zweibasigen Säure H_2S.[25] Dementsprechend findet man zwei Reihen von Salzen; zum einen die *Hydrogensulfide* $M^{I}HS$ bzw. $M^{II}(HS)_2$ („saure Sulfide"), zum anderen die „normalen" *Sulfide* $M^{I}_{2}S$ bzw. $M^{II}S$. Während sich alle Hydrogensulfide leicht in Wasser lösen, sind von den „normalen" Sulfiden nur die Alkali- und Erdalkalisulfide leicht in H_2O löslich. Sie unterliegen dabei der Hydrolyse gemäß:

$$Na_2S + H_2O \rightleftharpoons 2\,Na^+ + OH^- + HS^- \qquad \text{(alkalische Reaktion)}$$

Noch leichter hydrolysieren Al_2S_3 und Cr_2S_3, da sie stabile Hydroxide bilden:

$$S^{2-} + H_2O \rightleftharpoons HS^- + OH^-$$

$$HS^- + H_2O \rightleftharpoons H_2S + OH^-$$

$$Al_2S_3 + 6\,H_2O \rightleftharpoons 3\,H_2S\uparrow + 2\,Al(OH)_3$$

Eigentlich sollte man bei allen Sulfiden Hydrolyse erwarten. Aufgrund der zu geringen Löslichkeit einiger Metallsulfide kann diese jedoch auch (mehr oder minder vollständig) unterbleiben (die Sulfid-Konzentration ist zu gering, um noch nennenswert mit H_2O zu reagieren). Eine weitere bemerkenswerte (und analytisch bedeutsame) Eigenschaft von H_2S ist dessen leichte Oxidierbarkeit (unter Bildung von elementarem Schwefel) bzw. das daraus resultierende ausgeprägte Reduktionsvermögen. Dieser Punkt wurde bereits im Rahmen der H_2S-Gruppe, bei der Fällung schwerlöslicher Sulfide, eingehender besprochen (S. 47ff.).

Sicherheitshinweise zum Umgang mit Sulfiden bzw. H_2S

H_2S ist ein farbloses, in bestimmten Konzentrationen nach faulen Eiern riechendes, sehr giftiges Gas, das beim Menschen (in hoher Konzentration) zu Atemlähmung und damit zum Tod führen kann. Tückischerweise führt dauernde Exposition geringer Konzentrationen zur Gewöhnung und damit zur verminderten Wahrnehmungsfähigkeit, weshalb man nach einiger Zeit H_2S gar nicht mehr am Geruch erkennen kann. Gleiches geschieht bei Exposition sehr hoher Konzentrationen. Hier kann die Wahrnehmungsfähigkeit in kürzester Zeit völlig aussetzen. Zudem besteht die Gefahr von Reizungen der Augen und der Atemwege.

[25] Genau betrachtet ist H_2S ein farbloses Gas, dessen wss. Lösung als „Schwefelwasserstoffwasser" bezeichnet wird. Eine gesättigte Lösung von H_2S in Wasser ist etwa 0.1 molar.

Allgemein lauern überall dort Gefahren, wo mit Sulfiden (oder Thiosulfaten) und konz. Säuren gearbeitet wird. Beim Lösen der Ursubstanz, bei Vorproben und Nachweisen sowie bei allen Arbeitsschritten im Trennungsgang, bei denen H_2S gebildet werden kann, darf nur *unter dem geschlossenen Abzug* gearbeitet werden.

Nachweis von Sulfid

1. NW durch Reaktion mit Iod/Azid

$$S^{2-} + I_2 \longrightarrow S + 2\,I^- \qquad \text{(Entfärbung)}$$

$$S + 2\,N_3^- \longrightarrow S^{2-} + 3\,N_2\uparrow \qquad \text{(Gasentwicklung)}$$

Reine Lösungen von Natriumazid[26] NaN_3 und Iod I_2 sind längere Zeit nebeneinander beständig. Sie werden aber durch Einwirkung von S^{2-} (auch schwerlösliche Schwermetallsulfide) katalytisch zersetzt.

Praxis: Auf der TP wird etwas US oder eine kleine Menge Nd. mit 1 Tr. Reagenzlösung versetzt. Die Entwicklung von feinen *Gasbläschen* (durch Zersetzung von Azid-Ionen) *und* gleichzeitige *Entfärbung* der Reaktionslösung (durch Reduktion von Iod) deuten auf Anwesenheit von S^{2-}. Da die eingesetzten Substanzmengen meist relativ gering sind, ist die Gasentwicklung nicht immer gut zu erkennen. SCN^- reagiert analog.

Störung: Größere Mengen I^- stören die Reaktion. In diesem Fall bewirkt die Zugabe von einigen Tr. $Hg(NO_3)_2$-Lsg. die Bildung von $[HgI_4]^{2-}$. Letzteres hat keinen Einfluß auf die beschriebene katalytische Zersetzung von Iod/Azid.

Reagenz: 1 g NaN_3 in 75 ml H_2O/1 g I_2 in 75 ml Ethanol (unbegrenzt haltbar).

2. NW als CdS

(Entfernung löslicher Sulfide aus dem Sodaauszug)

Da Sulfide in neutraler und besonders in saurer Lösung einige Anionennachweise stören (NO_3^--Nachweis durch Ringprobe oder mittels Lunges Reagenz; Cl^--Nachweis durch Fällung mit $AgNO_3$), sollte Sulfid vor dem Ansäuern des Sodaauszugs durch Fällung mit $Cd(Ac)_2$-Lösung entfernt werden. Gemäß Löslichkeitsprodukt entsteht dabei zunächst *gelbes* CdS ($K_L = 10^{-27}$), ehe nach dessen vollständiger Fällung *weißes* $CdCO_3$ ($K_L = 10^{-13.6}$) auszufallen beginnt.

Praxis: Einige Milliliter SA werden mit etwas H_2O verdünnt und darauf tropfenweise mit verd. $Cd(Ac)_2$-Lösung versetzt. Die anfänglich gelbe Trübung der Lösung geht bei weiterem $Cd(Ac)_2$-Zusatz und Erwärmen in einen gelben, flockigen Niederschlag über. Dieser wird abzentrifugiert und das klare Z. erneut mit $Cd(Ac)_2$ behandelt. Fällt dabei weißes $CdCO_3$, so kann davon ausgegangen werden, daß CdS zuvor quantitativ abgetrennt wurde.

---

[26] Azide sind die Salze der Stickstoffwasserstoffsäure HN_3. Das Azid-Ion N_3^- ist ein Pseudohalogenid-Ion (vgl. Seite 146). Es bildet mit Silber- oder Blei-Salzen schwerlösliche Verbindungen, die wie alle anderen Schwermetallazide äußerst *explosiv* sind.

3. NW als H_2S

$$Na_2S + 2\,HCl \longrightarrow 2\,NaCl + H_2S\uparrow$$

Schwefelwasserstoff H_2S wird als schwache, leicht flüchtige Säure von starken, schwerer flüchtigen (nichtoxidierenden) Säuren aus ihren Salzen verdrängt. Ausnahmen sind schwerlösliche Sulfide, die unter Säureeinwirkung im allgemeinen nicht aufgeschlossen werden! Erst nascierender Wasserstoff reduziert die Kationen solcher Sulfide zum Element, wodurch S^{2-} freigesetzt wird:

$$2\,H^+ + Zn \longrightarrow Zn^{2+} + 2\,H_{nasc}$$

$$HgS + 2\,H_{nasc} \longrightarrow H_2S\uparrow + Hg$$

Praxis: Im HM-Maßstab wird H_2S in einer Tüpfelreaktion mit feuchtem $Pb(Ac)_2$-Papier[27] nachgewiesen! Alternativ dazu kann der NW auch in einem kleinen RG erfolgen, das durch ein mit $Pb(Ac)_2$-Lsg. oder mit einer verd. I_2-Lsg. (Entfärbung und milchige Trübung durch Ausscheidung von Schwefel!) beschicktes Gärröhrchen[28] verschlossen wird.

Störung:
- S, $SO_3{}^{2-}$, $S_2O_3{}^{2-}$ und $SO_4{}^{2-}$ können von Zn/HCl zu S^{2-} reduziert werden.
- Viel $NO_3{}^-$ kann Sulfid zu Schwefel oxidieren und damit dem NW entziehen (gemäß $2\,NO_2{}^- + 3\,S^{2-} + 8\,H^+ \longrightarrow 3\,S + 2\,NO + 4\,H_2O$) $\longrightarrow$ möglichst wenig HCl verwenden!

Achtung: H_2S ist sehr giftig! Dieser Nachweis darf daher nur im geschlossenen Abzug durchgeführt werden.

4. NW mit $Na_2[Fe(CN)_5NO]$

$$S^{2-} + [Fe(CN)_5NO]^{2-} \longrightarrow [Fe(CN)_5NOS]^{4-}$$

Sulfidionen reagieren in nicht zu stark alkalischer Lsg. (SA) mit Dinatriumpentacyanonitrosylferrat(III) (Trivialname: „Nitroprussidnatrium") unter Bildung einer *violett* gefärbten Lsg., deren Farbe allmählich verblaßt.

Praxis: Auf der TP werden 5 Tr. SA mit 3 Tr. einer frisch bereiteten 1%igen Nitroprussidnatriumlsg. versetzt. Bei Anwesenheit von S^{2-} färbt sich die Lsg. *violett*; beim Ansäuern entfärbt sie sich wieder (Bildung von HS^-).

Achtung: Nitroprussidnatrium ist *hochgiftig*! Der NW ist daher nur aufgenommen worden, um auf diese Tatsache nachdrücklich hinzuweisen!

5. NW durch Heparprobe

$$4\,Ag^+ + 2\,S^{2-} + 2\,H_2O \xrightarrow{O_2} \underset{\text{schwarz}}{2\,Ag_2S} + 4\,OH^-$$

Die „Heparprobe" dient allgemein zum Nachweis schwefelhaltiger Substanzen!

[27] Dazu einfach ein Stückchen Filterpapier mit einer 1%igen $Pb(Ac)_2$-Lsg. tränken. [28] Man beachte die Hinweise zum richtigen Gebrauch des Gärröhrchens auf Seite 213.

Praxis: Man schmilzt an einer Pt-Drahtöse etwas Na_2CO_3 zu einer Perle und benetzt diese mit einer Probe der zu untersuchenden Substanz. Bei erneutem Glühen in der heißesten Zone der Brennerflamme werden alle Schwefelverbindungen zu Sulfid reduziert. Bringt man die Perle danach auf ein Ag-Blech und benetzt sie mit 1 Tr. Wasser, so bildet sich auf dem Ag-Blech ein *schwarzer* Fleck (Ag_2S).

Störung: Se- und Te-Verbindungen reagieren analog.

4.4.2 Sauerstoffsäuren des Schwefels

Schwefel bildet Sauerstoffsäuren der allgemeinen Zusammensetzung H_2SO_n (n = 2–5) und $H_2S_2O_n$ (n = 2–8). Ferner kennt man noch schwefelreichere Säuren der Zusammensetzung $H_2S_nO_3$, $H_2S_nO_6$ und $H_2S_nO_{3n+1}$. Die Stärke der Säuren wächst mit zunehmendem Schwefelgehalt. Demgemäß sind bei gleicher Oxidationsstufe des Schwefels die Dischwefelsäuren jeweils stärker als die entsprechenden Monoschwefelsäuren.

Tabelle 4.9 Sauerstoffsäuren des Schwefels.

Ox.stufe	Monosäuren H_2SO_n		Disäuren $H_2S_2O_n$	
+1			$H_2S_2O_2$	Thioschweflige Säure [a] (Thiosulfite)
+2	H_2SO_2	Sulfoxylsäure [a] (Sulfoxylate)	$H_2S_2O_3$ [b]	Thioschwefelsäure (Thiosulfate) 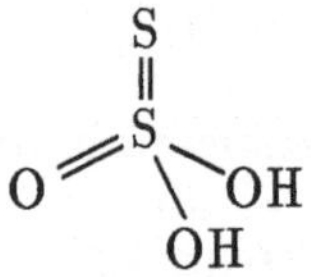
+3			$H_2S_2O_4$	Dithionige Säure (Dithionite) 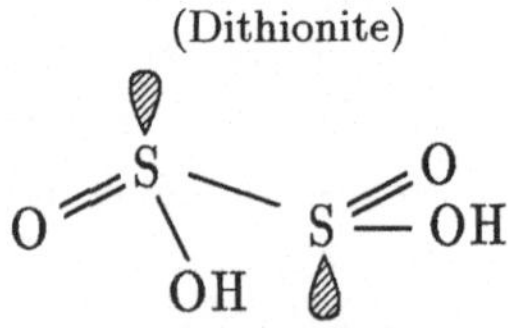
+4	H_2SO_3	Schweflige Säure (Sulfite) 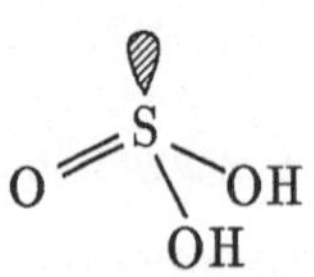	$H_2S_2O_5$	Dischweflige Säure (Disulfite) 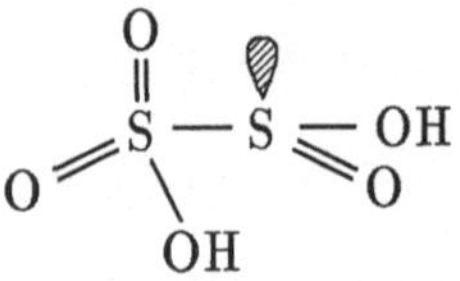

Tabelle 4.9 (Fortsetzung)

Ox.stufe	**Monosäuren H_2SO_n**		**Disäuren $H_2S_2O_n$**	
+5			$H_2S_2O_6$	Dithionsäure (Dithionate) O O ‖ ‖ O=S—S=OH \ ⟍O OH
+6	H_2SO_4	Schwefelsäure (Sulfate) O ‖ O=S⟍OH \ OH	$H_2S_2O_7$ [c]	Dischwefelsäure (Disulfate) O O ‖ ‖ O=S⟍O⟋S=OH \ ⟍O OH
+6 [d]			$H_2S_2O_8$	Peroxodischwefelsäure (Peroxodisulfate) O O ‖ ‖ O=S⟍O-O⟋S=OH \ ⟍O OH
+6 [d]	H_2SO_5	Peroxoschwefelsäure (Peroxosulfate) S ‖ O=S⟍OOH \ OH		

[a] Hypothetische Zwischenstufe. [b] Von der Thioschwefelsäure $H_2S_2O_3$ leiten sich schwefelreichere Polysulfanmonosulfonsäuren $H_2S_nO_3$ ab. [c] Von der Dischwefelsäure $H_2S_2O_7$ leiten sich schwefelreichere Polythionsäuren $H_2S_nO_6$ ab. [d] Diese Verbindungen enthalten Peroxo-Gruppen, in denen Sauerstoff die formale Oxidationsstufe −1 zukommt. Damit ergibt sich für Schwefel die formale Oxidationsstufe +6.

Von den in Tabelle 4.9 (links) aufgeführten Säuren sind nur Thioschwefelsäure, Schwefelsäure, Dischwefelsäure, Peroxoschwefelsäure und Diperoxoschwefelsäure in freier Form isolierbar. Die übrigen Säuren kennt man nur in wäßriger Lösung oder in Form ihrer Salze.

Im Rahmen des vorliegenden Buches werden die wichtigsten Reaktionen und Nachweise von SO_3^{2-}, $S_2O_3^{2-}$, SO_4^{2-} und $S_2O_8^{2-}$ behandelt.

SO_3^{2-}
Sulfit

Sulfit, SO_3^{2-}

Sulfite sind die Salze der Schwefligen Säure H_2SO_3, die in Substanz bisher noch nicht isoliert werden konnte. Geringe Mengen an H_2SO_3 vermutet man in Lösungen von SO_2 in Wasser.

$$SO_2 + H_2O \rightleftharpoons H_2SO_3$$

Im Gegensatz zur analogen Reaktion von SO_3 mit H_2O liegt dieses Gleichgewicht fast vollständig auf der linken Seite. Das heißt, daß neben „hydratisiertem SO_2" ($SO_2 \cdot x\,H_2O$) nahezu keine freie, undissoziierte Säure vorliegt. Stattdessen findet man in wss. Lösungen von SO_2 je nach Temperatur, pH-Wert und Konzentration die Ionen H_3O^+ (saure Wirkung), HSO_3^-, $S_2O_5^{2-}$ (Disulfit) und Spuren von SO_3^{2-}.

Eine auffallende Eigenschaft der Schwefligen Säure bzw. ihrer Salze ist deren *reduzierende Wirkung.* So werden Sulfite pH-abhängig (leichter in alkalischen Medien) über Dithionat $S_2O_6^{2-}$ zu Sulfat SO_4^{2-} oxidiert. Dieses Reaktionsverhalten kann in der Analytik als Vorprobe genutzt werden, indem man eine SO_3^{2-}-haltige Probe auf blaue Iod/Stärke-Lösung einwirken läßt (s. NW 1, rechts).

$$SO_3^{2-} + 2\,OH^- \longrightarrow SO_4^{2-} + H_2O + 2\,e^- \qquad (\varepsilon_0 = -0.93\ V)$$

$$SO_2 + 2\,H_2O \longrightarrow SO_4^{2-} + 4\,H^+ + 2\,e^- \qquad (\varepsilon_0 = +0.172\ V)$$

Gegenüber stärkeren Reduktionsmitteln kann Schweflige Säure auch als *Oxidationsmittel* wirken. So reagiert sie mit Zn/H^+ oder $SnCl_2$ zu H_2S, mit Fe(II)-Salzen zu elementarem Schwefel. Besondere Bedeutung hat dabei die Reaktion von SO_3^{2-} mit H_2S, die über Polysulfandisulfonsäuren zu elementarem Schwefel führt. Durch seine „Redoxamphoterie" erschwert SO_3^{2-} vor allem dann die Analyse von Anionengemischen, wenn außerdem noch weitere schwefelhaltige Ionen zugegen sind.

Als zweibasige Säure bildet die Schweflige Säure zwei Reihen von Salzen: zum einen die *Hydrogensulfite* M^IHSO_3 (primäre Sulfite; saure Sulfite) und zum anderen die „normalen" *Sulfite* $M^{II}SO_3$ (Sulfite; sekundäre Sulfite; Bisulfite). Hydrogensulfite sind in Wasser alle leicht (Ausnahmen: $RbHSO_3$ und $CsHSO_3$), Sulfite hingegen relativ schwer löslich (Ausnahmen: Alkalisulfite, Ammoniumsulfit). Sie werden jedoch im Sodaauszug von Na_2CO_3 gelöst. Analog den Hydrogensulfaten (s. Seite 190) bilden sich aus Hydrogensulfiten beim Erwärmen konzentrierter Lösungen unter Wasserabspaltung Disulfite (Pyrosulfite). Dagegen disproportionieren Sulfite beim *trockenen* Erhitzen zu Sulfiden und Sulfaten.

Technische Verwendung finden Hydrogensulfite in der Zellstoffgewinnung (Papierindustrie), Disulfite in der Photographie (Fixiersalz, vgl. Seite 186), Natriumsulfite in der Textilverarbeitung (Bleichmittel) und SO_2 als Konservierungs- und Desinfektionsmittel.

Sicherheitshinweise zum Umgang mit H_2SO_3, SO_2

Beim Kochen ${SO_3}^{2-}$- oder ${HSO_3}^{-}$-haltiger Lösungen entweicht SO_2 als farbloses, reizendes, stechend riechendes Gas. Tückischerweise führt dauernde Exposition ähnlich wie bei H_2S zu einer gewissen Gewöhnung, die ein sofortiges Erkennen von austretendem SO_2 verhindert. Laborarbeiten, bei denen SO_2 freigesetzt werden kann, dürfen daher *nur* unter einem geschlossenen Abzug durchgeführt werden.

Nachweis von Sulfit

Sulfit wird im Schwefeltrennungsgang (s. Seite 143) mittels $Sr(NO_3)_2$ als $SrSO_3$ gefällt und nach Behandlung mit verd. H_2SO_4 durch Entfärbung einer Malachitgrünlösung nachgewiesen. Einzelnachweise zur Bestimmung von ${SO_3}^{2-}$ führt man wie folgt durch:

1. NW durch Entfärbung einer Iod-Lösung

$$H_2SO_3 + I_2 + H_2O \longrightarrow 2\,HI + H_2SO_4$$

$${SO_3}^{2-} + I_2 + H_2O \longrightarrow 2\,H^+ + 2\,I^- + {SO_4}^{2-}$$

Diese Reaktion verläuft außer in saurer auch in neutraler Lösung!

Praxis: Man setzt einer Iodlsg. (die man wahlweise durch Zugabe von Stärke *blau* färben kann) tropfenweise schwach saure oder neutrale ${SO_3}^{2-}$-Lösung zu $\longrightarrow$ *Entfärbung.* Im Gegensatz zu der entsprechenden Reaktion mit ${S_2O_3}^{2-}$ fällt der pH-Wert der Lösung mit fortschreitender ${SO_3}^{2-}$-Zugabe. Das entstandene ${SO_4}^{2-}$ kann mittels $BaCl_2$-Lsg. als $BaSO_4 \downarrow$ ausgefällt werden (vgl. NW 1, Seite 190).

Störung: Alle anderen reduzierenden Ionen (vgl. Vorproben).

2. NW durch Entfärbung einer $KMnO_4$-Lösung

$$5\,{SO_3}^{2-} + 2\,{MnO_4}^- + 6\,H^+ \longrightarrow 2\,Mn^{2+} + 5\,{SO_4}^{2-} + 3\,H_2O$$

Eine ${SO_3}^{2-}$-haltige Probe entfärbt salpetersaure $KMnO_4$-Lösung durch Reduktion des violetten ${MnO_4}^-$-Ions zu farblosem Mn(II) (in alkalischer Lsg. geht die Red. nur bis zu $MnO(OH)_2$). Analog NW 1 kann das entstandene ${SO_4}^{2-}$ anschließend mittels $BaCl_2$-Lsg. als $BaSO_4 \downarrow$ gefällt werden (vgl. auch NW 1, Seite 190). Die reduzierende Wirkung von ${SO_3}^{2-}$ kann in saurer Lösung (verd. H_2SO_4) auch zur Reduktion von oranger Dichromatlösung genutzt werden!

3. NW als SO_2

$$Na_2SO_3 + 2\,KHSO_4 \longrightarrow Na_2SO_4 + SO_2\uparrow + K_2SO_4 + H_2O$$

$$5\,SO_2 + 2\,IO_3^- + 4\,H_2O \longrightarrow I_2 + 5\,SO_4^{2-} + 8\,H^+$$

Praxis: Man verreibt 1 Spatelspitze Substanz (oder einen Teil des $SrSO_3/SrSO_4$-Nd. aus dem TG) mit wenig $KHSO_4$ und hält über die Reibschale ein mit Iodat/Stärkelsg. befeuchtetes Filterpapier. Bei Anwesenheit von SO_3^{2-} wird IO_3^- durch freiwerdendes SO_2 zu Iod reduziert ⟶ *Bläufärbung* des Filterpapiers. Wird das Filterpapier mit $K_2Cr_2O_7$-Lsg. getränkt, so beobachtet man Grünfärbung infolge Bildung von Cr^{3+}-Ionen.

$$SO_3^{2-} + 2\,H^+ \longrightarrow SO_2\uparrow + H_2O$$

Alternativ dazu kann die Probe auch mit verd. H_2SO_4 behandelt werden. Beim Erwärmen auf dem WB entweicht bei Anwesenheit von SO_3^{2-} stechend riechendes SO_2-Gas, das (durch ein Gärröhrchen geleitet) verd. wäßrige Lösungen von Malachitgrün oder Fuchsin (Rosanilin) entfärbt.[29]

Der Nachweis kann auch auf der TP ausgeführt werden: Dazu mischt man 1 Tr. neutrale Probelsg. mit 1 Tr. Fuchsinlsg. ⟶ rasche Entfärbung. Eine durch SO_2 entfärbte, wäßrige Fuchsin-Lsg. („fuchsinschweflige Säure“) färbt sich bei Zugabe von Aldehyden *rotviolett*. Diese Reaktion ist jedoch infolge ihrer großen Empfindlichkeit nicht immer zuverlässig.

Störung:

- S^{2-} sowie Polysulfide (Verwendung von $(NH_4)_2S_x$!) reagieren analog und entfärben die beiden Farbstoffe ebenfalls.
- NO_2, H_2O_2 (Peroxide, $S_2O_8^{2-}$) und Hypochlorit OCl^- entfärben Fuchsin-Lösung ebenfalls.

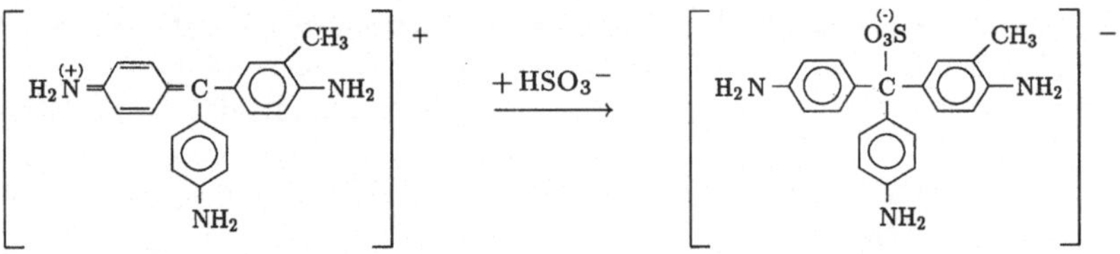

$\xrightarrow{+HSO_3^-}$

Fuchsin (Kation) — Fuchsinschweflige Säure (Anion)

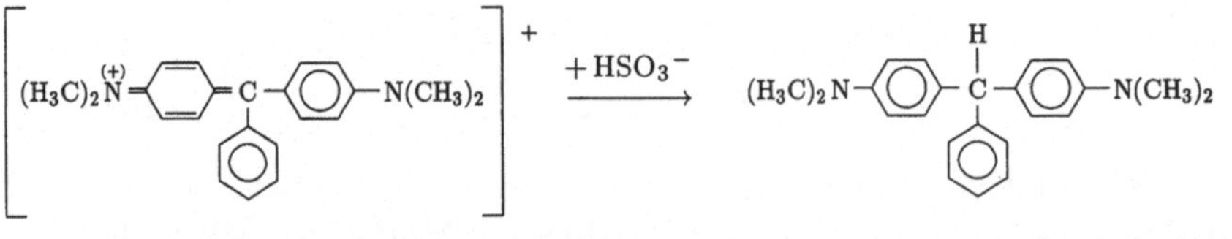

$\xrightarrow{+HSO_3^-}$

Malachitgrün (Kation) — Leukomalachit

[29] Besonders empfehlenswert ist die Verwendung einer schwach alkalischen Lösung *beider* Farbstoffe in Wasser.

4. NW durch Fällung mittels $BaCl_2$ oder $SrCl_2$

$$SO_3^{2-} + SrCl_2 \longrightarrow \underset{\text{weiß}}{SrSO_3\downarrow} + 2\,Cl^-$$

$$SO_3^{2-} + BaCl_2 \longrightarrow \underset{\text{weiß}}{BaSO_3\downarrow} + 2\,Cl^-$$

Die Reaktion von sulfithaltigen Lösungen mit $SrCl_2$ oder $BaCl_2$ führt zur Fällung von weißem, kristallinem $SrSO_3$ bzw. $BaSO_3$. Carbonat stört den Nachweis durch Bildung von weißem $BaCO_3$.

Die Erdalkalisulfite $SrSO_3$ und $BaSO_3$ lösen sich (im Gegensatz zu den entsprechenden Sulfaten) bereits in verd. Säuren auf ($SO_2\uparrow$). Infolge Autoxidation[30] enthalten ältere Sulfit-Lösungen jedoch oft nachweisbare Mengen an SO_4^{2-}, weshalb in diesen Fällen weiße Niederschläge von $SrSO_4$ bzw. $BaSO_4$ oder zumindest milchige Trübungen zurückbleiben können.

5. NW durch Reduktion zum Sulfid

$$H_2SO_3 + 3\,Zn + 6\,HCl \longrightarrow H_2S\uparrow + 3\,ZnCl_2 + 3\,H_2O$$

$$2\,H_2SO_3 + 6\,SnCl_2 \xrightarrow[-6\,H_2O]{+18\,HCl} SnS_2\downarrow + 5\,H_2[SnCl_6]$$

Starke Reduktionsmittel wie z. B. Zn/H^+ oder Sn^{2+} reduzieren Sulfit in saurer Lösung zu Sulfid. Diese Reaktionen können entweder durch *Schwärzung* eines mit $Pb(Ac)_2$ getränkten Filterpapiers (H_2S) oder durch die *gelbe* Farbe des entstehenden SnS_2 verfolgt werden.

6. NW mit $AgNO_3$

$$Ag^+ + SO_3^{2-} \longrightarrow [Ag(SO_3)]^- \xrightarrow{+Ag^+} \underset{\text{weiß}}{Ag_2SO_3} \qquad (Ag^+\text{-Überschuß})$$

$$Ag_2SO_3 + 4\,NH_3 \longrightarrow 2\,[Ag(NH_3)_2]^+ + SO_3^{2-}$$

$$Ag_2SO_3 + SO_3^{2-} \longrightarrow 2\,[Ag(SO_3)]^- \qquad (SO_3^{2-}\text{-Überschuß})$$

In neutraler oder schwach saurer Lsg. bildet sich bei tropfenweiser Zugabe von $AgNO_3$ zu sulfithaltigen Lösungen zunächst farbloses $[Ag(SO_3)]^-$, später weißes, kristallines Ag_2SO_3. Dieses ist sowohl in verd. HNO_3, als auch in verd. NH_3 löslich. Ferner führt ein SO_3^{2-}-Überschuß zur erneuten Bildung des Sulfitoargentat(I)-Komplexes. Säuert man mit wenig HAc an, so fällt aus dessen Lösung wieder weißes Ag_2SO_3 aus.

Beim Erhitzen einer $[Ag(SO_3)]^-$-haltigen Lösung wird Ag^+ zu elementarem Silber reduziert. Der Komplex zerfällt unter Freisetzung von SO_4^{2-} und SO_2.

$$2\,[AgSO_3]^- \longrightarrow 2\,Ag\downarrow + SO_4^{2-} + SO_2\uparrow$$

$$Ag_2SO_3 + H_2O \longrightarrow 2\,Ag\downarrow + SO_4^{2-} + 2\,H^+$$

[30] Langsame Oxidation durch Luftsauerstoff, die durch Erwärmen oder Versetzen mit Bromwasser oder konz. HNO_3 beschleunigt wird.

$S_2O_3^{2-}$
Thiosulfat

Thiosulfat, $S_2O_3^{2-}$

Thiosulfate sind die Salze der Thioschwefelsäure $H_2S_2O_3$, die nur bei tiefen Temperaturen in Substanz isolierbar ist. Man setzt dazu unter strengem Wasserausschluß bei −78 °C H_2S und SO_3 in Gegenwart von Diethylether um. Oder man versetzt unter analogen Bedingungen ein Thiosulfatsalz ($Na_2S_2O_3$) mit HCl und isoliert die Thioschwefelsäure als Etherat unterschiedlicher Zusammensetzung:

$$H_2S + SO_3 \xrightarrow{-78\,°C/Et_2O} H_2S_2O_3 \cdot n\,Et_2O \qquad (Et_2O = \text{Diethylether})$$

$$Na_2S_2O_3 + 2\,HCl \xrightarrow{-78\,°C/Et_2O} H_2S_2O_3 \cdot 2\,Et_2O + 2\,NaCl$$

Der Name „Thioschwefelsäure" gibt einen Hinweis auf deren strukturelle Zusammensetzung. So leitet sich die Valenzstrichformel von $H_2S_2O_3$ auf einfache Weise von der der Schwefelsäure ab, wenn man formal ein Sauerstoffatom gegen ein Schwefelatom („thio") austauscht.

Thiosulfate lassen sich durch Kochen von Na_2SO_3-Lösungen mit feingepulvertem Schwefel oder einfacher durch Umsetzung von H_2S mit wss. Sulfitlösung unter Komproportionierung erhalten. Diese Reaktionen sind für die analytische Trennung schwefelhaltiger Anionen von besonderer Bedeutung, da gemäß nachfolgender Gleichungen Gemische bestimmter Zusammensetzung (besonders im schwach sauren Medium) die Anwesenheit von $S_2O_3^{2-}$ vortäuschen können.

$$Na_2SO_3 + {}^1\!/_8\,S_8 \xrightarrow{\Delta} Na_2S_2O_3$$

$$2\,HS^- + 4\,HSO_3^- \longrightarrow 3\,S_2O_3^{2-} + 3\,H_2O$$

Anwendung finden Thiosulfate vor allem in der Photographie als komplexierendes Fixiersalz (vgl. Seite 186), in Maßlösungen für die quantitative Analyse („Iodometrie") und in der Bleicherei als sog. „Antichlor", um überschüssiges Cl_2 mittels $S_2O_3^{2-}$ zu Cl^- zu reduzieren.

$$S_2O_3^{2-} + 4\,Cl_2 + 5\,H_2O \longrightarrow 2\,HSO_4^- + 8\,H^+ + 8\,Cl^-$$

Nachweis von Thiosulfat

Von den Thiosulfaten sind nur $Ag_2S_2O_3$, $Tl_2S_2O_3$, PbS_2O_3 und BaS_2O_3 in Wasser verhältnismäßig schwerlöslich, bei $S_2O_3^{2-}$-Überschuß erfolgt jedoch meist Auflösung unter Komplexierung. Im Schwefeltrennungsgang bleibt $S_2O_3^{2-}$ bei der Fällung von Sulfit und Sulfat mit $Sr(NO_3)_2$ in Lösung und kann nach einer der folgenden Methoden nachgewiesen werden.

1. NW durch Fällung mit $BaCl_2$

Aus kalten, konz. $S_2O_3^{2-}$-Lösungen fällt $BaCl_2$ weißes, kristallines BaS_2O_3, das sich in warmem Wasser wieder löst. Die Fällung bleibt infolge Übersättigung oftmals aus. Daher sollte die Kristallisation durch gelegentliches Kratzen an der Innenwand des Reagenzglases (Glasstab) initiiert werden.

$$BaCl_2 + S_2O_3^{2-} \longrightarrow BaS_2O_3 + 2\,Cl^-$$

2. NW als Schwefel und SO_2 beim Ansäuern

$$\underset{S_2O_3^{2-} + 2\,H^+}{H_2S_2O_3} \longrightarrow S\downarrow + SO_2\uparrow + H_2O$$

Die beim Ansäuern entstehende Thioschwefelsäure $H_2S_2O_3$ ist in Lösung unbeständig. Sie zerfällt daher (abhängig von Konzentration, pH-Wert und Temperatur) mehr oder minder schnell in kolloidal gelösten Schwefel und SO_2. Letzteres ist deutlich am stechenden Geruch erkennbar und mittels Iodat/Stärke oder $K_2Cr_2O_7$ nachzuweisen (vgl. NW 3, Seite 182). Neben Schwefel und SO_2 können sich auch Polythionate bilden.

3. NW mit $AgNO_3$

$$S_2O_3^{2-} + 2\,Ag^+ \longrightarrow \underset{\text{weiß}}{Ag_2S_2O_3\downarrow}$$

$$Ag_2S_2O_3 + 3\,S_2O_3^{2-} \longrightarrow 2\,[Ag(S_2O_3)_2]^{3-}$$

$$Ag_2S_2O_3 + H_2O \longrightarrow \underset{\text{schwarz}}{Ag_2S} + H_2SO_4$$

$S_2O_3^{2-}$ gibt mit Ag^+ zunächst einen *weißen* Nd. von $Ag_2S_2O_3$, der sich im ÜS von $S_2O_3^{2-}$ unter Bildung des äußerst stabilen $[Ag(S_2O_3)_2]^{3-}$-Komplexes wieder löst. Die Stabilität des Dithiosulfatoargentat(I)-Komplexes ist dabei so hoch, daß selbst schwerlösliche Verbindungen wie AgCl oder AgBr mit einem ÜS an $S_2O_3^{2-}$ in Lösung gebracht werden können. Aus diesem Grund verwendet man NaS_2O_3 beim photographischen Prozeß, um nach der Entwicklung unbelichtetes AgBr aus der lichtempfindlichen Photoschicht herauszulösen („Fixiersalz").

Das primär entstehende, weiße Silberthiosulfat $Ag_2S_2O_3$ ist relativ unbeständig und zerfällt in wss. Lsg. schon nach kurzer Zeit zu *schwarzem* Ag_2S. Dieser Zerfall kann anhand der Verfärbung des Niederschlags von zunächst weiß über gelb, orange, rot und braun nach schwarz verfolgt werden.[31] Andere Schwermetallthiosulfatverbindungen zersetzen sich analog.

Praxis: Die zu untersuchende Probe wird mit wenig verd. HNO_3 schwach angesäuert und dann mit $AgNO_3$ im ÜS versetzt. Das gebildete Ag_2S kann (im Gegensatz zu evtl. mitgefallenen Ag-Halogeniden) in konz. HNO_3 gelöst werden.

---

[31] Man nennt den Nachweis aus diesem Grund auch häufig „Sonnenuntergangsreaktion"! Die einzelnen Farbabstufungen sind besser zu erkennen, wenn man die Zersetzungsreaktion durch Eiskühlung verlangsamt.

Störung:
- Da S^{2-} die Reaktion durch direkte Fällung von Ag_2S überdeckt, kann der NW erst nach dessen Abtrennung ($Cd(Ac)_2$) durchgeführt werden.
- Hohe Konz. an Halogeniden stören, da schwerlösliche Ag-Halogenide ausfallen (Abhilfe: ausreichende Mengen an Ag^+ zugeben und ggf. etwas warten).
- Wie bereits oben erwähnt, kann in sauren Lösungen von S^{2-} *und* $SO_3{}^{2-}$ leicht $S_2O_3{}^{2-}$ gebildet werden. Man sollte daher vor Ausführung des Nachweises S^{2-} mit $Cd(Ac)_2$ abtrennen.

Der photographische Prozeß

Prinzip. Silberhalogenide färben sich unter Lichteinwirkung infolge photochemischer Zersetzung zu Silber und Halogen fortschreitend violett und nach langer Belichtung schließlich schwarz.

$$AgX \xrightarrow{h\nu} Ag + {}^1\!/\!_2\, X_2 \qquad (X = Cl, Br, I)$$

Diese Eigenschaft der Silberhalogenide macht man sich unter anderem bei der Schwarzweißphotographie zunutze.

Herstellung der lichtempfindlichen Schicht. Man vermischt eine warme, gelatinehaltige Lösung von $AgNO_3$ mit NH_4Br zu sog. „Bromsilbergelatine", aus der sich nach einiger Zeit AgBr in sehr kleinen Partikeln (Körnung) abscheidet. Die Gelatine wirkt dabei als „Schutzkolloid" und fördert die gleichmäßige Verteilung der kleinen, möglichst einheitlich großen AgBr-Partikel. Zusätzlich wirkt sie als Bindemittel zwischen der lichtempfindlichen Schicht und dem jeweiligen Trägermaterial (Glas, Film, Papier).

Belichtung. Wird die Bromsilbergelatine beim Photographieren belichtet, so bewirkt dies die oben beschriebene Zersetzung des Silberbromids zu elementarem Silber und Brom. In diesem Stadium ist aber auf der Photoplatte noch kein Bild zu erkennen, da die kurzen Belichtungszeiten moderner Kameras nur zur Bildung sog. „Silberkeime" (ca. 10–100 Ag-Atome) führen. Die Belichtung hinterläßt also nur ein *schemenhaftes Abbild* der dargestellten Objekte („latentes Bild") in Form unsichtbar kleiner Silberkeime. Die Anzahl der an einer bestimmten Stelle der Photoplatte gebildeten Silberkeime ist dabei der eingefallenen Lichtmenge proportional.

Entwicklung. Zur Intensivierung des latenten Bildes muß die Photoplatte noch entwickelt werden. Dazu behandelt man sie mit milden Reduktionsmitteln (Hydrochinon), die bevorzugt dort wirken, wo bereits Silberkeime vorhanden sind. Dagegen werden vorher nur schwach belichtete (Silberkeim-arme) Bereiche von Hydrochinon nur sehr langsam reduziert. Dieser Schritt führt also vom latenten Bild zum „sichtbaren Bild".

Fixieren. Da die lichtempfindliche Photoschicht in dieser Phase noch unzersetztes AgBr enthält, das bei erneutem Belichten ebenfalls zersetzt würde, muß zum Fixieren des sichtbaren Bildes das unbelichtete AgBr aus der Photoschicht herausgelöst werden. Dies geschieht in der Regel über die Komplexierung mit $Na_2S_2O_3$ (sog. „Fixiersalz"). Nach gründlichem Auswaschen mit Wasser (Silberthiosulfat-Komplex, Br_2) erhält man schließlich ein fixiertes, lichtverkehrtes Negativbild.

Kopieren. Dieses lichtverkehrte Negativbild verwendet man beim Kopieren als Schablone, indem man es mit einem lichtempfindlichen Papier bedeckt und durch das Negativ hindurch belichtet. Durch Wiederholung der oben genannten Schritte (Entwickeln und Fixieren) erhält man letztlich ein Papierbild („Abzug").

4. NW durch Reaktion mit Iod/Azid

Die Reaktion verläuft analog, wie unter NW 1, Seite 176 beschrieben.

Praxis: Etwas US wird auf der TP mit 1 Tr. Iod/Azid-Lösung versetzt. Die Entwicklung von feinen *Gasbläschen* (durch Zersetzung von Azid-Ionen) *und* gleichzeitige *Entfärbung* der Reaktionslösung (durch Reduktion von Iod) deuten auf Anwesenheit von $S_2O_3{}^{2-}$.

Störung: Da Sulfid und Thiocyanat stets $S_2O_3{}^{2-}$ als Verunreinigung enthalten, fällt die Reaktion auch nach vorherigem Abtrennen dieser Ionen stets positiv aus. Der NW darf daher nur bei *Abwesenheit* dieser beiden Ionen durchgeführt werden.

5. NW durch Entfärbung einer Iod-Lösung

$$2\,Na_2S_2O_3 + I_2 \longrightarrow 2\,NaI + \underset{\text{Natriumtetrathionat}}{Na_2S_4O_6}$$

Man löst etwas Iod in Wasser und gibt ein Körnchen Stärke hinzu. Dabei tritt intensive Blaufärbung auf, die durch Einlagerung von Iod in die Stärke-Moleküle hervorgerufen wird (Charge-Transfer-Komplex; vgl. Seite 202). Bei tropfenweisem Zusatz von $S_2O_3{}^{2-}$-Lösung verschwindet diese Färbung, da sich je zwei $S_2O_3{}^{2-}$-Ionen unter Bildung von Tetrathionat $S_4O_6{}^{2-}$ vereinigen. Die dabei freiwerdenden Elektronen reduzieren Iod zu Iodid $\longrightarrow$ die Lösung wird farblos.

$$^-O{-}\overset{\overset{O}{\|}}{\underset{\underset{O}{\|}}{S}}{-}S^- + {}^-S{-}\overset{\overset{O}{\|}}{\underset{\underset{O}{\|}}{S}}{-}O^- \longrightarrow {}^-O{-}\overset{\overset{O}{\|}}{\underset{\underset{O}{\|}}{S}}{-}S{-}S{-}\overset{\overset{O}{\|}}{\underset{\underset{O}{\|}}{S}}{-}O^- + 2\,e^-$$

6. NW mit $FeCl_3$

$$FeCl_3 + Na_2S_2O_3 \longrightarrow \underset{\text{rotviolett}}{[Fe(S_2O_3)]Cl} + 2\,NaCl$$

$$2\,[Fe(S_2O_3)]Cl \longrightarrow 2\,Fe^{2+} + \underset{\text{Tetrathionat}}{S_4O_6{}^{2-}} + 2\,Cl^-$$

Versetzt man eine neutrale $S_2O_3{}^{2-}$-haltige Lösung mit $FeCl_3$, so entsteht ein *violett* gefärbter, unbeständiger Thiosulfatoeisen(III)-Komplex, der nach kurzer Zeit in Fe^{2+} und Tetrathionat $S_4O_6{}^{2-}$ zerfällt. Die anfängliche Violettfärbung verblaßt im Zuge der Redoxreaktion. $SO_3{}^{2-}$-Ionen reduzieren zwar ebenfalls Fe^{3+} zu Fe^{2+}, geben aber keine gefärbte Zwischenverbindung (Unterscheidung $SO_3{}^{2-}/S_2O_3{}^{2-}$).

Praxis: 5 ml Probelösung werden mit 3 Tr. verd. (möglichst neutraler) $FeCl_3$-Lsg. versetzt. Die zunächst auftretende Violettfärbung verblaßt nach kurzer Zeit.

SO_4^{2-}
Sulfat

Sulfat, SO_4^{2-}

Allgemeines

Sulfate sind die Salze der Schwefelsäure H_2SO_4. Konz. Schwefelsäure ist eine farblose, ölige, sehr viskose Flüssigkeit, die bei 279.3 °C siedet. Oberhalb des Siedepunkts entweicht der Säure zunächst ein überwiegend SO_3-haltiger Dampf, ehe bei 338 °C ein *azeotropes Gemisch* aus 98.3% H_2SO_4 und 1.7% Wasser verdampft. Wegen der Bildung dieses Azeotrops läßt sich durch Destillation von verd. H_2SO_4 keine 100%ige Schwefelsäure herstellen. Sie muß stattdessen durch Auflösen der berechneten Menge SO_3 in konz. Schwefelsäure gewonnen werden (rauchende Schwefelsäure, Oleum). Konz. H_2SO_4 ist stark hygroskopisch (wasserentziehend). Verdünnt man die Säure mit Wasser, so beobachtet man eine heftige Reaktion unter *erheblicher Wärmeentwicklung*, die auf der Hydratationswärme sowie der Reaktionswärme des folgenden Vorgangs beruht:

$$H_2SO_4 + H_2O \rightleftharpoons H_3O^+ + HSO_4^-$$

Für die Arbeit im Labor hat die hygroskopische Wirkung der konz. H_2SO_4 bzw. die starke Wärmeentwicklung bei der Reaktion mit H_2O folgende Konsequenzen:

- Das Verdünnen der Säure oder das Ansäuern einer wss. Lösung mit konz. Schwefelsäure muß mit *größter Vorsicht* erfolgen. Die Säure darf nur *in kleinen Portionen* und *unter stetigem Umrühren* in Wasser oder in eine wss. Lösung eingegossen werden – *niemals* jedoch umgekehrt! Andernfalls kann die äußerst heftige Reaktion von konz. H_2SO_4 mit Wasser zum Herausspritzen der aggressiven Flüssigkeit oder zum Springen von Glasgeräten bzw. zum Schmelzen von PE-Gefäßen führen.
- Sollte einmal durch Unachtsamkeit konz. H_2SO_4 auf die Haut gelangen, so muß zuerst *soviel Säure wie möglich* mit einem *trockenen* Lappen abgewischt werden, ehe man die Haut unter fließendem Wasser gründlich abspült (Wärmeentwicklung!).
- Bei Arbeiten mit *heißer*, konz. Schwefelsäure ist noch größere Sorgfalt und Vorsicht geboten, da die heiße Säure *extrem aggressiv* auf Haut, Kleidung und verschiedene Labormaterialien wirkt. Dies ist insbesondere nach dem Abrauchen mit H_2SO_4 zu beachten, da die Säure – wie oben erwähnt – erst bei 338 °C siedet.
- Aus der hygroskopischen Wirkung der Schwefelsäure ergeben sich jedoch auch nutzbringende Aspekte. So eignet sich konz. H_2SO_4 beispielsweise als Trockenmittel in Exsiccatoren oder Waschflaschen. Außerdem nutzt man die hygroskopische Wirkung der konz. Schwefelsäure beim Entfernen von (Reaktions-)Wasser aus chemischen Gleichgewichten. Ein Beispiel dafür stellt die sog. „Ringprobe" (s. Seite 201) zum Nachweis von Nitrat dar.

Zur großtechnischen Darstellung von Schwefelsäure nutzt man vorwiegend zwei Verfahren: zum einen das „Kontaktverfahren", zum anderen das ältere „Bleikammerverfahren". In beiden Fällen wird als Ausgangsstoff gasförmiges Schwefeldioxid SO_2 verwendet, das über katalytische Oxidation in Schwefeltrioxid SO_3 überführt wird.[32] Durch Einleiten von SO_3 in Wasser kann anschließend H_2SO_4 gewonnen werden. Dieser Weg wird jedoch in der Technik nur selten direkt realisiert, da die enorme Reaktionswärme nur schwer zu beherrschen ist und zudem große Mengen an SO_3 ungenutzt entweichen (wirtschaftlicher Faktor). Stattdessen leitet man besser gasförmiges SO_3 durch konz. Schwefelsäure ($\longrightarrow$ Bildung von Dischwefelsäure), deren Konzentration während des Prozesses durch dosierte Zugabe von Wasser konstant gehalten wird.

$$SO_2 + {}^1\!/_2\, O_2 \xrightarrow{\text{Kat.}} SO_3$$

$$SO_3 + H_2SO_4 \longrightarrow \underset{\text{Dischwefelsäure}}{H_2S_2O_7}$$

$$H_2S_2O_7 + H_2O \longrightarrow 2\,H_2SO_4$$

Beim „Kontaktverfahren" (heterogene Katalyse) verwendet man als Katalysatoren bevorzugt geeignete Vanadiumverbindungen (meist vorbehandelte Oxide), weil diese in ihrer Wirksamkeit Katalysatoren auf Edelmetallbasis (Pt etc.) nahe kommen, im Vergleich zu letzteren aber um ein Vielfaches billiger sind. Beim „Bleikammerverfahren" (homogene Katalyse) nutzt man die katalytische Wirkung von gasförmigen Stickstoffoxiden zur Oxidation von SO_2 zu SO_3. Dieses Verfahren wird in der Technik jedoch nur noch vereinzelt angewandt.

Eine bemerkenswerte Eigenschaft der H_2SO_4 ist ihre oxidierende Wirkung. So entwickelt die *verd. Säure* mit allen Metallen, die in der elektrochemischen Spannungsreihe (s. Seite 283) oberhalb Wasserstoff (negatives Standardelektrodenpotential) stehen, gasförmigen Wasserstoff (Möglichkeit zur Darstellung von H_2 im Labor!). Verwendet man statt der verd. Säure die konz. Säure, so wird diese – aufgrund ihres höheren Oxidationsvermögens – teilweise zu Schwefelwasserstoff H_2S reduziert.

$$Zn \rightleftharpoons Zn^{2+} + 2\,e^- \qquad (\varepsilon_0 = -0.76\ V)$$

$$2\,H^+ + 2\,e^- \longrightarrow H_2$$

$$Zn + H_2SO_4\,(\text{verd.}) \longrightarrow ZnSO_4 + H_2$$

$$H_2SO_4\,(\text{konz.}) + 8\,H_{\text{nasc}} \longrightarrow H_2S + 4\,H_2O$$

Ausnahmen hiervon stellen alle Metalle dar, die mit H_2SO_4 unter Bildung einer Passivierungsschicht reagieren (Bsp. $PbSO_4$). Die in der Spannungsreihe unterhalb des Wasserstoffs stehenden Metalle (positives Standardelektrodenpotential)

[32] Das in der Technik verwendete, gasförmige SO_2/Luft-Gemisch erhält man durch Verbrennung von elementarem Schwefel oder aus sog. „Röstgasen", die beim Erhitzen von schwefelhaltigen Erzen unter Sauerstoffzufuhr gewonnen werden (s. auch „Röstreduktionsarbeit").

werden erst von heißer, konz. H_2SO_4 (stärkeres Oxidationsvermögen) angegriffen (weitgehend resistent sind nur Gold und Platin). Die Reaktionen verlaufen unter Entwicklung von gasförmigem SO_2.

$$Cu \rightleftharpoons Cu^{2+} + 2\,e^- \qquad (\varepsilon_0 = +0.34\ V)$$

$$H_2SO_4 + 2\,H^+ + 2\,e^- \longrightarrow SO_2 + 2\,H_2O$$

$$Cu + 2\,H_2SO_4\ (\text{konz.}) \longrightarrow CuSO_4 + SO_2 + 2\,H_2O$$

Als starke, zweibasige Säure bildet die Schwefelsäure zwei Reihen von Salzen: zum einen die *Hydrogensulfate* M^IHSO_4 (primäre Sulfate; saure Sulfate) und zum anderen die „normalen" *Sulfate* $M^{II}SO_4$ (sekundäre Sulfate; neutrale Sulfate). Hydrogensulfate sind in Wasser sehr leicht löslich und gehen beim Erhitzen unter Wasserabspaltung zunächst in Disulfate (Pyrosulfate), später unter Abspaltung von SO_3 in „normale" Sulfate über.

$$2\,NaHSO_4 \xrightarrow{-H_2O} Na_2S_2O_7 \xrightarrow{-SO_3} Na_2SO_4$$

Auch die „normalen" Sulfate sind in Wasser meist leicht löslich. Ausnahmen sind jedoch die Erdalkalisulfate $BaSO_4$, $SrSO_4$ und $CaSO_4$ (etwas löslich), sowie basische Sulfate (z. B. $(BiO)_2SO_4$) und $PbSO_4$. Schwerlösliche Sulfate werden bei längerem Kochen im Sodaauszug zumindest teilweise gelöst. Allerdings kann die sichere Bestimmung von ${SO_4}^{2-}$ bei Vorliegen von $PbSO_4$ einen „Soda-Pottasche-Aufschluß" (S. 236), bei Vorliegen von basischen Sulfaten einen sauren Auszug der US oder des Rückstandes des SA notwendig machen.

Sicherheitshinweise zum Umgang mit Schwefelsäure

Neben den oben beschriebenen Gefahren, die sich aus der *hygroskopischen Wirkung* der Schwefelsäure ergeben, ist beim Umgang mit H_2SO_4 stets auf die *starke Ätzwirkung*, das *hohe Oxidationspotential* sowie auf die Möglichkeit der Freisetzung von *ätzendem, reizendem* SO_3 zu achten. Ferner besteht bei Reaktionen der konzentrierten Säure mit Manganaten (vgl. Seite 103) oder Chloraten (vgl. Seite 162) die Gefahr von zum Teil sehr heftigen, explosionsartig verlaufenden Reaktionen. Mit der konz. Säure sollte daher nur im geschlossenen Abzug, mit Schutzbrille und – zur Vermeidung von Verätzungen - mit säurefesten Handschuhen gearbeitet werden (vor allem beim Abrauchen schwefelsaurer Lösungen).

Nachweis von Sulfat

1. NW als $BaSO_4$

$${SO_4}^{2-} + Ba^{2+} \longrightarrow BaSO_4\downarrow$$

Durch Zugabe einer $BaCl_2$-Lsg. zum angesäuerten SA lassen sich ${SO_4}^{2-}$-Ionen als weißes $BaSO_4$ ausfällen. Dieses löst sich – im Gegensatz zu $Ba_3(PO_4)_2$, $BaCO_3$ oder $BaSO_3$ – nicht in verd. HCl.

Praxis: Man neutralisiert einige Tr. des Sodaauszugs mit verd. HCl und gibt solange HCl hinzu, bis der pH-Wert der Lsg. ca. 1–2 beträgt. Nach Zugabe von einigen Tr. frisch bereiteter $BaCl_2$-Lsg. deutet ein *weißer, feinkristalliner* Nd. auf Anwesenheit von $SO_4{}^{2-}$.

Der Nd. bildet sich häufig erst nach längerem Stehen (Geduld!). Auch erweist sich gelegentliches Kratzen mit einem Glasstab an der Innenwand des Reagenzglases sowie das Kühlen der Lösung in einem mit Eis befüllten Becherglas als kristallisationsfördernd.[33]

Störung:
- In zu konz. Lsg. können Konzentrationsniederschläge auftreten $\longrightarrow$ $BaCl_2$-Lsg. nur tropfenweise zusetzen und nicht mit konz. HCl ansäuern (LP von $BaCl_2$!). Im Zweifelsfall die Lsg. mit H_2O verdünnen!
- F^- bildet in salzsaurer Lösung ebenfalls einen schwerlöslichen Nd. (BaF_2), der sich aber in der Wärme wieder löst und mit Hilfe der Kriech- bzw. Ätzprobe identifiziert werden kann (NW 1, Seite 149).
- Auch Hexafluorosilicat $[SiF_6]^{2-}$ kann unter diesen Bedingungen einen schwerlöslichen Nd. bilden. Dieser löst sich jedoch ebenfalls in der Wärme und ist unter dem Mikroskop anhand seiner Kristallform leicht zu identifizieren.
- Kolloide Kieselsäure wird durch Ba^{2+}-Ionen unter Bildung eines feinen, weißen Nd. ausgefällt und kann daher fälschlicherweise für $BaSO_4$ gehalten werden.

2. NW als $BaSO_4 \cdot KMnO_4$-Mischkristall

Der obige Nachweis kann durch Zugabe von verd. $KMnO_4$-Lsg. noch verfeinert werden: $BaSO_4$ lagert bei seiner Fällung leicht Permanganat-Ionen ($MnO_4{}^-$) ein $\longrightarrow$ *blaßrosa* Niederschlag. Die gebildete Mischkristallverbindung läßt sich durch Reduktionsmittel (Oxalsäure, H_2O_2) nicht mehr entfärben.

Praxis: 10 Tr. SA werden mit halbkonz. HCl neutralisiert, mit verd. HCl schwach angesäuert und schließlich mit dem gleichen Volumen einer 0.01 mol/l $KMnO_4$-Lsg. versetzt. Nach Zugabe von 5 Tr. frisch bereiteter $BaCl_2$-Lsg. deutet ein *blaßrosa* Nd. auf Anwesenheit von $SO_4{}^{2-}$. Zur Kontrolle wird der Nd. abzentrifugiert, sorgfältig gewaschen und mit 1 molarer Oxalsäure oder mit 3%iger H_2O_2 behandelt. Die $BaSO_4 \cdot KMnO_4$-Mischkristallverbindung behält dabei ihre *blaßrosa* Farbe (keine Entfärbung).

Alternativ: 10 Tr. SA werden mit verd. HAc schwach angesäuert und mit einigen Tr. 0.01 mol/l $KMnO_4$-Lsg. sowie 5 Tr. frisch bereiteter $BaCl_2$-Lsg. versetzt $\longrightarrow$ *blaßrosa* Nd. Die überstehende Lsg. wird daraufhin mit wenigen Tr. H_2O_2 entfärbt. Eine Entfärbung der Mischkristallverbindung erfolgt nicht.

Störung: Falls in (zu) konz. HCl gearbeitet wird, kann Mn(VII) zu Mn(II) reduziert werden (vgl. S. 105).

$$2\,MnO_4{}^- + 16\,H^+ + 10\,Cl^- \longrightarrow 2\,Mn^{2+} + 5\,Cl_2\uparrow + 8\,H_2O$$

[33] Allerdings: Unter Eiskühlung gefälltes $BaSO_4$ ist meist sehr *feinkörnig* (schlecht filtrierbar). Will man Sulfat-Niederschläge an der Kristallform erkennen, so fällt man besser in der Siedehitze und läßt die Lösung anschließend langsam erkalten.

$S_2O_8{}^{2-}$
Peroxodisulfat

Peroxodisulfat, $S_2O_8{}^{2-}$

Peroxodisulfate sind die Salze der Peroxodischwefelsäure $H_2S_2O_8$ („Marshallsche Säure"). Im Gegensatz zu den oben besprochenen Sauerstoffsäuren des Schwefels ist $H_2S_2O_8$ bei Normalbedingungen ein farbloser, sehr hygroskopischer Feststoff, der bei 65 °C schmilzt. Die Säure besitzt wie ihre Salze stark oxidierende Eigenschaften. In wss. Lösung unterliegt sie der Hydrolyse unter Bildung von Peroxomonoschwefelsäure H_2SO_5 („Carosche Säure") und Schwefelsäure H_2SO_4.

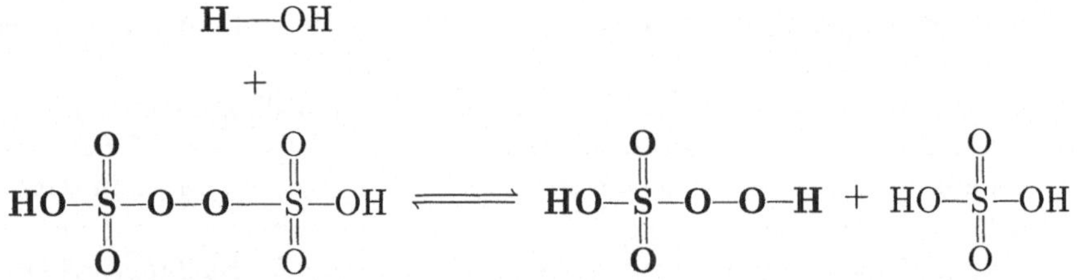

$$H{-}OH \; + \; HO{-}\overset{O}{\underset{O}{\overset{\|}{\underset{\|}{S}}}}{-}O{-}O{-}\overset{O}{\underset{O}{\overset{\|}{\underset{\|}{S}}}}{-}OH \rightleftharpoons HO{-}\overset{O}{\underset{O}{\overset{\|}{\underset{\|}{S}}}}{-}O{-}O{-}H + HO{-}\overset{O}{\underset{O}{\overset{\|}{\underset{\|}{S}}}}{-}OH$$

Die dabei neben Schwefelsäure entstehende Peroxomonoschwefelsäure hydrolysiert (vor allem beim Erwärmen) weiter zu H_2SO_4 und Wasserstoffperoxid H_2O_2.

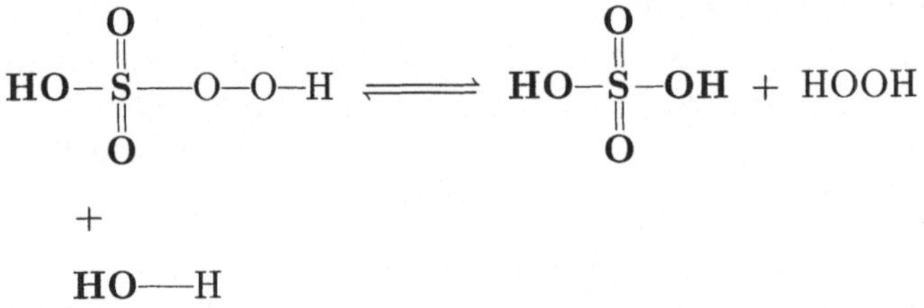

$$HO{-}\overset{O}{\underset{O}{\overset{\|}{\underset{\|}{S}}}}{-}O{-}O{-}H \; + \; HO{-}H \rightleftharpoons HO{-}\overset{O}{\underset{O}{\overset{\|}{\underset{\|}{S}}}}{-}OH + HOOH$$

Nachweis von Peroxodisulfat

Alle Salze der Peroxodischwefelsäure sind in Wasser leicht löslich. Von $SO_4{}^{2-}$ unterscheidet sich $S_2O_8{}^{2-}$ demzufolge durch das Ausbleiben einer Fällung mit $BaCl_2$ (außer den Bariumsalzen sind auch die Bleisalze der Peroxodischwefelsäure in Wasser leicht löslich), von H_2O_2 durch das Ausbleiben der Peroxotitanylreaktion (vgl. NW 4, Seite 174). Übereinkommensgemäß ist nur bei *Abwesenheit* von S^{2-}, $S_2O_3{}^{2-}$ und $SO_3{}^{2-}$ auf $S_2O_8{}^{2-}$ zu prüfen! Die Proben auf $S_2O_8{}^{2-}$ sollten immer gleich zu Anfang der Analyse durchgeführt werden, da $S_2O_8{}^{2-}$ rasch zu $SO_4{}^{2-}$ und H_2O_2 hydrolysiert (vor allem in Anwesenheit von Reduktionsmitteln).

1. NW als $BaSO_4$

$$S_2O_8{}^{2-} + H_2O \longrightarrow SO_4{}^{2-} + HSO_5{}^{-} + H^+$$

$$HSO_5{}^{-} + H_2O \longrightarrow HSO_4{}^{-} + H_2O_2$$

$S_2O_8^{2-}$ hydrolysiert beim Kochen in saurer Lösung zu SO_4^{2-} und H_2O_2. Zum Nachweis wird etwas Probelsg. zunächst *in der Kälte* angesäuert und mit einem ÜS an Ba^{2+}-Lsg. versetzt. Fällt daraufhin schwerlösliches $BaSO_4$,[34] so deutet dies auf Anwesenheit von SO_4^{2-}.

Man trennt die Lösung von evtl. ausgefallenem Nd. und erwärmt die Lsg. längere Zeit auf dem WB. Beim Kochen zersetzt sich $S_2O_8^{2-}$ zu SO_4^{2-} $\longrightarrow$ es fällt erneut schwerlösliches $BaSO_4$. Führt man den Nachweis mit einer neutralen Probe aus, so zeigt diese nach längerem Kochen zudem *saure* Reaktion. Das bei der Zersetzung von $S_2O_8^{2-}$ gebildete HSO_5^- ist ein Anion der „Caroschen" Säure H_2SO_5 (Peroxomonoschwefelsäure)!

2. NW als H_2SO_5

$$Na_2S_2O_8 + H_2SO_4 + H_2O \longrightarrow Na_2SO_4 + H_2SO_4 + \underset{\text{Carosche Säure}}{H_2SO_5}$$

Verreibt man etwas Natriumperoxodisulfat mit konz. H_2SO_4 und gibt dieses Gemisch nach einiger Zeit auf fein zerstoßenes Eis, so erhält man die sog. „Carosche" Säure H_2SO_5 (Peroxomonoschwefelsäure). Nimmt man diese mit etwas kaltem Wasser auf und gibt die erhaltene wss. Lsg. zu einigen Tr. einer schwach angesäuerten KI-Lsg., so beobachtet man umgehende Bildung von elementarem Iod (Violettfärbung). Peroxodisulfate reagieren dagegen in saurer Lsg. nur relativ langsam mit KI-Lsg. Die vorstehende Reaktion kann daher zur Unterscheidung von Peroxodischwefelsäure und Peroxomonoschwefelsäure dienen.

3. NW durch Oxidation von Mn^{2+} zu MnO_4^-

$$Mn^{2+} + S_2O_8^{2-} + 3\,H_2O \longrightarrow MnO(OH)_2\downarrow + 2\,SO_4^{2-} + 4\,H^+$$

$$2\,Mn^{2+} + 5\,S_2O_8^{2-} + 8\,H_2O \xrightarrow{Ag^+} 2\,MnO_4^- + 10\,SO_4^{2-} + 16\,H^+$$

In neutraler, saurer und alk. Lsg. vermag $S_2O_8^{2-}$ Mn^{2+} zu $MnO(OH)_2$ und Pb^{2+} zu PbO_2 zu oxidieren. Sind katalytische Mengen an Ag^+ zugegen, so erfolgt in saurer Lsg. Oxidation von Mn^{2+} zu MnO_4^-.

Praxis: Eine verd. $MnSO_4$-Lsg. wird mit wenig verd. HNO_3 schwach angesäuert und mit 1 Tr. $AgNO_3$-Lsg. versetzt. Dann wird tropfenweise die Probe zugegeben $\longrightarrow$ *violette* Färbung durch MnO_4^-.

Störung:
- Die Probe muß chloridfrei sein, da andernfalls Ag^+ als AgCl gefällt und außerdem Cl^- zu Cl_2 oxidiert wird.
- Alle Anionen, die mit Ag^+ schwerlösliche Verbindungen bilden, müssen abwesend sein.
- Die Probe darf auf keinen Fall erwärmt werden, da andernfalls die Gefahr besteht, daß freiwerdendes H_2O_2 MnO_4^- zu $MnO(OH)_2$ reduziert.

[34] Der Nd. bildet sich häufig erst nach längerem Stehen (Geduld!). Auch erweist sich gelegentliches Kratzen mit einem Glasstab an der Innenwand des Reagenzglases sowie das Kühlen der Lösung in einem mit Eis befüllten Becherglas als kristallisationsfördernd.

4. NW mit Benzidinblau

Bei Durchführung auf der TP beobachtet man die Bildung charakteristischer, *violetter* Flocken.

Störung: Andere Oxidationsmittel ergeben ähnliche Niederschläge.

$$\left[H_2N-C_6H_4-C_6H_4-\overset{(+)}{\dot{N}}H_2\right]^+ \rightleftharpoons \left[H_2N-C_6H_4-\dot{C}_6H_4=\overset{(+)}{N}H_2\right]^+$$

$$\downarrow +H^+ \text{ Reduktion}$$

$$\left[H_3\overset{(+)}{N}-C_6H_4-C_6H_4-NH_2\right]^+$$

Bild 4.4 Benzidinblau (mesomere Grenzformen) und Benzidinium-Kation (unten).

4.5 5. Hauptgruppe, Stickstoffgruppe

Die 5. Hauptgruppe des Periodensystems umfaßt die Elemente Stickstoff, Phosphor, Arsen, Antimon und Bismut. Das vorliegende Kapitel befaßt sich ausschließlich mit Anionen, denen die Elemente Stickstoff und Phosphor zugrundeliegen. Die schwereren Homologen Arsen, Antimon und Bismut wurden schon früher im Rahmen der H_2S-Gruppe (s. Seite 47ff.) behandelt.

Tabelle 4.10 Einige Eigenschaften der Elemente der 5. Hauptgruppe.

	N	P	As	Sb	Bi
Elektronegativität	3.07	2.06	2.20	1.82	1.67
1. Ionisierungsenergie (eV)	14.54	11.03	9.78	8.64	7.26
Smp. [a] [°C]	−209.99	44.3	819.2 [b]	628.9	271.3
Sdp. [a] [°C]	−195.8	285.3	616 [c]	1635	1580
Dichte [g/cm³]	1.03	1.84	5.76	6.72	6.74
Atomradius [pm]	70	111	121	141	146
Ionenradius E^{3-} [pm]	171	212	222	245	251

[a] weißer Phosphor; graues Arsen. [b] Schmelzpunkt unter erhöhtem Druck (36 bar). [c] Sublimationspunkt.

Auch die Elemente der 5. Hauptgruppe zeigen mit steigendem Atomgewicht eine graduelle Abstufung der physikalischen und chemischen Eigenschaften. Dabei liegen die größten Unterschiede zwischen den Eigenschaften der Elemente Stickstoff und Phosphor! Stickstoff zeigt eine ausgeprägte Tendenz zur Ausbildung von Mehrfachbindungen, ist wenig reaktiv, hat eine geringe Dichte und einen sehr tiefen Siedepunkt. Phosphor neigt dagegen nur selten zu Mehrfachbindungen (weißer Phosphor besteht aus tetraedrischen P_4-Molekülen), ist im elementaren Zustand sehr reaktiv und im Vergleich zu Stickstoff nur wenig flüchtig.

Erwartungsgemäß nimmt der Metallcharakter innerhalb der 5. Hauptgruppe mit steigender Atommasse zu. Während Stickstoff ein Nichtmetall ist, bilden die Elemente Phosphor, Arsen und Antimon jeweils mehrere feste Zustandsformen (Modifikationen), von denen zumindest eine metallartigen Charakter besitzt.

So kennt man von Phosphor drei nichtmetallische (weißer, roter (amorpher) und violetter, sog. „Hittorfscher“ Phosphor) und eine halbleitende (schwarzer Phosphor) Modifikation, während bei Arsen und Antimon (neben gelben und schwarzen Formen) bereits die graue (metallartige) Modifikation dominiert. Bismut ist schließlich ein rötlich-silberweiß glänzendes, sprödes Halbmetall. Es bildet rhomboedrische Kristalle, die eine dem Arsen analoge Gitterstruktur ausbilden. Bismut hat die geringste Leitfähigkeit (elektrisch und thermisch) aller Metalle.

4.5.1 Sauerstoffsäuren des Stickstoffs

Stickstoff bildet Monostickstoff-Sauerstoffsäuren der allgemeinen Zusammensetzung HNO_n (n = 1–4) und H_3NO_n (n = 1, 4), sowie Distickstoff-Sauerstoffsäuren der allgemeinen Zusammensetzung $H_2N_2O_n$ (n = 2, 3), deren Stärke mit zunehmendem Sauerstoffgehalt wächst.

Tabelle 4.11 Monostickstoff-Sauerstoffsäuren.

Ox.stufe	Formel	Name	Struktur
+1	HNO	Hyposalpetrige Säure [a] Hyponitrite	
+3	HNO_2	Salpetrige Säure Nitrite	O=N–O–H
+5	HNO_3	Salpetersäure [b] Nitrate	$O^{(-)}$–$N^{(+)}$(=O)–O–H
+5 [c]	HNO_4	Peroxosalpetersäure [a] Peroxonitrate	

[a] Unter Normalbedingungen instabil; bei tiefen Temperaturen metastabil. [b] Es existiert auch eine Peroxosalpetrige Säure der Formel HNO_3 (HOO-NO). [c] Die Säure enthält eine Peroxo-Gruppe, in der Sauerstoff die formale Oxidationsstufe −1 zukommt.

Ihre Strukturen lassen sich formal von denen der entsprechenden Stickstoffwasserstoffverbindungen ableiten, indem man jeweils H-Atome durch OH-Gruppen substituiert. Technische Bedeutung besitzen vor allem Hydroxylamin NH_2OH (H_3NO), Salpetrige Säure HNO_2 und Salpetersäure HNO_3.

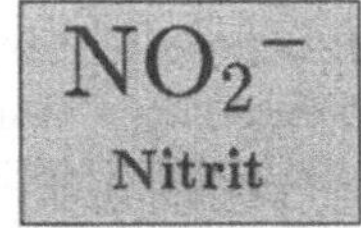

Nitrit, NO_2^-

Nitrite sind die Salze der Salpetrigen Säure HNO_2, die nur in sehr verd. Lösungen (bei tiefen Temperaturen) oder in Form ihrer Salze beständig ist. Beim Erwärmen tritt Zersetzung ein. Die Säure disproportioniert nach der Gleichung

$$3\,HNO_2 \rightleftharpoons HNO_3 + 2\,NO + H_2O$$

HNO_2 ist eine mäßig starke Säure ($pK_s = 3.35$), für deren Struktur theoretisch zwei tautomere Grenzformen („Bindungsisomerie“) denkbar sind. Zusätzlich läßt sich für die linke Strukturformel eine „cis/trans-Isomerie“ formulieren, wobei die trans-Form (oben) stabiler ist:

$$\begin{array}{c} O{=}N{-}O{-}H \ (\text{trans}) \\ \Updownarrow \\ O{=}N{-}O{-}H \ (\text{cis}) \end{array} \rightleftharpoons O{=}\overset{\overset{\large H}{|}}{N}{}^{(+)}{-}O^{(-)}$$

Eine wichtige Eigenschaft der Salpetrigen Säure ist ihr Verhalten in Redox-Systemen. Gegenüber I^-, Fe(II) oder Salzen der Oxalsäure vermag sie unter Reduktion als *Oxidationsmittel* zu wirken. In Gegenwart von MnO_4^-, BrO_3^-, H_2O_2 oder PbO_2 tritt sie dagegen als *Reduktionsmittel* auf.

$$HNO_2 + H^+ + e^- \longrightarrow NO + H_2O \qquad (\varepsilon_0 = +1.00\ V)$$

$$HNO_2 + H_2O \rightleftharpoons NO_3^- + 3\,H^+ + 2\,e^- \qquad (\varepsilon_0 = +0.94\ V)$$

HNO_2 erhält man durch Ansäuern sehr verdünnter, kalter Nitrit-Lösungen. Die technische Produktion von Nitriten erfolgt über die Absorption von „nitrosen Gasen“ in wäßriger Alkalilauge oder konz. Alkalicarbonatlösung bei anschließender Rekristallisation:

$$NO + NO_2 + 2\,NaOH \longrightarrow 2\,NaNO_2 + H_2O$$

Nitrite werden hauptsächlich zum Haltbarmachen von Fleischprodukten (Pökelsalz) oder in der Farbstoffindustrie (Azofarben) verwendet.

Vorproben auf Nitrit

1. Ansäuern mit verd. Säure

Bei Ansäuern einer NO_2^--haltigen Probe mit verd. HCl oder verd. H_2SO_4 beobachtet man – im Gegensatz zu NO_3^--haltigen Proben – die Entwicklung brauner nitroser Gase.

Nachweis von Nitrit

Alle Nitrite (außer $AgNO_2$) sind in Wasser leicht löslich. Man kennt daher für Nitrit *keine* charakteristischen Fällungsreaktionen. Der Nachweis erfolgt stattdessen nach einer der folgenden Reaktionen:

1. NW als $[Fe(H_2O)_5NO]^{2+}$ („Ringprobe")

$$NO_2^- + [Fe(H_2O)_6]^{2+} + 2\,H^+ \longrightarrow [Fe(H_2O)_6]^{3+} + NO + H_2O$$

$$NO + [Fe(H_2O)_6]^{2+} \longrightarrow [Fe(H_2O)_5NO]^{2+} + H_2O$$

Nitrite werden in schwach saurer Lösung von $FeSO_4$ zu Stickstoffmonoxid NO reduziert, während Fe(II) zu Fe(III) oxidiert wird. Das freiwerdende NO lagert sich unter Bildung eines Pentaaquanitrosyleisen(II)-Komplexes an überschüssiges Fe(II) an (vgl. Seite 203).

Praxis: Zunächst werden einige Tropfen SA ($\longrightarrow$ Probelsg.) in einem kleinen RG *vorsichtig* mit 1 Tr. verd. H_2SO_4 angesäuert ($CO_2\uparrow$). Danach wird ein mit verd. H_2SO_4 gewaschener $FeSO_4$-Kristall auf der TP mit 1 Tr. verd. H_2SO_4 und 5 Tr. Probelösung versetzt. Eine *braunviolette* Zone um den Kristall deutet auf Anwesenheit von NO_2^-.

Störung:
- Br^- ($\longrightarrow Br_2$), I^- ($\longrightarrow I_2$), ClO_3^- ($\longrightarrow ClO_2 \longrightarrow Cl_2 \longrightarrow$ Gelbfärbung; außerdem Oxidation von Fe^{2+} zu Fe^{3+}), BrO_3^- und IO_3^- (analog), S^{2-} und $S_2O_3^{2-}$ ($\longrightarrow$ Schwefel), CN^- und SCN^- (reagieren mit $FeSO_4$). Zur Vermeidung dieser Störungen wird zuvor mit kaltgesättigter Ag_2SO_4-Lösung gefällt (Halogenate werden zuvor mit H_2SO_3 reduziert). SO_3^{2-} kann auch mit kaltges. $BaCl_2$-Lösung entfernt werden.
- Weitere Störungen siehe NW 1, Seite 203.

2. NW mit Lunges Reagenz

Salpetrige Säure HNO_2 reagiert mit primären, aromatischen Aminen zu sog. Diazoniumsalzen, welche in saurer Lsg. mit Aminen und in basischer Lsg. mit Phenolen farbige Azoverbindungen bilden (vgl. auch NW 2, Seite 204).

Praxis: Auf der TP wird eine Spatelspitze US oder einige Tr. Sodaauszug mit jeweils einigen Körnchen 1-Naphthylamin und Sulfanilsäure vermengt und dieses Gemisch mit wenigen Tr. konz. HAc angesäuert. Eine rasche *Rotfärbung* zeigt NO_2^- an. Der NW ist sehr empfindlich!

Störung:
- Bei zu hohen Konz. an NO_2^- treten gelegentlich *braune Flocken* auf. Der Versuch ist dann mit einer verd. Lsg. zu wiederholen.
- S^{2-} ⟶ mit Ag_2SO_4 als Ag_2S ↓ oder mit $Cd(Ac)_2$ als CdS ↓ fällen (SA neutralisieren und soviel $Ag_2SO_4/Cd(Ac)_2$ zugeben, bis kein Nd. mehr fällt).
- Br^- und I^- ⟶ ebenfalls mit Ag_2SO_4 fällen.
- CrO_4^{2-} ⟶ mit $BaCl_2$ als $BaCrO_4$ ↓ fällen (vgl. S. 118).
- Größere Mengen Fe^{3+} stören (Maskieren mit Tartrat).
- Die Reagenzien können sich im Sonnenlicht zersetzen, wodurch der Nachweis auch bei Abwesenheit von Nitrit positiv ausfallen kann ⟶ Aufbewahrung der Reagenzien in lichtundurchlässigen Döschen.

Achtung: Beim Umgang mit 1-Naphthylamin ist größte Vorsicht geboten, da technisches 1-Naphthylamin stets auch etwas 2-Naphthylamin enthält. Letzteres gilt als *erwiesenermaßen kanzerogen.*

3. NW durch Oxidation von I^-

$$2\,HNO_2 + 2\,HI \longrightarrow \underset{\text{violett}}{I_2} + 2\,NO\uparrow + 2\,H_2O$$

NO_2^- ist in saurer Lösung ein Oxidationsmittel (vgl. Seite 196), das beispielsweise I^- zu I_2, Fe(II) zu Fe(III) oder Oxalate zu CO_2 oxidiert.

Praxis: 5 Tr. SA oder Probelsg. werden zu 5 Tr. KI-Lsg. gegeben. Anschließend wird mit wenig verd. H_2SO_4 angesäuert. Bei Anwesenheit von NO_2^- erfolgt Oxidation von I^- zu I_2. Letzteres kann entweder mit Stärkelösung oder durch Ausschütteln mit Chloroform nachgewiesen werden.

Störung: ClO_3^-, ClO^-, H_2O_2, $S_2O_8^{2-}$ und andere Substanzen, die in Säuren auf I^- als Oxidationsmittel wirken, dürfen nicht anwesend sein (Vorproben auf oxidierende Substanzen!).

4. NW durch Reduktion von MnO_4^-

$$5\,NO_2^- + 2\,MnO_4^- + 6\,H^+ \longrightarrow 5\,NO_3^- + 2\,Mn^{2+} + 3\,H_2O$$

Praxis: In einem kleinen Reagenzglas werden 10 Tr. einer sehr verd. und mit wenig verd. H_2SO_4 angesäuerten $KMnO_4$-Lsg. mit einigen Tr. Probelsg. versetzt ⟶ Entfärbung infolge Reduktion von Mn(VII) (MnO_4^-) nach Mn(II)!

5. NW mit Diphenylamin

Unterschichtet man eine NO_2^--haltige Probelösung mit einer Lsg. von Diphenylamin (C_6H_5-NH-C_6H_5) in konz. H_2SO_4, so färbt sich die Berührungsfläche intensiv blau („Diphenylaminblau"). Der Nachweis ist zwar empfindlich, aber zugleich auch wenig selektiv (andere oxidierende Salze wie ClO_3^-, BrO_3^-, IO_3^-, MnO_4^-, CrO_4^{2-} etc. reagieren völlig analog). Er ist daher nur dann aussagekräftig, wenn die genannten Störionen abwesend sind.

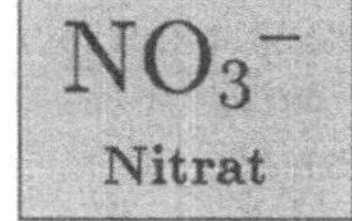

Nitrat, NO_3^-

Nitrate sind die Salze der Salpetersäure HNO_3. Erhitzt man verd. Salpetersäure, so entweicht zunächst ein vorwiegend wasserhaltiger Dampf, ehe bei 121.8 °C ein *azeotropes Gemisch* aus 69.2% HNO_3 und 30.8% Wasser siedet. Wegen der Bildung dieses Azeotrops[35] läßt sich durch einfache Destillation von verd. HNO_3 nur konzentrierte Säure erhalten, die zu max. 69.2% aus HNO_3 besteht (sog. „Dünnsäure“). Durch Destillation unter vermindertem Druck (Vakuumdestillation) und in Gegenwart von Trockenmitteln (z. B. konz. H_2SO_4) lassen sich jedoch die prozentualen Gehalte an HNO_3 bis auf etwa 99% steigern (sog. „hochkonz. Salpetersäure“ oder „Hoko-Säure“).

In der Technik nutzt man heute zur Salpetersäure-Darstellung vor allem die katalytische Ammoniakverbrennung („Ostwald-Verfahren“). Bei diesem Verfahren wird Ammoniak bei ca. 700 °C im Luftüberschuß verbrannt. Dabei entsteht in einer stark exothermen Reaktion ein Gasgemisch, das neben H_2O, O_2, N_2 und etwas NO_2 etwa 10% Stickstoffmonoxid NO enthält. Beim Abkühlen des Reaktionsgases reagiert Stickstoffmonoxid NO im Luftüberschuß zu Stickstoffdioxid NO_2, das seinerseits zu Distickstofftetraoxid N_2O_4 dimerisiert.

$$4\,NH_3 + 5\,O_2 \xrightarrow{700\ °C} 4\,NO + 6\,H_2O$$

$$NO + {}^1\!/\!_2\,O_2 \xrightleftharpoons{< 150\ °C} NO_2$$

$$2\,NO_2 \rightleftharpoons N_2O_4$$

Das vorwiegend N_2O_4-haltige Gas wird anschließend in Rieseltürmen mit Wasser umgesetzt, wobei sich salpetrige Säure HNO_2 und Salpetersäure HNO_3 bilden. Salpetrige Säure zersetzt sich leicht in Salpetersäure, Wasser und Stickstoffmonoxid NO, weshalb insgesamt aus N_2O_4 und Wasser im Luftüberschuß Salpetersäure produziert werden kann. Die auf diesem Weg erhaltene „Dünnsäure“ (konz. HNO_3) kann entweder durch Vakuumdestillation (s. o.) oder durch Einleiten eines NO/O_2-Gasgemisches (unter hohem Druck) in eine wss. HNO_3 Lösung höher konzentriert werden.

$$3\,N_2O_4 + 3\,H_2O \longrightarrow 3\,HNO_2 + 3\,HNO_3$$

$$3\,HNO_2 \longrightarrow HNO_3 + 2\,NO + H_2O$$

$$2\,NO + O_2 \longrightarrow N_2O_4$$

$$2\,N_2O_4 + O_2 + 2\,H_2O \longrightarrow 4\,HNO_3$$

[35] Azeotrop = Flüssigkeitsgemisch aus zwei oder mehreren Komponenten, das einen bestimmten, konstanten Siedepunkt besitzt und sich durch einfache Destillation nicht trennen läßt.

Eine bemerkenswerte Eigenschaft der HNO_3 ist ihre oxidierende Wirkung. So werden in wss. Lösung alle Metalle, deren Standardelektrodenpotential negativer ist als +0.96 V, von HNO_3 oxidiert. Diese Eigenschaft kann zur Trennung von Edelmetallen genutzt werden: Während Silber (ε_0 = +0.799 V) oder Quecksilber (ε_0 = +0.788 V) von 50%iger HNO_3 (sog. „Scheidewasser") gelöst werden, sind die edleren Metalle Gold (ε_0 = +1.498 V) oder Platin (ε_0 = +1.2 V) gegen die Säure beständig.

Noch ausgeprägter ist die Oxidationskraft der konzentrierten HNO_3 oder die eines Gemisches aus 1 Volumenteil konz. HNO_3 und 3 Volumenteilen konz. HCl (sog. „Königswasser"). In letzterem entsteht neben Nitrosylchlorid NOCl reaktives, nascierendes Chlor, durch das fast alle Metalle (auch Gold) gelöst oder zumindest angegriffen (Platin) werden.

$$HNO_3 + 3\,HCl \longrightarrow NOCl + 2\,Cl_{nasc.} + 2\,H_2O$$

$$NOCl \longrightarrow NO^+ + Cl^-$$

$$Au + NO^+ + 2\,Cl_{nasc.} \longrightarrow Au^{3+} + NO + 2\,Cl^-$$

$$Au^{3+} + 4\,Cl^- \longrightarrow [AuCl_4]^-$$

$$Au + HNO_3 + 4\,HCl \longrightarrow H[AuCl_4] + NO + 2\,H_2O$$

Davon ausgenommen sind die Elemente Eisen, Aluminium und Chrom, die von konz. HNO_3 nicht angegriffen werden, da sie mit dieser unter Bildung einer oxidischen Passivierungsschicht[36] reagieren. Die besagten Metalle dienen daher in der Technik als Materialien für HNO_3-beständige Reaktionsgefäße.

Sicherheitshinweise zum Umgang mit Salpetersäure

Beim Umgang mit HNO_3 ist stets an die *starke Ätzwirkung*, das *hohe Oxidationspotential* sowie an die Möglichkeit der Freisetzung *giftiger, nitroser Gase* (Stickstoffoxide) zu denken.[37] Mit der konzentrierten Säure sollte daher nur im geschlossenen Abzug, mit Schutzbrille und – zur Vermeidung von Verätzungen – mit säurefesten Handschuhen gearbeitet werden. Dieselben Hinweise gelten (natürlich in verstärktem Maß) auch für den Umgang mit Königswasser.

Vorproben auf Nitrat

Nitrate sind in der Regel wasserlöslich. Nur in Gegenwart einiger Schwermetallionen besteht die Gefahr der Bildung basischer Nitrate der ungefähren Zusammensetzung $Hg(OH)NO_3$, $BiO(NO_3)$ und $SbO(NO_3)$.

[36] Passivierungsschicht = Schützende Deckschicht durch Bildung einer unlöslichen Verbindung an der Oberfläche eines Metalls. [37] Auf die Haut wirkt konz. HNO_3 stark ätzend und oxidierend und verursacht infolge der sog. „Xanthoproteinreaktion" eine *Gelbfärbung* der oberen Hautschichten.

Falls demnach der Nitratnachweis aus dem Sodaauszug negativ ist, sollte man die NO_3^--Nachweise entweder aus dem wss. Auszug der Ursubstanz oder aus dem Rückstand des Sodaauszugs wiederholen, den man zuvor mit kalter, verd. H_2SO_4 behandelt hat.

1. Erhitzen oder Behandeln mit konz. H_2SO_4

$$Pb(NO_3)_2 \xrightarrow{\Delta} PbO + 2\,NO_2 + {}^1\!/\!_2\,O_2$$

$$2\,NaNO_3 \xrightarrow{\Delta} 2\,NaNO_2 + O_2$$

Die meisten Metallnitrate (außer den Nitraten der Alkali- bzw. Erdalkalimetalle) zerfallen beim *vorsichtigen* Erhitzen mehr oder minder schnell in Metalloxid, Sauerstoff und braungefärbtes, intensiv riechendes, *giftiges* Stickstoffdioxid NO_2. Die Nitrate der Alkali- bzw. Erdalkalimetalle zerfallen beim Erhitzen unter Sauerstoffentwicklung in Nitrite.

$$NO_3^- + H_2SO_4 \longrightarrow HSO_4^- + HNO_3$$

$$US + H_2SO_4 \xrightarrow{\Delta} \text{braune Dämpfe } (NO_2\uparrow)$$

Durch Umsetzung von Nitraten mit konz. H_2SO_4 (schwerer flüchtige Säure) kann HNO_3 im Labor dargestellt werden. Wird eine solche Lösung erhitzt, so entsteht braungefärbtes Stickstoffdioxid NO_2.

Störung: Ähnliche Dämpfe durch (I^-), Br^-, NO_2^-. Eventuell auch durch Chromylchlorid CrO_2Cl_2 (rotbraunes Gas aus Chlorid und Chromat):

$$4\,Cl^- + Cr_2O_7^{2-} + 6\,H^+ \xrightarrow{\Delta} 2\,CrO_2Cl_2\uparrow + 3\,H_2O$$

Achtung: Bei Anwesenheit von ClO_3^- darf die US *nicht* mit konz. H_2SO_4 erhitzt werden, da sich andernfalls bei dieser Rkt. freiwerdendes ClO_2 explosionsartig zersetzen kann (vgl. Tab. 2.4, S. 18).

Nachweis von Nitrat

Um NO_3^- neben NO_2^- nachweisen zu können, muß NO_2^- zuvor durch Reduktion zu $N_2\uparrow$ entfernt werden. Diese Reduktion kann durch Behandeln einer NO_2^- haltigen Lösung mit NH_3, HN_3, $(NH_2)_2CO$ (Harnstoff) oder $(NH_2)HSO_3$ (Amidosulfonsäure) bewirkt werden.

$$HNO_2 + NH_3 \longrightarrow N_2\uparrow + 2\,H_2O \qquad \text{(Ammoniak)}$$

$$HNO_2 + HN_3 \longrightarrow N_2\uparrow + N_2O\uparrow + H_2O \qquad \text{(Azide)}$$

$$2\,HNO_2 + (NH_2)_2CO \longrightarrow 2\,N_2\uparrow + CO_2\uparrow + 3\,H_2O \qquad \text{(Harnstoff)}$$

$$2\,HNO_2 + (NH_2)_2CS \longrightarrow 2\,N_2\uparrow + H^+ + SCN^- + 2\,H_2O \qquad \text{(Thioharnstoff)}$$

$$HNO_2 + (NH_2)HSO_3 \longrightarrow N_2\uparrow + H_2SO_4 + H_2O \qquad \text{(Amidosulfonsäure)}$$

Die obigen Reaktionen verlaufen ohne störende Nebenreaktionen (bei der Zerstörung mit NH_3 in saurer Lsg. zerfällt HNO_2 jedoch teilweise zu HNO_3 und NO). Ein Überschuß an Reduktionsmittel ist unbedingt zu vermeiden. Man erkennt das Ende der Reduktion am Ausbleiben der Gasentwicklung! Anschließend kann in dieser Lösung auf Anwesenheit von NO_3^- geprüft werden.

Praxis: Man versetzt den kalten, schwach salzsauren SA tropfenweise mit Harnstofflösung. Dabei zersetzt sich NO_2^- gemäß obiger Reaktionsgleichung. Oder man behandelt den kalten, schwach essigsauren SA tropfenweise mit Thioharnstofflösung. Dabei kann freiwerdendes SCN^- durch Reaktion mit $FeCl_3$ nachgewiesen werden (NW 1, Seite 218).

Oder man versetzt den kalten, schwach sauren SA tropfenweise mit Amidosulfonsäurelösung. Diese Methode eignet sich besonders zum Entfernen größerer Mengen an NO_2^-.

Kurze Erläuterung zum Auftreten von Farben in Komplexen

Die Farbe von Übergangsmetallkomplexen (Komplexe der Nebengruppenelemente) wird im allgemeinen auf Übergänge der d-Elektronen zurückgeführt. Vereinfachend betrachtet man meist die fünf d-Orbitale der Übergangsmetalle als energetisch gleichwertig (oder „entartet"). Das stimmt jedoch streng genommen nur für ein isoliertes Ion oder Atom, das keinem äußeren Einfluß unterliegt. Steht dagegen ein Zentralatom in Wechselwirkung mit seinen Liganden, so werden die einzelnen d-Orbitale – abhängig von Zahl und Art der Liganden – energetisch ungleich und es kann zu Elektronenübergängen innerhalb der d-Orbitale kommen (man spricht dann von sog. d–d-Übergängen). Da die Energie, die zur Anregung solcher Elektronenübergänge erforderlich ist, meist im Energiebereich des sichtbaren Lichts liegt, sind Komplexverbindungen oftmals farbig.

Am Beispiel des Pentaaquanitrosyleisen(II)-Komplexes lernen wir aber auch noch etwas anderes: $[Fe(H_2O)_5NO]^{2+}$ bildet einen oktaedrischen Komplex, in dem die einzelnen d-Orbitale ebenfalls unterschiedliche Energieinhalte besitzen (Wirkung der Liganden). Die braune Farbe des Komplexes beruht hier jedoch nicht auf den beschriebenen d–d-Übergängen, sondern vielmehr auf sog. „Charge-Transfer-Übergängen".

Ob solche „Charge-Transfer-Übergänge" stattfinden können, hängt von verschiedenen Faktoren ab. Eine Grundvoraussetzung ist jedoch immer, daß sich geeignete Orbitale der Liganden – energetisch gesehen – in einem sehr ähnlichen Bereich befinden wie die d-Orbitale des Zentralatoms. Ist diese Voraussetzung gegeben, so können Elektronen durch Lichtanregung entweder von besetzten d-Orbitalen des Zentralatoms in unbesetzte Orbitale der Liganden oder von besetzten Orbitalen der Liganden in unbesetzte d-Orbitale des Zentralatoms übergehen. Da hiermit formal eine *Verschiebung von Ladung* verbunden ist, nennt man solche Übergänge auch „Charge-Transfer-Übergänge".

Das Auftreten der braunen Farbe im $[Fe(H_2O)_5NO]^{2+}$ kann solchen Charge-Transfer-Übergängen im Fe-NO-System zugeschrieben werden. Weitere Beispiele für Komplexe mit Charge-Transfer-Übergängen sind das auf Seite 88 besprochene „Berliner Blau" $Fe_4^{III}[Fe^{II}(CN)_6]_3$; ferner die intensiv gefärbten MnO_4^-- und CrO_4^{2-}-Ionen; sowie Lösungsmittelkomplexe des Typs Halogen/Ether oder Halogen/Pyridin.

1. NW als $[Fe(H_2O)_5NO]^{2+}$ („Ringprobe")

$$2\,KNO_3 + H_2SO_4 \longrightarrow 2\,HNO_3 + K_2SO_4$$

$$2\,HNO_3 + 6\,FeSO_4 + 3\,H_2SO_4 \longrightarrow 3\,Fe_2(SO_4)_3 + 4\,H_2O + 2\,NO$$

$$NO + [Fe(H_2O)_6]^{2+} \rightleftharpoons [Fe(H_2O)_5NO]^{2+} + H_2O$$

Durch Einwirkung von H_2SO_4 auf Nitrate wird HNO_3 freigesetzt. Der darin enthaltene Nitratstickstoff wird durch $FeSO_4$ unter Bildung von Stickstoffmonoxid NO reduziert, während Fe(II) zu Fe(III) oxidiert wird. Diese Reduktion kann bei Normalbedingungen von allen Stoffen bewirkt werden, deren Standardelektrodenpotential kleiner als +0.96 V und größer als 0 V (Vermeidung von H_2-Entwicklung) ist.

$$NO_3^- + 4\,H^+ + 3\,e^- \longrightarrow NO + 2\,H_2O \qquad (\varepsilon_0 = +0.96\ V)$$

$$NO_2^- + 2\,H^+ + e^- \longrightarrow NO + H_2O \qquad (\varepsilon_0 = +1.00\ V)$$

Das freiwerdende NO lagert sich unter Bildung eines Pentaaquanitrosyleisen(II)-Komplexes an überschüssiges Fe(II) an. Der Zusatz von konz. H_2SO_4 begünstigt dabei die Bildung des Pentaaquanitrosyleisen(II)-Komplexes, da konz. H_2SO_4 – aufgrund ihrer hygroskopischen Wirkung – das verdrängte Hydratwasser aufzunehmen vermag.

Praxis: Zunächst werden einige Tropfen SA (⟶ Probelsg.) in einem kleinen RG *vorsichtig* mit 1 Tr. verd. H_2SO_4 angesäuert ($CO_2\uparrow$). Danach wird ein mit verd. H_2SO_4 gewaschener $FeSO_4$-Kristall auf der TP mit 1 Tr. verd. H_2SO_4, 5 Tr. Probelösung und 3 Tr. konz. H_2SO_4 versetzt. Eine *braunviolette* Zone um den Kristall deutet auf Anwesenheit von NO_3^-.

Alternativ: In einem kleinen RG wird etwas SA *vorsichtig* mit dem gleichen Volumen einer frisch bereiteten, kalt gesättigten $FeSO_4$-Lösung versetzt, die zuvor mit etwas verd. H_2SO_4 angesäuert wurde. Darauf hält man das RG schräg und läßt solange konz. H_2SO_4 an der Innenwand des Glases herablaufen (unterschichten), bis man zwei getrennte Phasen erkennt.

Bei Anwesenheit von NO_3^- bildet sich an der Phasengrenze nach kurzer Zeit ein braunvioletter Ring („Ringprobe"), der je nach Konz. unterschiedlich stark ausgeprägt sein kann. Man sollte daher das RG möglichst vor einem hellen Hintergrund betrachten!

Störung:

- NO_2^- kann bereits in schwach saurer Lösung (s. o.) eine braune Zone um den $FeSO_4$-Kristall bilden ⟶ NO_2^- entweder mit einer konz. Lsg. von Harnstoff $(NH_2)_2CO$ oder mit 0.5%iger wss. Lsg. von Amidosulfonsäure $(NH_2)HSO_3$ (evtl. mit etwas verd. H_2SO_4 ansäuern) entfernen.
- MnO_4^- und $Cr_2O_7^{2-}$ können durch Violett- bzw. Gelbfärbung des SA stören (MnO_4^- überdeckt den Ring; $Cr_2O_7^{2-}$ reagiert mit konz. H_2SO_4 zu CrO_3, das eine positive Ringprobe vortäuschen kann) ⟶ Red. in saurer Lsg. mit Alkohol und evtl. Fällung als MnO_2 oder $Cr(OH)_3$ (vgl. Seite 79).

$$2\,MnO_4^- + 5\,C_2H_5OH \rightsquigarrow 2\,Mn^{2+} + CH_3CHO$$

$$Cr_2O_7^{2-} + 3\,C_2H_5OH \rightsquigarrow 2\,Cr^{3+} + 3\,CH_3CHO$$

- Weitere Störungen: Br^- und I^- ($\longrightarrow Br_2$ bzw. I_2), ClO_3^- ($\longrightarrow ClO_2 \longrightarrow Cl_2 \longrightarrow$ Gelbfärbung; außerdem Oxidation von Fe^{2+} zu Fe^{3+}), BrO_3^- und IO_3^- (analog), S^{2-} und $S_2O_3^{2-}$ ($\longrightarrow$ S), CN^- und SCN^- (reagieren mit $FeSO_4$). Zur Vermeidung dieser Störungen wird zuvor mit kalt ges. Ag_2SO_4-Lösung gefällt (Halogenate werden zuvor mit H_2SO_3 reduziert).
- AsO_4^{3-} bildet auch einen Ring (vermutlich nach Reduktion des As(V) durch Fe(II)) $\longrightarrow$ durch Fällung mit TAA abtrennen.

2. NW als Azofarbstoff mit Lunges Reagenz

In saurer Lösung wird NO_3^- von Zn zu NO_2^- reduziert.

$$NO_3^- + Zn + 2\,H^+ \longrightarrow NO_2^- + H_2O + Zn^{2+}$$

Salpetrige Säure HNO_2 reagiert mit primären, aromatischen Aminen zu sog. Diazoniumsalzen, welche in saurer Lsg. mit Aminen und in basischer Lsg. mit Phenolen farbige Azoverbindungen bilden. Es reagieren auch basische Nitrate aus der Ursubstanz!

$$\left[{}^{(-)}O_3S\text{–}C_6H_4\text{–}NH_2\right]^- + HNO_2 \xrightarrow{HAc} \left[{}^{(-)}O_3S\text{–}C_6H_4\text{–}\overset{(+)}{N}\equiv N\right] + Ac^- + 2\,H_2O$$

Sulfanilsäure (Anion) Diazoniumsalz (Zwitterion)

$\downarrow$ + 1-Naphthylamin

$$\left[{}^{(-)}O_3S\text{–}C_6H_4\text{–}N{=}N\text{–}C_{10}H_6\text{–}NH_2\right]^- + H^+$$

roter Azofarbstoff

Praxis: Auf der TP wird eine Spatelspitze US oder einige Tr. Sodaauszug mit jeweils einigen Körnchen 1-Naphthylamin und Sulfanilsäure vermengt. Man gibt eine Zn-Granalie oder eine Spatelspitze Zn-Staub hinzu und säuert mit wenigen Tr. konz. HAc an. Eine allmähliche *Rotfärbung* (vom Zn ausgehend) zeigt NO_3^- an.

Störung:
- $NO_2^- \longrightarrow$ Entfernen mit NaN_3 und halbkonz. HAc oder mit Amidosulfonsäure ($N_2\uparrow$).
- $S^{2-} \longrightarrow$ mit Ag_2SO_4 als $Ag_2S\downarrow$ oder mit $Cd(Ac)_2$ als $CdS\downarrow$ fällen (SA neutralisieren und soviel $Ag_2SO_4/Cd(Ac)_2$ zugeben, bis kein Nd. mehr fällt).
- Br^- und $I^- \longrightarrow$ ebenfalls mit Ag_2SO_4 fällen.
- $CrO_4^{2-} \longrightarrow$ mit $BaCl_2$ als $BaCrO_4\downarrow$ fällen (vgl. Seite 118).

Achtung: Eine kanzerogene Wirkung des 1-Naphthylamins ist umstritten; das in technischem 1-Naphthylamin zu ca. 3% als Verunreinigung enthaltene 2-Naphthylamin gilt jedoch als *erwiesenermaßen kanzerogen* ⟶ größte Vorsicht beim Umgang mit 1-Naphthylamin.

Die Reagenzien können sich im Sonnenlicht zersetzen ⟶ deshalb sind die Nachweise *nicht immer* zuverlässig (oft positiv bei Abwesenheit von Nitrat). Abhilfe: Aufbewahrung der Reagenzien in undurchsichtigen Döschen.

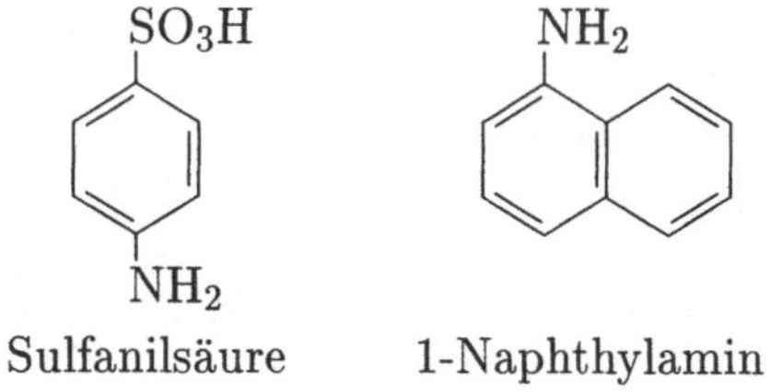

SO_3H / NH_2 — Sulfanilsäure

NH_2 — 1-Naphthylamin

Bild 4.5
„Lunges Reagenz".

3. NW als NH_3

$$NO_3^- + 4\,Zn + 3\,OH^- + 6\,H_2O \longrightarrow 4\,[Zn(OH)_3]^- + NH_3\uparrow$$

NO_3^- wird von allen Metallen, die sich in Laugen unter H_2-Entwicklung auflösen, zu NH_3 reduziert (NW über Indikatorpapier!). Im Labor verwendet man als Reduktionsmittel entweder Zn-Staub oder die sog. „Devardasche Legierung", die aus 50% Cu, 45% Al und 5% Zn besteht. Dieser Nachweis ist in Abwesenheit von NO_2^-, NH_4^+ und sehr starken Oxidationsmitteln sehr zuverlässig.

Praxis: Auf einem großen Uhrglas wird eine Spatelspitze US mit 1–2 g Zn-Staub oder einer entsprechenden Menge an Devardascher Legierung versetzt. In ein weiteres Uhrglas (mögl. größerer Durchmesser) wird ein Streifen angefeuchtetes Indikatorpapier geheftet. Daraufhin tropft man über eine Pipette 5 Tr. NaOH auf die US und legt rasch das zweite Uhrglas (mit dem Indikatorpapier nach unten) über das erste. Es ist sorgfältig darauf zu achten, daß keine NaOH auf das Indikatorpapier spritzt. Bei Anwesenheit von NO_3^- beobachtet man nach kurzer Zeit eine *gleichmäßige* Blaufärbung des Indikatorpapiers.

Alternativ dazu kann über das Uhrglas auch ein kleiner Trichter gestellt werden, in dessen Auslauf ein angefeuchtetes Indikatorpapier gehalten wird (Tip: einige Zeit stehen lassen, damit NH_3-Gas im Trichter aufsteigen kann). Oder man verwendet ein kleines RG mit aufgesetztem Gärröhrchen, das zuvor mit einer geeigneten Indikatorlösung (Phenolphthalein) befüllt wird.

Störung: NH_4^+ ⟶ durch Kochen mit NaOH entfernen. NO_2^- und andere stickstoffhaltige Verbindungen stören den NW ebenfalls.

4.5.2 Sauerstoffsäuren des Phosphors

1. Orthophosphorsäuren H_3PO_n mit n = 2–6

In allen Orthophosphorsäuren ist Phosphor vierfach koordiniert. Da nur diejenigen Wasserstoffatome, die an Sauerstoff gebunden sind, acide reagieren, ist H_3PO_4 eine dreibasige, H_3PO_3 eine zweibasige und H_3PO_2 eine einbasige Säure.

Tabelle 4.12 Orthophosphorsäuren.

Ox.stufe	Formel	Name	Struktur
„+1"	H_3PO_2	Phosphinsäure [a] Phosphinate	O=P(H)(OH)(H)
„+3"	H_3PO_3	Phosphonsäure [a] Phosphonate	O=P(H)(OH)(OH)
+5	H_3PO_4	Phosphorsäure Phosphate	O=P(HO)(OH)(OH)
+5	H_3PO_5	Peroxophosphorsäure [b] Peroxophosphate	O=P(HO)(OOH)(OH)
+5	H_3PO_6	Diperoxophosphorsäure [b] Diperoxophosphate	

[a] Die Oxidationsstufen des Phosphors in niederen Phosphorsäuren besitzen *nur formalen* Charakter! Man erhält sie, wenn man berücksichtigt, daß H-Atome in anorganischen Verbindungen gemäß Definition meistens die formale Oxidationsstufe +1 besitzen. Betrachtet man jedoch die EN von P (2.06) und H (2.20), so stellt man fest, daß der an Phosphor gebundene Wasserstoff eigentlich elektronegativer ist und demgemäß die formale Oxidationsstufe −1 besitzen sollte.

[b] H_3PO_5 und H_3PO_6 sind Peroxophosphorsäuren. Sie enthalten eine bzw. zwei Peroxogruppen -O-O-, in denen O die formale Oxidationsstufe −1 (statt sonst −2) besitzt. Für Phosphor ergibt sich daher auch in Peroxophosphorsäuren die formale Oxidationsstufe +5.

2. Diphosphorsäuren $H_4P_2O_n$ mit n = 4–8

Diphosphorsäuren entstehen allg. durch Kondensation aus Orthophosphorsäure ($2\,H_3PO_4 \longrightarrow H_4P_2O_7 + H_2O$). In allen Säuren findet sich ebenfalls tetraedrische Koordination der P-Atome. Diphosphorsäuren mit einer *ungeraden* Anzahl an O-Atomen sind durch eine P–O–P-Brücke gekennzeichnet; in solchen mit einer *geraden* Anzahl von O-Atomen sind die P-Atome direkt miteinander verbunden. Ausnahme hiervon ist $H_4P_2O_8$. In der Diperoxophosphorsäure sind die P-Atome über eine –O–O– Einheit miteinander verbunden.

3. Metaphosphorsäuren $(HPO_3)_n$ mit n = 3–8

Metaphosphorsäuren sind wasserarme, durch Kondensation entstandene, ringförmige Verbindungen. Vgl. die Darstellung des Trimetaphosphatanions auf Seite 26. Gemäß neuerer Nomenklaturregeln sollten Metaphosphorsäuren besser als Cyclo-Phosphorsäuren bezeichnet werden, da hierdurch ihr struktureller Aufbau besser wiedergegeben wird.

4. Polyphosphorsäuren $H_{n+2}P_nO_{3n+1}$ mit n = 3–∞

Auch Polyphosphorsäuren sind Kondensationsprodukte der Cyclophosphorsäure, die vorwiegend kettenförmig gebaut und durch P–O–P-Einheiten als charakteristisches Strukturmerkmal gekennzeichnet sind. Polyphosphorsäuren verleihen unter anderem der Phosphorsalzperle (s. dort) ihre glasartige Beschaffenheit.

PO_4^{3-}
Phosphat

Phosphat, PO_4^{3-}

Allgemeines

Phosphate sind die Salze der (Ortho-)Phosphorsäure H_3PO_4, die sich in der Natur in Form von ca. 200 kristallinen Phosphatmineralien sowie in amorphen Phosphatgesteinen finden.[38] Den (mengenmäßig) weitaus überwiegenden Teil stellt die Klasse der sog. *Apatite*, die für die Phosphorsäureproduktion große technische Bedeutung besitzt. Apatite lassen sich durch die allg. Formel $3\,Ca_3(PO_4)_2 \cdot CaX_2$ beschreiben, wobei X^- vorwiegend für F^- (Fluorapatit $Ca_5(PO_4)_3F$), Cl^- (Chlorapatit $Ca_5(PO_4)_3Cl$) oder OH^- (Hydroxylapatit[39] $Ca_5(PO_4)_3OH$) steht. Amorphes Phosphatgestein (sog. *Phosphorite* der Zusammensetzung $Ca_3(PO_4)_2 \cdot Ca(OH)_2$) bildet sich meist durch Sedimentation von Verwitterungsprodukten

[38] Die Fundorte von Phosphatmineralien sind über die ganze Erde verteilt (Ausnahme: Europa – hier sind die Reserven weitgehend erschöpft). Hauptlieferanten sind die USA, die allein durch Ausbeutung ihrer Vorkommen in Florida einen großen Anteil der Weltproduktion stellen.

[39] Hydroxylapatit $Ca_5[(PO_4)_3OH]$ ist Hauptbestandteil der anorganischen Knochensubstanz!

kristalliner Apatitgesteine oder durch Ablagerung und Mineralisierung von organischen Ausscheidungen oder Tierleichen.[40]

Zur technischen Gewinnung von Phosphorsäure verwendet man natürliche Mineralphosphate (Phosphorite, Apatite), die man entweder auf nassem oder auf trockenem Weg aufschließt. Beim *nassen Aufschluß* wird feingemahlenes Phosphat bei 80 °C mit verd. H_2SO_4 ausgelaugt. Die dabei anfallende, ca. 30–40%ige Rohsäure („Naßsäure") wird anschließend von $CaSO_4$ (Gips) und von HF (Fällung als Na_2SiF_6) getrennt. Sie findet fast ausschließlich Verwendung in der *Düngemittelproduktion*.

$$Ca_3(PO_4)_2 + 3\,H_2SO_4 \longrightarrow 3\,CaSO_4 + 2\,H_3PO_4$$

$$Ca_5(PO_4)_3F + 5\,H_2SO_4 + 10\,H_2O \longrightarrow 5\,CaSO_4 \cdot 2\,H_2O \downarrow + 3H_3PO_4 + HF$$

Beim *trockenen Aufschluß* wird das feingemahlene Phosphat im Drehrohrofen mit Koks und Kieselsäure geschmolzen. Der dabei entstehende weiße Phosphor wird im Luftüberschuß zu (gasförmigem) Phosphorpentaoxid P_2O_5 verbrannt.[41] Diese stark hygroskopische Verbindung vereinigt sich begierig mit Wasser. Dabei bilden sich zunächst Metaphosphorsäuren (hauptsächlich $H_4P_4O_{12} = (HPO_3)_4$), die bei weiterer Wasseraufnahme über Polyphosphorsäuren zur Orthophosphorsäure H_3PO_4 reagieren. Technisch realisiert man diesen Schritt, indem man gasförmiges P_2O_5 in konzentrierte Phosphorsäure leitet. Die auftretenden Temperaturen bleiben damit beherrschbar, die Konzentration der Säure muß jedoch durch dosierte Zugabe von Wasser konstant gehalten werden (vgl. „Darstellung von Schwefelsäure", S. 189).

$$2\,Ca_3(PO_4)_2 + 6\,SiO_2 + 10\,C \longrightarrow 6\,CaSiO_3 + 10\,CO + P_4$$

$$P_4 + 5\,O_2 \longrightarrow 2\,P_2O_5$$

$$2\,P_2O_5 \xrightarrow{+2\,H_2O} H_4P_4O_{12} \xrightarrow{+2\,H_2O} 2\,H_4P_2O_7 \xrightarrow{+2\,H_2O} 4\,H_3PO_4$$

Die auf diesem Weg produzierte Phosphorsäure („thermische Säure") ist sehr rein. Sie wird vorwiegend zur Produktion von Waschmitteln (Wasserenthärtung), Lebensmittelzusätzen, Industriephosphaten und – in Verbindung mit geeigneten Metallphosphaten (Mn, Fe, Zn) – als Rostschutzmittel verwendet.

Nachweis von Phosphat

Als dreibasige Säure liefert H_3PO_4 drei Reihen von Salzen: *primäre Dihydrogenphosphate* $M^IH_2PO_4$, *sekundäre Hydrogenphosphate* $M^I_2HPO_4$ und *tertiäre Phos-*

[40] Ein wichtiges Beipiel ist der als Stickstoff- und Phosphatdünger geschätzte *Guano*, der auf einigen Inseln aus calciumphosphathaltigem Vogelkot entsteht. [41] Phosphorpentaoxid ist im Feststoff aus $(P_2O_5)_2 = P_4O_{10}$-Molekülen aufgebaut. Seine Struktur leitet sich – ähnlich dem Urotropin – von der sog. „Adamantanstruktur" ab (vgl. Seite 78).

phate $M^I_3PO_4$. Wasserlöslich sind davon die primären Phosphate sowie die Alkalisalze der sekundären und tertiären Phosphate (nicht Li_3PO_4). Alle übrigen Phosphate lösen sich, unter Ausnahme der Phosphate einiger vierwertiger Metalle (Ti, Zr, Sn, Ce), in verd. oder konz. Mineralsäuren.[42] Der PO_4^{3-}-Nachweis kann daher bei Vorliegen löslicher Phosphate entweder aus dem sauren Auszug der US oder aus dem SA erfolgen. Allerdings kann die sichere Bestimmung von PO_4^{3-} bei Vorliegen von $Zr_3(PO_4)_4$ oder $Sn_3(PO_4)_4$ einen „Soda-Pottasche-Aufschluß" (Seite 236) notwendig machen.

SiO_4^{4-} und AsO_4^{3-} stören die Nachweise von PO_4^{3-}. Lösliche Kieselsäure muß demnach mit konz. HCl abgeraucht, AsO_4^{3-} durch Fällung mit H_2S entfernt werden.[43] Bei Anwesenheit von PO_4^{3-} ist der Kationentrennungsgang gegebenenfalls zu modifizieren. Anweisungen hierfür finden sich auf Seite 81.

1. NW als $Zr_3(PO_4)_4$

$$4\,PO_4^{3-} + 3\,ZrOCl_2 + 12\,H^+ \xrightarrow{\Delta} \underset{\text{weiß, flockig}}{Zr_3(PO_4)_4} + 3\,H_2O + 6\,HCl$$

Durch Zugabe einer frisch bereiteten $ZrOCl_2$- oder $ZrO(NO_3)_2$-Lösung zu einer stark salzsauren, PO_4^{3-}-Ionen enthaltenden Probelösung läßt sich nahezu durchsichtiges, gallertartiges Zirkoniumphosphat der ungefähren Zusammensetzung $Zr_3(PO_4)_4$ ausfällen.

Praxis: Zunächst werden einige Milliliter SA in einem kleinen RG *vorsichtig* mit 5 Tr. konz. HCl angesäuert und danach mit einigen Tr. einer frisch bereiteten $ZrOCl_2$- oder $ZrO(NO_3)_2$-Lösung versetzt. Nach kurzem Erhitzen deutet die Bildung eines nahezu durchsichtigen, gallertartigen, flockigen Niederschlags auf Anwesenheit von PO_4^{3-}. Der Niederschlag zeigt sich jedoch häufig erst nach einiger Zeit. Bei Anwesenheit von AsO_4^{3-} muß der Nachweis aus dem (salz-)sauren Auszug der US durchgeführt werden.

Störung: Lösliche Silicate können beim Ansäuern mit HCl kolloidale Kieselsäure bilden (ähnliches Aussehen wie $Zr_3(PO_4)_4$) $\longrightarrow$ Abrauchen mit konz. HCl.

2. NW als $MgNH_4PO_4$

$$HPO_4^{2-} + NH_4^+ + Mg^{2+} + OH^- \longrightarrow MgNH_4PO_4\downarrow + H_2O$$

Eine Mischung aus $MgCl_2$ und NH_4Cl (häufig als „Magnesiamischung" bezeichnet) fällt auch aus sehr verdünnten, ammoniakalischen Phosphat-Lösungen kristallines Magnesiumammoniumphosphat (vgl. Beschreibung des Mg-Nachweises als $MgNH_4PO_4$ (Seite 128) bzw. des As-Nachweises als $MgNH_4AsO_4$ (Seite 70).

[42] Auch wenn man die Erdalkaliphosphate gemeinhin nicht zu den schwerlöslichen Phosphaten zählt, so kann beispielsweise $Ca_3(PO_4)_2$ beim Lösen erhebliche Probleme bereiten. [43] Aus diesem Grund wird PO_4^{3-} meist aus dem Zentrifugat der H_2S-Gruppe nachgewiesen.

Praxis: 1 Tr. neutrale Probelösung (oder neutralisierter SA) wird auf dem OT mit 1–2 Tr. einer wss. Lösung von NH_4Cl und $MgCl_2$ versetzt. Nach Zusatz von 1 Tr. verd. NH_3 bilden sich bei Anwesenheit von PO_4^{3-} langsam stern- oder scherenförmig verwachsene Kristalle, die in verd. Säuren leicht löslich sind.

Störung: AsO_4^{3-} bildet $MgNH_4AsO_4$, das auch unter dem Mikroskop nur sehr schwer von $MgNH_4PO_4$ unterschieden werden kann. Man gibt daher 1 Tr. Na_2S-Lsg. auf den OT. Bei Anwesenheit von AsO_4^{3-} färben sich die Kristalle durch Bildung von Arsensulfid *gelb*.

Versuchsweise kann auch 1 Tr. verd. $AgNO_3$-Lsg. auf die Kristalle getropft werden. Die $MgNH_4PO_4$-Kristalle färben sich dabei *gelb*, die $MgNH_4AsO_4$-Kristalle hingegen *rotbraun*. Die Unterscheidung mit $AgNO_3$ ist jedoch nicht immer eindeutig.

3. NW als Ammoniummolybdophosphat

$$12\,MoO_4^{2-} + HPO_4^{2-} + 3\,NH_4^+ \xrightarrow[-\ 12\,H_2O]{+\ 23\,H^+} \underset{\text{gelbes Ammoniummolybdophosphat}}{(NH_4)_3[P(Mo_{12}O_{40})\cdot aq]\downarrow}$$

Aus salpetersaurer Lösung fällt bei Zugabe von angesäuerter Ammoniummolybdat-Lösung das gelbe Ammoniumsalz der Molybdophosphorsäure[44] (Heteropolysäure, vgl. S. 258). Wie man der Summenformel entnehmen kann, müssen zur Bildung der Heteropolysäure pro Phosphoratom jeweils 12 Atome Molybdän vorhanden sein. In der Praxis bedingt das einerseits die Verwendung eines relativ großen Überschusses an Fällungsmittel (Ammoniummolybdat) und – sofern dieses gewährleistet ist – eine vergleichsweise hohe Empfindlichkeit des Nachweises[45] (selbst kleine Mengen PO_4^{3-} können erfasst werden).

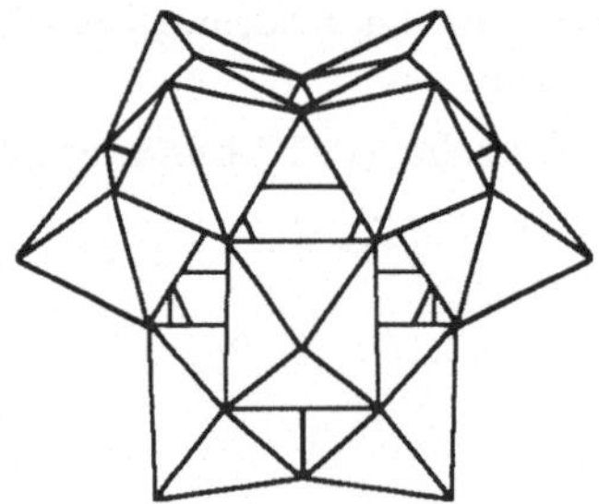

Bild 4.6
Die Struktur des Molybdophosphatanions $[P(Mo_{12}O_{40})^{3-}]$.

Der räumliche Aufbau des Heteropolysäureanions ist in Bild 4.6 schematisch dargestellt. Man kann sich $[P(Mo_{12}O_{40})^{3-}]$ aus vier Gruppen von jeweils drei MoO_6-Oktaedern zusammengesetzt denken, die untereinander über gemeinsame

[44] Die vollständige Bezeichnung der Molybdophosphorsäure lautet eigentlich Trihydrogen-phosphododecamolybdat oder 12-Molybdophosphorsäure $H_3[P(Mo_{12}O_{40})]$. Die korrekte Bezeichnung des Ammoniumsalzes lautet Triammonium-phosphododecamolybdat. [45] Der Nachweis ist übrigens schon sehr alt. Er beruht auf Arbeiten von J. J. Berzelius, dem 1826 mit dem Molybdophosphat-Ion $[P(Mo_{12}O_{40})^{3-}]$ die erste Synthese eines Heteropolyanions gelang.

O-Atome eckenverknüpft sind. Innerhalb der Gruppen sind die Oktaeder jeweils so miteinander verknüpft, daß sie *genau eine* gemeinsame Ecke besitzen (O-Atom, das zu allen drei Oktaedern gehört). Diese vier „gemeinsamen Ecken" bilden im Innern des Anions einen regulären Tetraeder, in dessen Mitte sich das P-Atom befindet. Eine solche Struktur wird nach ihrem Entdecker allgemein als „Keggin-Struktur" bezeichnet.

Praxis: Zunächst werden einige Tr. Probelösung in einem kleinen RG mit wenig konz. HNO_3 versetzt. Bilden sich dabei braune, nitrose Gase ($\longrightarrow$ reduzierende Substanzen), so wird die Lösung solange mit konz. HNO_3 erwärmt, bis sich keine braunen Dämpfe mehr bilden. Darauf versetzt man in der Wärme 20 Tr. Reagenzlösung mit 4 Tr. konz. HNO_3, 2 Tr. NH_3, sowie 10 Tr. der salpetersauren Probelösung. Ein *gelber, feinkristalliner* Niederschlag von Ammoniummolybdophosphat (fällt manchmal erst nach einiger Zeit; evtl. WB), der sich in NaOH leicht löst, deutet auf Anwesenheit von PO_4^{3-}.

Reagenz: Einer ca. 15%igen Ammoniummolybdatlösung wird in der Kälte solange tropfenweise halbkonz. HNO_3 zugefügt, bis sich der weiße Niederschlag von MoO_3 im Säureüberschuß wieder löst.

Störung:

- AsO_4^{3-} bildet mit der Reagenzlösung gelbes Ammoniummolybdoarsenat. Man trennt AsO_4^{3-} daher zuvor durch Fällung mit H_2S ab oder man unterwirft den beim NW erhaltenen, gelben Niederschlag (evtl. nach Auflösen in NH_3) einem der As-Nachweise.
- Lösliche Silicate bilden mit Ammoniummolybdat-Lösung ebenfalls ein Heteropolysilicat (Molybdokieselsäure), das jedoch löslich ist $\longrightarrow$ Abrauchen mit konz. HCl.

4.6 4. Hauptgruppe, Kohlenstoffgruppe

Die 4. Hauptgruppe des Periodensystems umfaßt die Elemente Kohlenstoff, Silicium, Germanium, Zinn und Blei. Das vorliegende Kapitel befaßt sich ausschließlich mit Ionen, denen entweder das Nichtmetall Kohlenstoff oder das Halbmetall Silicium zugrundeliegen. Die schwereren Homologen Zinn und Blei wurden schon früher im Rahmen der H_2S-Gruppe (s. Seite 47ff.) behandelt.

Tabelle 4.13 Einige Eigenschaften der Elemente der 4. Hauptgruppe.

	C	Si	Ge	Sn	Pb
Elektronegativität	2.50	1.74	2.02	1.72	1.55
1. Ionisierungsenergie (eV)	11.27	8.15	7.88	7.32	7.40
Smp. [°C]	4100	1415	945	230	334
Sdp. [°C]	—	~3250	2840	2626	1751
Dichte [g/cm^3]	3.51	2.34	5.34	(α) 5.77	11.34
Atomradius [pm]	77	118	122	141	144
Ionenradius E^{4+} [pm]	16	42	53	71	84

Erwartungsgemäß nimmt in der 4. Hauptgruppe die Basizität der Hydroxide sowie der Metallcharakter der Elemente mit steigender Atommasse zu. Während Kohlenstoff ein ausgeprägtes Nichtmetall ist, zählt man Silicium und Germanium zu den Halbmetallen, Zinn und Blei zu den Metallen. Die Stabilität der höchsten Oxidationsstufe sinkt mit wachsender Ordnungszahl. Während Kohlenstoff in seinen Verbindungen häufig in der Oxidationsstufe +IV vorliegt, dominiert beim Blei die Oxidationsstufe +II.

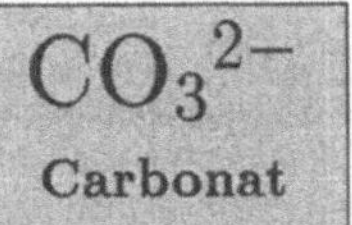

Carbonat, CO_3^{2-}

Carbonate sind die Salze der Kohlensäure H_2CO_3. Kohlensäure ist *theoretisch betrachtet* eine mittelstarke Säure. Da aber in Wasser gelöstes CO_2 zu einem großen Anteil nicht als als H_2CO_3, sondern eher als hydratisiertes CO_2 vorliegt, reagiert eine Kohlensäure-Lösung nur schwach sauer.

Analog der Schwefelsäure bildet auch die Kohlensäure zwei Reihen von Salzen: zum einen die *Hydrogencarbonate* M^IHCO_3 (primäre Carbonate; saure Carbonate; Bicarbonate), zum anderen die *Carbonate* $M^I_2CO_3$ bzw. $M^{II}CO_3$ (sekundäre Carbonate; neutrale Carbonate). Hydrogencarbonate sind in Wasser leicht löslich. Von den Carbonaten sind nur die Salze der Alkalimetalle sowie $(NH_4)_2CO_3$ leicht löslich. Alle anderen Carbonate sind mehr oder minder schwer löslich. In kohlensäurehaltigem Wasser lösen sich jedoch auch diese unter allmählicher Bildung von Hydrogencarbonaten. Letzteres spielt eine wichtige Rolle bei der Verwitterung von Carbonatgesteinen durch (saures) Regenwasser, der Bildung von „hartem Wasser“ oder der Entstehung neuer Gesteine.

$$CaCO_3 + H_2O + CO_2 \underset{\Delta}{\rightleftharpoons} Ca(HCO_3)_2$$

Nach Einwirkung von Regen- oder Grundwasser auf carbonathaltiges Gestein enthält fast jedes Fluß- oder Quellwasser mehr oder minder große Mengen an Calcium- (hauptsächlich $CaHCO_3$ und $CaSO_4$) und Magnesiumsalzen. Ein Wasser, das einen relativ hohen Anteil an Calciumsalzen enthält, wird als „hartes Wasser“, solches mit einem relativ geringen Anteil an Calciumsalzen als „weiches Wasser“ bezeichnet.

Die Begriffe „weiches Wasser“ und „hartes Wasser“ leiten sich von dem Gefühl ab, das ein bestimmtes Wasser beim Händewaschen mit herkömmlicher Seife vermittelt. Seifen bestehen aus (leicht löslichen) Alkalisalzen schwacher organischer Fettsäuren. Wäscht man sich die Hände in weichem Wasser, so hydrolysieren die Seifen unter Freisetzung von Fettsäuren und „seifiger“ („weicher“) Alkalilauge. Die Seifen schäumen lange und sind nur sehr schwer von der Haut abzuwaschen. Verwendet man sie hingegen mit „hartem Wasser“, so werden die freigesetzten

Fettsäuren von den im Wasser enthaltenen Ca-Ionen als „Kalkseifen“ ausgefällt, und es kommt nicht zur Bildung von Alkalilauge.

Beim Kochen von „hartem Wasser“ entweicht CO_2. Obiges Gleichgewicht verschiebt sich deshalb nach links, es bildet sich schwerlösliches $CaCO_3$ (sog. „Kesselstein“). Auf der gleichen Reaktion beruht auch die Entstehung neuer Carbonatgesteine. So führt beispielsweise das Verdunsten von Ca^{2+}-haltigem Wasser in Kalksteingebirgen zur Bildung von Tropfsteinhöhlen.[46]

Die Enthärtung von Wasser auf chemischem Weg erfolgt entweder durch *Ausfällen* der störenden Calciumionen (Zugabe von Na_2CO_3 oder Na_3PO_4), durch Komplexierung mittels geeigneter Polyphosphate[47] oder durch Verwendung sog. *Ionentauscher*.

Nachweis von Carbonat

1. NW als $BaCO_3$

$$CoCO_3 + 2\,HCl \longrightarrow CoCl_2 + CO_2\uparrow + H_2O$$

$$CO_2 + Ba(OH)_2 \longrightarrow BaCO_3\downarrow + H_2O$$

Der Nachweis erfolgt stets aus der Ursubstanz. Er beruht auf der Reaktion von Carbonaten mit Mineralsäuren (HCl, H_2SO_4 etc.) unter Freisetzung von gasförmigem CO_2.

Praxis: Eine Mikrospatelspitze US wird in einem kleinen RG mit einigen Tr. verd. HCl versetzt. Gleich nach dem Zutropfen der Salzsäure wird ein mit frisch bereiteter, *klarer* $Ba(OH)_2$-Lsg. (Barytwasser) befülltes Gärröhrchen aufgesetzt. Nach einigen Minuten auf dem WB deutet eine charakteristische *weiße* Trübung der $Ba(OH)_2$-Lsg. auf Anwesenheit von $CO_3{}^{2-}$ (natürliche Carbonate reagieren zum Teil nur sehr langsam!).

Wichtig ist, daß der Gasraum zwischen gelöster US und der Reagenzlsg. (Barytwasser) so gering als möglich ist. Zweckmäßigerweise verwendet man daher *möglichst kleine* Reagenzgläser (evtl. vom Glasbläser etwas kürzen lassen) sowie ein spezielles HM-Gärröhrchen. Auch das *Entstehen der Trübung* sollte sehr genau beobachtet werden: Wird nämlich die Trübung des Barytwassers von CO_2 aus der Umluft verursacht, so beginnt $BaCO_3$ zuerst auf der offenen Seite des Gärröhrchens auszufallen (ein Watte- oder Glaswollepfropf im offenen Ende des Gärröhrchens erweist sich hier als sehr hilfreich).

[46] Es gibt verschiedene Theorien über die Bildung der Tropfsteine: Einerseits wird die Entstehung von $CaCO_3$ mit der Wasserverdunstung erklärt. Andererseits führt der Aufprall von hydrogencarbonathaltigen Wassertropfen auf den Boden von Tropfsteinhöhlen zum Entweichen von CO_2, was ebenfalls das Gleichgewicht in Richtung $CaCO_3$ verschiebt.

[47] Die Entfernung von Calciumionen mittels technischer Polyphosphate spielte früher bei Waschmitteln eine große Rolle, da hierdurch das Verkalken der Heizstäbe in Waschmaschinen ($\longrightarrow$ schlechtere Wärmeübertragung, höherer Energiebedarf) sowie die Abscheidung von Carbonaten auf Textilfasern verhindert wurde.

Wird die Trübung hingegen von CO_2 verursacht, das aus der US ausgetrieben wird, so beginnt $BaCO_3$ zuerst an der inneren Seite des Gärröhrchens auszufallen.

Störung:
- Die ausstehende $Ba(OH)_2$-Lsg. ist oft zu verdünnt, da bei längerem Stehen Ba^{2+} von CO_2 (aus der Luft) als $BaCO_3\downarrow$ gefällt wird (Bodensatz). Ältere Lösungen sind daher für zuverlässige Nachweise meist nicht geeignet. Abhilfe: möglichst mit gesättigten Lösungen arbeiten.
- S^{2-} kann zu SO_2 oxidiert werden (Bildung von $BaSO_3$) $\longrightarrow$ US vor dem NW mit $HgCl_2$ verreiben!
- $SO_3{}^{2-}$, $S_2O_3{}^{2-}$ zersetzen sich im Sauren zu $SO_2\uparrow$ (Bildung von $BaSO_3$) $\longrightarrow$ US mit 5 Tr. verd. H_2O_2 kochen (Oxidation zu $SO_4{}^{2-}$ bzw. H_2SO_4) oder NW in Gegenwart von etwas festem $K_2Cr_2O_7$ durchführen (Oxidation zu $SO_4{}^{2-}$) oder den im Gärröhrchen gebildeten Nd. mit konz. HAc behandeln ($BaCO_3$ löst sich, $BaSO_3$ dagegen nicht).
- F^- führt zur Bildung von BaF_2, das im Gegensatz zu $BaCO_3$ in 5 molarer HCl unlöslich ist $\longrightarrow$ US mit frisch aufgekochter, salzsaurer $ZrOCl_2$-Lösung[48] versetzen (Bildung von $[ZrF_6]^{2-}$).
- Schwerzersetzliche oder basische Carbonate $\longrightarrow$ vor Zugabe der HCl mit einigen Tr. 1%ige $HClO_4$ versetzen oder zuvor mit etwas Boroxid vermengen.

Cyanid, CN^-

Cyanide sind die Salze des Cyanwasserstoffs HCN („Blausäure"), einer farblosen, flüchtigen, hochgiftigen Flüssigkeit (Sdp. 26 °C), die sich leicht in Wasser löst und charakteristisch nach „bitteren Mandeln" riecht. Technisch gewinnt man HCN durch Umsetzung von Methan mit Ammoniak bei hohen Temperaturen.

$$CH_4 + NH_3 + {}^3\!/_2\,O_2 \xrightarrow[2\,\text{bar}/1000-1200\,^\circ\text{C}]{\text{Pt/Rh oder Pt/Ir}} HCN + 3\,H_2O$$

$$CH_4 + NH_3 \xrightarrow[1200-1300\,^\circ\text{C}]{\text{Pt}} HCN + 3\,H_2$$

Verwendung findet HCN vorwiegend in der Kunststoff- bzw. Kunstfaserproduktion sowie als Komplexbildner bei der Gewinnung von Au und Ag („Cyanidlaugerei"; Seite 37). Ferner dient HCN zur Schädlingsbekämpfung sowie als Ausgangsstoff zur Synthese von NaCN und komplexen Cyaniden (Hexacyanoferrate).

HCN ist eine sehr schwache Säure ($pK_s = 9.3$). Demzufolge reagieren ihre Salze in wäßriger Lösung stark alkalisch. Cyanwasserstoff selbst hydrolysiert in Wasser nahezu vollständig zu Ameisensäure und Ammoniak.

[48] Die $ZrOCl_2$-Lösung sollte stets frisch bereitet werden, da durch Hydrolyse entstandenes ZrO^{2+} nur langsam bzw. überhaupt keine Fluorokomplexe bildet.

$$HCN + 2H_2O \longrightarrow HCOOH + NH_3$$

Bemerkenswert ist das hohe Komplexierungsvermögen von CN^- gegenüber manchen Schwermetallkationen (Cu, Cd, Fe, Ni, Co etc.), das zur Bildung von teilweise sehr stabilen Cyano-Komplexen führt. Als Pseudohalogenidion zeigt CN^- in mancher Hinsicht ein ähnliches Verhalten wie die Halogenide (vgl. Seite 146). So bildet es ein Silbersalz, das in Wasser oder verd. Säuren schwerlöslich ist (s. NW 3, nächste Seite). Und es kann durch geeignete Oxidationsmittel zu gasförmigem Dicyan $(CN)_2$ reagieren, das in alkalischen Lösungen in Cyanid und Cyanat disproportioniert.

Sicherheitshinweis zum Umgang mit HCN und Cyaniden

Gasförmiger, hochgiftiger Cyanwasserstoff HCN kann überall dort entstehen, wo feste Cyanide oder deren wäßrige Lösungen mit Säuren in Kontakt kommen.[49] Auch komplexe Cyanide wie rotes oder gelbes Blutlaugensalz können sich beim Erwärmen mit verd. Säuren zu HCN zersetzen.

Ferner kann sich beim Erhitzen einiger Metallcyanide (z. B. $Cu(CN)_2$; vgl. Seite 61) äußerst giftiges Dicyan $(CN)_2$ bilden, ein Gas, das ebenso wie HCN charakteristisch nach „Bittermandel" riecht. Die Tatsache, daß manche Menschen gar nicht dazu in der Lage sind, den Geruch von HCN wahrzunehmen, erhöht seine Gefährlichkeit beträchtlich.

Aufgrund dieser Tatsachen dürfen alle Reaktionen, bei denen mit Cyaniden umgegangen wird, *nur unter einem gut ziehenden Abzug* durchgeführt werden. Insbesondere beim Ansäuern oder Erhitzen cyanidhaltiger Lösungen vergegenwärtige man sich stets die Gefahr der Freisetzung giftiger Produkte.

Nachweis von Cyanid

Anmerkung: Cyanide werden aufgrund ihrer Giftigkeit nur noch an wenigen Hochschulen in Praktikumsanalysen ausgegeben. Im Rahmen des vorliegenden Buches wird daher davon ausgegangen, daß nur in Anionenanalysen auf Anwesenheit von Cyanid zu prüfen ist. Bei der Besprechung der allgemeinen Vorproben (Kap. 2, Seite 11) oder der Kationentrennungsgänge (Kap. 3, Seite 33) wurde Cyanid demzufolge nicht berücksichtigt.

Von den Cyaniden sind in Wasser die Alkali-, Erdalkali-, Quecksilber(II)- und Gold(III)-cyanide leicht-, alle anderen hingegen schwerlöslich. Im SA lösen sich außer AgCN alle Cyanide. Da sich jedoch mit einigen Schwermetallkationen sehr stabile Cyanokomplexe bilden können, sollte bei einem negativen CN^--Nachweis aus dem SA unbedingt auch die US auf Anwesenheit von CN^- überprüft werden.

[49] HCN kann bereits von CO_2 aus seinen Lösungen ausgetrieben werden – vgl. NW 3 (folgende Seite).

1. NW als Berliner Blau

$$6\,CN^- + Fe^{2+} \longrightarrow [Fe(CN)_6]^{4-}$$

$$3\,[Fe(CN)_6]^{4-} + 4\,Fe^{3+} \longrightarrow \underset{\text{Berliner Blau}}{Fe_4[Fe(CN)_6]_3\downarrow}$$

In alkalischen CN^--haltigen Lösungen bildet sich bei Zugabe von $FeSO_4$ das komplexe Eisen(II)-cyanid $[Fe(CN)_6]^{4-}$, das mit Fe(III)-Salzen nach Ansäuern sog. „Berliner Blau" bildet (vgl. NW 3, Seite 88).

Praxis: Die alkalische Probelösung (SA) wird in einem kleinen RG mit einigen Tr. einer frisch bereiteten $FeSO_4$-Lsg. versetzt und diese Mischung mit fächelnder Flamme fast bis zur Trockne eingedampft. Nach Zugabe einiger Tr. verd. HCl erhält man eine klare Lsg., die sich nach Verdünnen mit wenig Wasser und Zusatz von etwas $FeCl_3$-Lsg. *intensiv blau* färbt.[50]

2. NW als $Fe(SCN)_3$

$$x\,CN^- + {S_{x+1}}^{2-} \longrightarrow x\,SCN^- + S^{2-}$$

$$3\,SCN^- + Fe^{3+} \longrightarrow \underset{\text{blutrot}}{Fe(SCN)_3}$$

Cyanide reagieren mit Polysulfiden zu Thiocyanat SCN^-, das mit Fe^{3+}-Salzen eine blutrote Verbindung bildet (vgl. NW 1, Seite 87).

Praxis: Etwas SA wird in einer kleinen Porzellanschale mit einigen Tr. $(NH_4)_2S_x$-Lsg. (gelbes Ammoniumsulfid) bis zur Trockne erhitzt. Zum RS gibt man zunächst einige Tr. HCl und anschließend 1–2 Tr. $FeCl_3$-Lsg. Eine *blutrote* Färbung deutet auf Anwesenheit von SCN^-.

Alternativ: Man vereinigt auf einem kleinen Uhrglas 1 Tr. Probelsg. mit 1 Tr. $(NH_4)_2S_x$-Lsg. und erwärmt solange vorsichtig über der fächelnden Flamme, bis sich am Rand der Flüssigkeit elementarer Schwefel abzuscheiden beginnt. Zu der erkalteten Lsg. gibt man 1–2 Tr. verd. HCl und 2 Tr. einer verd. $FeCl_3$-Lsg. Abermals deutet eine *blutrote* Färbung auf Anwesenheit von SCN^-.

Störung:
- Ist SCN^- zugegen, so muß CN^- zuvor als Zinkcyanid abgetrennt und der NW dann mit diesem Nd. durchgeführt werden.
- Ag^+ und Hg^{2+} stören durch Bildung schwerlöslicher Metallcyanide.

3. NW mit $AgNO_3$

$$CN^- + Ag^+ \longrightarrow [Ag(CN)_2]^- \underset{+CN^-}{\overset{+Ag^+}{\rightleftharpoons}} AgCN\downarrow$$

[50] In Anwesenheit geringer Mengen CN^- kann die Farbe der Lösung anfänglich auch grün sein. Sie verändert sich aber beim Stehen mehr und mehr nach blau.

Gibt man zu einer cyanid-haltigen Lsg. tropfenweise $AgNO_3$, so entsteht zunächst lösliches $[Ag(CN)_2]^-$, das im Überschuß von Ag^+ in *weißes* AgCN übergeht. AgCN ist in NH_3, $S_2O_3{}^{2-}$ oder CN^--Überschuß löslich. Da AgCN äußerlich nicht von AgCl zu unterscheiden ist, muß entweder CN^- durch Kochen mit H_2O_2 im Überschuß in NH_3 überführt werden (NW mittels pH-Papier) oder man modifiziert den NW in Anwesenheit von Cl^- durch Überführung von HCN in ein mit $AgNO_3$ beschicktes Gärröhrchen.

Praxis: Versetzt man eine *schwach* essigsaure Probelösung in einem kleinen RG mit $CaCO_3$ oder $NaHCO_3$ und erwärmt ca. 15 Minuten auf dem WB, so wird aus der Lösung flüchtiger Cyanwasserstoff ausgetrieben. Letzteren leitet man durch ein mit $AgNO_3$ beschicktes Gärröhrchen, in dem sich bei Anwesenheit von nicht-komplexen Cyaniden *weißes* AgCN bildet. SCN^- stört diesen NW nicht, da HSCN weit weniger flüchtig ist und daher nicht in die Vorlage übergeht.

Störung:

- S^{2-} $\longrightarrow$ durch freigesetztes H_2S kann sich in der Vorlage *schwarzes* Ag_2S bilden.
- Schwerlösliches $Hg(CN)_2$ kann erst nach Zugabe von einigen Tr. $CaCl_2$ und HAc nachgewiesen werden $\longrightarrow$ es bildet sich $HgCl_2$ und CN^-.

Achtung: HCN ist sehr giftig, deshalb darf dieser NW nur im Abzug durchgeführt werden.[51]

4. NW durch Entfärbung von $[Cu(NH_3)_4]^{2+}$

$$2\,Cu^{2+} + 4\,CN^- \longrightarrow \underset{\text{gelb}}{2\,Cu(CN)_2\downarrow} \xrightarrow{\Delta} 2\,Cu^{I}CN + (CN)_2\uparrow$$

$$CuCN + 3\,CN^- \longrightarrow [Cu(CN)_4]^{3-}$$

Cyanide wirken auf Kupferverbindungen stark komplexierend, da sich der äußerst stabile Tetracyanokomplex $[Cu(CN)_4]^{3-}$ bildet (vgl. Seite 61).

Praxis: Auf der TP gibt man zu einigen Tr. $CuSO_4$-Lsg. solange NH_3, bis sich das zunächst gebildete, *türkisfarbene* $Cu(OH)_2$ unter Komplexierung zu *tiefblauem* $[Cu(NH_3)_4]^{2+}$ löst. Anschließend gibt man tropfenweise Probelösung hinzu. Eine allmähliche Entfärbung des blauen Tetraaminkomplexes deutet auf Anwesenheit von CN^-.

Der NW kann auch mit frisch gefälltem CuS durchgeführt werden. Hierzu behandelt man eine sehr verd. ammoniakalische $CuSO_4$-Lsg. mit einigen Tr. H_2S-Wasser ($\longrightarrow$ Trübung durch Fällung von CuS). Bei Zusatz der CN^--haltigen Probelsg. löst sich der Nd. unter Entfärbung der Lösung.

[51] Beim Versetzen mit $CaCO_3$ oder $NaHCO_3$ wird CO_2 erzeugt, das die Austreibung von HCN begünstigt.

Thiocyanat, SCN^-

Die Salze von Thiocyanwasserstoff HSCN werden als Thiocyanate bezeichnet, deren Bildung man sich durch Anlagerung von Schwefel an Cyanid vorstellen kann. Demgemäß erhält man NH_4SCN technisch durch Umsetzung von Ammoniaklösung mit CS_2 unter erhöhtem Druck.

Wie CN^- gehört auch SCN^- zu den sog. „Pseudohalogeniden“, da es mit Ag^+, $Hg_2{}^{2+}$, Pb^{2+} (HCl-Gruppe) sowie Hg^{2+}, Cu^+ und Cu^{2+} schwerlösliche Salze bildet. Es kann durch geeignete Oxidationsmittel (z. B. Iod) zu gasförmigem $(SCN)_2$ reagieren und bildet mit vielen Schwermetallkationen sehr stabile Thiocyanatokomplexe, bei denen die Koordination sowohl über das S-Atom ($[Hg(SCN)_4]^{2-}$, $[Ag(SCN)_2]^-$) als auch über das N-Atom ($[Cr(SCN)_4(NH_3)_2]^-$, $[Co(SCN)_4]^{2-}$) erfolgen kann.

Erwähnenswert ist auch die Farbänderung von Alkalithiocyanaten beim Erhitzen, die (reversibel) von farblos über gelb und grün nach blau verläuft. Beim Abkühlen werden die Kristalle wieder farblos. Thiocyanate sind im Gegensatz zu Cyaniden nicht giftig.

Nachweis von Thiocyanat

Außer den oben genannten Schwermetallthiocyanaten lösen sich alle Thiocyanate gut in Wasser. Die Überprüfung erfolgt entweder aus dem SA oder – bei Anwesenheit von Ag^+ – aus dessen RS. Vorsicht bei Anwesenheit von CN^- neben S^{2-} oder $S_2O_3{}^{2-}$! Diese Ionen können SCN^- vortäuschen.

1. NW als $Fe(SCN)_3$

Der Nachweis verläuft wie unter NW 2, Seite 216 beschrieben.

Praxis: Zu 10 Tr. salzsaurem SA gibt man einige Tr. frisch bereitete $FeCl_3$-Lsg. Bei Anwesenheit von SCN^- beobachtet man die *blutrote* Farbe von $Fe(SCN)_3$.

Störung:
- Fe^{3+} wird von F^-, $PO_4{}^{3-}$, $AsO_4{}^{3-}$, Borat etc. komplexiert und damit dem NW entzogen. Um diese Störung auszuschließen, wird Fe^{3+} im ÜS zugegeben.
- Hg^{2+} stört durch Bildung von sehr stabilem $[Hg(SCN)_4]^{2-}$ (vgl. NW 3, Seite 46).

2. NW durch Reaktion mit Iod/Azid

Wie unter NW 1, Seite 176 beschrieben wird, zersetzt sich eine Lösung von Natriumazid NaN_3 und Iod I_2 durch katalytische Einwirkung von SCN^- oder S^{2-}.

Praxis: Etwas US oder einige Tr. Probelsg. werden auf der TP mit 1 Tr. Reagenzlösung versetzt. Die Entwicklung von feinen *Gasbläschen* (durch Zersetzung der Azid-Ionen) *und* gleichzeitige *Entfärbung* der Reaktionslösung (durch Reduktion von Iod) deuten auf Anwesenheit von SCN^-. Da die eingesetzten Substanzmengen meist nur relativ gering sind, ist die Gasentwicklung nicht immer gut zu erkennen. S^{2-} reagiert analog.

Störung: Größere Mengen I^- stören die Reaktion. In diesem Fall bewirkt die Zugabe von einigen Tr. $Hg(NO_3)_2$-Lsg. die Bildung von $[HgI_4]^{2-}$, das keinen Einfluß auf die beschriebene Zersetzung von Iod/Azid hat.

3. NW mit $CuSO_4$

$$2\,SCN^- + Cu^{2+} \longrightarrow \underset{\text{schwarz}}{Cu(SCN)_2\downarrow}$$

$$2\,SCN^- + 2\,Cu^{2+} + SO_3{}^{2-} + H_2O \longrightarrow 2\,\underset{\text{weiß}}{CuSCN\downarrow} + SO_4{}^{2-} + 2\,H^+$$

Bei Reaktion von SCN^- mit Cu^{2+} beobachtet man zunächst *Grünfärbung* der Lösung, ehe *schwarzes* Kupfer(II)-thiocyanat fällt. Gibt man vor der Fällung einige Tr. Pyridin hinzu, so fällt in neutraler Lsg. grünes $[CuPy_2](SCN)_2$, das mit Chloroform unter Bildung einer intensiv grünen Lsg. ausgeschüttelt werden kann.

Führt man die Reaktion in Gegenwart von H_2SO_3 aus, so fällt – nach Reduktion von Cu(II) zu Cu(I) – *weißes* Kupfer(I)-thiocyanat CuSCN. Letzteres erhält man auch beim Behandeln von schwarzem $Cu(SCN)_2$ mit Schwefliger Säure.

4. NW als $Co(SCN)_2$

$$Co^{2+} + 2\,SCN^- \rightleftharpoons Co(SCN)_2$$

$$Co^{2+} + 4\,SCN^- + 2\,H^+ \rightleftharpoons H_2[Co(SCN)_4]$$

Praxis: In Abwandlung von NW 1, Seite 101 wird 1 Tr. der essigsauren Probelsg. in einer kleinen Porzellanschale mit 5 Tr. einer gesättigten Lsg. von $Co(NO_3)_2$ versetzt. Anschließend wird vorsichtig zur Trockne eingedampft. Nach Zugabe von einigen Tr. Aceton zum abgekühlten RS erhält man eine *grün* bis *blau* gefärbte Lösung.

Störung: Fe^{3+} (mit SCN^- tiefrote Verbindung) $\longrightarrow$ maskieren mit NaF zu $[FeF_6]^{3-}$.

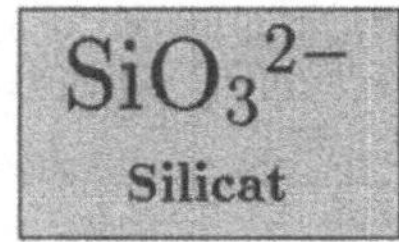

Silicat, SiO_3^{2-}

Die Erdkruste („Lithosphäre") besteht zu ca. 25% (Masseprozent) aus Silicium. Si ist daher nach dem Sauerstoff das zweithäufigste Element der Erde. In der Natur findet man Silicium aufgrund seiner großen Affinität zu Sauerstoff nie gediegen (elementar), sondern stets in Form von Silicaten, die sich von Kieselsäuren der allgemeinen Zusammensetzung $(SiO_2)_m \cdot (H_2O)_n$ ableiten. Hauptbestandteile der Silicat-Mineralien sind – neben der Kieselsäure – Fe, Cr, Al, Ba, Ca, Mg und die Alkalielemente. Seltener werden auch Ti, Zn, Se, Te, PO_4^{3-}, F^- und Zr beobachtet.

Die grundlegenden Struktureinheiten in allen Silicaten sind $[SiO_4]^{4-}$-Tetraeder, in deren Mitte sich Si als Zentralatom befindet.[52] Si^{4+} kann aber beispielsweise auch durch Al^{3+} ersetzt werden (⟶ Glimmer). Zum Ladungsausgleich müssen dann Alkali- oder Erdalkali-Ionen eingebaut werden (⟶ Feldspate) oder es wird ein Teil der Sauerstoffionen durch OH^- oder das nahezu gleichgroße F^- substituiert.

Räumlich beschränkte Gruppen (Inselstrukturen)

Man spricht bei Silicaten von sog. „Inselstrukturen", wenn die jeweiligen Kristallgitter von Einzeleinheiten („Inseln") aufgebaut werden, die aus einer begrenzten Anzahl von Si^{4+}- und O^{2-}-Ionen bestehen. Wie in Bild 4.7 dargestellt, kann man drei Typen von *räumlich beschränkten* Gruppen unterscheiden:

1. Ortho-, Neso- oder Insel-Silicate $[SiO_4]^{4-}$

Sie enthalten isolierte $[SiO_4]^{4-}$-Tetraeder. Beispiele für diese Klasse sind Zirkon $Zr[SiO_4]$, Olivin $(Mg,Fe)_2[SiO_4]$ oder Phenakit $Be_2[SiO_4]$.

2. Sero- oder Gruppen-Silicate $[Si_2O_7]^{6-}$

Hier erfolgt die Kondensation zweier $[SiO_4]$-Tetraeder unter Wasserabspaltung:

$$\begin{array}{c} \\ HO- \\ \\ \end{array}\begin{array}{c} OH \\ | \\ Si \\ | \\ OH \end{array}\begin{array}{c} \\ -\mathbf{OH} + \mathbf{HO}- \\ \\ \end{array}\begin{array}{c} OH \\ | \\ Si \\ | \\ OH \end{array}\begin{array}{c} \\ -OH \longrightarrow HO- \\ \\ \end{array}\begin{array}{c} OH \\ | \\ Si \\ | \\ OH \end{array}\begin{array}{c} \\ -O- \\ \\ \end{array}\begin{array}{c} OH \\ | \\ Si \\ | \\ OH \end{array}\begin{array}{c} \\ -OH + \mathbf{H_2O} \\ \\ \end{array}$$

Im Kristall liegen demnach dimere $[Si_2O_7]^{6-}$-Einheiten vor. Beispiele für diesen Typ sind Thortveitit $Sc_2[Si_2O_7]$ oder Barysilit $Pb_3[Si_2O_7]$.

[52] In Bild 4.7 und 4.8 sind diese Tetraeder jeweils durch Dreiecke dargestellt.

3. Cyclo- oder Ring-Silicate $[SiO_3{}^{2-}]_x$

Hierbei handelt es sich um trimere oder auch polymere, cyclische Silicate, die aus $[Si_3O_9]^{6-}$- oder $[Si_6O_{18}]^{12-}$-Einheiten aufgebaut werden. Beispiele: α-Wollastonit $Ca_3[Si_3O_9]$ oder Beryll $Al_2Be_3[Si_6O_{18}]$.

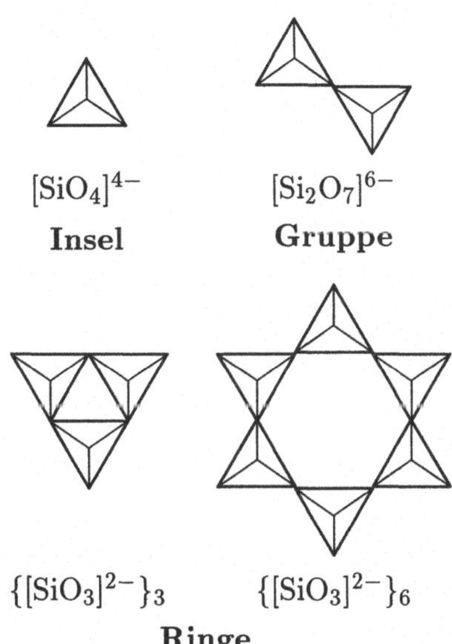

Bild 4.7
Einige räumlich begrenzte, acyclische und cyclische Silicatanionen

Räumlich unbeschränkte Gruppen

Bei weiterer Vernetzung erhält man ketten-, band-, schicht- oder schließlich auch netzwerkartig verknüpfte Silicate (Bild 4.8, nächste Seite). Zunächst bilden sich Ketten der Zusammensetzung $[SiO_3{}^{2-}]_x$, die ihrerseits wieder kondensieren können ($\longrightarrow$ Bänder, $[Si_4O_{11}{}^{6-}]_x$). Bei höherer Vernetzung erhält man daraus Schichten, die bei dreidimensionaler Verknüpfung schließlich sog. „Gerüstsilicate“ bilden können.

Gerüstsilicate

Gerüstsilicate besitzen formal ein dreidimensionales Raumnetz. Auf jedes Si^{4+} entfallen jetzt nur noch $2\,O^{2-}$ ($\longrightarrow$ SiO_2). $(SiO_{4/2})_x$ ist hochpolymer (im Gegensatz zum CO_2!), was unter Beachtung der „Doppelbindungsregel“ auch zu erwarten ist. In natürlichen Mineralien werden die Silicat-Gruppen, -Ketten, -Bänder oder -Schichten untereinander durch Kationen zusammengehalten (Ionenbindung). Der Zusammenhalt *innerhalb* der Bänder erfolgt über kovalente Bindungen.

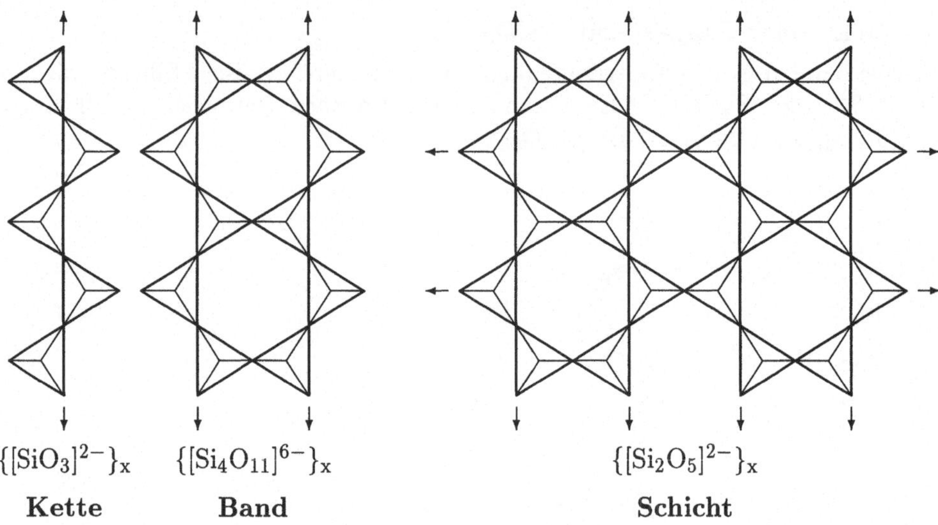

Bild 4.8 Einige räumlich unbegrenzte, ketten-, band- oder schichtartige Silicatanionen

Die Ausbildung von *Schichtstrukturen* sowie die relativ schwachen Kräfte, die zwischen den Schichten wirken, erklären die gute Spaltbarkeit vieler Silicate (z. B. Talk). Das häufig zu beobachtende, gute Quellvermögen natürlicher Silicate beruht dagegen auf der Aufnahme von H_2O zwischen den Schichten. Auch bei den Gerüstsilicaten können Si-Atome durch Al, Be, B, P etc. ersetzt werden. Die überschüssige negative Ladung wird dann durch Alkali- oder Erdalkali-Elemente ersetzt ($\longrightarrow$ Feldspate und Tone). Viele der Gerüstsilicate enthalten Hohlräume und Kanäle („Zeolithe“) $\longrightarrow$ Verwendung als Molekularsieb oder Ionentauscher.

Vorprobe auf Silicat

Wie auf Seite 27 erwähnt, zeigt die Phosphorsalzperle bei Anwesenheit einiger Silicate nach dem Glühen eine „skelettartige“ Struktur, da sich freiwerdendes SiO_2 in der Schmelze verteilt und der Perle eine charakteristische Trübung verleiht. Diese Reaktion verläuft jedoch nur mit bestimmten Silicaten! Daher darf bei Fehlen der Skelettierung nicht zwangsläufig auf Abwesenheit von Silicaten geschlossen werden. Bei Boraxperlen ist die beschriebene Erscheinung generell *nicht* zu beobachten.

Nachweis von Silicat

Alle natürlichen Silicatmineralien sind in Säuren schwerlöslich und müssen daher entsprechend aufgeschlossen werden. *Lösliche* Alkali- oder Bariumsilicate reagieren beim Lösen in Wasser alkalisch. Säuert man an, so bildet sich unter Kondensation zuerst kolloidale, später amorphe Kieselsäure (Isopolysäure), die sich frisch gefällt (zumindest teilweise) in konz. Laugen wieder löst.

$$x\,[H_2SiO_4]^{2-} + 2x\,H^+ \longrightarrow (H_2SiO_3)_x \downarrow + x\,H_2O$$

Für die Silicatnachweise verwendet man am besten feste (Ur-)Substanz. Alle nachfolgenden Nachweise sind unbedingt unter dem Abzug durchzuführen! Die Vorbereitung der Nachweise bzw. der Aufschluß der entsprechenden Analysensubstanz kann nach verschiedenen Methoden erfolgen:

1. Lösliche Silicate (HCl-„Aufschluß")

Nach Versetzen einer silicathaltigen Lösung mit HCl fällt (bei Vermeidung eines Säureüberschusses) *gallertartige* Kieselsäure niederen Kondensationsgrads aus. Da hierbei stets eine undefinierte Menge Silicat kolloidal in Lösung verbleibt, muß auf dem Wasserbad mit konz. HCl mehrmals zur Trockne eingedampft werden. Wird der Rückstand daraufhin in verd. HCl aufgenommen, so bleibt weißes, polymeres $(SiO_2)_x$ zurück.

$$2\,HO-\underset{\displaystyle OH}{\overset{\displaystyle OH}{\underset{|}{\overset{|}{Si}}}}-OH \xrightarrow[-H_2O]{+H^+} HO-\underset{\displaystyle OH}{\overset{\displaystyle OH}{\underset{|}{\overset{|}{Si}}}}-O-\underset{\displaystyle OH}{\overset{\displaystyle OH}{\underset{|}{\overset{|}{Si}}}}-OH \xrightarrow[-H_2O]{+H^+} \cdots \xrightarrow[-H_2O]{+H^+} (SiO_2)_x$$

2. Schwerlösliche Silicate

(a) HF/H_2SO_4-Aufschluß ($\longrightarrow SiF_4\uparrow$, Abzug!)

Die Probensubstanz wird in einem Bleitiegel mit 5 ml konz. H_2SO_4 und 5 ml HF im WB erwärmt, wobei HF bzw. SiF_4 entweicht. Dieser Vorgang wird einige Male wiederholt, ehe man bis zur beginnenden SO_3-Entwicklung erhitzt.[53] Der abgekühlte Tiegelinhalt wird darauf in verd. HCl aufgenommen. Zurück bleiben Erdalkali- oder Blei-Sulfate, die gesondert aufzuschliessen sind.

Vorsicht: Blei schmilzt bei 327 °C! Daher bei Verwendung eines Bleitiegels *niemals* das Wasserbad eindampfen lassen!

(b) **Soda/Pottasche-Aufschluß**

Hinweise zu Theorie und Durchführung des Soda/Pottasche-Aufschluß finden sich auf Seite 236. Man erreicht damit die Überführung schwerlöslicher Silicate in leicht lösliche Natriumsilicate. Diese können, wie oben erläutert, mit HCl abgeraucht und als „polymere" Kieselsäure abgeschieden werden.

[53] Sobald sich erste SO_3-Gase bilden, sollte das Erhitzen unterbrochen werden, damit sich die löslichen Sulfate nicht in schwerlösliche Oxide verwandeln.

Lösliche Silicate können an verschiedenen Stellen des Trennungsgangs Probleme bereiten. Beispielsweise kann sich beim Lösen der US in HCl oder beim Ansäuern des SA gallertartige Kieselsäure bilden, die ein Erkennen anderer Niederschläge erschwert oder verhindert. Ferner kann (in seltenen Fällen) das Glühen der US mit $Co(NO_3)_2$-Lsg. in Gegenwart von Silicaten eine hellblaue Färbung hervorrufen, die man leicht mit geringen Mengen an Al verwechseln kann. Oder sie stören die PO_4^{3-}-Nachweise mittels $ZrOCl_2$ oder Ammoniummolybdatlsg. und müssen daher durch Abrauchen mit konz. HCl beseitigt werden.

1. NW mit der Bleitiegelprobe

Wie beim analogen F^--Nachweis (NW 2, Seite 150) wird die zu untersuchende Probesubstanz (US, schwerlöslicher RS nach Lösen der Ursubstanz, RS nach Abrauchen mit HCl etc.) mit ca. $^1/_3$ der vorgelegten Substanzmenge an CaF_2 verrieben und mit einigen Tr. konz. H_2SO_4 im Bleitiegel erhitzt. Das freigesetzte, flüchtige SiF_4 hydrolysiert in Wasser zu weißer, gallertartiger Metakieselsäure, die man durch Abscheidung auf einem schwarzen Papier sichtbar machen kann.

$$2\,CaF_2 + SiO_2 + 2\,H_2SO_4 \rightleftharpoons 2\,CaSO_4 + 2\,H_2O + SiF_4$$

$$3\,SiF_4 + 3\,H_2O \longrightarrow \underset{\text{Metakieselsäure}}{H_2SiO_3\downarrow} + 2\,H_2[SiF_6]$$

$$SiF_4 + 2\,H_2O \longrightarrow SiO_2\downarrow + 4\,HF$$

In Gegenwart von Hexafluorosilicat $[SiF_6]^{2-}$ ist der NW auch ohne Zugabe von CaF_2 positiv!

Praxis: In einem Bleitiegel werden drei Teile getrocknete US mit (höchstens) einem Teil CaF_2 vermengt und daraufhin mit einigen Tr. konz. H_2SO_4 versetzt.[54] Den Tiegel verschließt man mit einem durchbohrten Deckel, auf dessen Öffnung ein feuchtes, schwarzes Filterpapier gelegt wird.[55] Schließlich erwärmt man den Tiegel einige Zeit lang auf dem WB.

Bei Anwesenheit von SiO_3^{2-} scheidet sich allmählich SiO_2 bzw. Metakieselsäure ab, was als *weißer* Fleck auf dem schwarzen Papier zu erkennen ist. Während des NW sollte das Papier durch gelegentliches Auftropfen von Wasser feucht gehalten werden. Vor der Interpretation von eventuellen Abscheidungen muß das Papier jedoch sorgfältig getrocknet werden.

Störung: Größere Mengen an Borsäure ($B(OH)_3$) stören, da sich daraus BF_3 bildet, das zu HF und löslicher Borsäure H_3BO_3 hydrolysiert.

Achtung:
- Beim Erhitzen mit konz. H_2SO_4 droht in Anwesenheit von ClO_3^- oder MnO_4^- die Bildung explosiver Stoffe (ClO_2, Mn_2O_7).
- Blei schmilzt bei 327 °C! Daher bei Verwendung eines Bleitiegels *niemals* das Wasserbad eindampfen lassen!

---

[54] Das Gemisch sollte etwa „teigartige Konsistenz" haben. [55] Am besten eignet sich dünnes, schwarzes Fließpapier, das durch Beschweren mittels Büroklammern oder Siedesteinen fest auf den Deckel gepreßt wird (andernfalls besteht die Gefahr, daß gasförmiges SiF_4 an den Seiten des Deckels entweicht). Ungünstig ist die Verwendung von normalem, weißem Filterpapier, das zuvor mit einem schwarzen Filzstift eingefärbt wurde. Die Farbe wird nämlich in der Regel von HF zerstört und täuscht damit einen „weißen Fleck" vor.

2. NW als Na_2SiF_6-Kristall

In Abwandlung des obigen Nachweises werden gleiche Mengen Ursubstanz und CaF_2 in einem Bleitiegel vermischt, der statt mit einem Pb-Deckel mit einem OT bedeckt wird. Letzterer wird mit einer Cellophanschicht (mit einer Büroklammer befestigen!) bezogen, die man zuvor mit einer kalt gesättigten NaCl-Lsg. befeuchtet hat. Abermals wird SiF_4/HF nach Erwärmen des Reaktionsgemisches in Wasser hydrolysiert ⟶ hexagonale Kristalle.

3. NW mit Ammoniummolybdatlösung

$$H_4SiO_4 + 12\,MoO_4^{2-} + 24\,H^+ \longrightarrow H_4[Si(Mo_3O_{10})_4] + 12\,H_2O$$

Gemäß NW 3, Seite 210 bilden niedermolekulare Silicat-Ionen mit angesäuerter Ammoniummolybdat-Lösung eine *gelbe* Heteropolysäure („Molybdokieselsäure"), deren Ammoniumsalze im Gegensatz zum Ammoniummolybdophosphat in Wasser löslich sind.

Störung:
- PO_4^{3-} und AsO_4^{3-} (⟶ bilden die Heteropolysäuren ($H_3[P(Mo_3O_{10})_4]$ und $H_3[As(Mo_3O_{10})_4]$).
- H_2O_2 stört wegen der Bildung von Peroxomolybdaten.

Technische Silicate / Gläser

Als Beispiele für technische wichtige Silicate seien hier stellvertretend die Gläser genannt. Unter einem Glas versteht man eine amorph (ohne Kristallisation) erstarrte Schmelze, deren Bestandteile zwar eine Nahordnung, aber keine gerichtete Fernordnung zeigen.[56] Allgemein bestehen anorganische Gläser aus folgenden Komponenten:

1. *Netzwerkbildner*

   Saure Oxide wie SiO_2, B_2O_3, Al_2O_3 oder P_2O_5, die strukturell ein dreidimensionales Netzwerk aufbauen, fungieren in Gläsern als sog. „Netzwerkbildner". Im Gemisch mit basischen Oxiden (wie z. B. Na_2O, K_2O, MgO, CaO, PbO oder ZnO etc.) entstehen aus diesen Netzwerkbildnern Schmelzmischprodukte, die aus ihrem Schmelzfluß glasig-amorph erstarren (und daher als „Gläser" im engeren Sinne bezeichnet werden können).

2. *Trennstellenbildner*

   Das Grundgerüst technischer Gläser besteht zumeist aus SiO_2, das ein ungeordnetes, dreidimensionales Netzwerk aus eckenverknüpften $[SiO_4]$-Tetraedern ausbildet (vgl. Seite 220). Die darin enthaltenen (≡ Si-O-Si ≡) Siloxanbrücken können durch Oxid-Ionen gespalten werden, die von den basischen Oxiden geliefert werden.

[56] Eine solchermaßen „unterkühlte Schmelze" kann entstehen, wenn die Geschwindigkeit der Kristallkeimbildung unterhalb des Schmelzpunktes klein ist, verglichen mit der Abkühlgeschwindigkeit des geschmolzenen Stoffes.

Man nennt daher die basischen Metalloxide bzw. die entsprechenden Metallkationen (Na^+, K^+, Mg^{2+}, Ca^{2+}, Pb^{2+}, Zn^{2+}) „Trennstellenbildner". Je mehr solche Trennstellen in einem Glas enthalten sind, desto niedriger liegen Erweichungs- und Schmelzpunkt des Glases.

3. *Netzwerkwandler*

   Werden in „Silicatgläsern" die vierwertigen Silicium-Ionen durch andere „Netzwerkbildner", wie z. B. dreiwertiges Bor, dreiwertiges Aluminium oder fünfwertigen Phosphor ersetzt, so bezeichnet man diese Ionen als „Netzwerkwandler", da sie die negative Ladung des Netzwerks entweder erhöhen (B^{3+}, Al^{3+}) oder erniedrigen (P^{5+}).

Glassorten

1. *Natron-Kalk-Glas („Normalglas")*

   $Na_2O \cdot CaO \cdot 6\,SiO_2$ (12.9% Na_2O, 11.6% CaO, 75.5% SiO_2).

2. *Kali-Kalk-Glas (schwer schmelzbar)*

   Hier ist das Na_2O durch K_2O ersetzt. Die Zusammensetzung ist demnach: $K_2O{\cdot}CaO{\cdot}8\,SiO_2$. Anwendung z. B. beim „Böhmischen Kristallglas" (Schliffglas), bei Laborglas oder bei dem, zu optischen Zwecken hergestellten, „Kronglas".

3. *Natron-Kali-Kalk-Glas*

   Diese Glassorte enthält Na_2O *neben* K_2O. Beispiel: sog. „Thüringer Glas".

4. *Bor-Tonerde-Gläser (sehr widerstandsfähig)*

   Tauscht man einen Teil des SiO_2 gegen B_2O_3 bzw. Al_2O_3, so wird die Widerstandsfähigkeit des Glases gegen Temperaturdifferenzen sowie Einwirkung von Wasser, Säuren oder Alkalien stark erhöht. Ein bekanntes Beispiel ist das im Labor verwendete „Duran-Glas" (74.5% SiO_2, 8.5% Al_2O_3, 4.6% B_2O_3, 7.7% Na_2O, 3.9% BaO, 0.8% CaO, 0.1% MgO). Weitere Beispiele für resistente Bor-Tonerde-Gläser sind „Jenaer-Glas", „Silexglas", „Resistaglas", „Duraxglas" sowie das besonders widerstandsfähige „Supremaxglas".

5. *Kali-Blei-Glas (leicht schmelzbar, hoher Brechungsindex)*

   Hier ist das CaO durch PbO ersetzt, wodurch die Schmelzbarkeit wesentlich verbessert wird. Man erhält das bekannte „Bleikristallglas", das sich gut für geschliffene Gebrauchsgegenstände eignet. Weitere Kali-Blei-Gläser sind das sog. „Flintglas" (optisches Glas für Linsen) und der „Strass" (Anwendung in der Schmuckindustrie).

6. *Spezialgläser und Glaskeramik*

   Durch weitere Variation der Bestandteile (z. B. durch Einführung von ZnO, Sb_2O_3, P_2O_5 etc.) können Gläser mit ganz bestimmten Eigenschaften hergestellt werden. Als Anwendungsbereich für Glaskeramik sei die Verwendung als Herdkochfläche oder der Einsatz in der Spiegeltechnologie genannt.

Herstellung von Glas

Die Hauptrohstoffe der Glasproduktion sind: Quarzsand SiO_2, Soda Na_2CO_3 bzw. Natriumsulfat und Kohle für Na_2O, Pottasche K_2CO_3 für K_2O, Kalk $CaCO_3$ für CaO, Mennige Pb_3O_4 für PbO, Borax $Na_2B_4O_7$ für B_2O_3 sowie Kaolinit $Al_2(OH_4)[Si_2O_5]$ oder Feldspat $M^I[AlSi_3O_8]$ für Al_2O_3.

Die Komponenten werden in bestimmten Gewichtsverhältnissen zusammengemischt und in großen Schmelzgefäßen aus Ton („Glashäfen“) bei Temperaturen bis zu 1000 °C geschmolzen und bei Temperaturen bis zu 1550 °C geläutert (von Einschlüssen und Inhomogenitäten befreit).

Färbung von Glas

Eine Färbung der diversen Glassorten wird meist durch Zugabe geeigneter Metalloxide („Oxidfärbung“) oder durch Zugabe von Metallen („Anlauffärbung“) erzeugt. Im ersten Fall handelt es sich dabei um echte, im zweiten um kolloidale Lösungen. Beispiele für die Färbung mittels Metalloxiden:

Oxid	Farbe
Ni(II)-Oxid	violett
Mn(III)- und Co(II)-Oxid	blau(-violett)
Fe(II)-Oxid	blaugrün (Moselweinflaschen)
Cr(III)- und Cu(II)-Oxid	grün
Fe(III)-Oxid/MnO_2	braun (Rheinweinflaschen)

Im Unterschied dazu schlägt man dem Glas bei der „Anlauffärbung“ durch Metalle keine Zusätze im geschmolzenen Zustand zu, sondern erst bei nochmaligem halbstündigen Anwärmen des bereits geblasenen – farblosen – Gegenstandes.

Eine weitere wichtige Anwendung in der Glasbearbeitung ist das Erzeugen von Trübungen (z. B. bei Glühbirnen etc.), die man durch Einlagerung kleiner, fester Teilchen (meist: Calciumphosphat $Ca_3(PO_4)_2$, Zinnstein SnO_2, Kryolith Na_3AlF_6) in das Glas erreicht. Ein sehr wichtiges, getrübtes Glas ist die „Emaille“, die häufig zum Schutz oder zu Dekorationszwecken auf Metalle aufgeschmolzen wird (Trübungsmittel meist: TiO_2 oder ZrO_2).

Halbedelsteine

Neben den in der Natur häufig vorkommenden „Gesteinssilicaten“ sind Silicate auch Bestandteile vieler Halbedelsteine: Reines SiO_2 im Bergkristall (farblos), Rauchquarz oder Rauchtopas (grau bis braun), Rosenquarz (rosa), Amethyst (violett) und Zitrin (gelb). Wasserhaltige, reine Silicate sind Opal, Chalzedon, Jaspis, Achat und Karneol.

Neben den reinen Silicaten gibt es viele Gruppen- oder Ringsilicate mit Metallkationen, die als Halbedelsteine geschätzt werden. Dazu gehören die Granate $M_3^{II}M_2^{III}[SiO_4]_3$ (M^{II} = Mg, Ca, Fe, Mn; M^{III} = Al, Fe, Cr), Berylle $Al_2Be_3[Si_6O_{18}]$ (als Aquamarine, Helioclase, Smaragde), sowie die farbenreichen Turmaline (neben den Si_6O_{18}-Einheiten liegen in jeder zweiten Schicht $(BO_3)_3$-Einheiten; der Farbenreichtum kommt durch die Vielfalt der eingebauten Metallkationen zustande).

Übrigens: Auch aus Aluminiumoxid kann man synthetische Halbedelsteine herstellen. Mischt man z. B. Al_2O_3 (Korund), 0.2–0.3% Cr_2O_3 (Rubin) oder 0.1–0.2% TiO_2 neben wenig Fe(II), (III)-Oxid (Saphir), schmilzt bei nahezu 2000 °C und läßt dann auf Schamottestifte tropfen, so entstehen Kristalle des jeweiligen Halbedelsteins. Schmilzt man den Korund ohne Zusätze, so entstehen weiße Saphire.

Ionentauscher

In den Hohlräumen vieler Silicate befinden sich frei bewegliche Alkali-, Erdalkali- oder OH^--Ionen. Diese können durch andere Ionen ausgetauscht werden können. Beispiel: Enthärtung von Waaser mittels Alkali-Zeolithen. Es erfolgt ein Austausch der Alkali- gegen Erdalkali-Ionen (speziell die Ca^{2+}-Ionen des harten Wassers).

$$2\,Na[AlSi_2O_6] + Ca^{2+} \rightleftharpoons Ca[AlSi_2O_6]_2 + 2\,Na^+$$

4.7 3. Hauptgruppe, Borgruppe

Die 3. Hauptgruppe des Periodensystems umfaßt die Elemente Bor, Aluminium, Gallium, Indium und Thallium. Da Bor in dieser Gruppe das einzige Nichtmetall ist, befaßt sich das vorliegende Kapitel ausschließlich mit diesem Element. Aluminium wurde schon früher im Rahmen der Urotropin-Gruppe (s. Seite 90) behandelt. Informationen zu Thallium finden sich ab Seite 269 im Kapitel „Seltene Elemente“.

Tabelle 4.14 Einige Eigenschaften der Elemente der 3. Hauptgruppe.

	B	Al	Ga	In	Tl
Elektronegativität	2.02	1.47	1.82	1.52	1.44
1. Ionisierungsenergie (eV)	8.29	5.98	6.00	5.78	6.11
Smp. [°C]	2180	660.2	29.8	156.2	302.5
Sdp. [°C]	3660	2330	2250	2070	1453
Dichte [g/cm³]	2.46	2.70	5.91	7.31	11.85
Atomradius [pm]	81	143	126	144	—
Ionenradius E^{3+} [pm]	23	51	62	81	95

Erwartungsgemäß nimmt die Basizität der Hydroxide $M(OH)_3$ sowie der Metallcharakter der Elemente mit steigender Atommasse zu. Dagegen sinkt die Stabilität der höchst möglichen Oxidationsstufe.[57] Während Gallium in seinen Verbindungen vorwiegend in der Oxidationsstufe +III auftritt, bevorzugt Thallium im Gegensatz zu seinen leichteren Homologen die Oxidationsstufe +I.

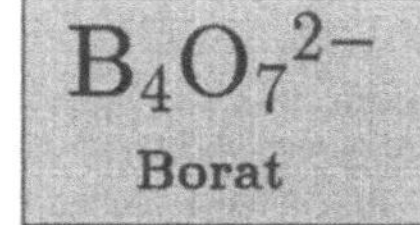

Borat, $B_4O_7^{2-}$

Bor findet sich in der Natur wegen seiner großen Affinität zu Sauerstoff nie gediegen (elementar), sondern nahezu ausschließlich in Form von Borsäure H_3BO_3, in Boraten der allgemeinen Zusammensetzung $H_{n-2}B_nO_{2n-1}$ oder in sog. Borosilicaten. Aufgrund der „Schrägbeziehung im Periodensystem" (s. Seite 109) ähnelt Bor in vielen seiner Eigenschaften dem diagonal benachbarten Silicium. Seine technische Darstellung erfolgt durch Reduktion von Bortrihalogeniden mit Wasserstoff oder durch Reduktion von B_2O_3 mit metallischem Natrium oder Magnesium.

$$2\,BCl_3 + 3\,H_2 \xrightarrow{1000-1400\,°C} 2\,B + 6\,HCl$$

$$B_2O_3 + 3\,Mg \longrightarrow 2\,B + 3\,MgO$$

Die Sauerstoffsäuren des Bors lassen sich einteilen in Orthoborsäure[58] H_3BO_3 und Metaborsäure $(HBO_2)_n$ (vgl. Seite 26). Orthoborsäure kann durch Übergießen von Borax $Na_2B_4O_7 \cdot 10\,H_2O$ mit konz. HCl oder H_2SO_4 gewonnen werden. Sie bildet im festen Zustand eine zweidimensionale Schichtenstruktur, in der die einzelnen Borsäure-Moleküle über lineare, unsymmetrische Wasserstoffbrücken miteinander verknüpft sind (Bild 4.9, nächste Seite). Zwischen den Schichten wirken nur van-der-Waalssche-Wechselwirkungskräfte. Demgemäß bildet Borsäure weiße, schuppige Blättchen, die sich fettig anfühlen und sich relativ leicht zerreiben lassen. Borsäure ist in Wasser nur in der Hitze gut löslich. Analytisch bedeutsam ist die von ihr verursachte *grüne* Flammenfärbung, die im Spektrum Barium vortäuschen kann.

Borsäure ist eine sehr schwache, einbasige Säure, die nicht als H^+-Donor, sondern als OH^--Akzeptor fungiert. Demzufolge werden die Salze der Borsäure leicht hydrolytisch gespalten ($[B(OH)_4]^- \rightleftharpoons B(OH)_3 + OH^-$).

$$\underset{\hat{=}\,H_3BO_3}{B(OH)_3} + 2\,H_2O \rightleftharpoons H_3O^+ + [B(OH)_4]^- \qquad (pK_s = 9.25)$$

[57] Die höchst mögliche formale Oxidationsstufe innerhalb einer Hauptgruppe entspricht normalerweise deren Gruppennummer. [58] Eigentlich wäre für die Zusammensetzung der Orthoborsäure die Formulierung $B(OH)_3$ treffender, weil damit besser zum Ausdruck gebracht wird, daß alle H-Atome an Sauerstoff gebunden sind. Um jedoch den *sauren Charakter* der Borsäure in den Vordergrund zu stellen, wird sie meist als H_3BO_3 bezeichnet.

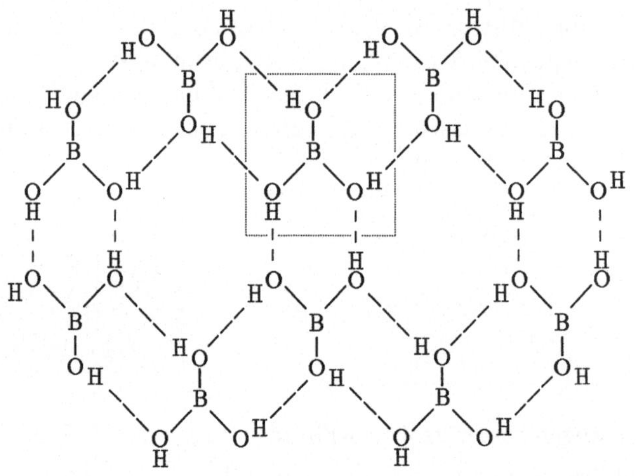

Bild 4.9
Ausschnitt aus der Struktur von H_3BO_3.

Beim Erhitzen geht Orthoborsäure H_3BO_3 unter Wasserabspaltung zunächst in Metaborsäure HBO_2 (3 Modifikationen) und schließlich in glasiges Bortrioxid B_2O_3 über:

$$H_3BO_3 \xrightarrow[-H_2O]{<120\,°C} \alpha\text{-}HBO_2 \xrightarrow{120-150\,°C} \beta\text{-}HBO_2 \xrightarrow{>150\,°C} \gamma\text{-}HBO_2 \xrightarrow[-\frac{1}{2}H_2O]{500\,°C} \tfrac{1}{2}\,B_2O_3$$

α-HBO_2 (Trimetaborsäure) bildet ringförmige $(HBO_2)_3$-Moleküle ($\widehat{=} B_3O_3(OH)_3$) mit der Koordinationszahl 3 für alle B-Atome (s. Bild 2.3, Seite 26). β-HBO_2 bildet kettenförmige $[HBO_2]_x$-Moleküle ($\widehat{=}$ $[B_3O_4(OH)(OH_2)]_x$) und γ-HBO_2 ein dreidimensionales $[HBO_2]_x$-Netzwerk ($\widehat{=}$ $[B_3O_3(OH)_3]_x$).

Kristallines Bortrioxid B_2O_3 bildet ein dreidimensionales Netzwerk aus sich kreuzenden Zickzackketten von eckenverknüpften, planaren BO_3-Einheiten (Bild 4.10). Man erhält es durch sehr langsame Dehydratisierung von Borsäure bei 150–200 °C (Anhydrid der Borsäure). B_2O_3 ist demnach stark hygroskopisch.

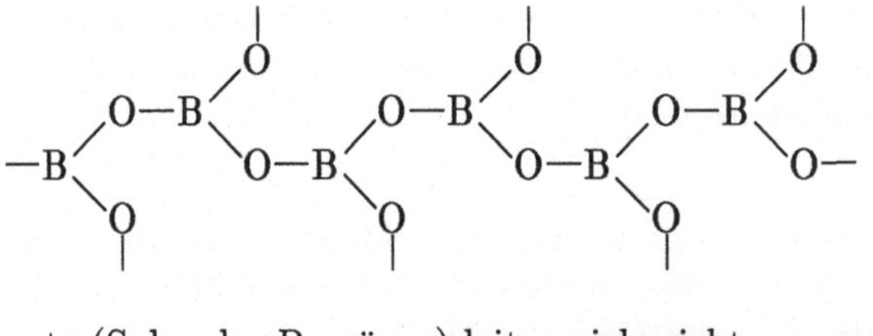

Bild 4.10
Ausschnitt aus der Struktur von B_2O_3.

Borate (Salze der Borsäure) leiten sich nicht nur von der Orthoborsäure und den wasserärmeren Metaborsäuren, sondern auch von einer Reihe von Polyborsäuren ab, die in freier Form nicht isolierbar sind.

Die Borate weisen eine noch größere Strukturvielfalt als die Silicate auf: Einerseits können sie sowohl planare BO_3- als auch tetraedrische BO_4-Gruppen enthalten, die entweder isoliert oder über Ecken verknüpft sein können. Außerdem können die verknüpfenden O-Atome in Boraten bis zu vierfach koordiniert sein, während Sauerstoff in Silicaten meist nur zweifach koordiniert ist. Allgemein teilt man

Borate in drei Gruppen ein:

1. *Orthoborate:* Isolierte trigonal-planare Orthoborat-Ionen $[BO_3]^{3-}$, tetraedrische $[BO_4]^{5-}$- oder Tetrahydroxoborat-Ionen $[B(OH)_4]^-$.
2. *Metaborate:* Ringförmiges $[B_nO_{2n}]^{n-}$ (n = 3, 4) oder kettenförmiges $[BO_2^-]_x$ ($n \longrightarrow \infty$).
3. *Hydroxoborate:* Mono- oder polycyclische Ringe, wie z. B. das in Bild 4.11 dargestellte $[B_4O_5(OH)_4]^{2-}$-Anion.

Borax, $Na_2B_4O_7 \cdot 10\,H_2O$ ist ein technisch sehr wichtiges Borat, das aus Kernit $Na_2B_4O_7 \cdot 4\,H_2O$ oder aus Calciumboraten gewonnen wird. Wichtige Anwendungsbereiche sind: Löttechnik, Herstellung leichtschmelzender Glasuren für Steingut- und Porzellanwaren („Emaille"), Herstellung besonderer Glassorten (z. B. optische Gläser), Gewinnung von Perboraten[59] (Verwendung in Wasch- und Bleichmitteln) und Verwendung in der analytischen Chemie (als Boraxperle, vgl. Seite 26).

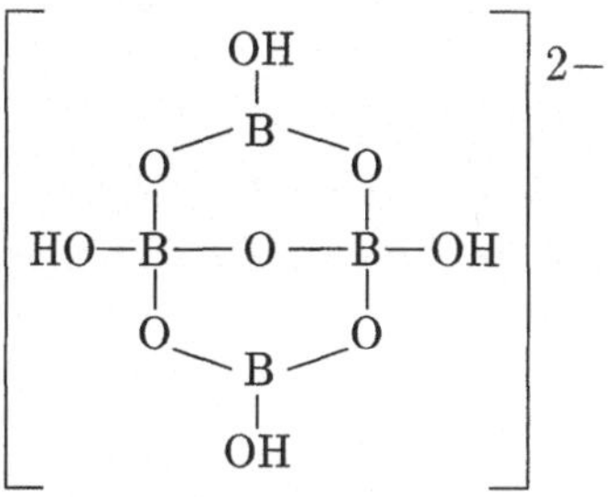

```
 ┌                    ┐ 2−
          OH
          |
         _B_
       O/   \O
       |     |
 HO—B—— O ——B—OH
       |     |
       O\   /O
          B
          |
          OH
 └                    ┘
```

Bild 4.11
Die Struktur von $[B_4O_5(OH)_4]^{2-}$.

Nachweis von Borat

Borate lösen sich leicht in verd. Säuren[60] (Ausnahme: Borosilicate). Sie stören den F^--Nachweis durch Bildung von $BF_3 \uparrow$ (vgl. Seite 149) bzw. den Kationentrennungsgang durch Bildung schwerlöslicher (Erdalkali-)Borate. Da letztere vor allem in alkalischer bzw. ammoniakalischer Lösung ausfallen, müssen Borate vor Fällung der $(NH_4)_2S$ Gruppe gemäß NW 2 (folgende Seite) als Borsäuremethylsäureester entfernt werden.[61] Borate sollten generell aus der Ursubstanz (und nicht aus dem Sodaauszug) nachgewiesen werden.

1. NW über die Flammenfärbung

$$\text{US (borathaltig)} + H_2SO_4 \longrightarrow \underset{\text{grüner Flammensaum}}{H_3BO_3}$$

[59] Viele Perborate sind gar keine „echten" Peroxoverbindungen, sondern nur Anlagerungsprodukte aus Boraten und H_2O_2. [60] Nur die Alkalisalze lösen sich leicht in Wasser. [61] Dabei entweicht jedoch auch F^- als HF (vgl. Bleitiegel-Probe).

Praxis: Man bringt die mit konz. H_2SO_4 befeuchtete Probensubstanz an einer Pt-Drahtöse oder einem Magnesiastäbchen an den Rand einer Brennerflamme (nicht direkt in die Flamme halten!). Ein *grüner* Flammensaum deutet auf Anwesenheit von Borat.

Störung:
- Cu^{2+}, Ba^{2+}, Tl^{+} geben ebenfalls eine grüne Flammenfärbung.
- Borosilicate reagieren in der Regel nicht und müssen daher zuvor mit CaF_2 und $KHSO_4$ verrieben werden $\longrightarrow$ flüchtiges BF_3 gibt eine *grüne* Flammenfärbung.

2. NW als Borsäuremethylester

$$H_3BO_3 + 3\,CH_3OH \xrightleftharpoons{\text{konz. } H_2SO_4} \underset{\text{Borsäuretrimethylester}}{B(OCH_3)_3} + 3\,H_2O$$

Unter der Einwirkung der hygroskopischen Schwefelsäure reagiert Borsäure mit Methanol zu leichtflüchtigem Borsäuremethylester. Dieser verbrennt in der Bunsenbrennerflamme mit *grüner* Farbe. Die Reaktion kann auch mit Ethanol durchgeführt werden, die Flüchtigkeit des Borsäure*methyl*esters ist jedoch größer, weshalb er in der Flamme leichter zu erkennen ist. In beiden Fällen (Methanol, Ethanol) entstehen *giftige* Esterverbindungen $\longrightarrow$ Abzug!

Die obige „Veresterung“ ist eine Gleichgewichtsreaktion! Unter Berücksichtigung des Massenwirkungsgesetzes wird daher einerseits *die Erhöhung der Konzentration* eines oder beider Reaktanden und andererseits die *Entfernung eines Produktes* aus dem Gleichgewicht (hier H_2O) die Ausbeute an Borsäuremethylester und damit die Intensität des Nachweises erhöhen.

Praxis: Die Reaktion sollte in einer Porzellanschale durchgeführt werden, da hierin einerseits keine Verpuffungsgefahr droht und andererseits auch keine Borosilicate gelöst werden können, die in manchen Laborgläsern enthalten sind. Ferner sollte *nur* in einem geschlossenen Abzug und wenn möglich in einem abgedunkelten Raum (Spektroskopieraum) gearbeitet werden!

Störung:
- ClO_3^-, MnO_4^- $\longrightarrow$ beim Erhitzen mit konz. H_2SO_4 kann sich explosives ClO_2 bzw. Mn_2O_7 bilden! In diesem Fall sollte die US entweder mit konz. HCl abgeraucht werden. Oder man säuert die wss. Probelsg. mit wenig HAc an und versetzt anschließend mit einigen Tr. $AgNO_3$-Lsg. $\longrightarrow$ weißes Silbermetaborat. Der abzentrifugierte Nd. kann anschließend, wie oben beschrieben, auf $B_4O_7^{2-}$ untersucht werden.
- Größere Mengen an Br^- und I^- geben mit Methanol CH_3Br bzw. CH_3I, die ebenfalls mit *grüner* Flamme verbrennen.
- Sehr große Mengen an F^- mindern die Intensität der Flammenfärbung.
- Cu^{2+}, Ba^{2+}, Tl^{+} geben zwar eine grüne Flammenfärbung, bilden aber unter den gegebenen Bedingungen keine *flüchtigen* Verbindungen. Die Kationen stören daher *nicht,* wenn der NW in einer Porzellanschale und nicht (wie vielerorts empfohlen) an einem Pt-Draht durchgeführt wird.

5 Lösen und Aufschließen

5.1 Allgemeines

Wie bereits auf Seite 13 angedeutet, gibt es für das Lösen und Aufschließen von Analysensubstanzen keine allgemein gültigen Regeln. Es muß vielmehr von Fall zu Fall nach dem jeweils effektivsten Lösungsmittel gesucht werden, wobei man zunächst bei „einfacheren" Lösungsmitteln in der Kälte beginnt, ehe man aggressivere Lösungsmittel in der (Siede-)Hitze verwendet.[1]

In Kapitel 2, Seite 11ff. wurde bereits die Verwendung folgender Lösungsmittel besprochen: Wasser, verd. HCl, konz. HCl, konz. HCl/H_2O_2, verd. HNO_3, konz. HNO_3, Königswasser, konz. H_2SO_4 und konz. Laugen. Bleibt nach deren Anwendung ein schwerlöslicher Rückstand, so werden der Reihe nach folgende Aufschlußmethoden angewendet:

Alkalischer Auszug. Beim Behandeln von schwerlöslichem $PbSO_4$ (weiß) oder WO_3 (gelb) mit heißer Natronlauge erhält man $[Pb(OH)_3]^-$ bzw. WO_4^{2-}. Versetzt man diese Rückstände dagegen mit ammoniakalischer Tartratlösung, so löst sich $PbSO_4$ unter Bildung eines Tartrato-Komplexes (vgl. Seite 34), WO_3 unter Bildung von WO_4^{2-}.

Komplexierung mit NH_3-, $Na_2S_2O_3$- oder KCN-Lösung. Dabei werden Silberhalogenide teilweise oder vollständig als $[Ag(NH_3)_2]^+$, $[Ag(S_2O_3)_2]^{3-}$ bzw. $[Ag(CN)_2]^-$ gelöst. Von diesen Komplexen ist der Diamminsilber(I)-Komplex am unbeständigsten (d. h. die Komplexdissoziationskonstante ist relativ groß), der Dicyanoargentat-Komplex hingegen am beständigsten!

Eine wichtige technische Anwendung der Komplexierung mit CN^- ist die sog. „Cyanidlaugerei" zur Darstellung von elementarem Silber oder Gold. Man laugt dabei fein zerkleinertes, edelmetallhaltiges Material unter guter Durchlüftung mit 0.1–0.2%iger NaCN-Lösung aus, wobei sowohl die gediegenen Metalle als auch Metallsulfide und -halogenide als Dicyanoargentat bzw. -aurat in Lösung gehen.

Saurer Aufschluß mit $KHSO_4$. Basische Oxide können durch Erhitzen mit $KHSO_4$ aufgeschlossen werden. Hochgeglühte Oxide erfordern jedoch mehrere Stunden Reaktionszeit.

[1] Unglücklicherweise ersparen sich viele Studierende dieses schrittweise Vorgehen, indem sie von vorneherein ein entsprechend starkes Lösungsmittel verwenden. Dabei schaffen sie sich häufig Probleme, die anfänglich gar nicht bestanden haben (z. B. Bildung von schwerlöslichen Oxiden durch konz. HNO_3 oder Königswasser).

Basischer Aufschluß mit Soda/Pottasche. Saure Oxide, Erdalkalisulfate, hochgeglühte Oxide, Silicate und Silberhalogenide können durch Schmelzen mit einem Soda/Pottasche-Gemisch aufgeschlossen werden.

Oxidationsschmelze (Na_2CO_3/KNO_3). Schwerlösliche oxidierbare Verbindungen wie z. B. Cr_2O_3 (s. Seite 95) oder $FeCr_2O_4$ (Chromeisenstein) können in einer Carbonat-Schmelze mittels KNO_3, KNO_2 oder Na_2O_2 aufgeschlossen werden (vgl. Seite 23).

Freiberger-Aufschluß. Schwerlösliche As-, Sb- und Sn-Verbindungen lassen sich durch Schmelzen mit Na_2CO_3 und Schwefel in lösliche Thiosalze überführen.

Phosphorsalz- bzw. Boraxperle. Beim Erhitzen von $Na(NH_4)HPO_4$ bilden sich durch Kondensation Meta- bzw. Polyphosphate der allg. Form $(NaPO_3)_x$ ($x = 3, 4$ und ∞). Diese Meta- bzw. Polyphosphate sind in der Lage, Schwermetalloxide oder -sulfate zu lösen und in charakteristisch gefärbte Orthophosphate umzusetzen (s. Seite 24).

Vergleichbare Reaktionen sind bei der Verwendung von Borax $Na_2B_4O_7 \cdot 10\,H_2O$ zu beobachten. Hier bildet sich beim Erhitzen zunächst wasserfreies Tetraborat $Na_2B_4O_7$, dessen glasartige Schmelze ebenfalls viele Metalloxide unter Bildung charakteristisch gefärbter Mischverbindungen zu lösen vermag (s. Seite 26).

5.2 Die Aufschlußverfahren

5.2.1 Oxidationsschmelze

Aufschluß von *schwerlöslichen, oxidierbaren Verbindungen* wie z. B. $FeCr_2O_4$ (Chromeisenstein, schwarz), Fe_2O_3 (rotbraun) oder Cr_2O_3 (grün) etc. in einer $Na_2CO_3/NaNO_3$-Schmelze.

NO_3^- wirkt dabei als Oxidationsmittel (vgl. Seite 241). Statt NO_3^- kann prinzipiell auch NO_2^- oder Na_2O_2 (Peroxid) verwendet werden.

$$NO_3^- + 2\,e^- \longrightarrow NO_2^- + O^{2-}$$
$$NO_2^- + e^- \longrightarrow NO + O^{2-}$$

CO_3^{2-} wirkt als Oxidionen-Donor und gewährleistet zudem (durch freiwerdendes CO_2) die innige Vermischung der beteiligten Komponenten während der Reaktion. Beispiele für den Aufschluß in der Oxidationsschmelze:

$$2\,FeCr_2O_4 + 4\,CO_3^{2-} + 7\,NO_3^- \xrightarrow[-4\,CO_2]{} Fe_2O_3 + 4\,CrO_4^{2-} + 7\,NO_2^-$$
$$Cr_2O_3 + 2\,CO_3^{2-} + 3\,NO_3^- \xrightarrow[-2\,CO_2]{} 2\,CrO_4^{2-} + 3\,NO_2^-$$

Praxis: Die aufzuschließende Substanz wird möglichst fein gepulvert und vorsichtig mit einer Mischung aus 3 Teilen KNO_3 (oder KNO_2) und 2 Teilen K_2CO_3 verschmolzen (vgl. Seite 23). Der abgekühlte Rückstand wird in Wasser gelöst und vom Unlöslichen getrennt. Spezifische Nachweise erfolgen dann aus dem Filtrat.[2]

Tiegel: Porzellan- bzw. Eisen-Tiegel, Magnesiarinne.

5.2.2 Saurer Aufschluß mit $KHSO_4$

Aufschluß von *basischen oder amphoteren Oxiden* (z. B. BeO, Fe_2O_3, Cr_2O_3, Al_2O_3, TiO_2 und ZrO_2 etc.) in einer $KHSO_4$-Schmelze. ZrO_2 und Al_2O_3 werden nur unvollständig aufgeschlossen! Hochgeglühte Oxide erfordern im allgemeinen sehr lange Reaktionszeiten.

Beim Erhitzen von $KHSO_4$ auf 250 °C entweicht H_2O unter Bildung von $K_2S_2O_7$ (Kaliumdisulfat bzw. „Pyrosulfat"). Letzteres wirkt als Oxidionen-Akzeptor und ist damit das eigentliche Aufschlußmittel (vgl. Seite 240).

$$2\,KHSO_4 \xrightarrow[\sim 250\,°C,\ -H_2O]{\Delta} K_2S_2O_7 \xrightarrow{\Delta} K_2SO_4 + SO_3\uparrow$$

Bei hohen Temperaturen zersetzt sich Pyrosulfat unter Bildung von Schwefeltrioxid. Aus der Schmelze dürfen daher möglichst keine SO_3-Nebel entweichen, sonst ist die Reaktionstemperatur zu hoch! Zwei Beispiele für den Aufschluß mit $KHSO_4$:

$$Fe_2O_3 + 6\,KHSO_4 \longrightarrow Fe_2(SO_4)_3 + 3\,K_2SO_4 + 3\,H_2O$$

$$TiO_2 + 2\,KHSO_4 \longrightarrow \underset{\text{Titanylsulfat}}{TiOSO_4} + K_2SO_4 + H_2O$$

Praxis: Der zu untersuchende Rückstand wird mit ca. der sechsfachen Menge an $KHSO_4$ fein verrieben und anschließend bei möglichst *niedriger* Temperatur im Tiegel geschmolzen. Man erhitzt das Gemisch, bis ein klarer Schmelzfluß entsteht, der gerade SO_3 abzugeben beginnt, läßt wieder erkalten und löst den Schmelzkuchen danach in verd. H_2SO_4. Soll Al_2O_3 aufgeschlossen werden, so kann das in der Schmelze entstehende $Al_2(SO_4)_3$ durch Behandeln mit verd. NaOH in Tetrahydroxoaluminat $[Al(OH)_4]^-$ überführt und durch Zugabe von Säure als $Al(OH)_3$ gefällt werden.

Hilfreich ist das (äußerliche) „Abschrecken" des heißen Tiegels unter fließendem Wasser, da sich der Schmelzkuchen dann leichter von den Tiegelwänden löst. Man sollte aber streng darauf achten, daß kein Leitungswasser *in den Tiegel* läuft.

Tiegel: Ni- oder Pt-Tiegel (Kein Porzellantiegel, da Porzellan von der Schmelze angegriffen und Al dabei herausgelöst wird!).

[2] Hinweis: Das Aufschlußmittel ist sehr aggressiv und löst beispielsweise aus Porzellantiegeln Silicat und Aluminat.

5.2.3 Soda/Pottasche-Aufschluß

Aufschluß von schwerlöslichen (EA-)Sulfaten, hochgeglühten (sauren oder amphoteren) Oxiden, Silicaten und Ag-Halogeniden in einer Na_2CO_3/K_2CO_3-Schmelze. ZrO_2, $Zr_3(PO_4)_4$, Al_2O_3, Cr_2O_3 und Fe_2O_3 werden nur teilweise gelöst.

Für diesen Schmelzaufschluß verwendet man Soda und Pottasche im Gemisch, weil man damit eine Schmelzpunktserniedrigung[3] gegenüber den reinen Salzen erhält („eutektisches Gemisch“). Zudem drängt der enorme Carbonatüberschuß das Gleichgewicht der Reaktionen auf die Seite der Produkte!

Sulfate und hochgeglühte Oxide

$$BaSO_4 + Na_2CO_3 \rightleftharpoons BaCO_3 + Na_2SO_4$$

$$Al_2O_3 + Na_2CO_3 \rightleftharpoons 2\,NaAlO_2 + CO_2\uparrow$$

Silicate

$$\underbrace{KAlSi_3O_8}_{\text{Kalifeldspat}} + 6\,Na_2CO_3 \xrightarrow[-6\,CO_2]{} KAlO_2 + 3\,Na_4SiO_4$$

$$\underbrace{CaAl_2Si_2O_8}_{\text{Kalkfeldspat}} + 3\,Na_2CO_3 \xrightarrow[-2\,CO_2]{} 2\,NaAlO_2 + 2\,Na_2SiO_3 + CaCO_3$$

Silberhalogenide

$$2\,AgBr + Na_2CO_3 \rightleftharpoons Ag_2CO_3 + 2\,NaBr$$

$$2\,Ag_2CO_3 \longrightarrow 4\,Ag + 2\,CO_2\uparrow + O_2\uparrow$$

$$Ag + 2\,HNO_3 \longrightarrow AgNO_3 + NO_2\uparrow + H_2O$$

Praxis: Der zu untersuchende Rückstand wird mit der vier- bis sechsfachen Menge einer Soda/Pottasche-Mischung vermengt, ca. 10 min lang vorsichtig und anschließend stärker erhitzt, bis ein klarer Schmelzfluß entsteht. Nach Abklingen der CO_2-Entwicklung (Schäumen) wird die Schmelze abgeschreckt, sorgfältig zermörsert und schließlich mit Na_2CO_3-Lsg. sulfatfrei gewaschen.[4] Anschließend wird in verd. HCl oder verd. HAc aufgenommen.

Beim Aufschluß von *Silberhalogeniden* bilden sich infolge Reduktion feine Metallflitter, die nach dem Auslaugen mit Wasser als Rückstand verbleiben. Sie

[3] Unter einem „Eutektischen Gemisch” versteht man das Mischungsverhältnis mehrerer Komponenten mit dem niedrigsten Schmelzpunkt. Im vorliegenden Fall besteht das eutektische Gemisch aus 51.5% Na_2CO_3 und 48.5% K_2CO_3. Es schmilzt im Gegensatz zu reinem Na_2CO_3 (851 °C) oder reinem K_2CO_3 (891 °C) bei 710 °C. [4] Das Auswaschen mit Na_2CO_3-Lsg. verhindert die Rückreaktion, also die erneute Bildung schwerlöslicher Sulfate!

werden in konz. HNO_3 gelöst und identifiziert. Beim Aufschluß von schwerlöslichen *Silicaten* erhält man lösliches Natriumsilicat. In diesem Fall muß der Schmelzkuchen gleich mit HCl behandelt werden, um die Silicate als amorphe Kieselsäure abzuscheiden.

Tiegel:
- Ni- oder Fe-Tiegel (ungeeignet für nickel- oder eisenhaltige Substanzen).
- Pt-Tiegel (ungeeignet für KOH-, Na_2O_2-, KCN-, LiCl- oder $MgCl_2$-Schmelzen sowie für den Aufschluß von Silberhalogeniden, von Verbindungen der Metalle Pb, Bi, Sn, As und Sb sowie von Sulfiden und Phosphaten. Pt-Tiegel beim Glühen *niemals* mit C, S oder P in Verbindung bringen. Außerdem ist die reduzierende Brennerflamme zu meiden, da andernfalls Pt-C-Legierungen entstehen können).
- Porzellan-Tiegel (ungeeignet für aluminium- oder siliciumhaltige Substanzen, da diese Elemente aus dem Porzellan herausgelöst werden).

5.2.4 Freiberger Aufschluß

Durch den Freiberger Aufschluß lassen sich schwerlösliche As-, Sb- und Sn-Verbindungen in die entsprechenden Thiosalze überführen.

$$2\,SnO_2 + 2\,Na_2CO_3 \longrightarrow \underset{\text{Stannat}}{2\,Na_2[SnO_3]} + 2\,CO_2\uparrow$$

$$2\,Na_2[SnO_3] + 9\,S \longrightarrow \underset{\text{Thiostannat}}{2\,Na_2[SnS_3]} + 3\,SO_2\uparrow$$

$$2\,SnO_2 + 2\,Na_2CO_3 + 9\,S \longrightarrow 2\,Na_2[SnS_3] + 3\,SO_2\uparrow + 2\,CO_2\uparrow$$

Praxis: Die aufzuschließende Substanz wird mit ungefähr der sechsfachen Menge eines Gemisches aus gleichen Teilen Schwefel und Soda zunächst langsam, dann stärker erhitzt. Nach Abklingen der Gasentwicklung (SO_2, CO_2) kühlt man die Schmelze ab, löst den Schmelzkuchen in verd. NaOH und filtriert. Aus der alkalischen Lösung kann durch Versetzen mit HCl *gelbes* SnS_2 gefällt werden.

Tiegel: Porzellan-Tiegel.

Tabelle 5.1 Schwerlösliche Verbindungen und Aufschlußmöglichkeiten.

Substanz	**Vorprobe(n)**	**Aufschluß**
Sulfide	Iod/Azid-Reaktion	HCl/H_2O_2 oder Königswasser
Erdalkalisulfate	Heparreaktion, Flammenfärbung	Soda/Pottasche-Aufschluß
$PbSO_4$ (weiß)	Heparreaktion	Ammoniakalische Tartratlösung oder Soda/Pottasche-Aufschluß

Tabelle 5.1 (Fortsetzung)

Substanz	**Vorprobe(n)**	**Aufschluß**
Silberhalogenide	Lösen in NH_3 und Wiederausfällen mit HNO_3 (AgCl, AgBr)	Zn/H_2SO_4 oder Soda-Pottasche-Aufschluß oder konz. KCN-Lösung
Silicate	Wassertropfenprobe, „Knirschprobe"	Soda-Pottasche-Aufschluß
ZrO_2, $Zr_3(PO_4)_4$ (beide weiß)		Soda-Pottasche-Aufschluß
Fluoride (CaF_2)	Ätzprobe	Abrauchen mit konz. H_2SO_4
Al_2O_3 (weiß), Fe_2O_3 (rotbraun), TiO_2 (weiß), MgO (weiß), BeO (weiß)	Thénards Blau (Al)	Saurer Aufschluß oder Soda-Pottasche-Aufschluß
Cr_2O_3 (grün) und $FeCr_2O_4$ (schwarz)	Phosphorsalzperle bzw. Oxidationsschmelze	Oxidationsschmelze, saurer Aufschluß
SnO_2, $Sn_3(PO_4)_2$, geglühte Arsenate und Antimonate	Leuchtprobe (Sn), Marshsche Probe (As, Sb)	Freiberger Aufschluß oder NaOH-Schmelze
WO_3 (gelb)	Phosphorsalzperle und $FeSO_4$	Lösen in warmer NaOH oder Soda/Pottasche-Aufschluß
$CrCl_3$ (pfirsichrot)	Oxidationsschmelze	Zn/HCl (Kochen)
$BiONO_3$, $SbONO_3$	Marshsche Probe (Sb)	Soda-Pottasche-Aufschluß
NiO	Phosphorsalzperle	Saurer Aufschluß

5.3 Reaktionen in Salzschmelzen

Werden im Verlauf einer Reaktion (in wäßriger Lösung) *Protonen* von einem Teilchen auf ein anderes übertragen, so spricht man gemeinhin von einer „Säure-Base-Reaktion". Nach *Brønsted* bezeichnet man den Protonen-Donator als Säure, den Protonen-Akzeptor hingegen als Base.

Werden im Verlauf einer Reaktion (unter Bildung einer kovalenten oder koordinativen Bindung) *Elektronenpaare* von einem Teilchen auf ein anderes übertragen, so spricht man abermals von einer „Säure-Base-Reaktion". Nur wird jetzt im Sinne von *Lewis*, der Elektronenpaar-Akzeptor als Säure und der Elektronenpaar-Donator als Base bezeichnet.

Auch in Salzschmelzen (die man ja bei Aufschlüssen zu betrachten hat) finden Austauschreaktionen statt. So werden bei Salzen mit sauerstoffhaltigen Anionen wie Na_2CO_3, $K_2S_2O_7$ etc. *Oxidionen* von basischen auf saure Teilchen der Schmelze übertragen. Es liegt daher nahe, das Konzept der „Säuren und Basen" auch auf die Reaktionen in Salzschmelzen zu übertragen. Man definiert demnach:

Basen in Oxidschmelzen als O^{2-}-*Donatoren*,

Säuren in Oxidschmelzen als O^{2-}-*Akzeptoren*

Die folgende Übersicht verdeutlicht den jeweils unterschiedlichen Gebrauch der Begriffe „Säure" und „Base" im Rahmen der oben aufgeführten Säure-Base-Theorien:

	In Oxidschmelzen	**Brønsted-Theorie**	**Lewis-Theorie**
Säure	O^{2-}-Akzeptor	H^+-Donator	e^--Paar-Akzeptor
Base	O^{2-}-Donator	H^+-Akzeptor	e^--Paar-Donator

Ein Versuch, die Vorgänge in sauerstoffhaltigen Salzschmelzen theoretisch zu fassen (und dabei die Theorien von Brønsted und Lewis zu vereinigen), stammt von Lux und Flood. Bjerrum bezeichnete dann weitergehend die O^{2-}-Akzeptorsäure (Teilchen, die O^{2-} aufnehmen können) zur Unterscheidung von Protonensäuren (mit ihrer H^+-Donator-Wirkung) als „Antibase" und formulierte korrespondierende Donator/Akzeptor-Systeme für den Oxidionen-Übertrag. Einige Beispiele:

	Base (O^{2-}-Donator)		**Antibase** (O^{2-}-Akzeptor)
	$2\,SiO_4^{4-}$	$\rightleftharpoons$	$Si_2O_7^{6-} + O^{2-}$
	$2\,PO_4^{3-}$	$\rightleftharpoons$	$P_2O_7^{4-} + O^{2-}$
(saurer Aufschluß)	$2\,SO_4^{2-}$	$\rightleftharpoons$	$S_2O_7^{2-} + O^{2-}$
(alkal. Aufschluß)	$2\,NO_3^-$	$\rightleftharpoons$	$N_2O_5 + O^{2-}$
	CO_3^{2-}	$\rightleftharpoons$	$CO_2 + O^{2-}$

Mit der Bjerrumschen Definition hat man nun ein tragfähiges Mittel an der Hand, um die Vorgänge bei den erwähnten Aufschlüssen zu beschreiben. Man betrachtet (theoretisch) Oxidionen an Stelle von Protonen und überträgt dann die Formalismen, die man von Säure-Base-Reaktionen in wäßriger Lösung her kennt, auf die Reaktionen in oxidischen Schmelzen.

5.3.1 Reaktionen ohne Elektronenübertragung

Reaktionen ohne Elektronenübertragung findet man allg. bei Aufschlüssen hochgeglühter Oxide wie z. B. Fe_2O_3 oder auch Al_2O_3.

Saurer Aufschluß von Fe_2O_3. $S_2O_7{}^{2-}$ verhält sich hier als Antibase (Oxidionen-Akzeptor) und ist, wie bereits auf Seite 235 erwähnt, das eigentliche Aufschlußmittel. Die Wirkungsweise von $S_2O_7{}^{2-}$ kann dabei anschaulich so verstanden werden:

$$Fe_2O_3 \longrightarrow 2\,Fe^{3+} + 3\,O^{2-}$$

$$3\,S_2O_7{}^{2-} + 3\,O^{2-} \longrightarrow 6\,SO_4{}^{2-}$$

$$Fe_2O_3 + 3\,S_2O_7{}^{2-} \longrightarrow 2\,Fe^{3+} + 6\,SO_4{}^{2-}$$

Die Oxid-Anionen (O^{2-}) der hochgeglühten Oxide (Bsp.: Fe_2O_3) bilden dichteste Kugelpackungen, deren Packungslücken (Oktaeder- oder Tetraeder-Lücken) von den kleineren Kationen (z. B. Fe^{3+}) besetzt werden. $S_2O_7{}^{2-}$ zerstört nun das Oxid-Ionen-Gitter, indem es die (packungsbildenden) O^{2-}-Ionen „abfängt". Dadurch werden die eingelagerten Kationen frei.

Basischer Aufschluß von Al_2O_3. Gemäß der Bjerrumschen Theorie wirkt $CO_3{}^{2-}$ in der Schmelze als Base (Oxidionen-Donator). Die beim Aufschluß primär gebildete Oxoverbindung $AlO_2{}^-$ reagiert mit Wasser oder verd. Lauge unter Hydrolyse zu Tetrahydroxoaluminat $[Al(OH)_4]^-$ (s. unten).

$$Al_2O_3 + O^{2-} \longrightarrow 2\,AlO_2{}^-$$

$$CO_3{}^{2-} \longrightarrow CO_2 + O^{2-}$$

$$Al_2O_3 + CO_3{}^{2-} \longrightarrow 2\,AlO_2{}^- + CO_2$$

Basischer Aufschluß von $KAlSi_3O_8$ (Feldspat). Auch hier fungiert $CO_3{}^{2-}$ als Base (Oxidionen-Donator). Seine Wirkungsweise kann anschaulich so verstanden werden: Im „SiO_2-Gitter" des Feldspats ist jedes vierte Si^{4+}-Ion durch Al^{3+} ersetzt. Dadurch ergibt sich ein Überschuß an negativer Ladung, der durch den Einbau von Alkalimetallatomen kompensiert wird.

Analog oben bildet sich in der Schmelze (durch das Überangebot an O^{2-}) die Dioxoverbindung $AlO_2{}^-$, die beim Behandeln mit Wasser oder verd. Lauge zu Tetrahydroxoaluminat reagiert.

$$\{AlSi_3O_8{}^-\} + 6\,CO_3{}^{2-} \rightleftharpoons AlO_2{}^- + 3\,SiO_4{}^{4-} + 6\,CO_2\uparrow$$

$$AlO_2{}^- + 2\,H_2O \rightleftharpoons [Al(OH)_4]^-$$

Allgemein wird die Stärke von Base und Antibase sehr stark von der Stabilität oder Flüchtigkeit eines der Partner des Base/Antibase-Systems bestimmt: Das $CO_3{}^{2-}$-Ion ist hier z. B. eine sehr starke Base, da die Antibase CO_2 aus dem System entweichen kann.

5.3.2 Reaktionen mit Elektronenübertragung

Reaktionen mit Elektronenübertragung findet man hauptsächlich bei Oxidationsschmelzen und beim Freiberger Aufschluß.

Oxidationsschmelzen. Für Oxidationsschmelzen ist zum einen ein Elektronenakzeptor (hier Nitrat), zum anderen ein O^{2-}-Donator (meist Carbonat) erforderlich. Praktische Anwendung finden Oxidationsschmelzen vor allem als Vorprobe auf Chrom (S. 95) und Mangan (S. 104).

$$NO_3^- + 2\,e^- \longrightarrow NO_2^- + O^{2-}$$
$$CO_3^{2-} \longrightarrow CO_2 + O^{2-}$$

$$NO_3^- + CO_3^{2-} + 2\,e^- \longrightarrow NO_2^- + CO_2 + 2\,O^{2-}$$

Aufschluß von MnO_2

$$MnO_2 + 2\,O^{2-} \longrightarrow MnO_4^{2-} + 2\,e^-$$
$$NO_3^- + 2\,CO_3^{2-} + 2\,e^- \longrightarrow NO_2^- + 2\,CO_2 + 3\,O^{2-}$$

$$MnO_2 + NO_3^- + 2\,CO_3^{2-} \longrightarrow \underset{\text{grün}}{MnO_4^{2-}} + NO_2^- + 2\,CO_2$$

Aufschluß von Cr_2O_3

$$Cr_2O_3 + 5\,O^{2-} \longrightarrow 2\,CrO_4^{2-} + 6\,e^-$$
$$3\,NO_3^- + 2\,CO_3^{2-} + 6\,e^- \longrightarrow 3\,NO_2^- + 2\,CO_2 + 5\,O^{2-}$$

$$Cr_2O_3 + 3\,NO_3^- + 2\,CO_3^{2-} \longrightarrow \underset{\text{gelb}}{2\,CrO_4^{2-}} + 3\,NO_2^- + 2\,CO_2$$

Freiberger Aufschluß. Bei diesem Verfahren wirkt elementarer Schwefel sowohl als Elektronendonator, wie auch als Elektronenakzeptor. Carbonat ist wiederum O^{2-}-Donator (Bjerrum-Base).

$$2\,SnO_2 + 2\,CO_3^{2-} \longrightarrow \underset{\text{Oxostannat}}{2\,[SnO_3]^{2-}} + 2\,CO_2$$
$$2\,[SnO_3]^{2-} + 6\,S \longrightarrow \underset{\text{Thiostannat}}{2\,[SnS_3]^{2-}} + 3\,O_2$$
$$3\,O_2 + 3\,S \longrightarrow 3\,SO_2$$
$$3\,CO_3^{2-} + 3\,SO_2 \longrightarrow 3\,SO_3^{2-} + 3\,CO_2 \qquad \text{(Nebenreaktion)}$$

$$2\,SnO_2 + 9\,S + 5\,CO_3^{2-} \longrightarrow 2\,[SnS_3]^{2-} + 3\,SO_2 + 5\,CO_2$$

6 Trennung mit seltenen Elementen

Das vorliegende Kapitel beschäftigt sich mit den „seltenen Elementen“ Lithium, Rubidium, Caesium, Beryllium, Lanthan, Cer, Titan, Zirconium, Vanadium, Molybdän, Wolfram, Thallium, Selen und Tellur. Die Klassifizierung in „seltene Elemente“ ist dabei insofern irreführend, als es sich bei den erwähnten Elementen (im Hinblick auf die Häufigkeit ihres Vorkommens) keineswegs um *seltene* Elemente handelt.[1] Der Begriff ist wohl eher historischen Ursprungs und spiegelt die veränderten wirtschaftlichen Interessen wider, die mit der industriellen Nutzung dieser Elemente verknüpft sind (sofern man „häufige“ Elemente als wirtschaflich wichtige Elemente interpretiert). In manchen Büchern wird die Einteilung in „seltene Elemente“ auch mit präparativen Schwierigkeiten erklärt, die sich in früheren Jahren bei der Identifizierung dieser Elemente ergaben.

Einteilung der seltenen Elemente

HCl-Gruppe:	W als WO_3, Tl als TlCl
Reduktionsgruppe:	Se und Te
H_2S-Gruppe:	Kupfergruppe: (Tl, falls nicht als TlCl abgetrennt)
	Arsengruppe: Mo
Urotropin-Gruppe:	Be, V, Zr, Ti und La, Ce
Lösliche Gruppe:	Li, Rb, Cs

Da man durch geeignete Vorproben Hinweise auf die meisten seltenen Elemente erhalten kann, sollten *vor* Ausführung des Trennungsgangs unbedingt die gängigen Vorproben auf seltene Elemente durchgeführt werden!

Elemente	Vorprobe
Li, Rb, Cs, Tl	Spektroskopie
Ti, V, Mo, W	Glühprobe
Mo, W	„Molybdänblau“, „Wolframblau“
Se, Te	Reduktion/konz. H_2SO_4

Wie die obige Zusammenstellung zeigt, verlaufen einige der Reaktionen *unspezifisch*; sie können daher gezielte Nachweise nicht ersetzen. Andererseits kann bei negativem Verlauf auf die *Abwesenheit* ganzer Element*gruppen* geschlossen werden, weshalb die Durchführung solcher Vorproben dennoch zu empfehlen ist.

[1] Beispielsweise gehört Titan zu den 10 häufigsten Elementen überhaupt und Zirconium ist etwa 12 mal häufiger als das Gebrauchsmetall Blei.

Li
Lithium

Lithium, Li

M	Smp.	Sdp.	ρ [g/cm³]	EN	Oxidationsstufen	e⁻-Konfiguration
6.94	180 °C	1330 °C	0.53	0.98	+1	[He] $2s^1$

Standardpotential(e)

$Li^+ + e^- \rightleftharpoons Li.\quad E^0 = -3.045$ V

Vorkommen/Mineralien

Zwar findet sich Lithium in der Natur (als Begleiter von Natrium und Kalium) in zahlreichen Mineralien; meist ist es jedoch nur in relativ geringen Konzentrationen vorhanden. Von den lithiumreicheren Mineralien seien besonders die *Silicate* Spodumen (Triphan) $LiAl[Si_2O_6]$ und Lepidolith („Lithionglimmer") $(K, Li)\{Al_2(F, OH)_2[AlSi_3O_{10}]\}$ (wird ein Al durch Fe ersetzt ⟶ Zinnwaldit) sowie die *Phosphate* Triphylin $Li(Fe, Mn)PO_4$ und Amblygonit $(Li, Na)Al(F, OH)PO_4$ erwähnt. Lithium findet sich außerdem in einigen Mineralwässern (z. B. in Bad Dürkheim) und in der Asche verschiedener Pflanzen (z. B. im Tabak).

Herstellung: Elementares Lithium kann aufgrund seines stark negativen Potentials (s. oben) nur durch Schmelzflußelektrolyse von LiCl in Gegenwart von KCl (Schmelzpunktserniedrigung) gewonnen werden. Seine Verbindungen erhält man dagegen durch Aufschluß von lithiumhaltigen Mineralien mit H_2SO_4, indem man aus der erhaltenen Li_2SO_4-Lösung Li_2CO_3 fällt und aus diesem mit geeigneten Säuren die gewünschten Salze gewinnt.

Verwendung: Lithium dient als Legierungszusatz für Achslagermetalle oder „Skleron",[2] denen es schon in geringer Menge (einige hundertstel %) große Härte und Beständigkeit verleiht. Wegen seines großen Reaktionsvermögens wird es als Anodenmaterial in Batterien eingesetzt. Lithiumverbindungen werden in der organischen Chemie als Reduktions- und Hydrierungsmittel genutzt. Schließlich verwendet man Li_2CO_3 zum Färben/Glasieren von Emaille und Glaskeramik, LiF zum Vergüten von optischen Linsen und Lithiumstearat ($C_{17}H_{35}COOLi$) als Zusatz in Schmierölen („Lithiumseifen").

Eigenschaften: Lithium ist ein silberweißes Leichtmetall, dem eine kubisch-raumzentrierte Gitterstruktur zugrunde liegt. Bei Raumtemperatur ist es das leichteste aller festen Elemente und steht an der 35. Stelle der Elementhäufigkeit.[3] Lithium ist sehr feuergefährlich und darf im Brandfall nur mit Trockenlöschern (CO_2) gelöscht werden! Entgegen seiner eigentlichen Zugehörigkeit zur Gruppe der Alkalielemente zeigt Lithium ähnliche Eigenschaften wie Magnesium (vgl. Seite 110), was auf die bereits erwähnte „Schrägbeziehung im Periodensystem"

[2] Skleron ist eine sehr harte Legierung, die hauptsächlich aus Aluminium und Zink besteht.
[3] Achtung: Lithium schwimmt auf Benzin ⟶ daher stets unter Petrolether aufbewahren!

zurückzuführen ist. Besonders deutlich wird dies in einem Vergleich der Löslichkeit verschiedener Lithium- und Natrium-Salze. Bemerkenswert ist darüberhinaus die Löslichkeit von LiCl in Alkohol oder Ether/Alkohol-Gemischen, die bei den übrigen Alkalichloriden nicht zu beobachten ist.

$$\left.\begin{array}{l} Li_2CO_3 \\ LiF \\ Li_3PO_4 \end{array}\right\} \text{schwerlöslich} \qquad \left.\begin{array}{l} Na_2CO_3 \\ NaF \\ Na_3PO_4 \end{array}\right\} \text{leichtlöslich}$$

Vorprobe und Nachweis von Lithium

Lithium stört den Trennungsgang nicht und kann in der „Löslichen Gruppe" entweder als Phosphat gefällt oder durch Flammenfärbung/Spektralanalyse nachgewiesen werden.

1. Flammenfärbung (karminrot)

Die Farbe kann von der intensiven Flammenfärbung des Natriums überdeckt werden. In einem solchen Fall hilft die Verwendung eines Cobaltglases (vgl. Seite 21) oder der spektralanalytische Nachweis.

2. Spektralanalyse

Im Spektroskop finden sich zwei charakteristische Linien links von der Natrium-Linie (eine *rote* Linie bei 670.8 nm und rechts davon eine *gelb-orange* Linie bei 610.3 nm).

3. NW durch Fällung als Carbonat

$$2\,LiCl + Na_2CO_3 \xrightarrow{\Delta} Li_2CO_3 \downarrow + 2\,NaCl$$

Beim Kochen einer Lithiumsalzlösung mit Soda entsteht ein *weißer*, schwerlöslicher Niederschlag von Li_2CO_3, der sich bei Zusatz von Säure wieder löst. Man sollte jedoch zur Fällung auf keinen Fall $(NH_4)_2CO_3$ verwenden, da die Bildung von Li_2CO_3 in Gegenwart von Ammoniumsalzen völlig ausbleiben kann.

4. NW durch Fällung als Phosphat

$$3\,LiCl + Na_2HPO_4 + NaOH \longrightarrow Li_3PO_4 \downarrow + 3\,NaCl + H_2O$$

Kocht man eine Lithiumsalzlösung mit Dinatriumhydrogenphosphat, so entsteht ein *weißer*, schwerlöslicher (oft flockiger) Niederschlag von Li_3PO_4, der in Säuren löslich ist. Eine quantitative Fällung ist daher nur bei vorherigem Zusatz von NaOH möglich.

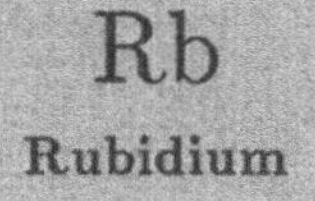

Rubidium, Rb

M	Smp.	Sdp.	ρ [g/cm^3]	EN	Oxidationsstufen	e$^-$-Konfiguration
85.47	39 °C	688 °C	1.53	0.82	+1	[Kr] 5s^1

Standardpotential(e)

$Rb^+ + e^- \rightleftharpoons Rb.\quad E^0 = -2.925$ V

Vorkommen/Mineralien

Rubidium findet sich in der Natur als Begleiter von Kalium in Mineralquellen, Salzlagern und Gesteinen (beispielsweise im Lepidolith $(K, Li, Rb, Cs)\{Al_2(F, OH)_2[AlSi_3O_{10}]\}$ oder im Carnallit $(K, Rb)Cl \cdot MgCl_2 \cdot 6\,H_2O$). Außerdem findet sich Rubidium in Tabakpflanzen, Zuckerrüben und Pilzen, die das Element selektiv aus dem Boden anreichern.

Herstellung: Durch Reduktion von RbOH mit Magnesium im Wasserstoffstrom oder durch Umsetzung von RbCl mit Calcium im Vakuum.

Verwendung: In photoelektrischen Zellen und in Photomultipliern. Ferner Verwendung bei der IR-Spektroskopie und beim Bau von Szintillationszählern.

Eigenschaften: Rubidium ist ein silberglänzendes, weiches und sehr reaktionsfähiges Leichtmetall, das in seinen Eigenschaften dem Kalium so ähnlich ist, daß eine Trennung der Salze dieser beiden Metalle auf chemischem Weg nahezu nicht möglich ist.

Rb^+ bildet, aufgrund seines nahezu identischen Ionenradius,[4] wie Tl^+ und K^+ schwerlösliche Niederschläge mit Perchlorsäure, Weinsäure, Hexachloroplatin(IV)-säure etc. Rubidium ist so feuergefährlich, daß es sich an Luft innerhalb weniger Sekunden unter Bildung von RbO_2 selbst entzünden kann. Es steht an der 23. Stelle der Elementhäufigkeit.

Vorprobe und Nachweis von Rubidium

Rubidium stört den Trennungsgang nicht und kann in der „Löslichen Gruppe" entweder als Rubidiumtartrat gefällt oder durch Flammenfärbung/Spektralanalyse nachgewiesen werden.

1. Flammenfärbung (rotviolett bis rosa)

Mit bloßem Auge ist die Flammenfärbung des Rubidiums nicht von der des Kaliums bzw. Caesiums zu unterscheiden.

[4] Der Ionenradius von Rb^+ beträgt 149 pm, von Tl^+ 150 pm und von K^+ 138 pm.

2. Spektralanalyse

Im Spektroskop findet sich eine charakteristische, *rote* Linie bei 780.0 nm und eine *violette* Linie bei 421.5 nm, die nicht in jedem Spektroskop zu sehen ist.

3. NW durch Fällung als $RbH(C_4H_4O_6)$

$$Rb^+ + \underset{\text{Hydrogentartrat}}{H(C_4H_4O_6)^-} \longrightarrow RbH(C_4H_4O_6)\downarrow$$

Beim Versetzen einer Rb^+-haltigen Probelösung mit Natriumhydrogentartrat oder einer Mischung aus Natriumacetat und Weinsäure entsteht in schwach saurer Lösung (allmählich) ein weißer, kristalliner Niederschlag, der stark zur Übersättigung neigt. Die Kristallisation sollte daher durch gelegentliches Kratzen an der Innenwand des Reagenzglases (Glasstab) initiiert werden.

Caesium, Cs

M	Smp.	Sdp.	ρ [g/cm^3]	EN	Oxidationsstufen	e$^-$-Konfiguration
132.91	29 °C	690 °C	1.87	0.79	+1	[Xe] $6s^1$

Standardpotential(e)

$Cs^+ + e^- \rightleftharpoons Cs.$ $E^0 = -3.02$ V

Vorkommen/Mineralien

Auch Caesium findet sich in der Natur als Begleiter von Kalium in Mineralquellen, Salzlagern und Gesteinen (als Lepidolith $(K, Li, Rb, Cs)Al_2(F, OH)_2[AlSi_3O_{10}]$, seltener als Pollux $CsAl[SiO_3]_2 \cdot 1/2\, H_2O$).

Herstellung: Durch Umsetzung von CsOH mit Magnesium im Wasserstoffstrom oder durch Reaktion von CsCl mit Calcium im Vakuum.

Verwendung: In photoelektrischen Zellen (z. B. in geeigneten Gemischen der Zusammensetzung $Ag/Ag_2O/Cs$ oder $Cs_2O/Sb/Cs$) und Photomultipliern. Ferner verwendet man CsI in der IR-Spektroskopie als Trägersubstanz für feste Proben (Verreibung) und als Küvettenfenster. ^{137}Cs entweicht als gefährliches Spaltprodukt nach Reaktorunfällen und dient (ähnlich ^{60}Co) als harter γ-Strahler in der medizinischen Strahlentherapie.

Eigenschaften: Caesium ist ein silbriges, sehr weiches Metall, das nach Quecksilber den niedrigsten Schmelzpunkt aller Metalle besitzt. Unter Einwirkung von Luft oder Wasser entzündet es sich sofort (Explosionsgefahr!). Überhaupt ist Caesium eines der reaktionsfähigsten Elemente, das oberhalb 300 °C sogar Glas anzugreifen vermag. Elementares Caesium wird unter Argon aufbewahrt! Es steht an der 45. Stelle der Elementhäufigkeit.

Vorprobe und Nachweis von Caesium

Caesium zeigt wie Rubidium ein ähnliches Reaktionsverhalten wie Kalium. Spezifisch ist im Rahmen der „Löslichen Gruppe“ der Nachweis als $Cs_3[Fe(CN)_6] \cdot 2\,Pb(Ac)_2$ oder die Interpretation der Flammenfärbung/Spektralanalyse.

1. Flammenfärbung (violettrosa)

2. Spektralanalyse

Im Spektroskop finden sich *orange-gelbe* Linien bei ca. 600 nm und eine charakteristische *blaue* Linie bei 458.0 nm.

3. NW als $Cs_3[Fe(CN)_6] \cdot 2\,Pb(Ac)_2$

$$3\,Cs^+ + K_3[Fe(CN)_6] + 2\,Pb(Ac)_2 \longrightarrow \underset{\text{orangerot}}{Cs_3[Fe(CN)_6] \cdot 2\,Pb(Ac)_2} \downarrow + 3\,K^+$$

Praxis: 1 Tr. Probelsg. wird auf dem OT mit 1 Tr. Reagenzlsg. versetzt ⟶ ein *orangeroter* Niederschlag, der in quadratischen oder rechteckigen Blättchen kristallisiert, deutet auf Anwesenheit von Cs^+. Dieser Nachweis ist in der Gruppe der Alkalielemente spezifisch für Caesium.

Reagenz: Eine Mischung gleicher Volumina an kalt gesättigter $K_3[Fe(CN)_6]$-Lsg. (rotes Blutlaugensalz) und $Pb(Ac)_2$-Lsg.

Störung: SO_4^{2-} und Cl^- dürfen nicht zugegen sein (andernfalls wird Pb^{2+} als Sulfat oder Chlorid gefällt).

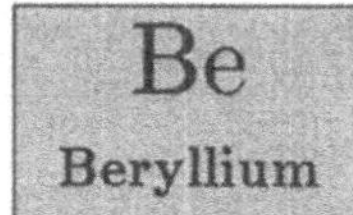

Beryllium, Be

M	Smp.	Sdp.	ρ [g/cm³]	EN	Oxidationsstufen	e⁻-Konfiguration
9.01	1280 °C	2480 °C	1.85	1.57	+2	[He] 2s²

Standardpotential(e)

$Be^{2+} + 2e^- \rightleftharpoons Be \quad E^0 = -1.97$ V

Vorkommen/Mineralien

Beryllium gehört zu den selteneren Metallen. Es findet sich niemals gediegen, sondern nur in gebundener Form. Vorwiegend als Beryll $Al_2Be_3[Si_6O_{18}]$, Smaragd (≙ Beryll + 0.3% Cr_2O_3), Aquamarin (≙ Beryll + Eisenverbindungen), Euklas $AlBe(OH)[SiO_4]$, Gadolinit $Y_2Fe(II)Be_2O_2[SiO_4]_2$, Chrysoberyll $Al_2[BeO_4]$ und Phenakit $Be_2[SiO_4]$.

Herstellung: Durch Reduktion von BeF_2 mit Magnesium oder Calcium (im Vakuum) bei hohen Temperaturen oder durch Schmelzflußelektrolyse von Berylliumhalogeniden.

Verwendung: Beryllium wird wegen seines hohen Schmelzpunkts und seines niedrigen Neutronen-Absorptionsquerschnitts als Reflektormaterial für Neutronen in Atomreaktoren verwendet. Außerdem nutzt man Beryllium anstelle von Aluminium als Austrittsfenster für Röntgenstrahlen (Diffraktometer), als Werkstoff- und Legierungszusatz (z. B. „funkenfreie Werkzeuge" aus „Berylliumbronze" oder Uhrfedern aus Ni/Be-Legierungen), als feuerfeste Keramik (BeO) oder als Isoliermaterial für Radarröhren.

Eigenschaften: Beryllium ist ein weißgraues, hartes und sehr sprödes Leichtmetall, dem eine hexagonal-dichteste Kugelpackung zugrunde liegt. Seine Leitfähigkeit beträgt ca. 10% der Leitfähigkeit von Kupfer. Beryllium zeigt in verschiedener Hinsicht ähnliche Eigenschaften wie Aluminium (vgl. Seite 110), was auf die bereits erwähnte „Schrägbeziehung im Periodensystem" zurückzuführen ist. Es steht an 50. Stelle der Elementhäufigkeit. Beryllium und Berylliumverbindungen sind ausgesprochen giftig; es darf daher nur unter geeigneten Schutzvorrichtungen damit umgegangen werden!

Nachweis von Beryllium

Beryllium bildet wie Aluminium ein *amphoteres Hydroxid* (das einzige amphotere Hydroxid der Erdalkaligruppe) und wird demnach in der Urotropin-Gruppe (neben Aluminium) nachgewiesen.

1. NW mit Morin

Be^{2+} bildet in alkalischer Lösung mit Morin einen intensiv *grün* fluoreszierenden, kolloidalen Farblack.[5] Zur Ausführung dieses Nachweises verfahre man gemäß NW 3, Seite 92.

2. NW mit Chinalizarin/NaOH

In alkalischer Lösung gibt Be^{2+} mit Chinalizarin einen *blauen* Chelatkomplex, der (im Gegensatz zum analogen Komplex des Magnesiums) mit Bromwasser sofort zerstört wird. Die Reaktion ist empfindlich und wird kaum gestört.

Praxis: Einige Tr. der sauren Probelsg. werden mit möglichst wenig KOH oder NaOH versetzt und zentrifugiert. 1 Tr. des Zentrifugats wird auf der TP mit 1 Tr. frisch bereiteter Reagenzlsg. versetzt. Eine *Blaufärbung* oder ein *blauer* Niederschlag deuten auf Anwesenheit von Beryllium.

Reagenz: 0.05%ige Lösung von Chinalizarin in 0.1 mol/l NaOH.

Störung:
- PO_4^{3-}, NH_4^+ verringern die Empfindlichkeit des Nachweises.
- Fe^{3+}, Cr^{3+} (müssen abgetrennt werden).
- Co^{2+}, Ni^{2+} (werden mit KCN maskiert).

[5] Die Bildung eines Farblacks in essigsaurer Lösung deutet auf Aluminium, ein Farblack in salzsaurer Lösung auf Zirconium.

6.1 Seltenerdmetalle

Als „Seltenerdmetalle“ werden die Elemente Scandium, Yttrium, sowie die 15 Elemente mit den Ordnungszahlen 57–71 bezeichnet. Als „Lanthanoiden“ werden hingegen nur die 14 auf Lanthan folgenden Elemente bezeichnet: Cer (Ce), Praseodym (Pr), Neodym (Nd), Promethium (Pm), Samarium (Sm), Europium (Eu), Gadolinium (Gd), Terbium (Tb), Dysprosium (Dy), Holmium (Ho), Erbium (Er), Thulium (Tm), Ytterbium (Yb) und Lutetium (Lu). Man teilt ihre Oxide ein in:

Ceriterden:	Ce, La, Pr, Nd, Sm	
Yttererden:	Yttererde:	Y
	Terbinerden:	Eu, Gd, Tb
	Erbinerden:	Dy, Ho, Er, Tm
	Ytterbinerden:	Yb, Lu

Innerhalb der Gruppe der Lanthanoiden erfolgt die schrittweise „Auffüllung“ der 4f-Schale mit insgesamt 14 Elektronen. Da sich hierbei nur die elektronische Situation der *drittäußersten* Schale ändert (während die Besetzung der beiden äußersten Schalen unverändert bleibt), sind sich die Lanthanoiden bezüglich ihres Reaktionsverhaltens sehr ähnlich. *Hauptoxidationsstufe* der Lanthanoiden ist +III; es werden aber auch die Oxidationstufen +II und +IV beobachtet. Grund:

	1s	2p 2s	3d 3p 3s	4s	4p	4d	4f	5s	5p	5d	5f	6s
La	2	8	18	2	6	10		2	6	**1**		2
Ce	2	8	18	2	6	10	**1**	2	6	**1**		2
Pr	2	8	18	2	6	10	**3**	2	6			2
Nd	2	8	18	2	6	10	**4**	2	6			2
⋮												
Eu	2	8	18	2	6	10	**7**	2	6			2
Gd	2	8	18	2	6	10	**7**	2	6	**1**		2
Tb	2	8	18	2	6	10	**9**	2	6			2
Dy	2	8	18	2	6	10	**10**	2	6			2
⋮												
Yb	2	8	18	2	6	10	**14**	2	6			2
Lu	2	8	18	2	6	10	**14**	2	6	**1**		2

Eine abgeschlossene Konfiguration aller Elektronenenschalen (bei La^{3+} oder Lu^{3+}) oder die Halbbesetzung[6] der 4f-Unterschale (bei Gd^{3+}) stellt allgemein eine sehr günstige Situation dar. Daher können die Elemente, die (direkt) nach Lanthan

[6] Eine Halbbesetzung ist insofern günstig, als die „Besetzung“ der Orbitale mit jeweils *einem* Elektron zu geringeren Elektronenwechselwirkungen führt.

oder Gadolinium stehen, durch Abgabe eines weiteren Elektrons ($\longrightarrow$ Oxidationsstufe +IV) ebenfalls eine abgeschlossene Konfiguration erreichen (Ce^{4+}, Tb^{4+}). Umgekehrt können die Elemente, die (direkt) vor Gadolinium oder Lutetium stehen, durch Abgabe von nur zwei Elektronen ($\longrightarrow$ Oxidationsstufe +II) eine halbbesetzte 4f-Schale erreichen (Eu^{2+}, Yb^{2+}).

M^{3+}-Ionen mit unbesetzter, halbbesetzter oder voll besetzter 4f-Schale sowie die unmittelbar benachbarten M^{3+}-Ionen weisen *keine* Farbe auf. Die anderen M^{3+}-Ionen (und damit auch die meisten Salze) sind charakteristisch gefärbt.[7] Eine Trennung der Lanthanoiden ist über *Ionenaustauscher* möglich.

Viele Eigenschaften der Lanthanoiden ändern sich aufgrund der sog. „Lanthanoidenkontraktion" (s. unten) stetig mit steigender Ordnungszahl. Beispielsweise nimmt die Basizität von Scandium über Yttrium zum Lathan hin soweit zu, daß $La(OH)_3$ ähnliche basische Eigenschaften aufweist, wie $Ca(OH)_2$. Anschließend nimmt sie aber langsam wieder ab (Lanthanoidenkontraktion), so daß $Lu(OH)_3$ etwa die gleiche Basizität besitzt, wie $Sc(OH)_3$.

Lanthanoidenkontraktion

Innerhalb einer *Periode* beobachtet man eine stetige *Abnahme* des Atom- bzw. Ionen-Radius (von links nach rechts) infolge der steigenden (positiven) Kernladung und der daraus resultierenden stärkeren Anziehung auf die äußeren Elektronen. Innerhalb einer *Gruppe* beobachtet man hingegen eine *Zunahme* des Atom- bzw. Ionen-Radius (von oben nach unten), da von Element zu Element jeweils neue Elektronenschalen hinzukommen (wachsende Hauptquantenzahl).

Gruppe IIIb	Gruppe IVb	Gruppe Vb	Gruppe VIb
Sc^{3+} $r_{Sc^{3+}} = 75$ pm	Ti^{4+} $r_{Ti^{4+}} = 61$ pm	V^{5+} $r_{V^{5+}} = 54$ pm	Cr^{6+} $r_{Cr^{6+}} = 52$ pm
Y^{3+} $r_{Y^{3+}} = 90$ pm	Zr^{4+} $r_{Zr^{4+}} = \mathbf{72}$ pm	Nb^{5+} $r_{Nb^{5+}} = \mathbf{64}$ pm	Mo^{6+} $r_{Mo^{6+}} = \mathbf{60}$ pm
La^{3+} $r_{La^{3+}} = 105$ pm	Hf^{4+} $r_{Hf^{4+}} = \mathbf{71}$ pm	Ta^{5+} $r_{Ta^{5+}} = \mathbf{64}$ pm	W^{6+} $r_{W^{6+}} = \mathbf{60}$ pm

Vergleicht man die Radien von Y^{3+} und La^{3+}, so beobachtet man eine Differenz von 15 pm. Dagegen entsprechen sich die Radien von Zr^{4+}/Hf^{4+} oder Nb^{5+}/Ta^{5+} nahezu, obwohl die Elemente unterschiedlichen Perioden angehören. Ursache hierfür ist die Auffüllung der 4f-Niveaus, im Zuge derer die Kernladung und die Zahl der Elektronen von Element zu Element um 1 zunimmt.

[7] Ce farblos, Pr gelbgrün, Nd rotviolett, Pm rot, Sm tiefgelb, Eu hellrosa, Er tiefrosa, Tm blaßgrün, Yb farblos, Lu farblos.

Gleichzeitig ist jedoch die Abschirmung der 4f-Elektronen auf die Kernladung aufgrund der Orbitalform (Bahnfunktionen, noch mehr aufgespalten als d-Orbitale) verhältnismäßig unvollständig, was dazu führt, daß die *effektive* Kernladung[8] in gleicher Richtung steigt. Dadurch werden die Valenzelektronen immer „fester“ an den Kern gebunden, wodurch sich die Größe der Atome/Ionen verringert.

Die annähernde Übereinstimmung der Ionenradien von Zr^{4+}/Hf^{4+}, Nb^{5+}/Ta^{5+}, Mo^{6+}/W^{6+} etc. führt zu einer engen chemischen „Verwandschaft“ der betreffenden Elemente, die sich in vergleichbaren Eigenschaften und ähnlichem Reaktionsverhalten äußert. Im Fall von Zirconium und Hafnium führt diese Übereinstimmung sogar so weit, daß Hafnium erst 1923 von Georg v. Hevesy neben Zirconium isoliert werden konnte.

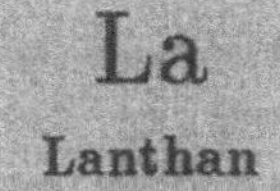

Lanthan, La

M	Smp.	Sdp.	ρ [g/cm³]	EN	Oxidationsstufen	e⁻-Konfiguration
138.91	920 °C	3470 °C	6.17	1.1	+3	[Xe] $5d^1$ $6s^2$

Standardpotential(e)

$La^{3+} + 3e^- \rightleftharpoons La.\quad E^0 = -2.52$ V

Vorkommen/Mineralien

Lanthan findet sich als Begleiter von Cer in Monazit $(Ce, Th)(PO_4, SiO_4)$, Bastnäsit $(Ce, La, Dy)CO_3F$, Cerit und Orthit.

Herstellung: Lanthan wird durch Reduktion von LaF_3 mit Calcium oder Magnesium gewonnen. LaF_3 erhält man durch Aufschluß von Monazit mittels H_2SO_4, Abtrennung von La^{3+} über Ionentauscher, Glühen zum Oxid und Kochen des Oxids mit konz. HF.

Verwendung: La_2O_3 dient als Zusatz für hochwertige Gläser, die einen hohen Brechungsindex besitzen. „Mischmetall“, eine rohe Mischung aus Lanthanoidenmetallen mit einem Lanthan-Gehalt von ca. 25%, wird zur Herstellung von Feuersteinen verwendet.

Eigenschaften: Lanthan ist ein silbriges, weiches und dehnbares Schwermetall, das in drei Modifikationen kristallisiert. Es ist relativ reaktionsfähig und seine Verbindungen sind schwach giftig! Lanthan steht an der 28. Stelle der Elementhäufigkeit.

[8] Unter der *effektiven Kernladung* versteht man vereinfacht diejenige Ladung, die tatsächlich durch alle inneren (abschirmenden) Schalen hindurch auf ein Valenzelektron wirkt. Die effektive Kerladung ist in der Regel geringer als die „nominelle“ Kernladung.

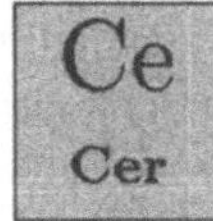

Cer, Ce

M	Smp.	Sdp.	ρ [g/cm^3]	EN	Oxidationsstufen	e^--Konfiguration
140.12	795 °C	3470 °C	6.78	1.12	+3, +4	[Xe] $4f^1\,5d^1\,6s^2$

Standardpotential(e)

$Ce^{3+} + 3e^- \rightleftharpoons Ce. \quad E^0 = -2.48$ V

Vorkommen/Mineralien

Cer findet sich wie Lanthan im Monazit (Ce, Th)(PO_4, SiO_4), Bastnäsit (Ce, La, Dy)CO_3F, Cerit und Orthit. Dabei kommt Cer sogar häufiger vor als Blei, Bor oder Brom.

Verwendung: Cer/Lanthan-Gemische mit bis zu 50% Eisen („Cereisen") werden wie oben erwähnt für Feuerzeuge und Gasanzünder verwendet. Gasglühstrümpfe enthalten ca. 1% CeO_2 in Thoriumoxid. Und schließlich wird Cer (meist als Sulfat) bei Redoxtitrationen in der analytischen Chemie verwendet.

Eigenschaften: Cer ist ein graues, glänzendes, dehnbares und an der Luft unbeständiges Schwermetall, das sich bereits bei geringer Energiezufuhr entzündet. Es steht an der 26. Stelle der Elementhäufigkeit.

Vorproben auf Lanthan und Cer

Falls die allgemeinen Vorproben keinen Hinweis auf das seltene Element ergeben, versetzt man eine Probe des eingeengten Zentrifugats der H_2S-Gruppe mit

a) **NaF** $\longrightarrow$ LaF_3, CeF_3 (weiß, gelatinös – im Gegensatz zu Al^{3+}, Be^{2+}, Zr^{4+}, Ti^{4+} und Fe^{3+} *nicht* löslich im Überschuß des Fällungsmittels!).

b) $\mathbf{(NH_4)_2C_2O_4}$ $\longrightarrow$ $La_2(C_2O_4)_3$, $Ce_2(C_2O_4)_3$ (ebenfalls im ÜS schwerlöslich!). Der Oxalatniederschlag wird in verd. HNO_3 und einigen Tr. 30%igem H_2O_2 gelöst. Durch anschließende Zugabe von NH_3 kann Lanthan von Cer unterschieden werden (Gelbfärbung deutet auf Anwesenheit von Cer).[9]

Nachweis von Lanthan und Cer

1. NW von La als Lanthanacetat/Iod-Einschlußverbindung

Basisches Lanthanacetat bildet mit Iod eine blau gefärbte Einschlußverbindung.

Praxis: Zu 5 Tr. der salpetersauren Probelsg. werden 3 Tr. 5 mol/l HAc und 1 Tr. 0.01 mol/l $KI \cdot I_2$ gegeben. Darauf wird bis zum Auftreten einer *Blaufärbung* bzw. eines *blauen* Niederschlags tropfenweise mit verd. NH_3 versetzt.

[9] Das H_2S-Zentrifugat selbst darf jedoch *niemals* mit H_2O_2 behandelt werden, da sonst Ce^{3+} zu Ce^{4+} oxidiert wird, das weder mit F^- noch mit $C_2O_4{}^{2-}$ gefällt werden kann.

Störung: Ce^{3+}-Salze und Stärke geben ähnlich gefärbte Einschlußverbindungen (vgl. Seite 132).

2. NW von Ce durch Oxidation von Ce^{3+} zu Ce^{4+}

Eine Unterscheidung von Cer und Lanthan kann durch Oxidation von Ce^{3+} zu Ce^{4+} getroffen werden (Ce^{4+}-Ionen sind gelb gefärbt, La^{3+}-Ionen sind farblos).

(a) In **alkalischer** Lösung

$$3\,Ce^{3+} + MnO_4^- + 3\,H_2O \xrightarrow{+8\,OH^-} \underset{\text{gelb}}{3\,Ce(OH)_4\downarrow} + \underset{\text{braun}}{MnO(OH)_2\downarrow}$$

Als Oxidationsmittel können MnO_4^- oder Halogene verwendet werden. Diese Reaktion kann auch zur Abtrennung des Cers verwendet werden.

(b) In **stark salpetersaurer** Lösung

Nach längerem Kochen einer stark salpetersauren cerhaltigen Lösung fällt in Gegenwart von NH_4NO_3 beim Abkühlen *rotes*, kristallines $(NH_4)_2[Ce(NO_3)_6]$ aus.

$$Ce(OH)_3 + 2\,NH_4NO_3 \xrightarrow{\Delta} \underset{\text{rot}}{(NH_4)_2[Ce^{IV}(NO_3)_6]\downarrow}$$

Ti
Titan

Titan, Ti

M	Smp.	Sdp.	ρ [g/cm^3]	EN	Oxidationsstufen	e^--Konfiguration
47.90	1670 °C	3260 °C	4.50	1.54	+3, +4	[Ar] $3d^2\,4s^2$

Standardpotential(e)

$Ti^{2+} + 2e^- \rightleftharpoons Ti.\quad E^0 = -1.63$ V

Vorkommen/Mineralien

Titan gehört zu den zehn häufigsten Elementen. Da es in der Natur jedoch sehr verbreitet (und jeweils nur in sehr geringen Konzentrationen) vorkommt, bereitet seine Anreicherung Probleme. Wichtige Mineralien sind Rutil TiO_2, Titaneisen (Ilmenit) $FeTiO_3$ ($\widehat{=}FeO \cdot TiO_2$), Titanit $CaTiO[SiO_4]$ und Perowskit ($CaTiO_3$).

Herstellung: Hochreines Titan gewinnt man nach dem sog. Aufwachsverfahren nach *van Arkel* und *de Boer* durch thermische Zersetzung von TiI_4 bei 800–900 °C.[10] Großtechnisch reduziert man $TiCl_4$ mit flüssigem Magnesium („Kroll-Prozeß") oder flüssigem Natrium („Hunter-Verfahren") unter Edelgasatmosphäre. $TiCl_4$ wird dabei aus titanhaltigen Erzen (meist Ilmenit) gewonnen, indem man diese mit Koks auf 800 °C erhitzt und daraufhin Chlorgas über das glühende Gemisch leitet.

[10] Van Arkel gelang 1922 die erste Reindarstellung des Elements Titan.

Verwendung: In diversen Sonderlegierungen (korrosionsbeständig und dennoch sehr leicht), die im chemischen Apparatebau (Anoden der Chloralkalielektrolyse), der Raumfahrt- (Raketenteile) und der Flugzeugindustrie verwendet werden. Ferner findet TiO_2 als Farbstoffpigment[11] (TiO_2 – „Titanweiß") und $TiCl_4$ als Katalysator in der Kunststoffindustrie Verwendung. Darüberhinaus werden Mischkristalle von $CaTiO_3$, $SrTiO_3$ und $BaTiO_3$ als hochwirksame Dielektrika und als elektroakkustische Wandler (Erzeugung von Ultraschall) verwendet.

Eigenschaften: Titan ist ein silberweißes, dehnbares, bei Rotglut schmiedbares Leichtmetall, das bei Raumtemperatur gegen Luft und auch gegen feuchtes Chlor beständig ist. Es ist ein guter elektrischer Leiter. Es ist zwar sehr unedel, bildet aber sofort eine passivierende Oxidschicht. Es ist nicht giftig, da es physiologisch inert ist. Titan steht an der 9. Stelle der Elementhäufigkeit und ist in metallischem Zustand ausgesprochen teuer. In seinen Verbindungen ist Titan vier-, drei- oder auch zweiwertig, wobei die vierwertige Stufe die beständigste ist. Allerdings treten in wäßriger Lösung keine freien Ti^{4+}-Kationen auf, sondern es liegen stets Hydroxokationen vor, z. B. $[Ti(OH)_3(H_2O)_3]^+$ oder $[Ti(OH)_2(H_2O)_4]^{2+}$.

Ti^{3+}-Salze sind *rotviolett* gefärbt und wirken stark reduzierend. Das schwerlösliche TiO_2 muß durch sauren Aufschluß (Kap. 5.2.2, S. 235) oder mit konz. H_2SO_4 ($\longrightarrow$ $TiOSO_4$) in Lösung gebracht werden. Frisch gefälltes TiO_2-Hydrat ist in starken Säuren sowie in $(NH_4)_2CO_3$ leicht löslich. Beim Kochen tritt jedoch Teilchenvergröberung ein (vgl. SnO_2) $\longrightarrow$ schlechtere Löslichkeit.

Vorproben auf Titan

1. Phosphorsalzperle

Oxidationsflamme heiß: *blaßgelb*, kalt: *farblos.* Reduktionsflamme heiß: *blaßgelb*, kalt: *violett.*[12]

2. Glühprobe

Praxis: Man erhitzt in einem Glühröhrchen etwas US mit einem kleinen Stückchen Natrium bis zum Erweichen des Glases. Dann läßt man das heiße Röhrchen in ein mit wenig kaltem Wasser gefülltes Reagenzglas fallen und säuert an:

Ti	Rotviolette Farbe des Ti^{3+}
Mo, W	Blaufärbung (s. Seite 265, Seite 267)
V	Grünfärbung (s. Seite 262)

[11] TiO_2 ist nicht zwangsläufig „reinweiß", da der Farbeffekt von der Kristallgröße abhängig ist! Sehr kleine TiO_2-Partikel wirken farbig. Sie werden daher zur Herstellung von irrisierenden Effektfolien verwendet. Unrühmliche Bekanntheit hat das TiO_2 durch die umweltbelastenden Dünnsäureverklappungen erlangt. [12] Wird beim Glühen mit einer Spur $FeSO_4$ blutrot.

Nachweis von Titan

1. NW mit H_2O_2 als Peroxotitanyl-Kation

$$TiO^{2+} + H_2O_2 \longrightarrow \underset{\text{gelborange}}{[Ti(O)_2]^{2+}} + H_2O$$

In saurer Lösung bilden sich bei Reaktion mit Wasserstoffperoxid *gelborange* $[Ti(O_2)]^{2+}$-Kationen. Durch Zugabe von gesättigter KF- oder NH_4F-Lösung wird die Reaktionslösung (im Gegensatz zu den entsprechenden Reaktionen mit Molybdat oder Vanadat) wieder entfärbt.

Praxis: Die salzsaure Probelsg. wird in Gegenwart von Fe^{3+} durch Zusatz einiger Tr. konz. H_3PO_4 entfärbt (Fällung von $FePO_4$) und anschließend mit 5 Tr. verd. H_2O_2 versetzt $\longrightarrow$ *gelbe bis gelborange* Färbung.

Störung:
- Fe^{3+} (gelb) muß mit 1–2 Tropfen konz. H_3PO_4 maskiert werden.
- F^- stört durch Bildung des stabilen $[TiF_6]^{2-}$-Komplexes.
- ${CrO_4}^{2-}$ stört infolge Gelbfärbung.
- Liegt Ti als TiO_2 vor (schwerlöslicher RS), so muß es durch einen sauren Aufschluß oder durch Kochen mit konz. H_2SO_4 in Lösung gebracht werden.

2. NW mit Chromotropsäure

Praxis: Auf der TP wird die zu untersuchende, schwach saure Probelsg. mit wenigen Tr. einer frisch bereiteten 2%igen Lösung von Chromotropsäure in Wasser versetzt. Bei einem pH-Wert von 1–3 erhält man in Ggw. von Ti(IV) einen *weinroten*, bei pH 5–6 einen *orangen* Komplex.

Zirconium, Zr

Zr
Zirconium

M	Smp.	Sdp.	ρ [g/cm³]	EN	Oxidationsstufen	e^--Konfiguration
91.22	1850 °C	3580 °C	6.49	1.33	+4	[Kr] $4d^2\,5s^2$

Standardpotential(e)

$Zr^{4+} + 4e^- \rightleftharpoons Zr.\quad E^0 = -1.53$ V

Vorkommen/Mineralien

Zirconium kommt in der Natur vorwiegend als *Dioxid* ZrO_2 (Baddeleyit, Zirconerde) oder als *Silicat* $ZrSiO_4$ (Alvit, Zircon) vor und ist häufig mit Hafnium vergesellschaftet.

Herstellung: Durch Reduktion von $ZrCl_4$ mit Magnesium oder Natrium; sehr reines Zirconium erhält man durch das Aufwachsverfahren nach *van Arkel* und *de Boer* durch thermische Zersetzung von ZrI_4 (vgl. Seite 253).

Verwendung: Zirconium ist sehr korrosions- und hitzebeständig. Es wird daher in metallischer oder legierter Form („Zircalloy“ mit > 90% Zr) in der Raumfahrt (Raketenbauteile), der chemischen Industrie, für chirurgische Implantate und im Reaktorbau verwendet. Ferner nutzt man Legierungen des Zirconiums mit Niob für den Bau supraleitender Magneten. Und schließlich dient $ZrCl_4$ als Katalysator bei Crack-Prozessen und ZrO_2 als hochfeuerfestes Material (Zirconsteine).

Eigenschaften: Zirconium ist – wie oben erwähnt – ein hochglänzendes, stahlähnliches Metall, das verhältnismäßig weich, duktil und so beständig ist, daß es auch bei höheren Temperaturen von HCl, HNO_3 oder H_2SO_4 kaum angegriffen wird.[13] Pulverisiertes Zirconium verbrennt spontan an der Luft. Sowohl das Element, als auch seine Verbindungen sind nicht giftig. Es steht an der 18. Stelle der Elementhäufigkeit. In seinen Verbindungen tritt Zirconium gewöhnlich in der Oxidationsstufe +IV auf.

In wässrigen Lösungen hydrolysiert es zu verschiedenen Ionen der Form $[Zr(OH)_2 \cdot aq]^{2+}$, $[ZrO(OH) \cdot aq]^+$ oder $[Zr(OH)_3 \cdot aq]^+$. Zr^{4+} bildet wie Eisen in wässrigen Lösungen *Isopolybasen*, deren Bildungstendenz mit steigender Temperatur, Konzentration und pH-Wert zunimmt. Mit Oxalat- und Fluoridionen bildet Zr^{4+} stabile Komplexe (vgl. NW 3, rechts).

ZrO_2 verhält sich in Salzschmelzen wie ein Säureanhydrid ($\longrightarrow$ O^{2-}-Akzeptor, „Bjerrum-Antibase“ (vgl. Seite 239):[14]

$$ZrO_2 + Na_2CO_3 \rightleftharpoons \underset{\text{Natriumzirconat}}{Na_2ZrO_3} + CO_2\uparrow$$

Natriumzirconat ist allerdings kein Salz mit ${ZrO_3}^{2-}$-Ionen, sondern ein Doppeloxid der Form $Na_2O \cdot ZrO_2$.

Nachweis von Zirconium

Zirconium fällt beim Kochen mit Urotropin als *gallertartiges* $[Zr(OH)_2 \cdot aq]^{2+}$, welches in frisch gefällter Form leicht in Mineralsäuren löslich ist, beim Kochen jedoch allmählich altert (vgl. TiO_2) und danach nur noch schwer löslich ist (Weinsäure verhindert diese Fällung infolge Komplexierung).

1. Fällung mit Na_2HPO_4 als $Zr_3(PO_4)_4$

Aus salzsaurer Lösung fällt bei Reaktion von Zirconiumsalzen mit Na_2HPO_4 oder H_3PO_4 ein *weißer*, flockiger Niederschlag der ungefähren Zusammensetzung $Zr_3(PO_4)_4$. Letzteres ist im Gegensatz zu den Phosphaten anderer Elemente der Urotropin-Gruppe auch in stark saurem Medium beständig.

[13] HF und Königswasser lösen Zirconium jedoch bereits bei Raumtemperatur. [14] Frisch gefälltes $ZrO_2 \cdot x\,aq$ löst sich in starken Laugen zu Zirconat.

Praxis: Die salzsaure Probelsg. wird mit einigen Tr. einer gesättigten Na_2HPO_4-Lsg. (oder konz. H_3PO_4) versetzt und kurz aufgekocht. Ein *weißer*, meist flockiger Niederschlag, der sich nur allmählich absetzt und auch von konz. HCl nicht gelöst wird, deutet auf Anwesenheit von Zirconium.

2. NW mit Alizarin-S

Mit stark salzsauren Zirconiumsalzlösungen bildet Alizarin-S einen *roten* bis *rotvioletten* Farblack, der im Gegensatz zu den analogen Farblacken von Al^{3+}, Be^{2+} und Ti^{4+} auch bei pH < 2 beständig ist.

Praxis: Nach Abtrennung von ${SO_4}^{2-}$ als $BaSO_4$ werden 5 Tr. der schwach salzsauren Probelsg. mit 1 Tr. Reagenzlsg. aufgekocht und nach dem Abkühlen mit 1 Tr. verd. HCl versetzt. Dabei lösen sich die Farblacke der oben erwähnten Elemente, während der Zirconium/Alizarin-S-Farblack in Form von *rotvioletten* Flocken in der Lösung verbleibt.

Störung:
- Die Fällung wird infolge Komplexierung durch F^-, ${PO_4}^{3-}$, ${SO_4}^{2-}$, ${MoO_4}^{2-}$ und ${WO_4}^{2-}$ verhindert.

3. NW mit Oxalsäure oder $(NH_4)_2C_2O_4$

$$Zr(NO_3)_2 + 2\,C_2O_4H_2 \longrightarrow Zr(C_2O_4)_2 + 2\,HNO_3 + 2\,H^+$$

Beim Versetzen einer neutralen bis schwach sauren Probelösung mit Oxalsäure fällt in Anwesenheit von Zr^{4+} *weißes*, feinkristallines Zirconiumoxalat, das im Überschuß des Fällungsmittels und in starken Säuren löslich ist. Schwefelsäure kann die Fällung durch Bildung sehr stabiler Sulfatokomplexe verhindern.

4. NW als fluoreszierender Morin-Farblack

Der Zirconium/Morin-Farblack ist im Gegensatz zum Aluminium/Morin-Farblack auch gegenüber konz. HCl stabil (vgl. NW auf Aluminium, Seite 92).

Praxis: Die saure Probelsg. wird mit KOH (nicht NaOH, da NaOH selbst fluoresziert!) stark alkalisch gemacht und zentrifugiert. Einige Tr. des Zentrifugats werden auf dem schwarzen Teil der TP mit konz. HAc angesäuert und mit einigen Tr. Reagenzlösung versetzt. Eine *grüne* Fluoreszenz, die beim Ansäuern mit HCl *nicht* wieder verschwindet, deutet auf Anwesenheit von Zr^{4+}. Hilfreich ist das Betrachten des Farblacks unter einer UV-Lampe! Bei diesem NW ist die Durchführung einer Blindprobe unerläßlich!

Reagenz: Gesättigte Lösung von Morin in Ethanol.

Störung:
- NaOH fluoresziert mit Morin!
- F^- komplexiert Zr^{4+} unter Bildung von $[ZrF_6]^{2-}$.
- Stark gefärbte Ionen wie Fe^{3+} (bildet in HCl einen gelben Chlorokomplex) oder ${Cr_2O_7}^{2-}$.
- Oxidationsmittel, die den Farblack zerstören.

6.2 Isopolysäuren

Die Ionen der Isopolysäuren leiten sich von denen der einfachen Säuren durch Kondensation derselben unter Abspaltung von O^{2-} bzw. H_2O ab.[15] Säuert man beispielsweise eine Dichromatlösung mit verd. H_2SO_4 an, so wird deren Farbe dunkler und unter geeigneten Bedingungen kristallisieren die Salze der Tri- bzw. Tetrachromsäure:

$$6\,CrO_4^{2-} + 6\,H^+ \rightleftharpoons 3\,Cr_2O_7^{2-} + 3\,H_2O \overset{+2\,H^+}{\rightleftharpoons} 2\,Cr_3O_{10}^{2-} + H_2O$$

$$4\,Cr_3O_{10}^{2-} + 2\,H^+ \underset{-H_2O}{\rightleftharpoons} 3\,Cr_4O_{13}^{2-} \overset{+6\,H^+}{\rightleftharpoons} 12\,CrO_3 + 3\,H_2O$$

Säuert man weiter mit konz. H_2SO_4 an, so bildet sich neben löslichen Sulfato-Komplexen wie $[CrO_3(SO_4)]^{2-}$ und Abscheidung von $(CrO_2)SO_4$ das rote Anhydrid CrO_3.

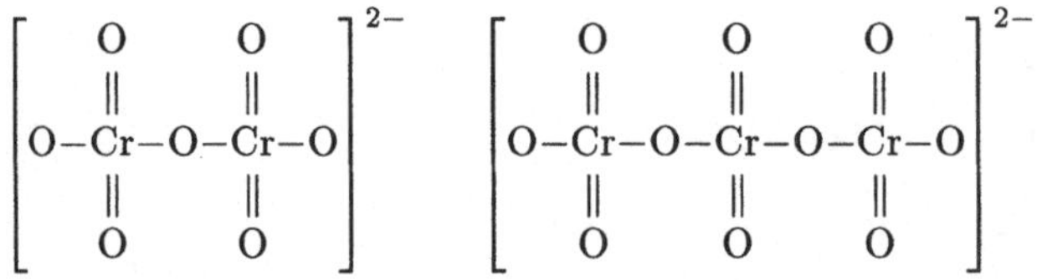

$$\left[\begin{array}{ccccc} & O & & O & \\ & \| & & \| & \\ O- & Cr & -O- & Cr & -O \\ & \| & & \| & \\ & O & & O & \end{array}\right]^{2-} \qquad \left[\begin{array}{ccccccc} & O & & O & & O & \\ & \| & & \| & & \| & \\ O- & Cr & -O- & Cr & -O- & Cr & -O \\ & \| & & \| & & \| & \\ & O & & O & & O & \end{array}\right]^{2-}$$

Bild 6.1
Die Isopolyanionen $Cr_2O_7^{2-}$ und $Cr_3O_{10}^{2-}$.

Eine Kondensation zu höhermolekularen Gebilden bei pH-Erniedrigung (Ansäuern) tritt in wäßriger Lösung außer bei der Chromsäure noch bei verschiedenen anderen Säuren (Mo-, W-, V-, Nb-, Ta-, Sn-, Kieselsäure) auf.

Entsprechend den auf Seite 87 beschriebenen „Isopolybasen" werden sie als „Isopolysäuren" bezeichnet (vgl. Kap. 6.2). Ihre Konstitution ergibt sich – im einfachsten Fall – durch Verkettung zweier Metallatome über eine Sauerstoffbrücke.

Bei Polyvanadaten, -niobaten, -tantalaten, -molybdaten und -wolframaten kennt man jedoch eine Vielzahl von zum Teil sehr komplizierten Verknüpfungsmustern, in denen vorwiegend Oktaeder über Ecken und Kanten verknüpft sind. Einige Beispiele für Polywolframate bzw. -molybdate sind in Bild 6.2 dargestellt (zu Polymolybdaten vgl. auch Seite 264).

6.3 Heteropolysäuren

Wird formal das Kation einer Nichtmetallsäure in das Anion einer *Isopolysäure* eingebaut, so entsteht eine *Heteropolysäure*. Versetzt man z. B. eine Polywolframsäurelösung (durch Ansäuern von Wolframat erhältlich) mit einer Nicht-

[15] vgl.: Isopolybasen z. B. bei $Fe(OH)_3$ oder bei Zirkonium (s. Seite 256)

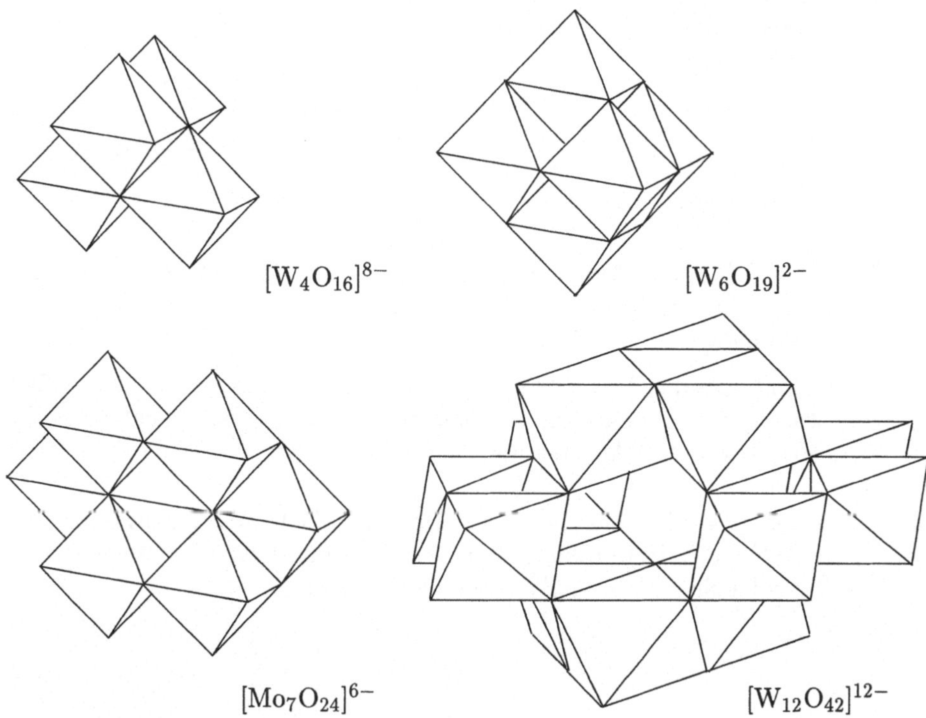

Bild 6.2 Einige Beispiele für Isopolyanionen.

metallsäure (z. B. Orthoperiodsäure H_5IO_5, Orthotellursäure H_6TeO_6, Phosphorsäure H_3PO_4 oder Kieselsäure H_4SiO_4), so erhält man die Salze gemischter Polysäuren mit den Polysäureanionen:

$$[W_{12}O_{40}]^{8-} + „P^{5+}“ \longrightarrow [P(W_{12}O_{40})]^{3-} \quad (\text{vgl. } PO_4^{3-}\text{-Nachweis})$$

$$[W_{12}O_{40}]^{8-} + „Si^{4+}“ \longrightarrow [Si(W_{12}O_{40})]^{4-}$$

Polywolframsäure bildet allgemein *zwei* Haupttypen von Heteropolysäuren bzw. -anionen:

Typ (1) $[X(W_6O_{24})]^{(n-12)-}$ mit $X = I^{VII}$, Te^{VI}, Ni^{IV} und n = Wertigkeit des Heteroatoms X.

$$H_5I\boxed{O_6 + H_{12}}W_6O_{24} \longrightarrow H_5IW_6O_{24} + 6\,H_2O$$

Formal betrachtet wird also das Kation einer Nichtmetallsäure in das Anion der Isopolysäure eingebaut:

$$[W_6O_{24}]^{12-} + „I^{7+}“ \longrightarrow [I(W_6O_{24})]^{5-}$$

Typ (2) $[Y(W_{12}O_{40})]^{(n-8)-}$ mit $Y = B^{III}$, Si^{IV}, P^{V} etc. und n = Wertigkeit des Heteroatoms Y.

$$H_3P\boxed{O_4 + H_8}W_{12}O_{40} \longrightarrow \underbrace{H_3PW_{12}O_{40}}_{= H_3[P(W_3O_{10})_4]} + 4\,H_2O$$

Dies läßt sich strukturell erklären:

- Im 1. Fall bildet das Anion $[W_6O_{24}]^{12-}$ die *Anderson-Struktur*, in der das zentrale Nichtmetall-Ion *oktaedrisch* von 6 O-Atomen umgeben wird. Es besetzt also die Oktaederlücke und ist somit isomorph zu $[W_6O_{24}]^{12-}$ selbst.
- Im 2. Fall bildet das Anion $[W_{12}O_{40}]^{8-}$ die sog. *Keggin-Struktur* (zu Aufbau und Zusammensetzung s. Seite 211), in der das zentrale Nichtmetall-Ion *tetraedrisch* von 4 O-Atomen umgeben wird.

Da Oktaederlücken größer sind als Tetraederlücken, bilden große Nichtmetallionen, wie „I^{7+}", „Te^{6+}" etc. Heteropolysäuren des Typs (1), kleine Nichtmetallionen wie B^{3+}, P^{5+} oder Si^{4+} Heteropolysäuren des Typs (2).

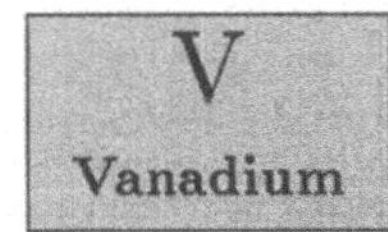

Vanadium, V

M	Smp.	Sdp.	ρ [g/cm³]	EN	Oxidationsstufen	e⁻-Konfiguration
50.94	1900 °C	3380 °C	6.1	1.63	(+2), (+3), +4, +5	[Ar] $3d^3\,4s^2$

Standardpotential(e)

$V^{2+} + 2e^- \rightleftharpoons V.\quad E^0 = -1.18$ V

Vorkommen/Mineralien

Vanadium kommt in der Natur vorwiegend als Vanadinit $Pb_5(VO_4)_3Cl$, Patronit VS_4, Roscoelit (Vanadiumglimmer) $K(Al,V)_2(OH,F)_2[AlSi_3O_{10}]$ oder Carnotit $KUO_2VO_4 \cdot 1.5\,H_2O$ vor.

Herstellung: Elementares Vanadium gewinnt man aluminothermisch gemäß $3\,V_2O_5 + 10\,Al \longrightarrow 6\,V + 5\,Al_2O_3$ oder durch das sog. „Aufwachsverfahren" (vgl. Seite 253). „Ferrovanadium", eine Eisenlegierung mit ca. 50% Vanadium, erhält man durch Reduktion von V_2O_5 mit Ferrosilicium im elektrischen Ofen.

Verwendung: Vanadium wird hauptsächlich als Stahlzusatz und als Hüllwerkstoff für Kernbrennstoffe verwendet. Da Vanadium seine Oxidationsstufe in Redoxprozessen relativ leicht wechseln kann, wirken Vanadium-Verbindungen als sauerstoffübertragende Katalysatoren.

Eigenschaften: Vanadium ist ein stahlgraues, hartes und relativ sprödes Metall, dem eine kubisch-raumzentrierte Gitterstruktur zugrunde liegt. Die elektrische Leitfähigkeit entspricht ca. 9% der Leitfähigkeit von Kupfer. Es ist gegenüber Luft,[16] Feuchtigkeit und Laugen beständig; von den Säuren wird es nur von Flußsäure, Salpetersäure und Königswasser angegriffen. Es steht an der 19. Stelle der Elementhäufigkeit und tritt in seinen Verbindungen vorwiegend in den Oxidationsstufen +II bis +V auf.

$$\underset{\text{violett}}{[V^{II}(H_2O)_6]^{2+}} \rightleftharpoons \underset{\text{grün}}{[V^{III}(H_2O)_6]^{3+}} \rightleftharpoons \underset{\text{blau}}{[V^{IV}O(H_2O)_5]^{2+}} \rightleftharpoons \underset{\text{farblos}}{[V^{V}O_2(H_2O)_4]^{+}}$$

Das Oxid VO_2 hat *amphoteren* Charakter. Mit Basen bildet es Vanadate (IV), mit Säuren Salze des in wässriger Lösung *hellblau* gefärbten Oxovanadium(IV)-Kations $[VO(H_2O)_5]^{2+}$. V_2O_5 bildet mit Laugen ${VO_4}^{3-}$, aus dessen Lösung durch Ansäuern „Isopolysäuren" erhalten werden können.

$$V_2O_5 \xrightarrow{+OH^-} \underset{\text{Vanadat(V)}}{{VO_4}^{3-}} \xrightarrow{+H^+} \underset{\text{Orthovanadinsäure}}{[H_3VO_4]} \longrightarrow \text{Isopolysäuren}$$

Bildung von Di-, Tri- und Tetravanadat im Sauren (Isopolysäuren)

$$2\,[VO_4]^{3-} + 2\,H^+ \rightleftharpoons 2\,[HVO_4]^{2-}$$
$$2\,[HVO_4]^{2-} \rightleftharpoons \underset{\text{Divanadat}}{[V_2O_7]^{4-}} + H_2O$$
$$[HVO_4]^{2-} + H^+ \rightleftharpoons [H_2VO_4]^-$$
$$3\,[H_2VO_4]^- \rightleftharpoons \underset{\text{Trivanadat}}{[V_3O_9]^{3-}} + 3\,H_2O$$
$$4\,[H_2VO_4]^- \rightleftharpoons \underset{\text{Tetravanadat}}{[V_4O_{12}]^{4-}} + 4\,H_2O$$

Bildung des Dioxovanadium(V)-Kations

$$[H_2VO_4]^- + H^+ \rightleftharpoons H_3VO_4$$
$$H_3VO_4 + H^+ \rightleftharpoons {VO_2}^+ + 2\,H_2O$$
$$15\,H^+ + 10\,[V_3O_9]^{3-} \rightleftharpoons 3\,[HV_{10}O_{28}]^{5-} + 6\,H_2O$$
$$[HV_{10}O_{28}]^{5-} + H^+ \rightleftharpoons [H_2V_{10}O_{28}]^{4-}$$
$$[H_2V_{10}O_{28}]^{4-} + 14\,H^+ \rightleftharpoons 10\,{VO_2}^+ + 8\,H_2O$$

In neutraler Lösung bildet Vanadium folgende schwerlösliche Vanadate: *oranges* $AgVO_3$, *gelbes* $Pb_3(VO_4)_2$, *weißes* $(EA)_3(VO_4)_2$ (EA = Erdalkali), *rotbraunes* $FeVO_4$ und *weißes* $(Hg_2)_3(VO_4)_2$.

[16] Feinverteiltes Vanadium-Pulver entzündet sich jedoch von selbst an der Luft (pyrophor).

Dauernde Einwirkungen von Vanadium rufen chronische Vergiftungen hervor. Größere Dosen lähmen das Atemzentrum. Vanadium steht an der 22. Stelle der Elementhäufigkeit. In Tunikaten (Mantel- und Meerestieren) ist Vanadium das blutfarbstoffbildende Metall.

Vorproben auf Vanadium

1. Phosphorsalzperle

Oxidationsflamme heiß: *rotbraun*, kalt: *orange*. Reduktionsflamme heiß: *bräunlich*, kalt: *grün*.

2. Glühprobe

Praxis: Man erhitzt in einem Glühröhrchen etwas US mit einem kleinen Stückchen Natrium bis zum Erweichen des Glases. Dann läßt man das heiße Röhrchen in ein mit wenig kaltem Wasser gefülltes Reagenzglas fallen und säuert an:

V	Grünfärbung
Mo, W	Blaufärbung (s. Seite 265, Seite 267)
Ti	Rotviolette Farbe des Ti^{3+} (s. Seite 254)

3. Reduktion mit H_2S

Durch Reduktion mit H_2S entstehen *hellblau* gefärbte VO^{2+}-Kationen.

Nachweis von Vanadium

1. NW mit H_2S oder $(NH_4)_2S$

$$4\,H_2O + VO_4{}^{3-} + 4\,S^{2-} \longrightarrow VS_4{}^{3-} + 8\,OH^-$$

Mit $(NH_4)_2S$ erfolgt aus neutraler oder ammoniakalischer Lösung keine Fällung von Vanadiumsulfid; es bilden sich stattdessen lösliche, *braun* bis *rotviolett* gefärbte Thiovanadate. Beim Sättigen der Lösung mit H_2S beobachtet man eine Rotviolettfärbung durch entstehendes $[VS_4]^{3-}$, das durch Versetzen mit Säuren als *braunes* V_2S_5 ausgefällt werden kann.

Praxis: Man versetzt einige Tr. neutrale oder ammoniakalische Probelsg. mit H_2S bzw. TAA (aufkochen) $\longrightarrow$ es bildet sich *rotviolettes* Thiovanadat $[VS_4]^{3-}$.

Störung:
- Durch H_2S wird stets etwas Vanadium(V) zu Vanadium(IV) reduziert $\longrightarrow$ das überstehende Zentrifugat ist durch geringe Mengen an $[VO]^{2+}$ meist schwach *bläulich* bis *türkisblau* gefärbt.
- Molybdän und Wolfram stören durch die Bildung von rotbraunen Thiomolybdaten bzw. -wolframaten!

2. NW als Peroxovanadin(V)

$$VO_4{}^{3-} + H_2O_2 + 6\,H^+ \longrightarrow [V(O_2)]^{3+} + 4\,H_2O$$

$$VO_4{}^{3-} + 2\,H_2O_2 \longrightarrow [HVO_2(O_2)_2]^{2-} + OH^- + H_2O$$

Der NW wird wie auf Seite 96 beschrieben durchgeführt. In saurer Lösung entsteht zunächst das *rötlich-braune* $[V(O_2)]^{3+}$, aus dem sich bei weiterem H_2O_2-Zusatz *gelb* gefärbte Peroxovanadinsäure $[VO_2(O_2)_2]^{3-}$ bzw. $H_3[VO_2(O_2)_2]$ bildet.

Praxis: Dichromat und Vanadat sind nebeneinander nachweisbar, da sich CrO_5 in die organische Phase ausschütteln läßt (vgl. Seite 96), während $[V(O_2)]^{3+}$ in der wässrigen Phase verbleibt. Vorsicht: Nicht bei zu niedrigem pH-Wert arbeiten, sonst zerfällt CrO_5, ehe es durch die etherische Phase extrahiert werden kann (verd. Mineralsäure verwenden!).

Störung: Ti(IV) gibt eine analoge Reaktion (s. Seite 255) und muß daher zuvor abgetrennt werden.

Molybdän, Mo

M	Smp.	Sdp.	ρ [g/cm^3]	EN	Oxidationsstufen	e$^-$-Konfiguration
95.94	2620 °C	4825 °C	10.3	2.16	(+2), (+3), (+4), (+5), +6	[Kr] $4d^5\,5s^1$

Standardpotential(e)

$Mo^{3+} + 3e^- \rightleftharpoons Mo.\quad E^0 = (-0.2)$ V
$MoO_4{}^{2-} + 4\,H_2O + 6e^- \rightleftharpoons Mo + 8\,OH^-.\quad E^0 = -1.05$ V

Vorkommen/Mineralien

Molybdän kommt in der Natur vorwiegend als Molybdänglanz (Molybdänit) MoS_2, seltener als Gelbbleierz (Wulfenit) $PbMoO_4$ vor.

Herstellung: Reines Metall gewinnt man durch Rösten von MoS_2, bei anschließender Reduktion des Oxids (MoO_3) im Wasserstoffstrom. Technisch bedeutsam ist sog. „Ferromolybdän“ (Stahlzusatz), das durch Zusammenschmelzen von MoO_3, Eisenoxid und Koks (mit Ferrosilicium und etwas Aluminium als Reduktionsmittel) im elektrischen Ofen gewonnen werden kann.

Verwendung: Molybdän wird vor allem in der Stahlindustrie zur Herstellung legierter Stähle und in der Elektroindustrie zur Herstellung von Glühlampen und Elektronenröhren verwendet. MoS_2 kann aufgrund seiner graphitartigen Struktur als Schmiermittel benutzt werden.

Eigenschaften: Molybdän ist ein sehr hartes, hochschmelzendes, schmied- und schweißbares, silberweißes, glänzendes Metall, dem eine kubisch-raumzentrierte Struktur zugrundeliegt. Es wird von Säuren nur allmählich angegriffen; am raschesten wird es von oxidierenden Säuren wie heißer konz. H_2SO_4 oder konz. HNO_3 gelöst. Molybdän-Pulver ist mattgrau. Die elektrische Leitfähigkeit beträgt etwa 30% der Leitfähigkeit von Silber. Mo ist ein sehr wichtiges Spurenelement in Pflanzen (Leguminosen)[17] und steht an der 74. Stelle der Elementhäufigkeit.

Beim Glühen des Metalls bildet sich MoO_3, das Anhydrid der mittelstarken Molybdänsäure. Neben MoO_3 kennt man noch die Oxide $Mo^{IV}O_2$ und $Mo_2^{V}O_5$, sowie die nichtstöchiometrischen Oxide/Hydroxide $MoO_{3-x}(OH)_x$ mit x = 0–2. Von den Verbindungen des Molybdäns sind diejenigen am beständigsten, in denen Molybdän die formale Oxidationsstufe +VI besitzt. Das in Säuren schwerlösliche MoO_3 löst sich in Laugen unter Bildung von MoO_4^{2-} (Molybdat).

Erniedrigt man den pH-Wert durch Versetzen mit Säure, so gehen die Molybdate unter H_2O-Abspaltung (Kondensation) in *Isopolymolybdate* über:

$$7\,MoO_4^{2-} + 8\,H^+ \longrightarrow \underset{\text{Heptamolybdat}}{[Mo_7O_{24}]^{6-}} + 4\,H_2O \qquad (pH > 6)$$

$$8\,MoO_4^{2-} + 12\,H^+ \longrightarrow \underset{\text{Octamolybdat}}{[Mo_8O_{26}]^{4-}} + 6\,H_2O \qquad (pH < 6)$$

Weitere Kondensation führt zu hochmolekularem weißem Molybdänoxid-Hydrat ($MoO_3 \cdot n\,H_2O$). Dieses kann als Rückstand zurückbleiben, wenn die Analysensubstanz oxidierend/sauer gelöst wird. In sehr stark salzsaurem Medium löst sich $MoO_3 \cdot n\,H_2O$ jedoch unter Bildung von $[MoO_2Cl_4]^{2-}$.

Struktur des Heptamolybdats $[Mo_7O_{24}]^{6-}$: Sechs zu einem hexagonalen Ring verknüpfte MoO_6-Oktaeder mit je 2 gemeinsamen Kanten umschließen oktaedrisch das siebte Molybdän-Atom (s. Bild 6.2).

Struktur des Octamolybdats $[Mo_8O_{26}]^{4-}$: Auf beiden Seiten des von sechs MoO_6-Oktaeder gebildeten Rings befindet sich jeweils ein weiterer ankondensierter Molybdän-Oktaeder.

Vorproben auf Molybdän

1. Phosphorsalzperle

Oxidationsflamme heiß: *gelblich*, kalt: *farblos*. Reduktionsflamme heiß: *grünbraun*, kalt: *grün*.

2. „Molybdänblau“ (beste Vorprobe auf Molybdän!)

Praxis: Man raucht etwas Ursubstanz mit wenig $SnCl_2$ und 20 ml konz. H_2SO_4 in einer offenen Schale fast bis zur Trockne ab.

[17] Es aktiviert unter anderem die Eiweißsynthese und die Bindung von Luftstickstoff.

Beim Erkalten tritt eine intensive Blaufärbung ein, die von einem Oxid der ungefähren Zusammensetzung Mo_3O_8 (= $MoO_3 \cdot Mo_2O_5$) hervorgerufen wird (vgl. Seite 24).

$Mo^{VI}O_3$	$MoO_{3-x}(OH)_x$ (x = 0–2)	$Mo^{IV}O(OH)_2$
weiß	blau	tiefgrün

Störung: Wolfram bildet ein *himmelblaues* Oxid der ungefähren Zusammensetzung $WO_{3-x}(OH)_x$ (x = 0–2) („Wolframblau"). Vanadium verursacht einen Farbwechsel von anfänglich hellblau (VO^{2+}) nach grün (V^{3+}).

3. Glühprobe

Praxis: Man erhitzt in einem Glühröhrchen etwas US mit einem kleinen Stückchen Natrium bis zum Erweichen des Glases. Dann läßt man das heiße Röhrchen in ein mit wenig kaltem Wasser gefülltes Reagenzglas fallen und säuert an:

Mo, W	Blaufärbung
Ti	Rotviolette Farbe des Ti^{3+} (s. Seite 254)
V	Grünfärbung (s. Seite 262)

Achtung: Während des Erhitzens schmilzt das Natrium und entzündet sich unter Flammenerscheinung; dabei wird die Probe zu niedrigeren Oxidationsstufen reduziert (Schutzbrille, Abzug!).

4. Nachfällung in der H_2S-Gruppe

Bei Verwendung von H_2S-Gas als Fällungsmittel fällt MoS_3 (braun) nur *langsam* und neigt darüberhinaus zu starken Nachfällungen.[18] Es ist schwerlöslich in konz. HCl, löslich jedoch in Königswasser und in gelbem Ammoniumsulfid:

$$MoS_3 + (NH_4)_2S_x \longrightarrow \underset{\text{Thiomolybdat (rot)}}{[MoS_4]^{2-}} \xrightarrow{H^+} „MoS_3" \downarrow$$

Nachweis von Molybdän

1. NW mit KSCN und Reduktionsmittel (Sn^{2+})

Molybdate bilden in salzsaurer Lösung mit KSCN und einem geeigneten Reduktionsmittel *rotes*, wasserlösliches Hexathiocyanatomolybdat $[Mo(SCN)_6]^{3-}$, das von konz. HCl oder H_2O_2 entfärbt wird.

Praxis: Man tüpfelt 3 Tr. Probelsg. und 1 Tr. KSCN-Lsg. auf ein Stück Filterpapier, das zuvor mit verd. HCl angefeuchtet wurde. Bei Zugabe von einigen Tr. $SnCl_2$-Lsg. deutet ein *roter* Fleck (oder Ring) auf Anwesenheit von Molybdän. Sollte sich schon vorher durch anwesendes Fe^{3+} ein roter Fleck ($Fe(SCN)_3$) gebildet haben, so verschwindet dieser im Verlauf der Reduktion.

Störung:
- Hg^{2+} und NO_2^- verbrauchen SCN^- infolge Bildung von $Hg(SCN)_2$ bzw. NOSCN.
- PO_4^{3-} und Tartrat verhindern den NW.

[18] Bei Verwendung von Thioacetamid entfallen diese Probleme weitestgehend.

2. NW als Peroxomolybdat

Molybdate reagieren mit Wasserstoffperoxid unter Bildung verschiedener Peroxoverbindungen, deren Zusammensetzungen und Farben pH-abhängig sind. In saurer Lösung bilden sich *gelbe*, in alkalischer Lösung *rote* Peroxomolybdate. Letztere entfärben sich beim Erwärmen unter O_2-Entwicklung.

Praxis: 3 Tr. Probelsg. werden vorsichtig zur Trockne eingedampft und nach dem Erkalten mit 1 Tr. konz. NH_3 und 1 Tr. 3%igem H_2O_2 versetzt. Eine *rote* Färbung, die beim Erwärmen verschwindet, deutet auf Anwesenheit von Mo.

Störung: Chrom stört durch Bildung von Chromat (gelb).

3. NW mit gelbem Blutlaugensalz

$$2\,MoO_2^{2+} + [Fe(CN)_6]^{4-} \longrightarrow \underset{\text{rotbraun}}{(MoO_2)_2[Fe(CN)_6]} \downarrow$$

Aus schwach saurer Lösung fällt gelbes Blutlaugensalz einen *rotbraunen* Niederschlag von $(MoO_2)_2[Fe(CN)_6]$, der – im Unterschied zu Kupferhexacyanoferrat(II) – in NH_3 leicht löslich ist! Bei Zusatz von festem NH_4Ac entsteht nach einiger Zeit *zitronengelbes* $(NH_4)_4[Fe(CN)_6] \cdot 2\,MoO_3 \cdot 3\,H_2O$.

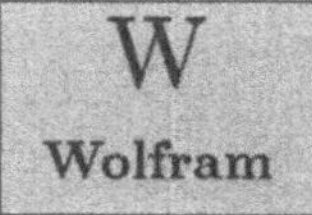

Wolfram, W

M	Smp.	Sdp.	ρ [g/cm^3]	EN	Oxidationsstufen	e^--Konfiguration
183.85	3410 °C	5930 °C	19.3	2.36	(+4), +6	[Xe] $4f^{14}\,5d^4\,6s^2$

Standardpotential(e)

$WO_4^{2-} + 4\,H_2O + 6e^- \rightleftharpoons W + 8\,OH^-$. $E^0 = -1.05$ V

Vorkommen/Mineralien

Vorwiegend in Form der Mineralien Wolframit $(Mn, Fe)WO_4$ (Gemisch aus Hübnerit $MnWO_4$ und Ferberit $FeWO_4$), Scheelit (Tungstein) $CaWO_4$, Scheelbleierz (Stolzit) $PbWO_4$ und Wolframocker (Tungstit) $WO_3 \cdot x\,H_2O$.

Herstellung: Reines Wolfram erhält man durch Reduktion von WO_3 mit Wasserstoff bei 600–1000 °C. Technisch bedeutsam ist sog. „Ferrowolfram" (eine Eisenlegierung mit 60–80% Wolfram), das – analog „Ferromolybdän" – durch Zusammenschmelzen von WO_3, Eisenoxid und Koks im elektrischen Ofen gewonnen werden kann.

Verwendung: Da Wolfram den höchsten Schmelzpunkt aller Metalle hat, wird es für Glühlampendrähte, Röntgenröhrenanoden, Glühkathoden und elektrische Kontakte benutzt. „Ferrowolfram" dient zur Herstellung harter und vor allem zugfester Wolframstähle. Wolframcarbid W_2C ist ein wichtiger Bestandteil von „Widiametall", einer cobalthaltigen Sinterlegierung, die vor allem zur Herstellung von Schneidwerkzeugen verwendet wird.

Eigenschaften: Wolfram ist ein silberweiß-glänzendes, mechanisch sehr belastbares und hochdichtes ($\rho = 19.3$ g/cm^3) Metall, dem in seiner α-Form eine kubisch-raumzentrierte („W-Typ") und in seiner β-Form eine kubisch-dichteste Gitterstruktur zugrunde liegt. Es ist bei Raumtemperatur gegen Luft beständig, überzieht sich jedoch beim Erhitzen mit gelbem WO_3 („Passivierung"). Von Säuren wird es aus diesem Grund nicht angegriffen,[19] in alkalischen Schmelzen löst sich das Metall unter Bildung von Wolframat. In seinen Verbindungen tritt Wolfram vorwiegend in den Oxidationsstufen +II bis +VI auf, wobei die sechswertige Stufe die beständigste ist. Es steht an der 55. Stelle der Elementhäufigkeit.

Vorproben auf Wolfram

1. Phosphorsalzperle

Oxidationsflamme heiß: *gelblich*, kalt: *farblos*. Reduktionsflamme heiß: *grün*, kalt: *blau*.[20]

2. Glühprobe

Praxis: Man erhitzt in einem Glühröhrchen etwas US mit einem kleinen Stückchen Natrium bis zum Erweichen des Glases. Dann läßt man das heiße Röhrchen in ein mit wenig kaltem Wasser gefülltes Reagenzglas fallen und säuert an:

Mo, W	Blaufärbung
Ti	Rotviolette Farbe des Ti^{3+} (s. Seite 254)
V	Grünfärbung (s. Seite 262)

Achtung: Während des Erhitzens schmilzt das Natrium und entzündet sich unter Flammenerscheinung; dabei wird die Probe zu niedrigeren Oxidationsstufen reduziert (Schutzbrille, Abzug!).

3. NW durch Reduktion

Wie Molybdän(VI) ergibt auch Wolfram(VI) (Wolframatlsg.) mit Reduktionsmitteln wie z. B. $SnCl_2$ oder Zn in saurem Milieu tiefblaue Lösungen bzw. Niederschläge von sog. „Wolframblau" (ungefähre Zusammensetzung „$WO_{3-x}(OH)_x$", $x = 0.1$–0.5). Heteropolysäurebildende Anionen stören nicht; der Nachweis ist daher auch zur Indikation löslicher Wolframate geeignet!

[19] Wolfram löst sich allmählich in einem Gemisch aus HNO_3 und HF. [20] Mit einer Spur $FeSO_4$ geglüht: blutrot.

Zur Unterscheidung von Mo(VI) kann der NW in Ggw. von KSCN durchgeführt werden. Eine anfängliche Rotfärbung durch $[Mo(SCN)_6]^{3-}$ verschwindet bei Zugabe von konz. HCl.

Praxis: Auf einem Filterpapier wird 1 Tr. Probelsg. mit 1 Tr. Reagenzlsg. getüpfelt. Bei Anwesenheit von Wolfram bildet sich ein *blauer* Fleck.

Reagenz: 10%ige wss. KSCN-Lsg., 5%ige Lsg. von $SnCl_2$ in verd. HCl.

4. Reaktion mit H_2S

Leitet man in eine salzsaure, wolframathaltige Lösung H_2S ein, so beobachtet man im Gegensatz zu molybdathaltigen Lösungen keine Fällung. Macht man die Lösung jedoch alkalisch, so bildet sich rotbraunes, lösliches Thiowolframat, das sich durch Ansäuern mit HCl als hellbraunes WS_3 ausfällen läßt.

Nachweis von Wolfram

1. Fällung von WO_3 in saurer Lösung

Säuert man eine Wolframatlösung an, so entstehen in Abhängigkeit vom pH-Wert zunächst verschiedene Polywolframsäuren, die allmählich in $WO_3 \cdot 2\,H_2O$ („weiße Wolframsäure") und beim Erhitzen in H_2WO_4 („gelbe Wolframsäure") übergehen. Beim Erwärmen mit HCl verläuft die Fällung in der Regel *nicht* quantitativ (Wolfram gelangt dann in die Urotropin- bzw. $(NH_4)_2S$-Gruppe); man sollte demnach besser konz. HNO_3 oder konz. HCl/H_2O_2 verwenden.

Quantitativ kann WO_3 durch *Abrauchen* mit konz. HNO_3 abgeschieden werden. Allerdings muß dabei beachtet werden, daß sich beim Abrauchen leicht sublimierbare Metalle (As, Hg, Cd, K etc.) verflüchtigen können (man sollte deshalb *vorher* auf diese Metalle prüfen!).

Störung: Liegt Wolfram neben PO_4^{3-} und/oder SiO_3^{2-} vor, so können sich Heteropolysäuren bilden (vgl. Seite 258), aus denen durch Ansäuern kein WO_3 zu erhalten ist.

2. NW mit $KHSO_4$ und Hydrochinon

Die Reaktion mit $KHSO_4$ und Hydrochinon kann auch als Vorprobe ausgeführt werden.

Praxis: Man schmilzt etwas US mit der 4–5 fachen Menge an $KHSO_4$ und 2–3 Tr. konz. H_2SO_4 bis zum Auftreten weißer Nebel. Nach dem Erkalten setzt man 2–3 ml einer 10%igen Lösung von Hydrochinon in konz. H_2SO_4 zu $\longrightarrow$ eine *rotviolette* Färbung deutet auf Anwesenheit von Wolfram(VI).

Störung: Ti(IV) (reagiert ähnlich)
Mo(VI) (rote bis blaue Färbung)
V(V) (gelbe bis grüne Färbung)

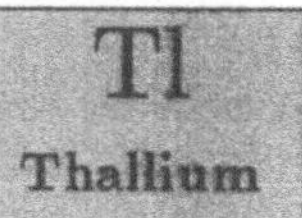

Thallium, Tl

M	Smp.	Sdp.	ρ [g/cm^3]	EN	Oxidationsstufen	e$^-$-Konfiguration
204.37	303 °C	1460 °C	11.85	2.04	+1, +3	[Xe] $4f^{14}\,5d^{10}\,6s^2\,6p^1$

Standardpotential(e)

$Tl^+ + e^- \rightleftharpoons Tl.\quad E^0 = -0.336$ V
$Tl^{3+} + 2e^- \rightleftharpoons Tl^+.\quad E^0 = +1.25$ V

Vorkommen/Mineralien

In geringen Mengen kommt Thallium in Form der Mineralien Vrbait $TlAs_2SbS_5$ ($\widehat{=}Tl_2S \cdot 2\,As_2S_3 \cdot Sb_2S_3$), Lorandit $TlAsS_2$ ($\widehat{=}Tl_2S \cdot As_2S_3$) und Crookesit $(Cu, Tl, Ag)_2Se$ vor. Es findet sich ferner in Pyriten und vielen Zinkblenden.

Herstellung: Das Element gelangt im Rahmen der Schwefelsäureproduktion beim Rösten thalliumhaltiger Sulfide in den Flugstaub oder den Bleikammerschlamm. Daraus kann es durch Auskochen mit verd. H_2SO_4 und anschließendes Fällen der schwerlöslichen Halogenide isoliert werden.

Verwendung: Thallium wird als Zusatz für Wolframdrähte in Glühlampen, für Photozellen in der Halbleiterindustrie und als Aktivator lichtempfindlicher Kristalle, in der Glasindustrie, der Feuerwerkerei und in beschränktem Maß in der Infrarottechnik verwendet.

Eigenschaften: Thallium ist ein blei-ähnliches glänzendes, weiches und dehnbares Schwermetall, das in zwei Modifikationen existiert. Das bei Raumtemperatur stabile, hexagonale α-Thallium geht bei 232.2 °C in kubisches β-Thallium über. Thallium läuft im Gegensatz zu Gallium und Indium an der Luft rasch an. Es ist in HNO_3 und H_2SO_4 leicht löslich und steht an der 58. Stelle der Elementhäufigkeit. In seinen Verbindungen tritt Thallium sowohl ein- als auch dreiwertig auf, wobei die einwertige Stufe die beständigere ist. Tl^+-Verbindungen haben einerseits große Ähnlichkeit zu Alkalimetall-Verbindungen (z. B. ist TlOH eine starke, wasserlösliche Base; Tl_2CO_3 ein lösliches Carbonat), andererseits zu Ag^+-Salzen (z. B. die schwerlöslichen Tl(I)-Halogenide, Tl_2O und Tl_2S). Tl(III)-Verbindungen ähneln in ihrem Verhalten dagegen eher vergleichbaren Verbindungen des Aluminiums. Sie existieren nur in saurer Lösung und unterliegen der Hydrolyse.

Toxikologie: Thallium steht toxikologisch dem As_2O_3 sowie den Elementen Blei und Quecksilber nahe. Seine Verbindungen sind ausgesprochen giftig.[21] Deshalb wurde seine technische Verwendung mehr und mehr begrenzt. Eine relativ

[21] In der Literatur wird von Vergiftungsfällen berichtet, in denen Kinder unwissentlich Zeliokörner gegessen hatten. Oder von einem Fall, in dem eine Frau durch den Verzehr eines Huhnes vergiftet wurde, das zuvor Zeliokörner aufgepickt hatte.

große Gefahr geht von Tl_2SO_4 aus, das in Form von sog. „Zeliokörner“ als Rattengift im Handel ist.

Vorprobe und Nachweis von Thallium

Thallium fällt in der HCl-Gruppe als TlCl aus und löst sich mit $PbCl_2$ in heißem Wasser. Nach Überführen des $PbCl_2$ in $PbSO_4$ kann Thallium im Filtrat der $PbSO_4$-Fällung nachgewiesen werden.

1. **Flammenfärbung** (blaugrün)
Diese Flammenfärbung kann von Kupferhalogeniden oder von Bariumverbindungen vorgetäuscht werden.

2. **Spektralanalyse**
Im Spektroskop findet sich eine charakteristische *grüne* Linie bei 535.0 nm.

3. **NW durch Fällung der Thalliumhalogenide**

$$TlNO_3 + NaCl \longrightarrow \underset{\text{weiß}}{TlCl\downarrow} + NaNO_3$$

$$TlNO_3 + NaI \longrightarrow \underset{\text{gelb}}{TlI\downarrow} + NaNO_3$$

Versetzt man eine Tl^{+}-haltige Lösung mit NaCl oder NaI, so fällt man damit schwerlösliche Thalliumhalogenide. Thalliumchlorid ist *weiß* und im Gegensatz zu AgCl (aber analog zu $PbCl_2$) in heißem Wasser löslich (ein weiterer Unterschied zu AgCl liegt in der Tatsache, daß sich TlCl in NH_3 *nicht* löst). Thalliumiodid ist gelb und löst sich im Gegensatz zu PbI_2 in kalter $Na_2S_2O_3$-Lösung nicht auf.

Selen, Se

M	Smp.	Sdp.	ρ [g/cm³]	EN	Oxidationsstufen	e⁻-Konfiguration
78.96	217 °C	685 °C	4.80	2.55	−2, +4, +6	[Ar] $3d^{10}\,4s^2\,4p^4$

Standardpotential(e)

$Se + 2e^- \rightleftharpoons Se^{2-}$. $E^0 = -0.92$ V

Vorkommen/Mineralien

Selen begleitet (wie Tellur) den Schwefel in isomorphen Sulfiden (z, B. Eisenkies (Pyrit) FeS_2, Kupferkies $CuFeS_2$, Zinkblende ZnS etc.). Beim Abrösten sulfidischer Erze reichert es sich im Flugstaub an. Beim Bleikammerverfahren zur Schwefelsäuredarstellung findet sich elementares Selen im Bleikammerschlamm.

Herstellung: Selen kann aus dem Anodenschlamm der Kupferraffination oder dem Bleikammerschlamm der Schwefelsäuredarstellung gewonnen werden. Die Schlämme werden alkalisch ausgelaugt, mit Schwefelsäure neutralisiert und die dabei entstehende Selenige Säure durch Einleiten von SO_2 zu Selen reduziert.

Verwendung: Selen dient als Zusatz in Metallen und Legierungen, zur Herstellung von Gleichrichtern und Photoelementen (z. B. als Belichtungsmesser), als Pigmentfarbstoff für Glas und Keramik sowie in pharmazeutischen Präparaten, die gegen Hauterkrankungen eingesetzt werden können. Selen ist ein wichtiges Spurenelement! Der Mensch benötigt zwischen 0.2 μg und 1 μg Selen pro Gramm Nahrung, sonst entstehen Leberschäden. Es wirkt im Selenocystein der Glutathioperoxidase als Autoxidans (Schutz des Körpers vor Peroxiden). Außerdem wirkt Selen nach neueren Forschungen antimutagen.

Eigenschaften: Selen bildet wie der homologe Schwefel verschiedene Modifikationen:

- **Rotes Selen** (α-, β- und γ-Selen sowie eine amorphe Modifikation, die aus Se_8-Ringen bestehen) ist eine nichtmetallische, unbeständige Modifikation.
- **Graues Selen** (hexagonale, metallische Modifikation, die aus helical-gewundenen Se-Ketten aufgebaut ist) ist die stabilste Modifikation und zugleich ein lichtempfindlicher Halbleiter.
- **Schwarzes, glasartiges, amorphes Selen**: zeigt bei erhöhter Temperatur „Kautschukelastizität“.

Selen verbrennt an Luft mit rein blauer Flamme zu weißem SeO_2 (Geruch nach faulem Rettich) und ändert bei Belichtung seinen elektrischen Widerstand. Von nichtoxidierenden Säuren (HCl) wird Selen *nicht* angegriffen, dagegen aber von H_2SO_4, HNO_3 und Alkalilaugen. Durch kräftige Oxidationsmittel wie $HClO_3$ wird Selenige Säure H_2SeO_3 zu Selensäure H_2SeO_4 oxidiert. Da jedoch beim Selen (anders als bei Schwefel) die stabilste Oxidationsstufe nicht +VI sondern +IV ist,[22] wirkt Selensäure als starkes Oxidationsmittel ($H_2SeO_4 + 2\,HCl \longrightarrow H_2SeO_3 + H_2O + Cl_2$). Selen steht an der 66. Stelle der Elementhäufigkeit.

Toxikologie: Selenverbindungen sind allgemein erheblich giftiger, als gleichartige Verbindungen des homologen Schwefels! So führt H_2Se schon in geringen Mengen zu starken Reizungen der Augen und Schleimhäute („Selenschnupfen“), wobei dauernde Exposition geringer Konzentrationen zur Gewöhnung und damit zur verminderten Wahrnehmungsfähigkeit führt (vgl. die analoge Problematik bei H_2S, Seite 175). Die Salze der Selenigen Säure H_2SeO_3 zeigen eine vergleichbare Giftwirkung wie As_2O_3. SeO_2, das vorwiegend als Staub aus der Luft aufgenommen wird, führt schließlich zu Verfärbungen der Haut und der Fingernägel.

[22] Bei den Hauptgruppen nimmt die Beständigkeit der höchstmöglichen Oxidationsstufe von oben nach unten ab!

Nachweis von Selen

Als Element der 6. Hauptgruppe reagiert Selen allgemein ähnlich wie Schwefel und muß daher vor der H_2S-Gruppe abgetrennt werden (andernfalls fallen beim Kochen mit TAA neben schwerlöslichen Sulfiden auch Selenide der Elemente der H_2S-Gruppe und man erhält beim Behandeln derselben mit $LiOH/KNO_3$ neben Thio- und Oxothio- (s. Seite 53) auch Seleno- und Oxoseleno-Komplexe). Der Nachweis von Selen erfolgt in der Regel durch Reduktion zum Element, bei anschließendem Behandeln des Niederschlags mit konz. H_2SO_4.

1. Verhalten gegenüber Reduktionsmitteln

Mit *Hydraziniumsalzen*[23] wie z. B. Hydraziniumsulfat $[N_2H_6]SO_4$ oder Hydraziniumhydrochlorid $[N_2H_5]Cl$ werden Selenverbindungen *in saurer Lösung* bis zum Element reduziert.[24]

$$N_2H_4 + H_2SO_4 \longrightarrow \underset{\hat{=}\,[N_2H_6]SO_4}{[H_3N^+\text{-}NH_2]HSO_4^-}$$

$$N_2H_4 + HCl \longrightarrow \underset{\hat{=}\,[N_2H_5]Cl}{[H_3N^+\text{-}NH_2]Cl^-}$$

$$[N_2H_6]SO_4 + SeO_3^{2-} \longrightarrow Se\downarrow + N_2\uparrow + 3\,H_2O + SO_4^{2-}$$

In salzsaurer Lösung wird H_2SeO_3 durch *Thioharnstoff* $(NH_2)_2C{=}S$ zu rotem Selen reduziert. Mit *H_2S* erfolgt ebenfalls Reduktion:

$$H_2SeO_3 + 2\,H_2S \longrightarrow Se\downarrow + 2\,S\downarrow + 3\,H_2O$$

Der Niederschlag ist in der Kälte *zitronengelb*, in der Wärme *rotgelb*.

Weitere geeignete Reduktionsmittel sind Fe_2SO_4 und SO_2, die darüberhinaus eine Trennung von SeO_3^{2-} und TeO_3^{2-} erlauben. Fe_2SO_4 reduziert *nur* Se(IV), nicht jedoch Te(IV). SO_2 reduziert *in stark salzsaurer* Lösung ebenfalls *nur* Se(IV):

$$H_2SeO_3 + 2\,H_2SO_3 \longrightarrow Se\downarrow + 2\,H_2SO_4 + H_2O$$

2. Nachweis als $[Se_8]^{2+}$

Nach der Reduktion (vgl. oben) wird der entstandene Niederschlag abzentrifugiert und durch kurzes Erwärmen in wenig konz. H_2SO_4 gelöst.[25] Eine charakteristische *Grünfärbung*, die bei längerem Kochen wieder verschwindet, deutet auf Anwesenheit von Selen.

$$Se_8 + 3\,H_2SO_4 \longrightarrow \underset{\text{grün}}{[Se_8]^{2+}} + 2\,HSO_4^- + 2\,H_2O + SO_2\uparrow$$

[23] *Vorsicht:* Hydraziniumsalze sind außerordentlich kanzerogen! [24] In der Regel fällt das Element bei dieser Reduktion in seiner *roten* Modifikation. Bei längerem Erhitzen färbt sich der Niederschlag jedoch zunehmend *schwarz*. [25] Der Zusatz von sehr wenig $K_2S_2O_8$ erleichtert die Oxidation bei niedrigen Temperaturen.

Praxis: Man behandelt den zu untersuchenden Nd. unter Erwärmen mit konz. H_2SO_4. Löst er sich dabei mit *grüner* Farbe, so deutet dies auf Anwesenheit von Selen. Beim Verdünnen mit H_2O scheidet sich wieder elementares Selen ab.

Störung: Tellur reagiert unter den gleichen Bedingungen (Erwärmen in konz. H_2SO_4) zu *rotem* $[Te_4]^{2+}$.

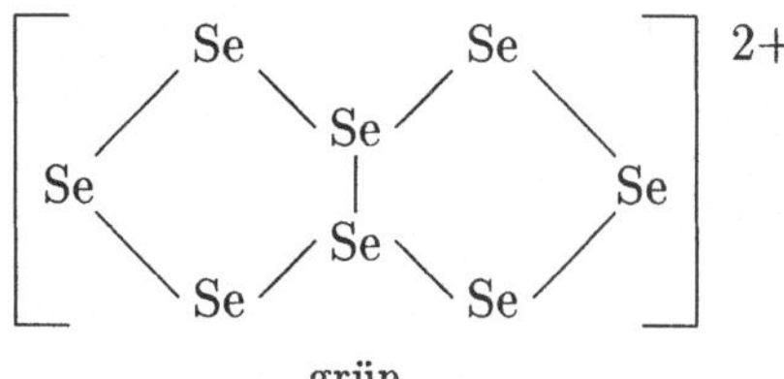

Bild 6.3
Die Struktur von $[Se_8]^{2+}$.

3. NW durch Reduktion mit Thioharnstoff

In salzsaurer Lösung wird H_2SeO_3 durch $(NH_2)_2C{=}S$ (Thioharnstoff) zu rotem Selen reduziert (s. oben).

Praxis: 5 Tr. der verd. salzsauren Probelösung werden mit einigen Kristallen Thioharnstoff versetzt $\longrightarrow$ ein *leuchtend roter* Nd., der meist allmählich schwarz wird, deutet auf Anwesenheit von Selen.

Störung:
- Alle Kationen, die mit Thioharnstoff gelbe Niederschläge oder Farben hervorrufen, stören (Ag^+, Tl^+, Bi^{3+}, Sb^{3+}).
- Liegen Selen und Tellur nebeneinander vor, so kann in schwach saurer Lösung auch elementares Tellur (schwarz) ausfallen.
- Starke Oxidationsmittel verhindern die Reduktion.

Te
Tellur

Tellur, Te

M	Smp.	Sdp.	ρ [g/cm³]	EN	Oxidationsstufen	e⁻-Konfiguration
127.60	450 °C	1390 °C	6.24	2.1	−2, +4, +6	[Kr] $4d^{10}\,5s^2\,5p^4$

Standardpotential(e)

$Te + 2e^- \rightleftharpoons Te^{2-}$. $E^0 = -0.92$ V

Vorkommen/Mineralien

Tellur begleitet (wie Selen) den Schwefel in isomorphen Sulfiden, allerdings in wesentlich geringeren Konzentrationen. Wichtige tellurhaltige Mineralien sind Hessit Ag_2Te, Altait PbTe, Sylvanit $AgAuTe_4$ und vor allem Blättererz $(Pb, Au)(S, Te, Sb)_{1-2}$ (Nagyagit).

Herstellung: Tellur kann wie Selen aus dem Anodenschlamm der Kupferraffination gewonnen werden. Hauptsächlich wird es jedoch aus Blättererz und Goldtelluriden gewonnen. Die Schlämme werden bei hohen Temperaturen mit einem Gemisch aus Na_2CO_3 und KNO_3 ausgelaugt und mit Schwefelsäure neutralisiert. Das dabei entstehende TeO_2 wird schließlich durch Einleiten von SO_2 zu Tellur reduziert.

Verwendung: Tellur hat kaum technische Bedeutung, außer als Vulkanisierungsmittel, in einigen Speziallegierungen und in der Halbleitertechnik.

Eigenschaften: Tellur bildet wie die Homologen Schwefel und Selen verschiedene Modifikationen:

- *Braunes, amorphes Tellur:* wird bei der Reduktion von H_2TeO_3 mit Schwefliger Säure erhalten und geht beim Schmelzen in metallisches Tellur über.
- *Metallisches Tellur* ist ein Halbleiter, der silbernen Glanz besitzt und sehr spröde ist. Eine dem gelben Schwefel oder dem roten Selen analoge Modifikation konnte bislang noch nicht isoliert werden.

Der metallischen Modifikation liegt eine hexagonale Stuktur zugrunde, die aus helical um parallele Gitterachsen angeordneten Ketten aufgebaut ist. An der Luft verbrennt Tellur mit grünumsäumter, blauer Flamme zu TeO_2. Von nichtoxidierenden Säuren (HCl) wird Tellur *nicht* angegriffen, dagegen aber von H_2SO_4 (Bildung von rotem $Te_4{}^{2+}$, s. unten), HNO_3 und Alkalilaugen. Tellur steht an der 72. Stelle der Elementhäufigkeit.

Allgemein besteht eine große Ähnlichkeit im Reaktionsverhalten von Tellur zu Schwefel und Selen. Allerdings bildet Tellur in der Oxidationsstufe +VI die Orthotellursäure H_6TeO_6 (und nicht $TeO_4{}^{2-}$) und TeO_2 ist (im Gegensatz zu SeO_2) kaum in Wasser löslich!

Toxikologie: Da Tellurverbindungen im Körper sehr leicht zu elementarem Tellur reduziert werden, gelten sie im Vergleich zu Selenverbindungen allgemein als weniger giftig. Bemerkenswert ist die Tatsache, daß Tellurverbindungen im Körper in Dimethyltellurid $Te(CH_3)_2$ überführt werden, an dessen eigentümlichem, knoblauchartigem Geruch eine Vergiftung durch selbst kleinste Mengen an Tellurverbindungen noch tagelang zu erkennen ist.

Nachweis von Tellur

1. Verhalten gegenüber Reduktionsmitteln

Tellurate (+VI, +IV) werden im allgemeinen *von den gleichen* Reduktionsmitteln wie Selen zum Element reduziert (H_2S, H_2SO_3, Hydraziniumsalze, $SnCl_2$, $FeSO_4$ – vgl. NW 1, Seite 272).

Eine gute Unterscheidungsmöglichkeit von Selen und Tellur ist die Reduktion mit *kalter* NH_3-Lösung! Während Tellurate bereits in der Kälte zu elementarem Tellur reduziert werden, reichen die Bedingungen für eine Reduktion der Selenate (noch) nicht aus.

2. NW als $[Te_4]^{2+}$

$$4\,Te + 3\,H_2SO_4 \longrightarrow \underset{\text{rot}}{[Te_4]^{2+}} + 2\,H_2O + SO_2\uparrow + 2\,HSO_4^-$$

Bei der Umsetzung von elementarem Tellur mit heißer konz. H_2SO_4 erhält man *rot* gefärbtes $[Te_4]^{2+}$. Dieses quadratisch-planare Polykation ist insofern bemerkenswert, da es nach der „Hückelschen $(4n+2)\pi$-Regel" als „anorganischer Aromat" bezeichnet werden kann.[26]

Praxis: Man behandelt den zu untersuchenden Nd. unter Erwärmen mit konz. H_2SO_4. Löst er sich dabei mit *roter* Farbe, so deutet dies auf Anwesenheit von Tellur. Beim Verdünnen mit H_2O scheidet sich wieder elementares Tellur ab.

Störung: Se reagiert unter den gleichen Bedingungen (Erwärmen in konz. H_2SO_4) zu *grünem* $[Se_8]^{2+}$.

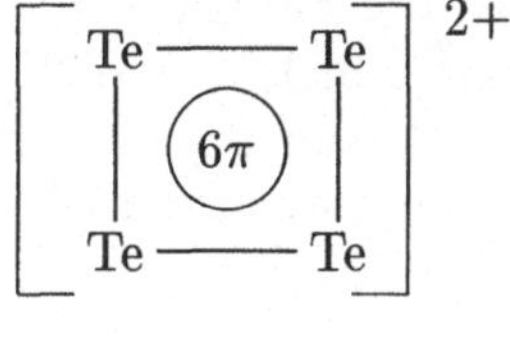

Bild 6.4
Die Struktur von $[Te_4]^{2+}$.

3. Reaktion mit Thioharnstoff

Aus konz. TeO_3^{2-}-Lösungen fällt mit Thioharnstoff ein *gelber*, kristalliner Niederschlag, der unter Einwirkung von Wasser zu einem grünen Hydrolyseprodukt reagiert. Beim Schütteln mit Ether und Kaliumxanthogenat ($ROCS_2K$) bildet sich eine *rote,* organische Phase. Wird diese mit NH_3 behandelt, so scheidet sich schwarzes, elementares Tellur ab.

4. NW durch Reduktion mit Na_2SO_3

$$TeS_2^{2-} + SO_3^{2-} \longrightarrow Te\downarrow + S^{2-} + S_2O_3^{2-}$$

Beim Erwärmen der Lösungen von Telluropolysulfiden mit Na_2SO_3 im Überschuß wird elementares Te gefällt.

[26] Die von E. Hückel 1931 aufgestellte Regel besagt vereinfacht, daß konjugierte Annulene (ringförmige Moleküle mit alternierenden Doppelbindungen) mit $(4n+2)\pi$-Elektronen besondere Stabilität besitzen. Ein gängiges Beispiel für einen (organischen) „Hückel-Aromaten" ist das Benzol mit seinen $(4{\cdot}1+2)\pi$-Elektronen.

6.4 Trennungsgang mit seltenen Elementen

Allgemeine Hinweise

Da die Elemente Thallium, Quecksilber, Molybdän, Arsen, Antimon, Zinn, Eisen etc. in verschiedenen Oxidationsstufen vorliegen können, sollte man *vor* der Trennung oxidierend lösen (HCl/H_2O_2, Königswasser) oder die Elemente mit H_2O_2 oder Bromwasser in definierte Oxidationsstufen überführen:

$Tl^+ \longrightarrow Tl^{3+}$	$As^{3+}/Sb^{3+} \longrightarrow As^{5+}/Sb^{5+}$
${Hg_2}^{2+} \longrightarrow Hg^{2+}$	$Sn^{2+} \longrightarrow Sn^{4+}$
$Mo^{4+} \longrightarrow Mo^{6+}$	$Fe^{2+} \longrightarrow Fe^{3+}$

Lösen der Ursubstanz

Verwendet man zum Lösen der Ursubstanz oxidierende Substanzen (HCl/H_2O_2, HNO_3, Königswasser), so werden Wolframverbindungen zu Beginn des Kationentrennungsganges als gelbes, unlösliches $WO_3 \downarrow$ abgeschieden, das sich in heißer Alkalilauge unter Bildung von Wolframaten wieder löst. Die Fällung von WO_3 verläuft in Gegenwart der Komplexbildner ${PO_4}^{3-}$, ${AsO_4}^{3-}$, ${SiO_4}^{4-}$ und ${BO_3}^{3-}$ *nicht quantitativ,* da sich meist Heteropolysäuren bilden (vgl. Kap. 6.3, Seite 259). Wolfram gelangt damit in die Urotropin-Gruppe und kann dort als $Fe_2(WO_4)_3$ abgetrennt und nachgewiesen werden.

Bei Analysen mit seltenen Elementen können außer den bereits besprochenen schwerlöslichen Rückständen (Silberhalogenide, $PbSO_4$, Erdalkalisulfate, hochgeglühte Oxide etc.) $Zr_3(PO_4)_4$, TiO_2 und evtl. MoO_3 beim Lösen zurückbleiben (Tab. 5.1, Seite 237). Man trennt von ungelösten Bestandteilen, löst diese in Königswasser oder schließt sie nach einem geeigneten Verfahren auf und unterwirft die abgetrennte Lösung einem gewöhnlichen Trennungsgang.

HCl-Gruppe

Gemäß der auf Seite 38 beschriebenen Verdünnungsprobe wird durch Verdünnen der heißen, konzentriert salzsauren Lösung Ag^+ als AgCl ausgefällt (Hg^{2+} und $Pb^{2+} \longrightarrow H_2S$-Gruppe!). Bei großen Pb^{2+}-Konzentrationen sowie beim Abkühlen der Lösung (Eis) fällt an dieser Stelle nach einiger Zeit auch $PbCl_2$!

Thallium(I) fällt in der HCl-Gruppe als TlCl aus und löst sich wie $PbCl_2$ in heißem Wasser. Nach Überführen des $PbCl_2$ in $PbSO_4$ kann Thallium im Filtrat der $PbSO_4$-Fällung nachgewiesen werden. Wurde zuvor oxidierend gelöst, so liegt Thallium jedoch in der dreiwertigen Stufe vor. Thallium(III) kann dann durch Reduktion mit HI quantitativ als gelbes $TlI \cdot I_2$ abgeschieden werden.

Reduktionsgruppe

Das eingeengte Zentrifugat der HCl-Gruppe wird mit etwas Hydraziniumchlorid versetzt und einige Minuten erhitzt. Dadurch fallen die Chalkogene Selen (rot; seltener grau) und Tellur (schwarz) in elementarer Form aus und können durch Kochen des Niederschlags mit wenig konz. H_2SO_4 als $[Se_8]^{2+}$ bzw. $[Te_4]^{2+}$ nachgewiesen werden.

H_2S-Gruppe

Kupfer-Gruppe

Mit dem Zentrifugat der Reduktionsgruppe wird nun der Trennungsgang der H_2S-Gruppe durchgeführt (vgl. Seiten Seite 47ff.). Molybdän fällt neben den anderen Sulfiden der H_2S-Gruppe als *braunes* MoS_3 (die Fällung verläuft jedoch nur selten quantitativ), das durch Behandeln mit LiOH/KNO_3 als Thiomolybdat $MoS_4{}^{2-}$ in die Arsengruppe übergeht.

Wurden Selen und Tellur nicht abgetrennt, so gelangen diese Elemente ebenfalls unter Thiokomplexbildung in die Arsengruppe. Sie fallen zwar beim Kochen mit TAA zunächst in elementarer Form aus (Reduktion durch H_2S), lösen sich dann aber unter Bildung von polysulfid-analogen Verbindungen in LiOH/KNO_3.

Arsen-Gruppe

Die Analysenlösung wird mit verd. HCl schwach angesäuert: Man erhält wieder die entsprechenden Sulfide bzw. Elemente.

$$
\begin{array}{lcllcl}
AsS_4{}^{3-} & \longrightarrow & As_2S_5 & MoS_4{}^{2-} & \longrightarrow & MoS_3 \\
SbS_4{}^{3-} & \longrightarrow & Sb_2S_5 & Se_xS_y{}^{2-} & \longrightarrow & Se \\
SnS_3{}^{2-} & \longrightarrow & SnS_2 & Te_xS_y{}^{2-} & \longrightarrow & Te
\end{array}
$$

Sb_2S_5 und SnS_2 werden mit konz. HCl gelöst $\longrightarrow$ $[SbCl_6]^-$, $[SnCl_6]^{2-}$. Alternativ dazu kann auch As_2S_5 mit konz. $(NH_4)_2CO_3$-Lösung als $[AsO_4]^{3-}$ gelöst werden (vgl. Schema B.2, Seite 66).

Im Rückstand verbleiben MoS_3, Selen und Tellur. Diese werden in Königswasser unter Bildung von $MoO_2{}^{2+}$, $SeO_3{}^{2-}$ und $TeO_3{}^{2-}$ gelöst. Nach Abrauchen der Salpetersäure reduziert man mit Zn/HCl. Bei Anwesenheit der seltenen Elemente Selen, Tellur oder Molybdän erhält man dadurch elementares Selen (rot), Tellur (schwarz) bzw. das auf Seite 264 bereits beschriebene „Molybdänblau“.

Urotropin-Gruppe

a) Wie auf Seite 79 erläutert, muß zunächst Fe^{2+} zu Fe^{3+} oxidiert werden, um eine quantitative Fällung des Eisens als $Fe(OH)_3$ zu gewährleisten. Durch die Zugabe von H_2O_2 wird gleichzeitig Ce^{3+} zu Ce^{4+} oxidiert. Falls notwendig (Farbe der Lösung!), müssen anschließend noch $CrO_4{}^{2-}$ und $MnO_4{}^-$ mit Ethanol zu Cr^{3+} bzw. Mn^{2+} reduziert werden. Bei Anwesenheit von $PO_4{}^{3-}$, $VO_4{}^{3-}$ und/oder $WO_4{}^{2-}$ sollte eventuell etwas $FeCl_3$ zugesetzt werden, um eine quantitative Fällung der genannten Ionen sicherzustellen (dabei ist ein Überschuß unbedingt zu vermeiden!).

b) Anschließend wird die auf Seite 79 beschriebene Urotropin-Fällung durchgeführt. Der dabei erhaltene Niederschlag kann folgende Hydoxide enthalten: $Fe(OH)_3$ (rotbraun), $Al(OH)_3$ (weiß) und $Cr(OH)_3$ (grün); $La(OH)_3$ (weiß), $Ce(OH)_4$ (gelbbraun), $Be(OH)_2$ (weiß), $Ti(OH)_4$ ($TiO_2 \cdot aq$, weiß) und $Zr(OH)_4$ ($ZrO_2 \cdot aq$, weiß). Darüberhinaus kann der Niederschlag noch $FePO_4$ (weißlich), $FeVO_4$ (rotbraun) und $Fe_2(WO_4)_3$ (rotbraun) enthalten.

   Lanthan und Cer fallen oft *nicht quantitativ*. Man kocht das Zentrifugat daher auf und gießt es heiß in etwas konz. NH_3 (vgl. „alkalischer Sturz"). Nach nochmaligem Kochen der ammoniakalischen Lösung lassen sich die Hydroxide dann quantitativ abtrennen.

c) Die vereinigten Niederschläge werden daraufhin in verd. HCl gelöst und Fe^{3+} bzw. $[FeCl_6]^{3-}$ durch mehrmaliges Behandeln („Nernstscher Verteilungssatz", vgl. Seite 12) mit Diethylether „ausgeethert".

d) Die abgetrennte, wässrige Schicht wird anschließend *vorsichtig* auf dem Wasserbad erwärmt, um überschüssigen Diethylether aus der Lösung zu vertreiben.[27] Danach wird wie auf Seite 81 beschrieben ein alkalischer Sturz durchgeführt. Man erhält dabei einen Niederschlag, der die Hydroxide $Zr(OH)_4$ ($ZrO_2 \cdot aq$), $Ti(OH)_4$ ($TiO_2 \cdot aq$), $La(OH)_3$, $Ce(OH)_4$ und $Fe(OH)_3$ enthalten kann. Der erhaltene Niederschlag wird gemäß Schema I.1 (rechts), das abgetrennte Zentrifugat gemäß Schema I.2, Seite 280 getrennt und aufgearbeitet.

e) Der **Rückstand des alkalischen Sturzes** wird in wenig heißer, konz. HCl gelöst und zur Fällung von Zr^{4+} in der Hitze mit 1 Tr. Na_2HPO_4-Lösung versetzt ($Zr_3(PO_4)_4$ bildet einen *weißen*, oft flockigen Niederschlag, der sich meist nur sehr langsam absetzt). Man zentrifugiert und gießt das Zentrifugat in konz. NH_3/H_2O_2. Dadurch werden die Hydroxide $La(OH)_3$ (weiß), $Ce(OH)_4$ (gelbbraun) und $Fe(OH)_3$ (rotbraun) gefällt, während TiO^{2+} unter Einwirkung von H_2O_2 das charakteristisch *gelborange* gefärbte Peroxotitanyl-Kation bildet (vgl. Seite 255).

   Die Hydroxidniederschläge werden daraufhin in verd. HCl gelöst und mit etwas festem NaF versetzt. Dadurch wird Lanthan als *weißes*, gelatinöses LaF_3 gefällt, während Titan und Eisen sehr stabile Fluorokomplexe bilden.

---

[27] Vorsicht: beim Arbeiten mit Ether besteht stets Explosions- und Brandgefahr!

I.1 Abtrennung der Elemente Zr, Ti, La und Ce nach dem alk. Sturz.

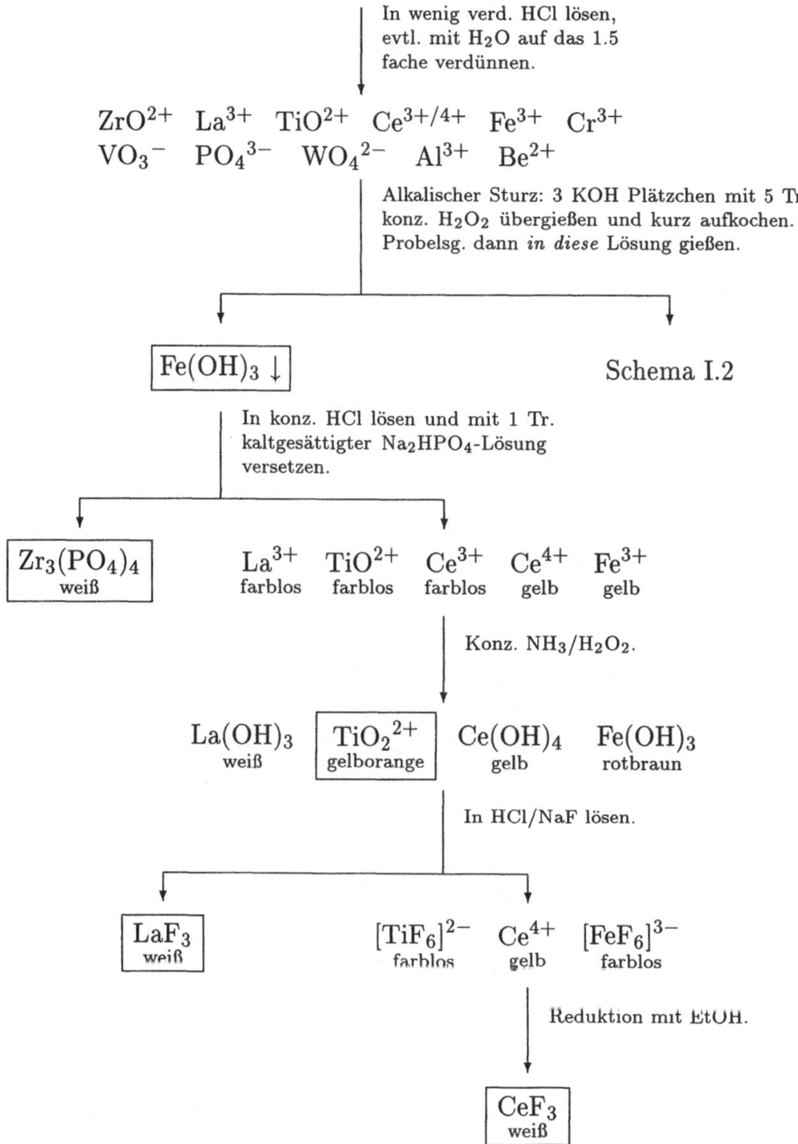

Ce^{4+} fällt erst nach Reduktion mit einigen Tropfen Ethanol (EtOH) als *weißes*, gelatinöses CeF_3 (Ce^{4+} bildet keinen stabilen Fluorokomplex).

I.2 Abtrennung der Elemente Vanadium und Wolfram.

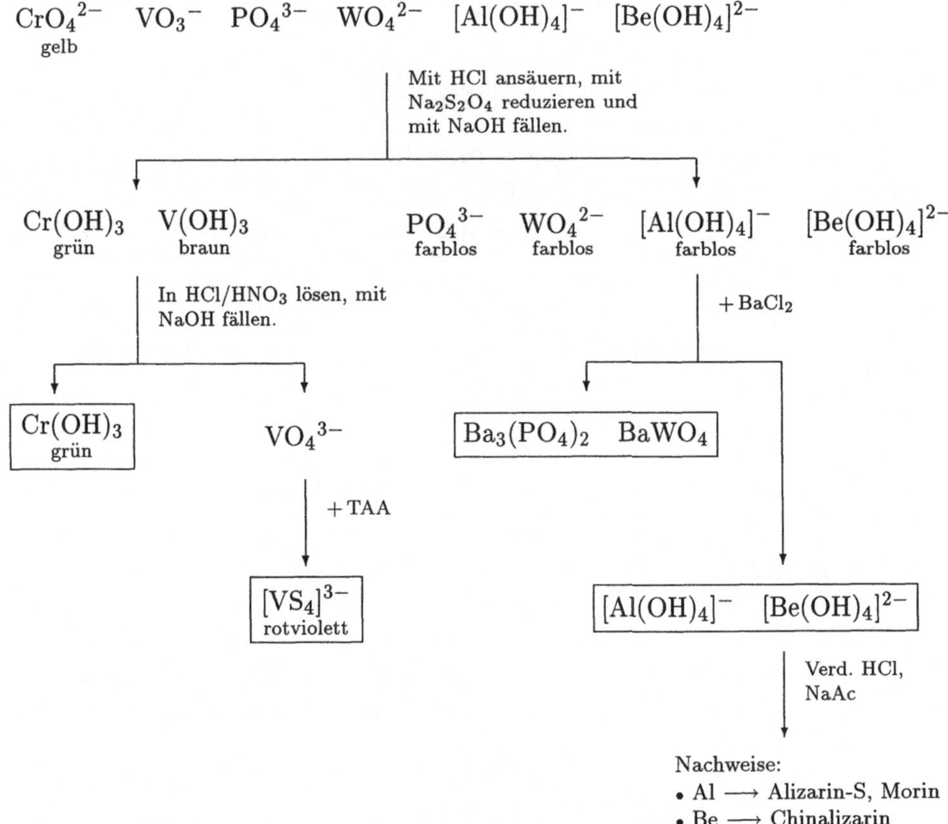

f) Das **Zentrifugat des alkalischen Sturzes**, das CrO_4^{2-}, VO_3^-, PO_4^{3-}, WO_4^{2-}, $[Al(OH)_4]^-$ und $[Be(OH)_4]^{2-}$ enthalten kann, wird mit verd. HCl bis zur schwach sauren Reaktion versetzt und darauf mit Natriumdithionit $Na_2S_2O_4$ (Reduktion von Chrom(VI) und Vanadium(V)) und anschließend erneut mit NaOH behandelt. Dabei fallen die Hydroxide $Cr(OH)_3$ (grün) und $V(OH)_3$ (braun), die durch oxidierendes Lösen und erneutes Fällen mit NaOH getrennt werden können.

Das Zentrifugat (PO_4^{3-}, WO_4^{2-}, $[Al(OH)_4]^-$ und $[Be(OH)_4]^{2-}$) wird mit einigen Tropfen gesättigter $BaCl_2$-Lösung behandelt, um PO_4^{3-} und WO_4^{2-} als $Ba_3(PO_4)_2$ und $BaWO_4$ auszufällen. Die schließlich (bei sauberer Trennung) als Hydroxokomplexe in Lösung verbleibenden Elemente Aluminium und Beryllium können nach der Fällung als Hydroxide nebeneinander nachgewiesen werden.

Tabellenanhang

A.1 Farbige Verbindungen

Farbe	Formel	Verbindung
blau	$CoCl_2$	Cobaltchlorid
	$CuSO_4$	Kupfer(II)sulfat (Hydrat)
braun	Ag_2O	Silberoxid
	CdO	Cadmiumoxid
	$CoSO_4$	Cobaltsulfat
	PbO_2	Blei(IV)oxid
creme	V_2O_5	Vanadium(V)oxid
gelb	As_2S_3	Arsen(III)sulfid
	Bi_2O_3	Bismutoxid
	$FeSO_4$	Eisen(II)sulfat
	K_2CrO_4	Kaliumchromat
	$NiCl_2$	Nickelchlorid
	$NiSO_4$	Nickelsulfat
	PbO	Blei(II)oxid
	WO_3	Wolfram(VI)oxid
grün	Cr_2O_3	Chrom(III)oxid
	$FeSO_4 \cdot aq$	Eisen(II)sulfat
	$Ni(NO_3)_2 \cdot aq$	Nickelnitrat
	$NiCO_3$	Nickelcarbonat
	$NiCl_2 \cdot aq$	Nickelchlorid
	$NiSO_4 \cdot aq$	Nickelsulfat
orange	Sb_2S_3	Antimon(III)sulfid
	HgO	Quecksilber(II)oxid
rosa	$MnCl_2$	Mangan(II)chlorid
	$MnCO_3$	Mangan(II)carbonat
	$MnSO_4$	Mangan(II)sulfat
	$CoCl_2 \cdot aq$	Cobaltchlorid
	$CoSO_4 \cdot aq$	Cobaltsulfat
rot	Fe_2O_3	Eisen(III)oxid

Farbe	**Formel**	**Verbindung**
	HgI_2	Quecksilber(II)jodid
	HgS	Quecksilber(II)sulfid
schwarz	Co_2O_3	Cobalt(III)oxid
	CuO	Kupfer(II)oxid
	HgS	Quecksilber(II)sulfid
	Sb_2S_3	Antimon(III)sulfid
violett	$CoCO_3$	Cobaltcarbonat
	$KCr(SO_4)_2$	Chromalaun
	$KMnO_4$	Kaliumpermanganat

A.2 Löslichkeitsprodukte bei 25 °C

Festkörper	**K**	**Festkörper**	**K**
AgBr	$5 \cdot 10^{-13}$	$Ca(OH)_2$	$4 \cdot 10^{-6}$
Ag_2CO_3	$8 \cdot 10^{-12}$	$CaSO_4$	$2 \cdot 10^{-5}$
$AgCH_3COO$	$3 \cdot 10^{-3}$	$Cd(IO_3)_2$	$2 \cdot 10^{-8}$
AgCN	$1 \cdot 10^{-16}$	$Cd(OH)_2$	$4 \cdot 10^{-15}$
AgCl	$2 \cdot 10^{-10}$	CdS	$2 \cdot 10^{-28}$
Ag_2CrO_4	$3 \cdot 10^{-12}$	$Co(OH)_2$	$6 \cdot 10^{-15}$
AgI	$8 \cdot 10^{-17}$	$Co(OH)_3$	$3 \cdot 10^{-41}$
AgOH	$2 \cdot 10^{-8}$	CoS (α)	$4 \cdot 10^{-21}$
Ag_3PO_4	$1 \cdot 10^{-16}$	(β)	$2 \cdot 10^{-25}$
Ag_2S	$6 \cdot 10^{-50}$	$Cr(OH)_2$	$1 \cdot 10^{-17}$
AgSCN	$1 \cdot 10^{-12}$	$Cr(OH)_3$	$1 \cdot 10^{-30}$
Ag_2SO_4	$2 \cdot 10^{-5}$	CuBr	$5 \cdot 10^{-9}$
$Al(OH)_3$	$1 \cdot 10^{-33}$	CuCl	$2 \cdot 10^{-7}$
As_2O_3	$3 \cdot 10^{-13}$	CuI	$1 \cdot 10^{-12}$
$BaCO_3$	$5 \cdot 10^{-9}$	$Cu(OH)_2$	$1 \cdot 10^{-20}$
$BaCrO_4$	$1 \cdot 10^{-10}$	CuS	$6 \cdot 10^{-36}$
$Ba(OH)_2$	$5 \cdot 10^{-3}$	CuSCN	$1 \cdot 10^{-14}$
$BaSO_4$	$1 \cdot 10^{-10}$	$Fe(OH)_2$	$8 \cdot 10^{-16}$
$Be(OH)_2$	$1 \cdot 10^{-21}$	$Fe(OH)_3$	$4 \cdot 10^{-40}$
Bi_2S_3	$1 \cdot 10^{-97}$	FeS	$5 \cdot 10^{-18}$
$CaCO_3$	$5 \cdot 10^{-9}$	$Ga(OH)_3$	$8 \cdot 10^{-40}$
CaC_2O_4	$2 \cdot 10^{-9}$	Hg_2Br_2	$7 \cdot 10^{-23}$
CaF_2	$3 \cdot 10^{-11}$	Hg_2Cl_2	$1 \cdot 10^{-18}$

Festkörper	K	Festkörper	K
Hg_2I_2	$5 \cdot 10^{-29}$	$PbCrO_4$	$3 \cdot 10^{-13}$
$Hg_2(OH)_2$	$2 \cdot 10^{-24}$	$Pb(OH)_2$	$6 \cdot 10^{-16}$
$Hg(OH)_2$	$4 \cdot 10^{-26}$	PbS	$1 \cdot 10^{-28}$
HgS (schwarz)	$1 \cdot 10^{-52}$	$PbSO_4$	$2 \cdot 10^{-8}$
(rot)	$4 \cdot 10^{-53}$	Sb_2S_3	$2 \cdot 10^{-93}$
Hg_2SO_4	$7 \cdot 10^{-7}$	$Sc(OH)_3$	$2 \cdot 10^{-30}$
$MgCO_3$	$1 \cdot 10^{-5}$	$Sn(OH)_2$	$8 \cdot 10^{-29}$
$MgNH_4PO_4$	$7 \cdot 10^{-14}$	SnS	$1 \cdot 10^{-25}$
$Mg(OH)_2$	$1 \cdot 10^{-11}$	$SrCO_3$	$1 \cdot 10^{-10}$
$Mn(OH)_2$	$2 \cdot 10^{-13}$	$SrCrO_4$	$2 \cdot 10^{-5}$
MnS (rosa)	$3 \cdot 10^{-10}$	$SrSO_4$	$3 \cdot 10^{-7}$
(grün)	$3 \cdot 10^{-13}$	$Sr(OH)_2$	$3 \cdot 10^{-4}$
$Ni(OH)_2$	$6 \cdot 10^{-18}$	$TiO(OH)_2$	$1 \cdot 10^{-29}$
NiS (α)	$3 \cdot 10^{-19}$	$V(OH)_2$	$4 \cdot 10^{-16}$
(β)	$1 \cdot 10^{-24}$	$V(OH)_3$	$4 \cdot 10^{-35}$
(γ)	$2 \cdot 10^{-26}$	$VO(OH)_2$	$3 \cdot 10^{-24}$
$PbBr_2$	$9 \cdot 10^{-6}$	$Zn(OH)_2$	$3 \cdot 10^{-17}$
$PbCO_3$	$6 \cdot 10^{-14}$	ZnS (Zinkblende)	$2 \cdot 10^{-24}$
$PbCl_2$	$2 \cdot 10^{-5}$	(Wurtzit)	$3 \cdot 10^{-22}$

A.3 Standardpotentiale

Reaktion	Standardpotential
$Ag^+ + e^- \rightleftharpoons Ag$	+0.799 V
$AgCl + e^- \rightleftharpoons Ag + Cl^-$	+0.220 V
$Al^{3+} + 3e^- \rightleftharpoons Al$	−1.660 V
$As + 3\,H^+ + 3e^- \rightleftharpoons As^{3+}$	−0.600 V
$Ba^{2+} + 2e^- \rightleftharpoons Ba$	−2.900 V
$Be^{2+} + 2e^- \rightleftharpoons Be$	−1.970 V
$BiO^+ + 2\,H^+ + 3e^- \rightleftharpoons Bi + H_2O$	+0.320 V
$H_3BO_3 + 3\,H^+ + 3e^- \rightleftharpoons B + 3\,H_2O$	−0.870 V
$\frac{1}{2}\,Br_2 + e^- \rightleftharpoons Br^-$	+1.072 V
$Ca^{2+} + 2e^- \rightleftharpoons Ca$	−2.870 V
$Cd^{2+} + 2e^- \rightleftharpoons Cd$	−0.400 V
$Ce^{3+} + 3e^- \rightleftharpoons Ce$	−2.480 V
$Ce^{4+} + e^- \rightleftharpoons Ce^{3+}$	+1.742 V
$\frac{1}{2}\,Cl_2 + e^- \rightleftharpoons Cl^-$	+1.360 V

Reaktion	Standardpotential
$ClO_4^- + 2\,H^+ + 2e^- \rightleftharpoons ClO_3^- + H_2O$	+1.189 V
$ClO_3^- + 6\,H^+ + 5e^- \rightleftharpoons 1/2\,Cl_2 + 3\,H_2O$	+1.475 V
$Co^{2+} + 2e^- \rightleftharpoons Co$	−0.277 V
$Co^{3+} + e^- \rightleftharpoons Co^{2+}$	+1.810 V
$Cr^{3+} + 3e^- \rightleftharpoons Cr$	−0.753 V
$Cr^{3+} + e^- \rightleftharpoons Cr^{2+}$	−0.410 V
$Cr_2O_7^{2-} + 14\,H^+ + 6e^- \rightleftharpoons 2\,Cr^{3+} + 7\,H_2O$	+1.330 V
$Cs^+ + e^- \rightleftharpoons Cs$	−2.920 V
$Cu^+ + e^- \rightleftharpoons Cu$	+0.521 V
$Cu^{2+} + 2e^- \rightleftharpoons Cu$	+0.337 V
$Fe^{2+} + 2e^- \rightleftharpoons Fe$	−0.440 V
$Fe^{3+} + 3e^- \rightleftharpoons Fe$	−0.020 V
$Fe^{3+} + e^- \rightleftharpoons Fe^{2+}$	+0.771 V
$H^+ + e^- \rightleftharpoons 1/2\,H_2$	0.000 V
$H_2O_2 + 2\,H^+ + 2e^- \rightleftharpoons 2\,H_2O$	+1.770 V
$Hg_2^{2+} + 2e^- \rightleftharpoons 2\,Hg$	+0.789 V
$Hg^{2+} + 2e^- \rightleftharpoons Hg$	+0.850 V
$Hg^{2+} + e^- \rightleftharpoons 1/2\,Hg_2^{2+}$	+0.910 V
$1/2\,I_2 + e^- \rightleftharpoons I^-$	0.540 V
$K^+ + e^- \rightleftharpoons K$	−2.925 V
$La^{3+} + 3e^- \rightleftharpoons La$	−2.517 V
$Li^+ + e^- \rightleftharpoons Li$	−3.041 V
$Mg^{2+} + 2e^- \rightleftharpoons Mg$	−2.370 V
$Mn^{2+} + 2e^- \rightleftharpoons Mn$	−1.180 V
$MnO_4^- + e^- \rightleftharpoons MnO_4^{2-}$	+0.580 V
$MnO_4^- + 8\,H^+ + 5e^- \rightleftharpoons Mn^{2+} + 4\,H_2O$	+1.150 V
$MnO_2 + 4\,H^+ + 2e^- \rightleftharpoons Mn^{2+} + 2\,H_2O$	+1.229 V
$Na^+ + e^- \rightleftharpoons Na$	−2.714 V
$Ni^{2+} + 2e^- \rightleftharpoons Ni$	−0.250 V
$NO_3^- + 4\,H^+ + 3e^- \rightleftharpoons NO + 2\,H_2O$	+0.960 V
$HNO_2 + H^+ + e^- \rightleftharpoons NO + H_2O$	+0.982 V
$Pb^{2+} + 2e^- \rightleftharpoons Pb$	−0.126 V
$PbSO_4 + 2e^- \rightleftharpoons Pb + SO_4^{2-}$	−0.360 V
$PbO_2 + 4\,H^+ + 2e^- \rightleftharpoons Pb^{2+} + 2\,H_2O$	+1.460 V
$H_3PO_4 + 2\,H^+ + 2e^- \rightleftharpoons H_3PO_3 + H_2O$	−0.278 V
$H_3PO_3 + 2\,H^+ + 2e^- \rightleftharpoons H_3PO_2 + H_2O$	−0.502 V
$Rb^+ + e^- \rightleftharpoons Rb$	−2.921 V
$Sb_2O_3 + 6\,H^+ + 6e^- \rightleftharpoons 2\,Sb + 3\,H_2O$	+0.152 V
$Sb_2O_5 + 2\,H^+ + 2e^- \rightleftharpoons Sb_2O_4 + H_2O$	+0.480 V

Reaktion	**Standardpotential**
$Sb + 3\,H^+ + 3e^- \rightleftharpoons Sb^{3+}$	−0.510 V
$S_2O_8{}^{2-} + e^- \rightleftharpoons SO_4{}^{2-}$	+2.014 V
$S + 2e^- \rightleftharpoons S^{2-}$	−0.482 V
$S + 2\,H^+ + 2e^- \rightleftharpoons H_2S$	+0.175 V
$Se + 2e^- \rightleftharpoons Se^{2-}$	−0.920 V
$H_2SeO_3 + 4\,H^+ + 4e^- \rightleftharpoons Se + 3\,H_2O$	+0.742 V
$SiO_2 + 4\,H^+ + 4e^- \rightleftharpoons Si + 2\,H_2O$	−0.860 V
$Si + 4\,H^+ + 4e^- \rightleftharpoons SiH_4$	+0.102 V
$Sn^{2+} + 2e^- \rightleftharpoons Sn$	−0.136 V
$Sn^{4+} + 2e^- \rightleftharpoons Sn^{2+}$	+0.151 V
$Sr^{2+} + 2e^- \rightleftharpoons Sr$	−2.890 V
$Te + 2\,H^+ + 2e^- \rightleftharpoons H_2Te$	−0.512 V
$Te + 2e^- \rightleftharpoons Te^{2-}$	−0.951 V
$Ti^{3+} + e^- \rightleftharpoons Ti^{2+}$	−2.010 V
$Ti^{2+} + 2e^- \rightleftharpoons Ti$	−1.632 V
$Tl^+ + e^- \rightleftharpoons Tl$	−0.336 V
$TlCl + e^- \rightleftharpoons Tl + Cl^-$	−0.562 V
$Tl^{3+} + 2e^- \rightleftharpoons Tl^+$	+1.250 V
$V^{3+} + e^- \rightleftharpoons V^{2+}$	−0.263 V
$V^{2+} + 2e^- \rightleftharpoons V$	−1.182 V
$Zn^{2+} + 2e^- \rightleftharpoons Zn$	−0.763 V

A.4 Stabilitätskonstanten von Komplex-Ionen bei 25 °C

	Gleichgewicht			**lg K**
Ag^+	$+\ 2\,CN^-$	$\rightleftharpoons$	$Ag(CN)_2{}^-$	20
$AgCl$	$+\ Cl^-$	$\rightleftharpoons$	$[AgCl_2]$	−5
Ag^+	$+\ 2\,NH_3$	$\rightleftharpoons$	$[Ag(NH_3)_2]^+$	7
Ag^+	$+\ 2\,S_2O_3{}^{2-}$	$\rightleftharpoons$	$[Ag(S_2O_3)_2]^{3-}$	13
Al^{3+}	$+\ 6\,F^-$	$\rightleftharpoons$	$[AlF_6]^{3-}$	20
Cd^{2+}	$+\ 4\,CN^-$	$\rightleftharpoons$	$[Cd(CN)_4]^{2-}$	18
Cd^{2+}	$+\ 4\,I^-$	$\rightleftharpoons$	$[CdI_4]^{2-}$	5
Cd^{2+}	$+\ 4\,NH_3$	$\rightleftharpoons$	$[Cd(NH_3)_4]^{2+}$	7
Co^{2+}	$+\ 6\,NH_3$	$\rightleftharpoons$	$[Co(NH_3)_6]^{2+}$	5
Co^{3+}	$+\ 6\,NH_3$	$\rightleftharpoons$	$[Co(NH_3)_6]^{3+}$	34
Cu^+	$+\ 4\,CN^-$	$\rightleftharpoons$	$[Cu(CN)_4]^{3-}$	28
Cu^+	$+\ 2\,NH_3$	$\rightleftharpoons$	$[Cu(NH_3)_2]^+$	11

Gleichgewicht				lg K
Cu^{2+}	+ $4\,NH_3$	$\rightleftharpoons$	$[Cu(NH_3)_4]^{2+}$	13
Fe^{2+}	+ $6\,CN^-$	$\rightleftharpoons$	$[Fe(CN)_6]^{4-}$	37
Fe^{3+}	+ $6\,CN^-$	$\rightleftharpoons$	$[Fe(CN)_6]^{3-}$	44
Hg^{2+}	+ $4\,CN^-$	$\rightleftharpoons$	$[Hg(CN)_4]^{2-}$	41
Hg^{2+}	+ $4\,Cl^-$	$\rightleftharpoons$	$[HgCl_4]^{2-}$	16
I_2	+ I^-	$\rightleftharpoons$	$[I_3]^-$	3
Ni^{2+}	+ $4\,CN^-$	$\rightleftharpoons$	$[Ni(CN)_4]^{2+}$	31
Ni^{2+}	+ $6\,NH_3$	$\rightleftharpoons$	$[Ni(NH_3)_6]^{2+}$	8
$PbCl_2$	+ Cl^-	$\rightleftharpoons$	$[PbCl_3]^-$	−3
Zn^{2+}	+ $4\,CN^-$	$\rightleftharpoons$	$[Zn(CN)_4]^{2-}$	20
Zn^{2+}	+ $4\,NH_3$	$\rightleftharpoons$	$[Zn(NH_3)_4]^{2+}$	9

A.5 Verzeichnis der verwendeten R-Sätze

R 8	Feuergefahr bei Berührung mit brennbaren Stoffen.
R 9	Explosionsgefahr bei Mischung mit brennbaren Stoffen.
R 10	Entzündlich.
R 15	Reagiert mit Wasser unter Bildung leichtentzündlicher Gase.
R 20/21/22	Gesundheitsschädlich beim Einatmen, Verschlucken und Berührung mit der Haut.
R 20/22	Gesundheitsschädlich beim Einatmen und Verschlucken.
R 21/22	Gesundheitsschädlich bei Berührung mit der Haut und beim Verschlucken.
R 22	Gesundheitsschädlich beim Verschlucken.
R 23/24/25	Giftig beim Einatmen, Verschlucken und Berührung mit der Haut.
R 23/25	Giftig beim Einatmen und Verschlucken.
R 25	Giftig beim Verschlucken.
R 26/27/28	Sehr giftig beim Einatmen, Verschlucken und Berührung mit der Haut.
R 32	Entwickelt bei Berührung mit Säure sehr giftige Gase.
R 33	Gefahr kumulativer Wirkungen.
R 34	Verursacht Verätzungen.
R 35	Verursacht schwere Verätzungen.
R 36	Reizt die Augen.
R 36/37/38	Reizt die Augen, Atmungsorgane und die Haut.
R 36/38	Reizt die Augen und die Haut.
R 37	Reizt die Atmungsorgane.

R 40	Irreversibler Schaden möglich.
R 41	Gefahr ernster Augenschäden.
R 42/43	Sensibilisierung durch Einatmen und Hautkontakt möglich.
R 43	Sensibilisierung durch Hautkontakt möglich.
R 45	Kann Krebs erzeugen.
R 48	Gefahr ernster Gesundheitsschäden bei längerer Exposition.

A.6 Verzeichnis der verwendeten S-Sätze

S 1	Unter Verschluß aufbewahren.
S 2	Darf nicht in die Hände von Kindern gelangen.
S 7	Behälter dicht geschlossen halten.
S 8	Behälter trocken halten.
S 13	Von Nahrungsmitteln, Getränken und Futtermitteln fernhalten.
S 15	Vor Hitze schützen.
S 16	Von Zündquellen fernhalten, nicht rauchen.
S 17	Von brennbaren Stoffen fernhalten.
S 22	Staub nicht einatmen.
S 24	Berührung mit der Haut vermeiden.
S 25	Berührung mit den Augen vermeiden.
S 26	Bei Berührung mit den Augen gründlich mit Wasser abspülen und Arzt konsultieren.
S 27	Beschmutzte, getränkte Kleidung sofort ausziehen.
S 28	Bei Berührung mit der Haut sofort abwaschen mit viel ...
S 28.1	Wasser.
S 28.2	Wasser und Seife.
S 35	Abfälle und Behälter müssen in gesicherter Weise beseitigt werden.
S 36	Bei der Arbeit geeignete Schutzkleidung tragen.
S 37	Geeignete Schutzhandschuhe tragen.
S 39	Schutzbrille/Gesichtsschutz tragen.
S 41	Explosions- und Brandgase nicht einatmen.
S 43	Zum Löschen ... verwenden
S 43.1	Wasser.
S 43.2	Wasser oder Pulverlöschmittel.
S 43.3	Pulverlöschmittel, kein Wasser.
S 43.4	Kohlendioxid, kein Wasser.
S 43.5	Halone, kein Wasser.
S 43.6	Sand, kein Wasser.
S 44	Bei Unwohlsein ärztlichen Rat einholen (wenn möglich Etikett vorzeigen).

S 45	Bei Unfall oder Unwohlsein sofort Arzt zuziehen (wenn möglich, das Etikett vorzeigen).
S 46	Bei Verschlucken sofort ärztlichen Rat einholen und Verpackung oder Etikett vorzeigen.
S 53	Exposition vermeiden. Vor Gebrauch besondere Anweisungen einholen.
S 1/2	Unter Verschluß und für Kinder unzugänglich aufbewahren.
S 7/8	Behälter trocken und dicht geschlossen halten.
S 7/9	Behälter dicht geschlossen an einem gut gelüfteten Ort aufbewahren.
S 20/21	Bei der Arbeit nicht essen, trinken, rauchen.
S 24/25	Berührung mit den Augen und der Haut vermeiden.
S 37/39	Bei der Arbeit geeignete Schutzhandschuhe und Schutzkleidung tragen.

A.7 Verzeichnis der verwendeten Symbole und Abkürzungen

aq	Wasser	PSE	Periodensystem d. Elemente
bzw.	beziehungsweise	PLsg	Probelösung
Darst.	Darstellung	Red.	Reduktion
d. h.	das heißt	RG	Reagenzglas
EA	Erdalkalielement	Rkt.	Reaktion
evtl.	eventuell	RS	Rückstand
ff.	folgende	SA	Sodaauszug
ggf.	gegebenenfalls	Sdp.	Siedepunkt
GG	Gleichgewicht	Smp.	Schmelzpunkt
Ggw.	Gegenwart	sog.	sogenannt
HM	Halbmikro	TG	Trennungsgang
Konz.	Konzentration	Tmp.	Temperatur
konz.	konzentriert	TP	Tüpfelplatte
LP	Löslichkeitsprodukt	Tr.	Tropfen
Lsg.	Lösung	ÜS	Überschuß
mg	Milligramm	US	Ursubstanz
ml	Milliliter	verd.	verdünnt
MWG	Massenwirkungsgesetz	WB	Wasserbad
nasc.	nascierend	wss.	wäßrig
NW	Nachweis	z. B.	zum Beispiel
Nd.	Niederschlag	Z.	Zentrifugat
OT	Objektträger	Δ	Erwärmen, Erhitzen

Sachwortverzeichnis

A

Abfallentsorgung, *siehe* Entsorgung
Abkürzungen
  Verzeichnis der verwendeten, 288
Alizarin-S, *siehe* Farblacke
Alkalischer Auszug, 18
Aluminium, 90–93
  Giftigkeit, 91
  Nachweise, 91–93
    als Thénards Blau, 91
    Kryolithprobe, 93
    mit Alizarin-S, 91
    mit Morin, 92
Amalgam, 43
Ammonium, 125–126
  Giftigkeit, 125
  Nachweise, 126
    als $(NH_4)_2Na[Co(NO_2)_6]$, 126
    durch Erhitzen, 126
    mit Neßlers Reagenz, 126
  Vorprobe, 125
Ammoniumcarbonat-Gruppe, 108
  Einzelnachweise, 113–119
  Trennschema, 112
  Trennungsgang, 111
Ammoniumsulfid-Gruppe, 76–108
  Einzelnachweise, 97–108
  Trennschema, 83
  Trennungsgang, 82
Anderson-Struktur, 260
Anionen, 31–32, 131–232
  Standardanionen, 31–32
    Carbonat, 32
    Chlorid, 32
    Nitrat, 31
    Phosphat, 32
    Sulfat, 32
    Sulfid, 32
  Vorproben, Anionenanalysen, 131
Anomalie des Fluorwasserstoffs, 146
Antimon, 71–74
  Giftigkeit, 72
  Nachweise, 73–74
    mit Fe-Nägeln, 73
    mit Molybdophosphorsäure, 73
    mit Rhodamin B, 73
  Vorproben, 72
    Fällung mit H_2S, 72
    Marshsche Probe, 72
Arsen, 67–71
  Giftigkeit, 68
  Nachweise, 69–71
    als $MgNH_4AsO_4$, 70
    Bettendorfsche Probe, 69
    Fleitmannsche Probe, 70
    Gutzeitsche Probe, 70
  Vorprobe, 68
Aufschlüsse, 233–241
  Freiberger Aufschluß, 234, 237
  Oxidationsschmelze, 234, 241
  Saurer Aufschluß, 233, 235, 239
  Soda/Pottasche-Aufschluß, 236
    bei Silicaten, 223
Autoxidation, 183
Azeotrop, 199

B

Barium, 117–119
  Giftigkeit, 117
  Nachweise, 118–119
    als $BaCrO_4$, 118
    als Rhodizonat, 119
  Vorproben, 118
    Flammenfärbung, 118
    Spektralanalyse, 118
Basische Nitrate, 31
Basizität
  bei Seltenerdmetallen, 250
Benzidinblau, 194
  mesomere Grenzformen, 194
Berliner Blau, 88, 216
  Struktur, 89
Beryllium, 247–248
  Nachweise, 248
    mit Chinalizarin/NaOH, 248

mit Morin, 248
Berzelius, J. J., 210
Bettendorfsche Probe, 69
Bismut, 56–59
Nachweise, 57–59
mit Diacetyldioxim (Dado), 58
mit KI, 57
mit Oxin und KI, 57
Red. mit alk. Stannatlsg., 59
Thioharnstoff-Chelat, 58
Thioharnstoff-Komplex, 58
Vorproben, 57
Bjerrum-Theorie, 239
Blausäure, 214
Blei, 39–42
Giftigkeit, 40
Nachweise, 41–42
als $K_2CuPb(NO_2)_6$, 42
als $PbCrO_4$, 41
als PbI_2, 42
als Dithizon-Chelat, 42
Bleitiegelprobe
Fluorid, 150
Silicate, 224
Blutlaugensalz, 108, 114
im Berliner Blau, 88
Borat, 229–232
Allgemeines, 229–231
Nachweise, 231–232
als Borsäuremethylester, 232
Flammenfärbung, 231
Strukturen, 230
Borax
Technisch, 231
Zusammensetzung, 231
Boraxperle, 24, 234
Tabelle, 25
Bromat, 165–167
Nachweise, 166–167
mit $MnSO_4$ und H_2SO_4, 166
mit Fuchsin, 166
Red. mit H_2SO_3, 166
Bromid, 154–155
Allgemeines, 154
Nachweise, 154–155
Bromsilbergelatine, 186

C

Cadmium, 63–65
Giftigkeit, 64
Nachweise, 64–65
als CdS, 65
als Thioharnstoffreineckat, 65
Glühröhrchenprobe, 64
Caesium, 246–247
Nachweis, 247
Vorproben
Flammenfärbung, 247
Spektralanalyse, 247
Calcium, 113–115
Nachweise, 114–115
als $Ca(NH_4)_2[Fe(CN)_6]$, 114
als CaC_2O_4, 115
als $CaSO_4 \cdot 2\,H_2O$, 115
Vorproben, 114
Flammenfärbung, 114
Spektralanalyse, 114
Carbonat, 32, 212–214
Allgemeines, 212–213
Nachweis, 213–214
Carosche Säure, 192, 193
Cer, 252–253
Nachweis, 253
Vorprobe, 252
Chalkogene, 169–170
Chemisches Verhalten, 169
Eigenschaften (Tab.), 170
Charge-Transfer, 88, 145, 202
Chelatkomplexe, 34, 91
Chlorat, 160–163
Allgemeines, 160–161
Nachweise, 161–163
als ClO_2, 162
Bildung v. $[Mn(PO_4)_2]^{3-}$, 162
durch Red. zu Cl^-, 161
Chlorid, 32, 151–153
Allgemeines, 151–152
Nachweis, 153
Chrom, 93–97
Giftigkeit, 94

Nachweise, Chrom(III), 95–96
durch Oxidation, 95
Oxidationsschmelze, 95
Nachweise, Chrom(VI), 96–97
als Ag_2CrO_4, 97
als $BaCrO_4$, 97
als $CrO(O_2)_2$, 96
als Chromylchlorid, 97
durch Reduktion, 97
Oxidationsstufen, 94
Peroxoverbindungen, 97
Chromat-Sulfat-Verfahren, 111
Cobalt, 100–102
Giftigkeit, 101
Nachweise, 101–102
als $Co(SCN)_2$, 101
als $Co[Hg(SCN)_4]$, 101
als $K_3[Co(NO_2)_6]$, 102
Vorprobe, 101
Cyanid, 214–217
Allgemeines, 214–215
Nachweise, 215–217
als $Fe(SCN)_3$, 216
mit $AgNO_3$, 216
NW als Berliner Blau, 216
Rk. mit $[Cu(NH_3)_4]^{2+}$, 217
Cyanidlaugerei, 37

D

Devardasche Legierung, 205
Diacetyldioxim (Dado), 58, 99
Nachweis von Bismut, 58
Nachweis von Nickel, 99
Struktur von $Ni(Dado)_2$, 99
Dicyan, 61

E

Eisen, 84–89
Bed. im Stoffwechsel, 87
Giftigkeit, 87
Nachweise, 87–89
als $Fe(SCN)_3$, 87
als $FePO_4$, 88
Berliner Blau, 88
Turnbulls Blau, 88
Vorprobe, 87
Elektronenaffinität, 145
Emaille, 227, 231, 243
Entsorgung, 9–11
Cyanid-Rückstände, 9
Glasabfälle, 9
Organische Substanzen, 10
Quecksilber-Rückstände, 9
Schwermetall-Rückstände, 10
Silber-Rückstände, 10
Erste-Hilfe-Maßnahmen, 7–9
Schnittverletzungen, 7
Stromunfälle, 9
Verätzungen, 8
Verbrennungen, 8
Vergiftungen, 8

F

Farben von Salzen, 15, 281
Farblacke
Alizarin-S
Entfärbung durch Fluorid, 151
Nachweis von Aluminium, 92
Chinalizarin, 129, 248
Nachweis von Beryllium, 248
Magneson, 130
Morin
Nachweis von Aluminium, 92
Nachweis von Beryllium, 248
Nachweis von Zirconium, 257
Titangelb
Nachweis von Magnesium, 129
Fixiersalz, 185
Flammenfärbung, 19–21
Durchführung, 19
Spektrallinien, 22
Tabelle, 20
Verwendung eines Co-Glases, 21
Vorprobe, 19
Zonen einer Brennerflamme, 20
Flaveanwasserstoff, 65
Fleitmannsche Probe, 70
Flotation, 60
Fluorid, 147–151
Allgemeines, 147–148

Nachweise, 148–151
Bleitiegelprobe, 150
Entfärbung eines Farblacks, 151
Kriech- bzw. Ätzprobe, 149
Freiberger Aufschluß, 234, 237
Fuchsin
Nachweis von Bromat, 166
Nachweis von Thiosulfat, 182
Strukturformel, 182

G

Giftigkeit
Aluminium, 91
Ammonium, 125
Antimon, 72
Arsen, 68
Barium, 117
Blei, 40
Cadmium, 64
Chrom, 94
Cobalt, 101
Eisen, 87
Kalium, 123
Kupfer, 60
Mangan, 103
Natrium, 120
Nickel, 99
Quecksilber, 43
Selen, 271
Tellur, 274
Thallium, 269
Zink, 106
Zinn, 75
Gläser, 225–227
Färbung, 227
Glaskeramik, 226
Herstellung, 227
Sorten, 226
Glühen mit $Co(NO_3)_2$-Lösung, 22
Durchführung, 22
Tabelle, 23
Glühröhrchenprobe, 5, 64
Gutzeitsche Probe, 70

H

Hämoglobin, 87
H_2S-Gruppe, 47–76
As-Gruppe, 51, 66–76
Abtrennung, 51
Einzelnachweise, 67–76
Reduktionsmethode, 67
Trennschema, 66
Trennung, 66–67
Cu-Gruppe, 54–65
Einzelnachweise, 56–65
Trennschema, 55
Trennung, 54–56
Trennungsgang, 49–56
Halbedelsteine, 227
Halogenate, *siehe* Halogenhaltige Anionen
Halogene, 144–168
Chemisches Verhalten, 144
Eigenschaften (Tab.), 145
Sauerstoffsäuren, 158
Halogenhaltige Anionen
Halogenate
Einzelnachweise, 160–168
Halogenide
Einzelnachweise, 147–157
Trennschema, 140, 141
Halogenide, *siehe* Halogenhaltige Anionen
HCl-Gruppe, 33–47
Einzelnachweise, 37–47
Trennschema, 34, 36
Trennungsgang, 33–37
Heteropolysäuren, 258
Heuslersche Legierung, 103
Hydrolysetrennung, 77
Durchführung, 77
Fällungsreagenzien, 77
Hypochlorit, 159–160
Nachweise, 159–160
als Chlor, 159
durch oxidierende Wirkung, 160
mit $AgNO_3$, 160

I

Innere Komplexe, 34
Interhalogenverbindungen, 155
Iodat, 167–168
Nachweise, 167–168
mit H_2SO_3, 167
mit Hypophosphit, 168
Reduktion mit HCl, 168
Iodid, 156–157
Allgemeines, 156
Nachweise, 156–157
Ionenaustauscher, 228, 250
Isopolybasen, 87, 258
Isopolysäuren, 223, 258

K

Kalium, 122–124
Bed. bei der Nervenleitung, 123
Giftigkeit, 123
Nachweise, 124
als $K_2CuPb(NO_2)_6$, 124
als $K_2Na[Co(NO_2)_6]$, 124
als $KClO_4$, 124
Vorproben, 123
Flammenfärbung, 123
Spektralanalyse, 123
Kalomel, 35
Keggin-Struktur, 210–211, 260
Kieselsäure, 223
Knallsilber, 10, 36, 153
Korrosion, 90, 127
Schutz vor Korrosion, 63
Kupfer, 59–62
Giftigkeit, 60
Nachweise, 61–62
als Cu^I-Reineckat, 62
als $K_2CuPb(NO_2)_6$, 62
mit $K_4[Fe(CN)_6]$, 62
mit NH_3, 61
Vorproben, 61

L

Lösen der Ursubstanz, 13, 233–241
Lösliche Gruppe, 119–130
Einzelnachweise, 119–130
Trennungsgang, 119
Löslichkeitsprodukte, 282
Lösungsverhalten
Tabelle, 15
Lanthan, 251–253
Nachweis, 252
Vorprobe, 252
Lanthanoidenkontraktion, 250
Leuchtprobe, 6, 75
Lithium, 243–244
Nachweise
Fällung als Carbonat, 244
Fällung als Phosphat, 244
Vorproben
Flammenfärbung, 244
Spektralanalyse, 244
Lithopone, 106
Lunges Reagenz
Nachweis von Nitrat, 204
Nachweis von Nitrit, 197
Reagenzien, 205

M

Magnesium, 127–130
Bed. im Stoffwechsel, 127
Nachweise, 128–130
als $Mg(NH_4)PO_4 \cdot 6\,H_2O$, 128
als Mg-Oxinat, 129
Chinalizarin-Farblack, 129
Magneson, 130
Magneson-Farblack, 130
Titangelb-Farblack, 129
Magneson
Formel, 130
Malachitgrün, 182
Mangan, 102–105
Bed. im Stoffwechsel, 103
Giftigkeit, 103
Nachweise, Mn(II/IV), 104–105
durch Oxidation, 104
Oxidationsschmelze, 104
Nachweise, Mn(VII), 105
durch Reduktion (alk.), 105
durch Reduktion (sauer), 105

Oxidationsstufen, 103
Marshallsche Säure, 192
Marshsche Probe, 6, 68, 72
Millonsche Base, 45
Mohrsches Salz, 86
Molybdän, 263–266
Bed. für Pflanzen, 264
Isopolysäuren, 264
Nachweise, 265–266
als $(MoO_2)_2[Fe(CN)_6]$, 266
als Peroxomolybdat, 266
mit KSCN und Red.mittel, 265
Oxidationsstufen, 264
Vorproben, 264
Glühprobe, 265
Molybdänblau, 264
Molybdänblaureaktion, 75, 264
Nachweis von Zinn, 75
Vorprobe auf Molybdän, 264
Molybdat
Struktur, Heptamolybdat, 264
Struktur, Octamolybdat, 264
Morin, *siehe* Farblacke

N

Naßsäure, 208
Naphthylamin, 1-, 197, 205
Natrium, 120–122
Bed. im Stoffwechsel, 120
Giftigkeit, 120
Nachweise, 121–122
als $Na[Sb(OH)_6]$, 121
als $NaMg(UO_2)_3(Ac)_9$, 122
Vorproben, 121
Flammenfärbung, 121
Spektralanalyse, 121
Neßlers Reagenz, 126
Nickel, 98–100
Giftigkeit, 99
Nachweise, 99–100
als $Ni(OH)_3$, 100
mit Dado, 99
Vorprobe, 99
Niederschlagsarbeit, 56
Nitrat, 31, 199–205
Allgemeines, 199–200
Nachweise, 201–205
als NH_3, 205
durch Ringprobe, 203
mit Lunges Reagenz, 204
neben Nitrit, 201
Nitrit, 196–198
Allgemeines, 196
Nachweise, 197–198
durch Oxidation von Iodid, 198
durch Red. von MnO_4^-, 198
durch Ringprobe, 197
mit Diphenylamin, 198
mit Lunges Reagenz, 197
neben Nitrat, 201

O

Orthophosphorsäuren (Tab.), 206
Ostwaldsche Stufenregel, 50
Oxidationsschmelze, 23, 234
Nachweis von Chrom, 95
Nachweis von Mangan, 104
Tabelle, 24
Theorie, 241
Zonen einer Brennerflamme, 20
Oxin, 57, 129
Bismut, 57
Magnesium, 129
Struktur von $Mg(Oxin)_2$, 130

P

Perchlorat, 163–165
Allgemeines, 163–164
Nachweise, 164–165
Mischkristall mit $KMnO_4$, 165
mit Ti^{3+} im Sauren, 165
Reduktion zum Cl^-, 164
Perhydrol, 171
Peroxid, 170–174
Allgemeines, 170–172
Nachweise, 173–174
als Chromblau, 174
Oxidation von Mn^{2+}, 173
Peroxotitanylkation, 174
Reaktion mit KI, 173

Reduktion von $KMnO_4$, 173
Peroxodisulfat, 192–194
Allgemeines, 192
Nachweise, 192–194
als $BaSO_4$, 192
als H_2SO_5, 193
mit Benzidinblau, 194
Oxidation zu MnO_4^-, 193
Phosphat, 32, 207–211
Allgemeines, 207–208
Nachweise, 208–211
als $(NH_4)_3[P(Mo_{12}O_{40})\cdot aq]$, 210
als $MgNH_4PO_4$, 209
als $Zr_3(PO_4)_4$, 209
Phosphorsäuren
Diphosphorsäuren, 207
Metaphosphorsäuren, 207
Orthophosphorsäuren, 206
Polyphosphorsäuren, 207
Phosphorsalzperle, 24, 234
Durchführung, 24
Tabelle, 25
Zonen einer Brennerflamme, 20
Photographischer Prozeß, 186
Präzipitat
schmelzbares, 45
unschmelzbares, 45
Pseudohalogenide, 45, 60, 61
Azid, 176
Cyanid, 215
Definition, 146
Thiocyanat, 218

Q

Quecksilber, 43–47
Giftigkeit, 43
Nachweise, 45–47
als $Co[Hg(SCN)_4]$, 46
als $Cu_2[HgI_4]$, 47
als HgI_2, 47
als Hg(II)-Reineckat, 46
durch Amalgamprobe, 46
durch Reduktion, 45

R

Röstreaktionsarbeit, 60
Röstreduktionsverfahren, 40
Reaktionen in Schmelzen
Theorie, 238
Reduktionsmethode, 67
Reinecke-Salz, 46
Ringprobe, 203
auf Nitrat, 203
auf Nitrit, 197
Rinmans Grün, 107
Rosanilin, *siehe* Fuchsin
Rubeanwasserstoff, 65
Rubidium, 245–246
Nachweis, 246
Vorproben
Flammenfärbung, 245
Spektralanalyse, 246

S

Sauerstoffsäuren
Phosphor, 206
Schwefel, 178
Stickstoff, 195
Saurer Aufschluß, 235
Theorie, 239
Schrägbeziehung im PSE, 109
B/Si, 110
Be/Al, 110
Li/Mg, 110
Schwefel
Sauerstoffsäuren (Tab.), 178
Wasserstoffverbindungen, 174
Schwefelhaltige Anionen
Trennschema, 143
Schwefelsäuren (Tab.), 178
Selen, 270–273
Giftigkeit, 271
Nachweise, 272–273
als $[Se_8]^{2+}$, 272
mit Reduktionsmitteln, 272
Red. mit Thioharnstoff, 273
Oxidationsstufen, 271
Seltene Elemente, 242–280
Einteilung, 242

Elemente, 242–275
Beryllium, 247
Caesium, 246
Cer, 252
Lanthan, 251
Lithium, 243
Molybdän, 263
Rubidium, 245
Selen, 270
Tellur, 273
Thallium, 269
Titan, 253
Vanadium, 260
Wolfram, 266
Zirconium, 255
Lösen der Ursubstanz, 276
Seltenerdmetalle, 249
Trennschema, 279, 280
Trennungsgang, 276–280
Allgemeines, 276
Arsen-Gruppe, 277
HCl-Gruppe, 276
Kupfer-Gruppe, 277
Reduktionsgruppe, 277
Urotropin-Gruppe, 278
Sicherheitshinweise, 1–9
Allgemeines, 1
Hinweise zur qual. Analyse, 4
Vorbereitung der Analyse, 5
Vorproben und Nachweise, 5
Erste-Hilfe-Maßnahmen, 7
Schnittverletzungen, 7
Stromunfälle, 9
Verätzungen, 8
Verbrennungen, 8
Vergiftungen, 8
R-Sätze, 286
S-Sätze, 287
Umgang mit
Chloraten, 161
Cyaniden, 215
Flußsäure und HF, 148
Perchlorsäure, 164
Salpetersäure, 200
Salzsäure, 152
Schwefelsäure, 190
Schwefelwasserstoff, 175
Schwefliger Säure und SO_2, 181
Wasserstoffperoxid, 172
Verhalten bei Notfällen, 6
Silber, 37–39
Nachweise, 38–39
als Ag_2CrO_4, 39
als AgCl, 38
Silicate, 220–225
Lösen, 223
Nachweise, 222–225
als Na_2SiF_6, 225
Bleitiegelprobe, 224
mit Ammoniummolybdat, 225
Schwerlösliche Silicate, 223
Soda/Pottasche-Aufschluß, 223
Strukturen, 220–222
Gerüstsilicate, 221
Inselstrukturen, 220
Ketten-, Schichtsilicate, 221
Skelettierung, 27
Soda/Pottasche-Aufschluß, 236
Durchführung, 236
Theorie, 240
Sodaauszug, 28–31
Allgemeines, 31
basische Nitrate, 31
Durchführung, 29
Farbe, 29
gelöste Metallionen, 30
Hinweise, 29
Niederschläge beim Ansäuern, 30
Prinzip, 28
Sonnenuntergangsreaktion, 185
Spektralanalyse
Barium, 118
Caesium, 247
Calcium, 114
Kalium, 123
Lithium, 244
Natrium, 121
Rubidium, 246
Strontium, 116
Thallium, 270

Spinelle, 91, 107
Störanionen
Borat, 79, 231
Fluorid, 79, 149
Phosphat, 79, 209
Silicat, 224
Stabilitätskonstanten
Komplex-Ionen, 285
Stahl
Herstellung, 85–86
Herdfrischverfahren, 85
Roheisen-Erz-Prozeß, 85
Schrott-Verfahren, 85
Windfrischverfahren, 86
Standardpotentiale, 283
Stickstoffsauerstoffsäuren (Tab.), 195
Strontium, 115–117
Nachweise, 116–117
als $Sr(IO_3)_2 \cdot 6\,H_2O$, 116
als Rhodizonat, 117
Vorproben, 116
Flammenfärbung, 116
Spektralanalyse, 116
Strukturen
H_2O_2, kristalliner Zustand, 172
Anderson, 260
Berliner Blau, 89
Fluorwasserstoff, 148
Keggin, 260
Trimetaborat, 26
Trimetaphosphat, 26
Sulfanilsäure, 197, 205
Sulfat, 32, 188–191
Allgemeines, 188–190
Nachweise, 190–191
als $BaSO_4$, 190
Mischkristall mit $KMnO_4$, 191
Sulfid, 32, 176–178
Allgemeines, 175
Nachweise, 176–178
als H_2S, 177
als CdS, 176
Heparprobe, 177
mit $Na_2[Fe(CN)_5NO]$, 177
mit Iod/Azid, 176
Sulfit, 181–183
Allgemeines, 180–181
Nachweise, 181–183
Entfärbung von $KMnO_4$, 181
Fällung als $BaSO_3$, 183
mit Iod-Lösung, 181
NW mit $AgNO_3$, 183
Reduktion zum Sulfid, 183

T

Tabellen
Abkürzungen, Symbole, 288
Boraxperle, 25
Chalkogenidionen, 169
Eigenschaften der Elemente
3. Hauptgruppe, 228
4. Hauptgruppe, 211
5. Hauptgruppe, 194
6. Hauptgruppe, 170
7. Hauptgruppe, 145
Farben von Salzen, 281
Farben von Salzen (Tab.), 15
Halogensauerstoffsäuren, 158
Halogenwasserstoffe, 146
Löslichkeitsprodukte, 282
Lösungsverhalten, 15
Rückstände
organische Substanzen, 10
Schwermetall-Rückstände, 10
R-Sätze, 286
Säuren
Phosphorsäuren, 206
Schwefelsäuren, 178
Stickstoffsauerstoffsäuren, 195
S-Sätze, 287
Schwerlösliche Verbindungen, 237
Sodaauszug
Farben des Sodaauszugs, 29
gelöste Metallionen, 30
Stabilitätskonstanten
Komplex-Ionen, 285
Standardpotentiale, 283
Vorproben
Erhitzen der Ursubstanz, 17

Erhitzen mit H_2SO_4, 18
Flammenfärbung, 20
Geruch, Farbe, Sublimat, 16
Glühen mit $Co(NO_3)_2$-Lsg., 23
Oxidationsschmelze, 24
Phosphorsalz-/Boraxperle, 25
Probe auf Anionengruppen, 135
Reduktion mit Natrium, 19
Versetzen mit H_2SO_4, 132
Versetzen mit verd. H_2SO_4, 131
Tartrat, 34
Tellur, 273–275
Giftigkeit, 274
Nachweise, 274–275
als $[Te_4]^{2+}$, 275
mit Reduktionsmitteln, 274
mit Thioharnstoff, 275
Reduktion mit Na_2SO_3, 275
Thénard, J. L., 170
Thénards Blau, 91
Thallium, 269–270
Giftigkeit, 269
Nachweis, 270
Vorproben
Flammenfärbung, 270
Spektralanalyse, 270
Thioacetamid, 37, 48
Thiocyanat, 218–219
Allgemeines, 218
Nachweise, 218–219
als $Co(SCN)_2$, 219
als $Fe(SCN)_3$, 218
mit $CuSO_4$, 219
Reaktion mit Iod/Azid, 218
Thiosulfat, 184–187
Allgemeines, 184
Nachweise, 184–187
als SO_2, 182
als S/SO_2 beim Ansäuern, 185
Entfärbung einer Iod-Lsg., 187
Fällung mit $BaCl_2$, 185
mit $AgNO_3$, 185
Reaktion mit $FeCl_3$, 187
Reaktion mit Iod/Azid, 187
Titan, 253–255
Nachweise, 255
als Peroxotitanyl-Kation, 255
mit Chromotropsäure, 255
Vorproben, 254
Glühprobe, 254
Phosphorsalzperle, 254
Toxikologie, *siehe* Giftigkeit
Trennschemata
H_2S-Gruppe
As-Gruppe, 66
Cu-Gruppe, 55
Ammoniumcarbonat-Gruppe, 112
Ammoniumsulfid-Gruppe, 83
Halogenhaltige Anionen, 140–141
HCl-Gruppe, 34, 36
Schwefelhaltige Anionen, 143
Seltene Elemente, 279, 280
Urotropin-Gruppe, 80
Trennung
Ammoniumsulfid-Gruppe, 83
As-Gruppe, 66
Ca, Sr, Ba, 111, 112
Cu-Gruppe, 54
halogenhaltige Anionen, 138
Kupfer und Cadmium, 54, 61
Nickel und Cobalt, 83
schwefelhaltige Anionen, 142, 143
Seltene Elemente, 279, 280
Urotropin-Gruppe, 80
Tropfsteinhöhlen, 213
Turnbulls Blau, 88

U

Überspannung, 67
Urotropin, 78
Struktur, 78
Urotropin-Gruppe, 76–108
Allg. zur Hydrolysetrennung, 77
Einzelnachweise, 84–97
Fällung mit Urotropin, 78
Trennschema, 80
Trennungsgang, 81

V

Vanadium, 260–263

Nachweise, 262–263
als Peroxovanadin(V), 263
mit H_2S, 262
Oxidationsstufen, 261
Vorproben, 262
Phosphorsalzperle, 262
Verfahren
H_2O_2-Darstellung
Anthrachinon-Verfahren, 171
Isopropanol-Verfahren, 171
Aluminothermie, 90, 93, 103
Bayer-Verfahren, 90
Bleikammerverfahren, 189
Eloxal-Verfahren, 91
HCl-Darstellung
Hargreaves-Verfahren, 152
Natriumsulfat-Prozeß, 152
Hunter-Verfahren, 253
Kontaktverfahren, 189
Kroll-Prozeß, 253
Mond-Verfahren, 98
Ostwald-Verfahren, 199
Silberdarstellung, 37
nach Parkes, 37
nach Pattinson, 37
Silicothermie, 103
Stahl-Herstellung
Siemens-Martin-Verfahren, 85
Windfrischverfahren, 86
Van Arkel-de Boer, 253
Verhalten bei Notfällen, 6
Vorproben
Alkalischer Auszug, 18
Allgemeines, 14
Anionen
Nitrat, 200
Nitrit, 197
Silicat, 222
Anionenanalysen, 131–135
Boraxperle, 24
Erhitzen mit H_2SO_4, 17
Tabelle, 18
Flammenfärbung, 19
Gasentwicklung, 16
Tabelle, 17
Geruch, Farbe, Sublimat, 16
Tabelle, 16
Glühen mit $Co(NO_3)_2$, 22
Kationen
Ammonium, 125
Antimon, 72
Arsen, 68
Barium, 118
Bismut, 57
Calcium, 114
Cobalt, 101
Eisen, 87
Kalium, 123
Kupfer, 61
Natrium, 121
Nickel, 99
Strontium, 116
Zinn, 75
Lösungsverhalten, 15
optische Prüfung, 15
Oxidationsschmelze, 23
Phosphorsalzperle, 24
Reduktion mit Natrium, 19
Tabelle, 19
Seltene Elemente
Caesium, 247
Cer, 249, 252
Lanthan, 249, 252
Lanthan und Cer, 252
Lithium, 244
Molybdän, 264
Rubidium, 245
Thallium, 270
Titan, 254
Vanadium, 262
Wolfram, 267

W

Wasser
hartes Wasser, 212
weiches Wasser, 212
Weinsäure, 35
Wolfram, 266–268
Nachweise, 268
Fällung von WO_3, 268

mit $KHSO_4$/Hydrochinon, 268
Vorproben, 267
durch Reduktion, 267
Glühprobe, 267
Phosphorsalzperle, 267
Reaktion mit H_2S, 268

X

Xanthoproteinreaktion, 200

Z

Zink, 106–108
Bed. im Stoffwechsel, 106
Giftigkeit, 106
Nachweise, 107–108
als $K_2Zn_3[Fe(CN)_6]_2$, 108
als $Zn_3[Fe(CN)_6]_2$, 108
als Dithizonat-Komplex, 107
als Rinmans Grün, 107
als ZnS, 107
Zinn, 74–76
Giftigkeit, 75
moiriertes, 74
Nachweise, 75–76
durch Reduktion, 76
Molybdänblaureaktion, 75
Vorprobe, 75
Zinngeschrei, 74
Zirconium, 255–257
Nachweise, 256–257
als $Zr_3(PO_4)_4$, 256
als Morin-Farblack, 257
mit Alizarin-S, 257
mit Oxalsäure, 257
Zonen der Brennerflamme, 20